全国本科院校机械类创新型应用人才培养规划教材

三维数字化建模与逆向工程

主　编　张德海

内容简介

本书以科研实践为基础，介绍了逆向工程CAD技术的基本原理、方法及流程；介绍了逆向工程涉及的先进测量技术，包括接触测量和非接触测量；论述了工业近景摄影测量技术和结构光扫描测量技术的内容、方法和关键技术；结合典型的应用需求，给出了点云处理的关键技术，并对市面上主流的逆向工程软件进行了梳理和归纳，最后以几个实例对本书的知识点进行了证明和串接。

本书可作为高等院校机械设计制造及其自动化、测控技术与仪器、检测技术等专业本科和研究生的参考教材，也可作为其他相近专业的学习参考书，同时可供相关领域相关专业的科研人员和工程技术人员参考。

图书在版编目(CIP)数据

三维数字化建模与逆向工程/张德海主编．—北京：北京大学出版社，2016.4
（全国本科院校机械类创新型应用人才培养规划教材）
ISBN 978-7-301-25584-1

Ⅰ．①三…　Ⅱ．①张…　Ⅲ．①三维动画软件—高等学校—教材　Ⅳ．①TP391.41

中国版本图书馆CIP数据核字(2015)第226904号

书　　名　三维数字化建模与逆向工程
SANWEI SHUZIHUA JIANMO YU NIXIANG GONGCHENG
著作责任者　张德海　主编
责任编辑　童君鑫
标准书号　ISBN 978-7-301-25584-1
出版发行　北京大学出版社
地　　址　北京市海淀区成府路205号　100871
网　　址　http://www.pup.cn　新浪微博：@北京大学出版社
电子信箱　pup_6@163.com
电　　话　邮购部62752015　发行部62750672　编辑部62750667
印 刷 者　三河市北燕印装有限公司
经 销 者　新华书店
787毫米×1092毫米　16开本　18.75印张　438千字
2016年4月第1版　2017年6月第2次印刷
定　　价　42.00元

前　言

本书是为适应目前高等教育教学改革的需要，并根据高等学校机械类专业人才的培养要求而编写的。本书以加强基础、拓宽口径、提炼特色为宗旨，以提高学生创新能力、实际工作能力为目的，以培养适应目前社会需要的高素质人才为目标。

随着科学技术的快速发展和经济的日益全球化，国内传统制造业市场环境发生了巨大变化的社会环境，集中表现在消费者兴趣的短时效性和消费者需求日益主体化、个性化及多元化；同时由于区域性、国际性市场壁垒的淡化或打破，使得制造厂家不得不着眼于全球市场的激烈竞争。在这种环境下，逆向工程技术的重要性更加显示出来，敏捷制造、产品快速研发响应、三维数字化建模与逆向工程技术成为企业乃至一个国家赢得全球竞争的第一要素，逆向工程成为消化、吸收国外先进技术的有效手段。

逆向工程是对已有的产品零件或原型进行三维数字化模型重建，但不仅仅是对已有产品进行简单“复制”，其内涵与外延都发生了深刻的变化。逆向工程已成为航空、航天、汽车、船舶、家电、模具及各行各业最重要的产品设计方法之一，是工程技术人员通过实物样件、结构产品、图样等快速获取工程设计概念和几何模型的重要技术手段；是消化、吸收、改进、提高原型产品的重要技术手段；是产品快速创新开发的重要途径。

国内关于三维数字化建模与逆向工程技术的教材较少。市面上有关逆向工程方面的书籍具有两方面的特点：一种以理论计算为主，实践性操作为辅，偏重于理论公式；另一种是以实践性为主，理论描述为辅，偏重于软件应用、实例操作。而我国大学研究生教育和本科教育培养出来的科学技术人员要求既要有一定的理论知识，又有一定的实践操作技巧。所以本书从逆向工程实际应用的角度出发，注重理论性和实践性相结合，创新性方法和逆向工程相结合，做到既有理论又有实践，通俗易懂，便于教师的教学和学生的学习，有助于教学质量的提高。本书在编写过程中以“理论联系实践”为原则，同时尽量将复杂深奥的数学问题用比较容易理解的方式进行介绍，将实例与方法融为一体，使读者从真实的工程实例应用中领会到逆向设计与三维建模思维方法的奥妙。

本书由郑州轻工业学院张德海担任主编，王辉担任副主编。其中，第 2 章、第 3 章、第 5 章、第 6 章、第 7 章由张德海编写，第 1、4 章由王辉编写。

本书在编写过程中得到了郑州轻工业学院李艳芹、刘红霞、白代萍的帮助，在此向他们表示感谢!

由于编者阅历浅、水平及经验有限，加之时间紧迫，书中难免存在不足之处，敬请广大同仁和读者不吝指正。

编　者

2016 年 1 月

目　　录

第1章 逆向工程CAD技术

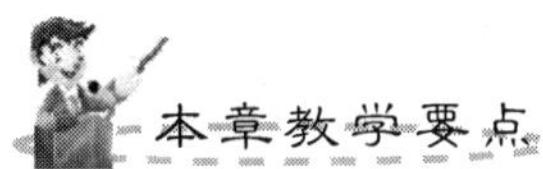

知识要点	掌握程度	相关知识
现代设计方法、正向设计、逆向设计	(1) 掌握现代设计方法的基本原理及定义、特点 (2) 熟悉正向设计、逆向设计的应用	(1) 现代设计方法的历史及溯源 (2) 现代设计方法的特点和优势
逆向设计的流程	(1) 掌握逆向设计的基本原理及特点 (2) 熟悉逆向设计各流程节点的定义及应用 (3) 了解逆向工程节点的算法原理	逆向工程相关的测量工具、测量方法及其优缺点
正向设计的流程	(1) 掌握逆向设计的基本原理及特点 (2) 熟悉逆向设计各流程节点的定义及应用 (3) 了解逆向工程节点的算法原理	正向设计相关的测量工具、测量方法及其优缺点

导入案例

逆向工程在飞机制造业中的应用

随着信息技术的飞速发展，国际航空技术已经发展到产品数字化阶段，全面应用CAD/CAM技术，这是航空技术发展的大趋势。我国飞机近几年发展迅速，新的飞机机型都实现了数字化，但还有一些老飞机机型仍在使用。由于受当初的设计条件限制，老机型零件大部分没有数字化，现在这些零件的加工仍然是按照之前没有数模的图纸进行，加工后再用飞机零件外形的模线样板和模胎来检验，不合格的用钳工进行反复修整，直到符合样板要求为止，这种加工方法，延长了生产周期，降低了生产效率。因此需建立一种有效的数字化设计方法，在设计过程中，把模线样板检验的环节考虑进去，直接设计出合格的数模，再进行数控加工，从根本上解决原有加工方法产生的问题，进而提高生产效率。

例如某机身的某型面需用进行模线样板和模胎检测，合格后才能使用。根据此零件特点，采用德国COMET L3D三维光学扫描仪测量零件整体数据，再测量模胎型面(扫描仪测量误差为0.02mm)；运用接触式三坐标测量机测量模线样板轮廓；将获得的零件三维原始数据输入CATIA软件中，运用CATIA正、逆向模块按照图纸尺寸进行数字化设计，就能较好地完成任务。

为了能够提高加工效率，在零件逆向设计过程中最关键的技术是如何将不同的数据统一，即将模线样板和模胎检测的问题数字化解决。首先，在CATIA软件中按照零件图纸要求建立同一坐标系，将所有获得的原始数据转换到统一坐标系下；再按照零件机身型面要求建立曲面，曲面要符合模胎的型面要求，误差要控制在0.1mm以内；再按照坐标要求，调整零件曲面U、V方向控制点，使其符合模线样板轮廓要求，误差要控制在0.05mm内；最后再按照图纸要求设计其他相关特征。

数控加工后的零件曲面型面完全符合模线样板及模胎的检测要求，型面误差在0.1mm内。用一周时间完成了从零件的数据测量、设计到最后加工出成品，与原来用时2个月对比，大大提高了产品加工的效率。逆向工程技术开创了飞机零件数字化设计制造的一种新方法。

资料来源：肖胜兵，王铮·机械工程师·2013，7，78-79

1.1 现代设计方法

1.1.1 现代设计方法的历史和定义

所谓现代设计方法是与传统设计方法相比较而言的，“现代”与“传统”本就是继承与发展的关系，没有传统也就没有现代，没有传统的沉淀与升华，现代也就成了无本之木、无源之水；反之，没有现代对传统的发展与扬弃，传统也就成了古董，失去了活力，如同一潭死水。因此在历史的长河中，传统与现代本就是一对双子星，失去了一方，另一方也就失去了存在的意义。古之传统，今之现代，明之创新，历史就这样交替地把握着传统与现代，按照自己的意愿前行。纵观科学发展史与人类文明发展史，可能历史更加喜欢传统一些，几乎每一次，现代都是在传统的阵痛中诞生的。从哥白尼慑于传统只能在弥留之际出版光辉的《天体运行论》，到达尔文的《物种起源》，无不体现着现代对传统突破的艰难。而历史似乎又将这种艰难不经意地抹去，当今连爱因斯坦的相对论也纳入了传统的怀抱。所以说，严格区分现代与传统没有太大的历史意义，现代由于时间的流逝终将归于传统。在历史的时间坐标轴上，现代只能是那个箭头，其后连绵不断的那根直线则是不断扩张的传统。18 世纪的英国诗人亚历山大·蒲柏在牛顿的墓志铭中写道：自然和自然的法则在黑夜中隐藏，上帝说，“让牛顿去吧”，于是一切都被照亮。但到了 20 世纪，魔鬼说，“让爱因斯坦去吧”，于是一切又重新回到“黑暗”。

历史就是这样，传统无所不在，现代如同在传统土壤中蠕动的虫蛹，时不时地破土而出，照亮历史的前行方向。就设计方法而言，每一时代的设计方法都是与该时代的科技与人文发展水平紧密相连的。每一次设计方法的大突破都有时代科技与人文变更的大背景。人类的科技与人文发展历史大体上可分为古代、近代和现代 3 个时期。古代指的是 16 世纪之前；近代指的是 16 世纪到 19 世纪末，约 400 年；现代指的是 19 世纪末、20 世纪初迄今。

16 世纪之前，生产力水平以农业生产为主导，观察世界的方式主要靠直觉、猜测与经验，相应的设计方法也以直觉设计为主，以经验的方式薪火相传。16 世纪到 19 世纪末，人类花了约 400 年的时间完成了对农业生产方式的突破，生产力水平渐以工业生产为主导；这一时期的自然科学完全从哲学中分化出来，走上了独立发展的道路，并且又逐步分化为物理学、化学、天文学、地学、生物学等多门学科，并相继成熟，形成了极为严密和可靠的自然知识体系，自然科学达到了全面发展的阶段；这一时期观察世界的方式从直觉、猜测与经验进化为理论、实证与定量分析和归纳；相应的设计方法也从直觉设计发展为理论与经验相结合的设计。19 世纪末、20 世纪初是现代科学技术的诞生期，尤其在物理学方面取得了一系列巨大的成就。自此以后，科学技术进入大发展时期，其发展速度越来越快，涉及领域越来越多，对社会经济的发展和贡献已难以用数字来表达。同时，科学技术呈整体化发展，一系列交叉学科、边缘学科、综合学科等新兴学科不断涌现，这表明科学越来越成为一个有机统一的整体。科学技术逐渐超前于生产，并对生产起到决定性的促进作用，成为第一生产力。在此期间，20 世纪 40 年代计算机的发明及 20 世纪 80 年代后的普及，以及 20 世纪 90 年代后信息革命的兴起是一系列标志性的事件。设计方法也因此开始有了突破性的进展，传统设计方法也因计算机的使用开始更新为现代设计方法。

传统设计方法是以理论公式及长期设计实践中形成的经验、公式、图表和设计手册等为基础，通过安全系数设计、经验设计、类比设计、分离设计等半理论半经验的方式，完成方案拟订、设计计算、绘图和编写说明书等工作。传统设计方法的对象产品一般具有产量大、寿命长、开发周期长、创新程度不高等特点。但随着全球经济一体化的不断推进，市场竞争的日益激烈，产品越发呈现出个性化、多样化、寿命短、开发周期短、创新空间空前扩大等特点，同时产品开发所涉及的技术与科学领域也越来越宽广，因此传统设计方法就显得捉襟见肘、顾此失彼，越发难以满足当今产品的设计要求，凸显出自身的局限性。

现代设计方法是对传统设计方法的深入、丰富和完善，它是一门随着当代科学技术的飞速发展和计算机技术的广泛应用，基于现代设计理论发展起来的，融信息技术、计算机技术、知识工程和管理科学等多领域知识于一体而发展起来的新兴的多元交叉学科。它是以设计产品为目标的知识群体的总称，它同时也是综合考虑产品特性、环境特性、人文特性和经济特性的一种系统化的设计方法。目前它的内容主要包括：优化设计、可靠性设计、计算机辅助设计、工业艺术造型设计、虚拟设计、疲劳设计、三次设计、相似性设计、模块化设计、反求工程设计、动态设计、有限元法、人机工程、价值工程、并行工程、人工神经元计算方法等。现代设计方法的目的是减少传统设计中经验设计的盲目性和随意性，在缩短设计周期的同时提高设计的科学性和准确性，从而获得富有创新性和竞争力的优质产品。

传统设计方法的特征是静态设计、经验设计与分离设计，而现代设计方法则是动态设计、优化设计与集成设计；传统设计方法的计算量小，以手工计算为主，而现代设计方法的计算量大繁多，是以计算机作为分析、计算、综合、决策、数据处理、图形处理的工具。计算机由于运算速度快、数据处理准确、存储量大，且具有逻辑判断功能、资源可共享，因此计算机成为现代产品设计中必不可少的重要工具。简单地讲，现代设计方法可近似理解为：

现代设计方法＝计算机＋传统设计理念

需要说明的是，按照传统与现代的历史辩证关系，不可静态狭隘地理解现代设计方法，不能把现代设计方法当作一把万能钥匙去开启未来的所有设计难题，所谓现代也是有时效性的，它只能在当前及其后的一小段时间内起主要作用。现代设计方法只能通过不断吸收各学科领域的最新成果而永葆“现代”。“现代”之所以现代，因为它比照的是传统，而不是时间。

1.1.2 现代设计方法的分类

现代设计方法主要包含计算机辅助设计、优化设计、可靠性设计、有限元法、工业艺术造型设计、反求工程设计等。

1. 计算机辅助设计

计算机辅助设计(Computer Aided Design，CAD)是把计算机技术引入设计过程并用来完成计算、选型、绘图及其他作业的一种现代设计方法。计算机、绘图及其其他外围设备构成 CAD 硬件系统，而操作系统、语言处理系统、数据库管理系统和应用软件等构成 CAD 的软件系统。通常所说的 CAD 系统是只由系统硬件和系统软件组成，兼有计算、图形处理、数据库等功能，并能综合利用这些功能完成设计作业的系统。

2. 优化设计

优化设计(Optimal Design)是把最优化数学原理应用于工程设计问题，在所有可行方案中寻求最佳设计方案的一种现代设计方法。

在进行工程优化设计时，首先把工程问题按优化设计所规定的格式建立数学模型，然后选用合适的优化计算方法在计算机上对数学模型进行寻优求解，得到工程设计问题的最优设计方案。

在建立优化设计数学模型的过程中，把影响设计方案选取的那些参数称为设计变量；设计变量应当满足的条件称为约束条件；而把设计者选定来衡量设计方案优劣并期望得到改进的指标表示为设计变量的函数，称为目标函数。设计变量、约束函数、目标函数组成了优化设计问题的数学模型。优化设计需要把数学模型和优化算发放到计算机程序中用计算机自动寻优求解。常用的优化算法有：0.618法、鲍威尔(Power)法、变尺度法、复合型法、函数法等。

3. 可靠性设计

可靠性设计(Reliability Design)是以概率论和数理统计为理论基础，是以失效分析、失效预测及各种可靠性试验为依据，以保证产品的可靠性为目标的现代设计方法。

可靠性设计的基本内容是：选定产品的可靠性指标及量值，对可靠性指标进行合理的分配，再把规定的可靠性指标设计到产品中去。

4. 有限元法

有限元法(Finite Method)是以电子计算机为工具的一种数值计算方法。目前，该方法不仅能用于工程中复杂的非线性问题、非稳态问题(如结构力学、流体力学、热传导、电磁场等方面的问题)的求解，而且还可以用于在工程设计中进行复杂结构的静态和动力学分析，并能准确地计算复杂零件的应力分布和形变，成为复杂零件强度和刚度计算的有利分析工具。

5. 工业艺术造型设计

工业艺术造型设计是工程技术与美学艺术相结合的一门新学科。它是旨在保证产品使用功能的前提下，用艺术手段按照美学法则对工业产品进行造型活动，包括结构尺寸、体面形态、色彩、材质、线条、装饰等因素进行有机的综合处理，从而设计出优质美观的产品造型。实用和美观的最佳统一是工业艺术造型的基本原则。

这一学科的主要内容包括：造型设计的基本要素、造型设计的基本原则、美学法则、色彩设计、人机工程学等。

6. 反求工程设计

反求工程设计(Reverse Engineering)是消化吸收并改进国内外先进技术的一系列工作方法和技术的总和。它是通过实物或技术资料对已有的先进产品进行分析、解剖、试验，了解其材料、组成、结构、性能、功能，掌握其工艺原理和工作机理，以进行消化仿制、改进或发展、创造新产品的一种方法和技术。

1.2 正向设计

一个产品，从规划到投入市场，通常需要经过若干环节，并需要有很多工程技术人员共同劳动、协同工作才能完成。传统的工业产品开发均是按照严谨的研究开发流程，从市场调研开始，确定产品功能与产品规格的预期指标，构思产品最佳方案，对零部件功能分解，然后进行零部件的设计、制造以及检验，再经过组装、整机检验、性能测试等程序来完成。每个零件都有原始的设计图纸，并有CAD文件来对此设计图纸存档。每个零部件的加工也有自己的工序图表，每个组件的尺寸合格与否都有产品检验报告记录，这些所记录的档案均属企业的智能财产，一般通称机密(Know - How)。这种开发模式称为预定模式(Prescriptive Model)，此类开发工程称为正向设计，也称为正向工程(Forward Design)或顺向工程。对每一组件来说，正向设计的开发流程如图 1.1 所示。

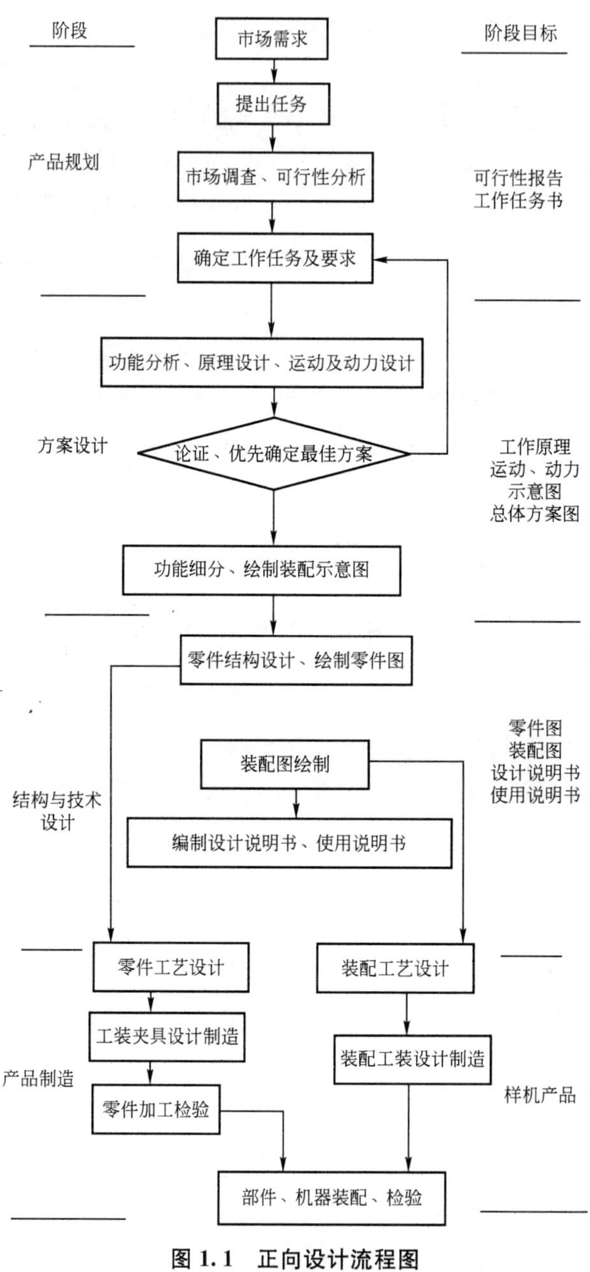

图 1.1　正向设计流程图

现对正向设计开发流程的各阶段分别加以简要说明。

1.2.1　产品规划

面对频繁变化的市场，好的产品不仅在功能上要顺应市场潮流，而且要在恰当的时间被推向市场，从而占领市场主导地位，赢得企业效益最大化。因此，一个产品的研制需要进行充分的市场调研。

产品规划阶段就是在对产品进行充分调查研究和分析的前提下，进一步确定产品所应具有的功能，并为以后的决策提出由环境、经济、加工以及时限等各方面所确定的约束条件。在此基础上，明确地写出设计任务的全面要求及细节，最后形成设计任务书。设计任务书上应包括：产品的功能、经济性的估计、制造要求方面的大致估计、基本使用要求以及完成设计任务的预计期限等。

1.2.2 方案设计

本阶段对产品设计的成败起关键作用。产品功能分析就是要对设计任务书提出的机器功能中必须达到的要求及希望达到的要求进行综合分析，即这些功能能否实现，多个功能间有无矛盾，相互间能否替代等，最后确定出功能参数，作为进一步设计的依据。

确定功能参数后，即可提出可能的解决办法，亦即提出可能采用的方案。由于最后汇总的方案有很多，在如此众多的方案中，技术上可行的仅有几个。对这几个可行的方案，要从技术方面和经济方面进行综合评价。评价时可采用的方法很多，现以经济性评价来加以说明。根据经济性进行评价时，既要考虑到设计及制造时的经济性，也要考虑到使用时的经济性。如果产品的结构方案比较复杂，设计制造费用就要相对地增大，但产品的功能将更为齐全，生产率也较高，故使用经济性也较好。反过来，结构较为简单、功能不够齐全的产品，设计制造费用虽少，但使用经济性较差，使用费用会增多。因而把设计制造费用和使用费用加起来得到总费用，总费用最低时所对应的产品结构方案就是最佳方案。

在方案设计阶段，要正确地处理好借鉴与创新的关系。同类产品成功的先例应当借鉴，原有的薄弱环节及不符合现有任务要求的部分应当加以改进或者得到根本的改变。既要反对保守和照搬原有设计，也要反对一味求新而把合理的原有经验弃置不用这两种错误倾向。

1.2.3 结构与技术设计

结构与技术设计阶段的目标是产生总装配草图及部件装配草图。通过草图设计确定出各部件的外形及基本尺寸，包括各部件之间的连接，零部件的外形及基本尺寸。为了确定主要零件的基本尺寸，必须做以下工作。

1. 机器的运动学设计

根据确定的结构方案，确定原动机的参数(功率、转速、线速度等)，然后作运动学计算，从而确定各运动构件的运动参数(转速、速度、加速度等)。

2. 机器的动力学计算

结合各部分的结构及运动参数，计算各主要零件上所受载荷的大小和特性。此时所求出的载荷，由于零件尚未设计出来，因而只是作用于零件上的名义载荷。

3. 零件工作能力设计

已知主要零件所受的名义载荷的大小和特性后，即可做零、部件的初步设计。设计时所依据的工作能力准则需参照零、部件的一般失效情况、工作特性、环境条件等合理地拟定，一般有强度、刚度、振动稳定性、寿命等准则。通过计算或类比，即可决定零、部件的基本尺寸。

4. 部件装配草图及总装配草图的设计

根据已定出的主要零、部件的基本尺寸，设计出部件装配草图及总装配草图。草图上需对所有零件的外形及尺寸进行结构化设计。在此步骤中，需要很好地协调各零件的结构及尺寸，全面地考虑所设计的零、部件的结构工艺性，使全部零件具有最合理的构形。

5. 主要零件的校核

在绘出部件装配草图及总装配草图以后，所有零件的结构及尺寸均为已知，相互邻接的零件之间的关系也为已知。只有在这时，才可以较为精确地定出作用在零件上的载荷，以及决定影响零件工作能力的各个细节因素，才有可能对一些重要的或者外形受力情况复杂的零件进行精确的校核计算。根据校核的结果，反复地修改零件的结构及尺寸，直到满意为止。

技术文件的编制是技术设计的一个必备环节。技术文件的种类很多，常用的有设计计算说明书、使用说明书、标准明细表等。编制设计计算说明书时，应包括方案选择及技术设计的全部结论性内容。CAD技术的普及使技术文件的编制及存档变得方便；ERP(Enterprise Resource Planning)技术的实施，使企业的技术信息及管理信息更加高度集成。

优化设计经过半个多世纪的发展与完善，越来越显示出它可使产品零件的结构参数达到最佳的能力。有限元素法可使以前难以定量计算的问题得以解决，并求得极好的近似定量计算的结果。运用有限元素法可以对零部件进行静、动力分析，通过应力分布确定出产品最容易失效的部位，从而引导产品设计。对于少数非常重要、结构复杂且价格昂贵的零件，在必要时还需用模型试验方法来进行设计，即按初步设计的图纸制造出模型，通过试验，找出结构上的薄弱部位或多余的截面尺寸，以增大或减小来修改原设计，最后达到更好的效果。机械可靠性理论用于技术设计阶段，可以按可靠性的观点对所设计的零部件结构及其参数做出是否满足可靠性的评价，提出改进设计的建议，从而进一步提高机器的设计质量。上述理论目前已广泛应用于产品设计中。

1.2.4 产品制造

精密的产品设计是依靠高精度的制造来实现的，高精度的制造是依靠高精度的检具来完成的。

产品制造离不开合理的制造工艺。制造工艺是产品制造质量的保证，是指在产品制造中各种机械制造方法和过程的总和。在产品制造的任何工序中，用来迅速、方便、安全地安装工件的装置，称为夹具。而将设计图纸转化成产品，离不开机械制造工艺与夹具，它们是机械制造业的基础，是生产高科技产品的保障；离开了它们就不能开发出先进的产品，就不能保证产品质量，也不能提高生产率、降低成本和缩短生产周期。

机械制造工艺技术是在人类生产实践中产生并不断发展的。目前，机械制造工艺技术向着高精度、高效率、高自动化方向发展。精密加工精度已经达到亚微米级，而超精密加工已经进入0.01μm级。现代机械产品的特点是多种多样、批量小、更新快、生产周期短，这就要求整个加工系统及机械制造工艺技术向着柔性、高效、自动化方向发展。成组技术理论的出现和计算机技术的发展，使计算机辅助设计(CAD)、计算机辅助工艺设计(CAPP)、计算机辅助制造(CAM)、数控机床等在机械制造业中得到广泛的应用，这大大地缩短了产品的生产周期，提高了效率，保证了产品的高精度、高质量。

机械产品的质量、零件的质量和装配质量之间有着密切的关系，它直接影响着机械产品的使用性能和寿命。零件的加工质量包括加工精度和表面质量两个方面。机械加工精度是指零件加工后的实际几何参数(尺寸、形状和相互位置)与理想几何参数的符合程度。实际几何参数与理想几何参数的偏离程度称为加工误差，加工误差越小，加工精度就越高。任何一种加工方法都不可能将零件做得绝对准确，与理想零件完全符合。只要不影响机器的使用性能，允许误差值在一定的范围内变动。随着科学技术水平的提高和精密机械的迅速发展，对零件加工精度的要求愈来愈高，高精度的检具成为产品加工过程中不可缺少的工具。

由上述产品的正向设计过程可以看出，在充分地市场调研的基础之上，产品开发主要以功能导向为主。然而，随着工业技术的进步以及消费者对产品外形美观性要求的不断提高，任何通用性产品在消费者高质量的要求之下，功能上的需求已不再是赢得市场竞争力的唯一条件。复杂型面在产品设计中越来越多地得到应用。以具有灵活处理复杂型面的高性能 CAD 软件为支撑，工业设计(又称产品设计)在产品开发中逐渐受到重视，任何产品不仅在功能上要求先进，在产品外观(Object Appearance)上也要符合消费者的审美情趣，以吸引消费者的注意力。造型设计多指产品的外形美观化处理，在正向工程流程中受传统训练的机械工程师一般不能胜任这一工作。一些具有美工背景的设计师可利用 CAD 或图纸构想出创新的美观外形，再以手工方式塑造出模型，如木模、石膏模、黏土模、蜡模、工程塑料模、玻璃纤维模等，然后再通过三维尺寸测量来构建出自由曲面模型的 CAD 文件。这个程序已有逆向工程的观念，但仍属正向工程，因为具有对象导向(Object Oriented)的观念，企业仍保有设计图的智能财产。

因此，正向工程可归纳为：功能导向(Functionally Oriented)、对象导向(Object Oriented)、预定模式(Prescriptive Model)、系统开发以及所属权系统(Legacy System)。

1.3 逆向设计

逆向设计也叫逆向工程，逆向工程(Reverse Engineering，RE)就是对已有的产品零件或原型进行 CAD 模型重建，即对已有的零件或实物原型，利用三维数字化测量设备来准确、快速地测量出实物表面的三维坐标点，并根据这些坐标点通过三维几何建模方法重建实物 CAD 模型的过程，它属于产品导向(Product Oriented)。逆向工程不是简单地再现产品原型，而是对技术消化、吸收，并进一步改进、提高产品原型的重要技术手段；是产品快速创新开发的重要途径。通过逆向工程掌握产品的设计思想属于功能向导。

随着计算机、数控和激光测量技术的飞速发展，逆向工程不再是对已有产品进行简单的“复制”，其内涵与外延都发生了深刻的变化，已成为航空、航天、汽车、船舶和模具等工业领域最重要的产品设计方法之一，是工程技术人员通过实物样件、图样等快速获取工程设计概念和设计模型的重要技术手段。

广义逆向工程指的是针对已有产品原型，消化吸收和挖掘蕴含其中的涉及产品设计、制造和管理等各个方面的一系列分析方法、手段和技术的综合。它以产品原型、实物、软件(图样、程序、技术文件等)或影像(图片、照片等)等作为研究对象，应用系统工程学、产品设计方法学和计算机辅助技术的理论和方法，探索并掌握支持产品全生命周期设计、制造和管理的关键技术，进而开发出同类的或更先进的产品。广义逆向工程的研究内容十分广泛，概括起来主要包括产品设计意图与原理的反求、美学审视和外观反求、几何形状与结构反求、材料反求、制造工艺反求、管理反求等，是一个复杂的系统工程。

目前，国内外有关逆向工程的研究主要集中在产品几何形状以及与功能要素相关的结构反求，即集中在重建产品原型的数字化模型方面。从产品几何模型重建的角度来看，逆向工程可狭义地定义为将产品原型转化为数字化模型的有关计算机辅助技术、数字化测量技术和几何模型重建技术的总称。基于这一定义，逆向工程可以看成是从一个已有的物理模型或实物零件构造相应的数字化模型的过程。实物原型的设计是企业的智力财产，具有归属性，而由产品实物逆向建模所得的产品 CAD 模型所蕴含的产品设计意图对产品开发企业而言不具备归属性，但可以在现有产品技术之上改进创新，推出更具竞争力的产品。

作为一种逆向思维的工作方式，逆向工程技术与传统的产品正向设计方法不同。它是根据已存在的产品或零件原型来构造产品的工程设计模型或概念模型，在此基础上对已有产品进行解剖、深化和再创造，是对已有设计的再设计。传统的产品开发过程遵从正向工程(正向设计)的思维进行，是从收集市场需求信息着手，按照市场调查→产品功能描述(产品规格及预期目标)→产品概念设计→产品总体设计及详细的零部件设计→制定生产工艺流程→设计、制造工夹具、模具等工装→零部件加工及装配→产品检验及性能测试的步骤开展工作，是从未知到已知、从抽象到具体的过程。逆向工程则是按照产品引进、消化、吸收与创新的思路，以实物→原理→功能→三维重构→再设计的框架进行工作，其中最主要的任务是将原始物理模型转化为工程设计概念模型或产品数字化模型。逆向工程一方面为提高工程设计、加工、分析的质量和效率提供充足的信息，另一方面为充分利用先进的 CAD/CAE/CAM 技术对已有的产品进行再创新设计服务。正向工程中从抽象的概念到产品数字化模型的建立是一个计算机辅助的产品“物化”过程；而逆向工程是对一个“物化”产品的再设计，强调产品数字化模型建立的快捷性，以满足产品更新换代和快速响应市场的要求。在逆向工程中，由离散的数字化点或点云到产品数字化模型的建立是一个复杂的设计意图理解、数据加工和编辑的过程。

从产品逆向工程建模的本质过程可以看出，基于原型的数字化点云分析、设计意图理解和模型重建过程，充分体现了计算机辅助几何设计(Computer Aided Geometric Design，CAGD)、计算机图形学(Computer Graphics，CG)、非线性规划(Nonlinear Programming，NLP)等数值计算和图形表示方法的深入交叉和综合应用特点，是计算机辅助设计领域目前最活跃、最有特色的研究方向。如何从数字化点云中分析、推断出产品原型所隐含的设计意图，如具体的产品设计和制造功能等特征，是一个非常复杂的数学运算、计算机理解和表达的过程。涉及的数学和计算机问题主要包括：支持快速搜索和特征分析的点云表达机制、特征建模和概率统计分析、曲线曲面几何特征之间的复杂约束与优化、曲面光顺等。

开展逆向工程研究，旨在通过对已有的较先进产品的设计原理、结构、材料、工艺装配等方面进行分析研究，研制开发出性能、结构等方面与原型相似甚至更为先进的产品。因此逆向工程是一系列分析方法和应用技术的结合，是一个认识原型→再现原型→超越原型的过程。

因此，逆向工程可归纳为：功能导向(Functionally Oriented)、描述模式(Descriptive Mode)、系统仿造(System Imitation)以及非所属权系统(Non-legacy System)。

1.3.1 逆向设计的工作流程

随着制造业的发达，汽车、飞机、家电等需要大量A级曲面，传统的设计方法已经不能满足设计的要求，逆向设计就顺势而生。逆向设计使用的软件有GeomagicStudio、Imageware、CopyCAD、RapidForm等，而前期的点云采集以光学测量和机械测量为主，光学测量近年来呈现了旺盛的发展势头，研究逆向设计的流程和快速使用逆向软件必将成为未来发展的焦点。

逆向设计的基本流程如图1.2所示：对待测模型进行坐标数据采集，在测量前先对待测模型进行分析，估算工作量和测量中可能遇到的问题，然后测量得到点云数据，通过软件对这些点云数据进行再次分析，进行点云拼合、数据简化、三角化、降噪、抽稀等预处理，并对测量数据进行分块、曲面重构，反求出基于B-Rep结构的产品CAD模型。将求得的模型与原模型进行类比，从本质上理解初始设计者对于各种设计因素关系的处理方式、方法，辩证地对其吸收、改进，以达到“克隆”设计的目的。

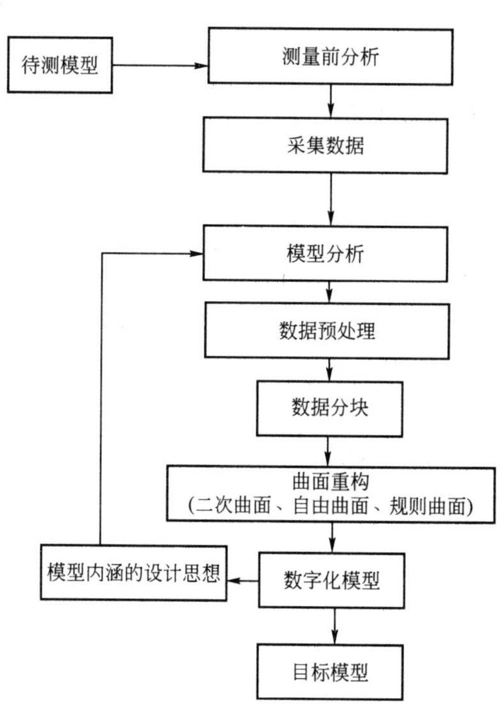

图1.2 逆向设计的工作流程

1. 待测模型

从最初的油泥模型到快速原型、产品实物，包括实体零件、钣金零件、出土文物、雕像、卡通玩具、生物结构体以及多维空间物体等，凡是需要获得点云的模型，均可称为待测模型。

2. 测量前分析

数据测量之前要预先对零件进行分块，详细了解模型的前期信息和后续应用要求。前期信息包括实物样件的几何特征、数据特点等；后续应用包括结构分析、加工、制作模具、快速成型等，以选择正确有效的造型方法、支撑软件，达到模型精度和模型质量。在测量三维模型时需按照一个比较简捷方便的途径来分解产品得到理想的点云，现在最常用的分解方法是造型数法。一个产品可以看作是多个基本的简单的几何元素通过各种关系“合成”的。

3. 采集数据

由测量设备采集的比较密集的数据点，称作点云。按照获得点云的组织结构形式，点云可分为有序点云和散乱点云。有序点云是指点云数据不但包含了点的坐标位置信息，而且还包含了其内在的数据函数关系；散乱点云则指除坐标位置的数字信息以外，不含有任何的数据函数形式。

4. 模型分析

为了提高逆向工程重建产品数模的二次设计能力，需要理解实物原型的设计意图及造型方法，并基于测量数据进行原始设计参数还原，以便对其进行参数化设计，并从中发现规律性的东西，重建出与原始设计意图一致的产品数字化模型，进而进行新产品开发。

5. 数据预处理

一般认为数据预处理工作包括数据平滑、排除噪声数据和异常数据、压缩和归并冗余数据、补齐遗失点、数据分割、多次测量数据、图像的数据定位对齐和对称零件的对称基准重建。本文对预处理的主要工作归结为：多视拼合、噪声去除、数据简化、数据补缺和三角网格化。

1）多视拼合

在实际工程中，要测量的范围经常是被测件的全部轮廓，即整体外形和内部形腔(若有)。无论是采用接触式还是非接触式的数字测量方法，希望通过一次测量完成对全体件的数字化是很困难的，通常的做法是对全体件重新定位，以另一个有利的角度或者方向获取试件不同方位的表面信息，这就是多视拼合。

2）噪声去除

在数据采集过程中，由于环境变化和其他人为的因素，难免会采集到一些噪声点、坏点，同时测量过程中由于操作误差等原因还可能产生跳点，这些点都要在模型建立之前进行剔除。对于偏离较大的点及孤立的点可以根据目测直接手动删除，对于无法目测删除的可以采用数据平滑方法和高斯滤波法来进行过滤。

3）数据简化

当测量数据的密度很高时，如光学扫描设备常采集到几十万、几百万甚至更多的数据点，存在大量的冗余数据，严重影响后续算法的效率，因此需要按一定的要求减少测量点的数量。不同类型的点云可采用不同的简化方法，对规则点云可采取等间距均匀简化、倍率简化、等量简化、弦偏差简化等方法。

4）数据补缺

由于被测模型本身的几何拓扑原因或者遮挡效应、破损等原因，会存在部分表面无法测量、采集的数字化模型存在数据缺损的现象。例如深孔类零件或内部尖角处就无法测全；又如在测量过程中，常需要一定的支撑或夹具，模型与夹具接触的部分就无法获得真实的数据；再如用于数据拼合的固定球和标签处的数据也无法测量。因而这些情况下需要对数据进行补缺。

5）三角网格化

大多数几何造型系统都支持三角网格模型，因此根据测量数据重建三角网格模型是逆向工程中曲面重建的一个重要方面。三角网格化算法应该考虑的问题主要有：①数据的分布是不规则的，可能有开放的边界或孔洞，甚至可能是由多个独立的部分组成；②生成的三角网格应该保证二维流形；③算法应该有较高的效率和鲁棒性。

6. 数据分块

对测量数据进行分块，可将复杂的数据处理问题简化，使后期的曲面局部修正变得方便灵活，有利于提高精度。利用曲率法来检测数据分块区的边界线，对散乱点数据的分块主要分为基于边的方法和基于面的方法。

7. 曲面(二次曲面、自由曲面、规则曲面)重构

在工程应用中，平面(可看作退化的二次曲面)及自然二次曲面，包括球面、柱面、锥面，被广泛应用。规则曲面是组成三维曲面模型的主要部分，规则曲面之间通过锐边相交、相切相交、二阶连续相交或辅助曲面的过渡连接可构成完整的曲面模型。自由曲面可用分片四边界参数曲面或非规则边界参数曲面来表示，曲面片之间要求精度高，有一定的光顺性和连续性。在工程中应用广泛的参数曲面是B样条曲面和NURBS曲面。

8. 数字化模型

通过逆向软件Geomagic Studio、Imageware、RapidForm、PolyWorks等对采集到的数据进行处理后，另存成IGS或STEP格式，在UGNX、Pro/E、CATIA等三维软件中进行设计，直接实体化(或缝合加厚)或偏距外表面后，就可以生成的三维实体模型，称为数字化模型。

9. 目标模型

通过RP技术进行实物仿造的物体，能够完全满足实物形体尺寸，或者在工程上满足使用要求，达到用户满意的计算机数字模型，可以定义为目标模型。在CAD中，三维几何模型的基本构成要素是空间的点、线、面和体，分为线框、表面和实体3种表示模型。

1.3.2 逆向设计的开发流程

逆向设计的开发流程如图1.3所示。

1. 数据获取

数据获取是逆向工程的第一个步骤，数据的获取通常是利用一定的测量设备对零件表面进行数据采样，得到的是采样数据点的坐标值。数据获取的方法大致分为两类：接触式和非接触式。

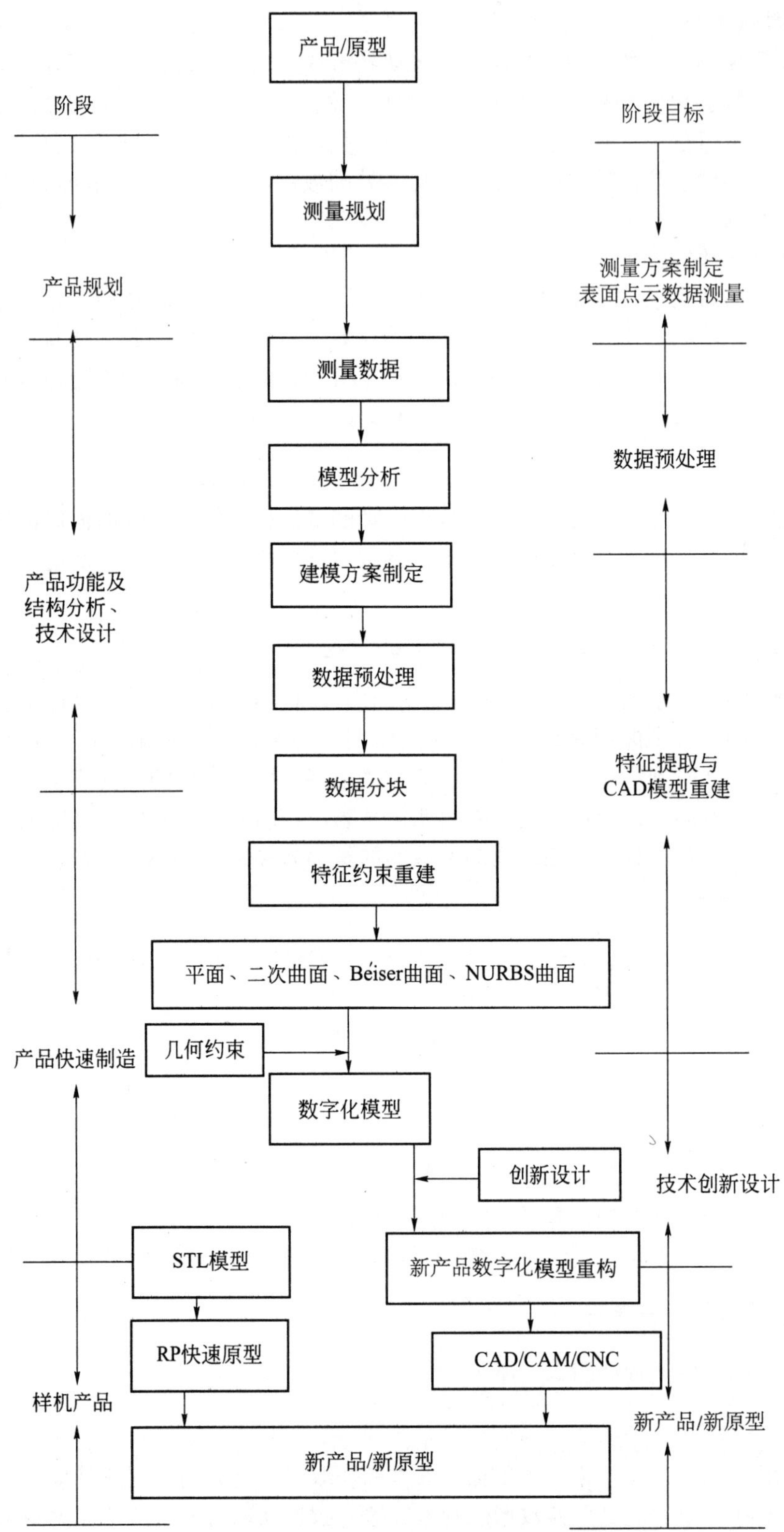

图 1.3　逆向工程的开发流程

接触式数据采集方法是在机械手臂的末端安装探头，使其与零件表面接触来获取表面数据信息，目前最常用的接触式数据测量系统是三坐标测量机(Coordinate Measuring Machine，CMM)。测量时可根据实物的特征和测量的要求选择测量探头及其方向，确定测量点数及其分布，然后确定测量的路径，有时还要进行碰撞的检查。常用的接触式三坐标测量机多采用触发探头，又称为开关测头，当探头的探针接触到产品的表面时，由于探针触发采样开关，通过数据采集系统记下探针的当前坐标值，逐点移动探针就可以获得产品的表面轮廓的坐标数据。常用的接触式触发探头主要包括：机械式触发探头、应变片式触发探头、压电陶瓷触发探头。触发式探头的原理是通过编程规划扫描路径进行点位测量，每次测量获取被测形面上的一点(x，y，z)坐标值。采用触发式探头的优点在于：①适用于空间箱体类工件及已知产品表面的测量；②触发式探头的通用性较强，适用于尺寸测量和在线应用；③体积小，易于在狭小的空间内应用；④由于测量数据点时测量机处于匀速直线低速状态，测量机的动态性能对测量精度的影响较小。但由于探头的限制，不能测量到被测零件的一些细节之处，不能测量一些易碎、易变形的零件。另外接触式测量的探头与零件表面接触，测量速度慢，测量后还要进行探头补偿，数据量小，不能真实的反映实体的外形。20世纪90年代初，英国Renishaw公司和意大利DEA公司等著名的坐标测量机制造商先后研制出新一代使用力、位移传感器的扫描测量探头，该测量探头可以在工件上进行滑动测量，连续获取表面的坐标信息。目前，三坐标测量机的空间运行速度达到866mm/s，测量精度也可达1μm。

CMM的优点是测量精度高，对被测物的材质和色泽无特殊要求，对不具有复杂内部型腔、特征几何尺寸少、只有少量特征曲面的零件而言，CMM是一种非常有效并且可靠的三维数字化手段；缺点是不能对软物体进行精密测量。CMM价格昂贵，对使用环境要求高，测量速度慢，测量数据密度低，测量过程需人工干预，还需要对测量结果进行探头损伤及探头半径补偿，无法测量小于测头半径的凹面，这些不足限制了它在快速反求领域中的应用。

非接触式方法采用光、声、磁等非接触介质来获取零件表面数据信息，可分为主动式测量和被动式测量。常用的非接触式测量方法包括：激光线结构光扫描法、面投影光栅法、数字照相系统、计算机断层扫描(CT)法等。

激光线结构光扫描测量法是一种基于三角测量原理的主动式结构光编码测量技术，亦称为光切法(Light Sectioning)。通过将线状激光束投射到三维物体上，利用CCD摄取物面上的二维变形线图像，即可解算出相应的三维坐标。每个测量周期可获取一条扫描线，物体的全轮廓测量是通过多轴可控机械运动辅助实现的。这类测量方法的扫描速度可达15000点/s，测量精度在±(0.01～0.1)mm之间，价格适中，对测量对象型面的光学特性要求不高。

面投影光栅法是一类主动式全场三角测量技术，通常采用普通白光将正弦光栅或矩形光栅投影于被测物面上，根据CCD摄取变形光栅图像，根据变形光栅图像中条纹像素灰度值的变化，可解算出被测物面的空间坐标。这类测量方法具有很高的测量速度和较高的精度，是近年发展起来的一类较好的三维传感技术。

计算机断层扫描技术最具代表的是基于X射线的CT扫描机，它是以测量物体对X射线的衰减系数为基础，用数学方法经过计算机处理而重建断层图像的技术。这种方法最早是应用于医疗领域，目前已经用于工业领域，即“工业CT”，是对中空物体的无损三维测量。这种方法是目前较先进的非接触式的检测方法，它可对物体的内部形状、壁厚、材料，尤其是内部构造进行测量。该方法同样能够获得被测件内表面数据，而且不破坏被测件，但它存在造价高、测量系统的空间分辨率低、获取数据时间长、设备体积大、只能获得一定厚度截面的平均轮廓等缺点。

层析法是一种破坏式测量方法，将待测的零件原形填充后，采用逐层铣削和逐层光扫描相结合的方法获取零件原形不同位置截面的内外轮廓数据，并将其组合起来获得零件的三维数据。层析法可对有孔及内腔的物体进行测量，不足之处在于这种测量是破坏性的、不可逆的过程。

立体视觉测量是根据同一个三维空间点在不同空间位置的两个(或多个)摄像机拍摄的图像中的视差，以及摄像机之间位置的空间几何关系来获取该点的三维坐标值。立体视觉测量方法可以对处于两个(或多个)摄像机共同视野内的目标特征点进行测量，而无需伺服机构等扫描装置。但立体视觉测量面临的最大困难是空间特征点在多幅数字图像中提取以及匹配的精度与准确性等问题。近来出现了将具有空间编码的结构光投射到被测物体表面，来制造测量特征的方法，这有效解决了测量特征提取和匹配的问题，但在测量精度与测量点的数量上仍需改进。

总之，在可以应用接触式测量的情况下，就不要采用非接触式测量；在只测量尺寸、位置要素的情况下尽量采用接触式测量；考虑节省测量本钱且能满足要求的情况下，尽量采用接触式测量；对产品的轮廓及尺寸精度要求较高的情况下采用非接触式扫描测量；对离散点的测量采用扫描式测量方法；对易变形、精度要求不高、要求获得大量测量数据的零件进行测量时，采用非接式测量方法。

数据获取是逆向工程准确建模的基础，获取数据的质量会直接影响到后续的曲面重构的质量。测量后得到的原始数据往往存在冗余和噪声，要经过数据预处理才可进行曲面拟合及 CAD 建模。

2. 曲面重构

零件表面通常由若干不同类型的曲面构成，因此在曲面重构时，需要对点云数据进行分割处理，针对每一片点云用恰当的曲面来拟合。曲面重构通常包含以下几个步骤：①点云中数据点之间拓扑关系的建立；②几何特征的提取及自动分割；③分片点云的曲面重构。

阵列点云中的数据点呈规则的阵列形式排列，因此数据点之间的拓扑关系已经隐含在其中，每一个点的位置由其所在的行和列确定；而对于散乱数据，原始点云中的数据点没有明确的拓扑关系，因此需要重新建立它们之间的拓扑关系，通常采用三角剖分的方法来建立。

在建立了点云数据之间的拓扑关系后，需要在此基础上提取物体表面的几何特征信息，如边界线等，然后利用这些特征将点云数据分割。目前有两种不同的点云分割方法，即基于边界的方法和基于区域(或面)的方法。

基于边界的方法是先寻找曲面之间的边界点，然后将这些找到的边界点拟合出各分片点云之间的边界线，再利用这些边界线及其包围的分片点云拟合出曲面。这种方法存在以下问题：①敏感数据，特别是光学测量得到的数据，在清晰边界处不可靠；②可用于数据分割的点的数目少，仅限于采用边界点的范围内，这意味着大量其他点的信息不可以用来辅助生成可靠的面片；③寻找光滑边界点，即获得切矢连续或更高阶连续的点十分困难，这是由噪点和测量误差引起的，另一方面，如果先对数据进行光顺处理以减少误差，那么可能使计算出的点的曲率和法矢发生变化，而且过滤噪点可能会移动特征的位置。

基于区域(或面)的方法采用相反的顺序来生成曲面，它从种子点开始，假设种子点及其邻域属于某一类型的曲面，在种子点周围逐渐加入属于这一曲面的邻接点，邻接点不断增长，直到没有属于当前区域的相邻的点，这些点构成了具有相同属性的点云连通区域，作为一片需要重构曲面的原始点云数据。实际中可以在零件表面的不同区域选取种子点，并进行处理，生成不同的点云，然后通过合并、延伸、相交等操作来得到各片点云之间的边界。这种方法具有以下优点：①使用了更多的点，最大限度地利用了所有可以得到的数据；②可以直接确定哪些点属于哪些曲面；③直接提供了点云数据的最佳拟合曲面。但也存在一些缺点：①很难选定最佳的种子点；②必须根据属于当前区域的点小心地更新假设，如果加入了坏点，那么会破坏对当前曲面属性的估计；③无法表示出一张复杂的自由曲面，而且可能会生成很多的细小平面或二次曲面，得不到预期的结果。

一些学者提出了将基于边界与基于区域的分割技术结合的方法。基于边界和区域相结合的分割方法综合了前两种方法的优点，在对待一般的简单曲面时，可以利用基于区域的方法，得到准确的曲面模型；对于自由曲面，则可以采用基于边界的方法，找到自由曲面的边界，达到对自由曲面分割的目的。

点云数据经过分割处理后，就得到了多片相互邻接的点云以及它们之间的边界。根据曲面拓扑形式的不同，可以将曲面重构方法分为两大类：基于矩形域曲面的方法和基于三角域曲面的方法。四边域网格曲面建模是面向有序数据点的曲面建模，而三角域曲面建模是面向散乱数据点的曲面建模。

在计算几何里，常用的曲面模型有 Coons、Bezier、B－Spline、NURBS 等，它们对应三维空间的一个矩形参数域，曲面边界由 4 条边界曲线表示，这类曲面的拟合方法得到了广泛的研究和应用。其中 NURBS 方法具有很多突出的优点：①可以精确地表示二次规则曲面，从而能用统一的数学形式表示规则曲面和自由曲面；②具有可影响曲线、曲面形状的权因子，使形状更易于控制和实现。由于 NURBS 方法的这些突出优点，国际标准化组织(ISO)于 1991 年颁布了关于工业产品数据交换的 STEP 国际标准，将 NURBS 方法作为定义工业产品几何形状的唯一数学描述方法，各种成熟的商业化 CAD/CAM 软件也普遍采用 NURBS 方法作为自由曲面模型的标准。

为了弥补矩形域曲面拟合散乱数据和不规则曲面的不足，人们探讨了采用三角域 Bezier 曲面拟合或直接利用三角网格离散曲面进行重构的技术。三角域 Bezier 曲面拟合是以 Boehm 等提出的三角 Bezier 曲面为理论基础，具有构造灵活、适应性好等特点，因而在散乱数据点曲面拟合中能有效应用。三角域 Bezier 曲面拟合一般包括 3 个步骤：①三角剖分，对型值数据进行三角剖分，以建立其拓扑关系；③曲线网格的建立，对每一三角形边进行 Bezier 曲线拟合；③G1 曲面的建立，在保证相邻曲面片间达到 G1 连续的条件下，用三角曲面片填充曲面网格。三角曲面能够适应复杂的形状及不规则的边界，因而在对复杂型面的曲面构造过程中以及在逆向工程中，具有很大的应用潜力。其不足之处在于所构造的曲面模型不符合产品描述标准，并与通用的 CAD/CAM 系统通信困难。

3. CAD 模型重建

逆向工程最后阶段的目的是生成用 B－rep 方法表示的连续 CAD 模型。如果采用基于面的方法，可能在各面片之间发生重叠或存在缝隙。如果各面片之间没有清晰的边界，就需要通过延伸面片来处理。有时这种方法并不可行或结果不理想，这时就需要插入过渡面或调整曲面参数以使它们光顺。除了边界拼接之外，还需要在边界拼接曲面的公共角点处生成光滑角点拼接曲面。一种方法是当 n 个边界曲面相交时生成具有 n 条边的曲面片；另一种方法是采用后退型(Setback Type)顶点拼接曲面的方法，它生成的是沿被拼接的基本曲面周围的小曲线段包围生成的具有 $2n$ 条边的曲面片。

另外，需要对通过逆向工程方法得到的 CAD 模型进行评价，模型精度评价主要解决以下问题：①由逆向工程中重建得到的模型和实物样件的误差到底有多大；②所建立的模型是否可以接受；③根据模型制造的零件是否与数学模型相吻合。在逆向工程中，模型精度评价主要解决前两个问题。在模型重建过程中，从形状表面数字化到 CAD 建模都会产生误差，目前对逆向工程的模型精度评价的研究进行得较少，只是通过最终模型的对比来计算反求模型的总体误差。

通过逆向建模技术，可以得到连续的 B－rep 模型，但实际上建立的只是零件的表面 CAD 模型，要转入 CAM 阶段，还需要将表面模型转换成实体模型。目前，很多常用的三维 CAD 软件都具有这一功能，例如 UG、CATIA、Pro/Engineer 等。

1.3.3 逆向设计的应用前景

在产品造型日益多元化的今天，逆向工程已经成为产品开发制造过程中不可或缺的一环，在制造业领域内有广泛的应用背景。其应用范围包括以下几方面。

(1) 尽管 CAD 发展迅速，各种商业软件的功能日益强大，但目前还无法满足一些复杂曲面零件的设计需要，还存在许多使用黏土或泡沫模型代替 CAD 设计的情况，最终需要运用逆向工程将这些实物模型转换为 CAD 模型。

(2) 外形设计师倾向使用产品的比例模型，以便于产品外形的美学评价，最终可通过运用逆向工程技术将这些比例模型用数学模型表达，通过比例运算得到美观的真实尺寸的 CAD 模型。

(3) 由于各相关学科发展水平的限制，对零件的功能和性能分析，还不能完全由 CAD 来完成，往往需要通过实验来最终确定零件的形状，如在模具制造中经常需要通过反复试冲和修改模具型面方可得到最终符合要求的模具。若将最终符合要求的模具测量并反求出其 CAD 模型，在再次制造该模具时就可运用这一模型生成加工程序，就可大大减少修模量，提高模具生产效率，降低模具制造成本。

(4) 目前在国内，由于 CAD/CAM 技术运用发展的不平衡，普遍存在这样的情况：在模具制造中，制造者得到的原始资料为实物零件，这时为了能利用 CAD/CAM 技术来加工模具，必须首先将实物零件转换为 CAD 模型，继而在 CAD 模型基础上设计模具。

(5) 艺术品、考古文物的复制。

(6) 人体中的骨头和关节等的复制、假肢制造。

(7) 特种服装、头盔的制造要以使用者的身体为原始设计依据，此时，需首先建立人体的几何模型。

(8) 在 RPM 的应用中，逆向工程的最主要表现为：通过逆向工程，可以方便地对快速原型制造的原型产品进行快速、准确的测量，找出产品设计的不足，进行重新设计，经过反复多次迭代可使产品完善。

1.4　三维数字化建模CAD平台的选择

1.4.1　三维数字化建模与逆向工程

逆向工程又叫反求工程，是根据已有实物，设计或者制造出相同产品，甚至更先进产品的设计理念和方法。其已经发展为CAD/CAM中一个相对独立的范畴，与传统的正向设计与产品制造有着质的区别，如图1.4和图1.5所示。反求工程建模是由实物开始，经过测量、数据预处理、数据分块与曲面拟合、CAD模型重建、加工制造等一系列操作再到实物的过程，涉及计算机、图像处理、图形学、计算几何、激光测量和数控等众多交叉学科和领域。

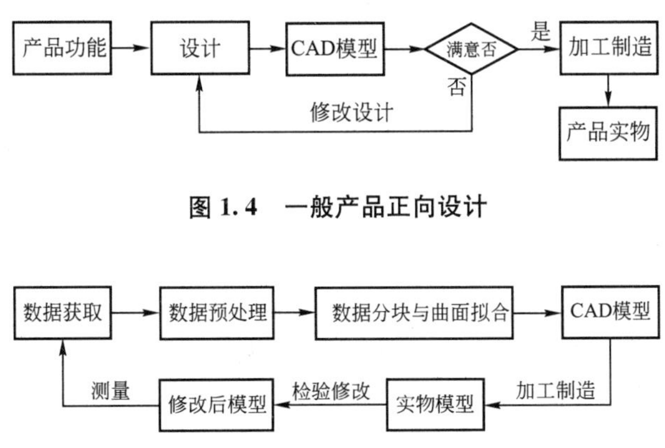

图1.4　一般产品正向设计

图1.5　反求工程基本过程

在这个建模过程中，根据处理对象及所采用的测量手段和技术的不同，有以下几种反求工程建模方法。

(1) 以三坐标测量机或者激光测量机为基础，在人为制定的测量规划的指导下，将模型划分为若干区域，分区域测量并进行数据处理，然后将数据转化为通用CAD/CAM系统可以接受的数学模型文件，完成反求工程建模。

(2) 通过非接触式激光扫描测量机对物理模型进行密集扫描，并将这些数据直接用于数控加工；或者经过对扫描数据的一系列处理，产生构造物体表面模型所需要的主要几何特征，根据这些几何特征，最终由通用的CAD/CAM系统建立实物的表面模型。

(3) 利用工业CT或者层析测量方法，得到物体二维轮廓线，对二维轮廓线进行特征分析、提取，利用相邻层面的特征相似、特征关联等性质完成模型重构。

产品反求工程建模，一般有两个阶段。第一个阶段为从数据测量到几何特征提取和表面模型生成；第二个阶段为实体生成。后一阶段可以通过数据接口，转换到通用CAD/CAM系统中完成，因此反求工程的研究热点在第一阶段的各个关键技术展开，具体包括数据采集、数据预处理、数据分块、曲面拟合及模型重建等。

1.4.2 正向设计CAD建模软件选择要点

CAD技术的发展经历了二维计算机绘图技术、曲面造型技术、实体造型技术、参数化技术、变量化技术和超变量化技术。在CAD软件的发展过程中，CAD技术的发展时刻推动着CAD软件的发展。CAD软件包含的不仅是技术的先进性，还包含很多其他因素，如市场的定位及销售、功能的实用性等。CATIA是基于曲面造型的，其核心算法并没有实质性的发展，但现阶段却因为功能强大依然高居CAD软件榜首；I-DEAS虽然采用变量化技术，但逃脱不了被收购的厄运；Pro/Engineer的参数化技术现如今没有因为变量化技术的出现而退出历史的舞台，反而跃居CAD软件的前列。这也提醒使用者，在选择CAD软件时，一定要根据自己的实际情况，选择适合自己的CAD软件，切记不可以一味追求技术的先进性。

由于CAD技术是一个不断发展、不断完善的技术，因此在应用中也是一个不断学习、不断应用的过程；此外，由于全面应用的工作量比较大，牵扯的面比较广，加之对新技术的充分理解需要时间，所以在学习时难免会走一些弯路。

在软件的选择上，除考虑软件的性能、价格和供应商的服务外，最重要的是应该考虑所选择的软件性能是否能满足工作需要，价格上是否能承受得起。市场上的软件很多，每种软件都有自己的长处和短处，每种软件都有其在市场上存在的理由。因此选择软件时，应充分了解软件的性能，明确自己的要求及所要达到的目标，根据自己的需要来决定。

1. 选择合适的硬件平台

对于企业而言，需要根据自己的要求来确定硬件平台。很多企业总是向高起点看，当然长远打算是对的，但计算机硬件发展很快，两三年就是一个飞跃，现在有些企业购买昂贵的工作站，未等使用已经淘汰，这大可不必。不如选择计算机平台，因为计算机的价格便宜，功能又可以达到或接近工作站的水平，在淘汰前就早已收回成本。

2. 选择合适的软件平台

现有CAD软件大多基于UNIX和Windows两种平台。在几年前，一些CAD软件必须选择UNIX，因为只有UNIX才是32位操作系统，才能发挥CAD软件的作用；而现在的Windows系统已经是成熟的32位操作系统，正在向64位发展。从功能和用户群来看，选择Windows操作系统已经是一个必然，因为Windows操作简单，应用广泛，价格合理，功能强大，基于其上的应用软件数量也非常多，而且价格便宜。一些应用软件广泛不像几年前必须依赖UNIX，所以选择Windows平台是明智的选择。

3. 选择合适的三维CAD软件

这仍然是一个挑战，也是最需要认真思考的问题，因为现在一般CAD软件都是高度集成的大型CAX一体化软件，抛开价格的因素，每个CAD软件似乎都能满足用户的全部要求，这更增加了选择三维CAD软件的难度。要选择合适的三维CAD软件，需要从以下两个方面考虑。

(1) 明确所需要的三维CAD软件的级别，即所需要的三维CAD软件是高端、中端产品，还是低端产品。高端CAD软件功能固然强大，但是针对行业、企业的规模而言，并不是每个行业都能发挥其强大的作用，相反有时还会带来使用上的困难。应该根据自己行业的内容、企业的规模、软件的价格和操作人员的实际情况来明确三维 CAD 软件的级别。一般认为，CATIA、UG、Pro/Engineer 是高端 CAD 软件，SolidWorks、Solid Edge 等属于中端 CAD 软件，像 CAXA 等属于低端 CAD 软件。

(2) 在选择 CAD 软件级别后要考虑 CAD 软件的功能是否满足需要，使用是否方便，系统是否稳定，以及是否能够应用起来。

1.4.3 正向设计建模主流 CAD 软件

目前，微机平台上的三维 CAD 软件已经成熟，在我国 CAD 市场上比较流行的高端三维 CAD 软件有西门子公司的 UG、PTC 公司的 Pro/Engineer、达索公司的 CATIA，并不断有新版本推出。

1. UG

UG(Unigraphics)是集 CAD/CAE/CAM 为一体的三维参数化软件，为机械制造企业提供从设计、分析到制造过程中的建模，是当今世界最先进的计算机辅助设计、分析和制造软件，广泛应用于航空、航天、汽车、造船、通用机械和电子等工业领域。在 UG 软件中，优越的参数化和变量化技术与传统的实体、线框和表面功能结合在一起。这一结合被实践证明是强有力的，该方法已被大多数 CAD/CAM 软件厂商所采用。

UG 最早应用于美国麦道飞机公司。它是从二维绘图、数控加工编程和曲面造型等功能发展起来的软件。20 世纪 90 年代初，美国通用汽车公司选中 UG 作为全公司的 CAD/CAE/CAM/CIM 主导系统，这进一步推动了 UG 的发展。

UG 系统提供了基于过程的产品设计环境，使产品开发从设计到加工真正实现了数据的无缝集成，从而优化了企业的产品设计与制造。UG 面向过程驱动的技术是虚拟产品开发的关键技术，在面向过程驱动技术的环境中，用户的全部产品及精确的数据模型能够在产品开发全过程的各个环节保持相关，从而有效地实现了并行工程。

该软件不仅具有强大的实体造型、曲面造型、A 类曲面设计、虚拟装配和产生工程图等设计功能；而且在设计过程中可进行有限元分析、机构运动分析、动力学分析和仿真模拟，提高设计的可靠性；同时，可用建立的三维模型商接生成数控代码，用于产品的加工，其后期处理程序支持多种类型数控机床。

具体来说，该软件具有以下特点。

(1) 具有统一的数据库，真正实现了 CAD/CAE/CAM 等各模块之间无数据交换的自由切换，可实施并行工程。

(2) 采用复合建模技术，可将实体建模、曲面建模、线框建模、显示几何建模与参数化建模融为一体。

(3) 用基于特征(如孔、凸台、腔体、键槽、倒角等)的建模和编辑方法作为实体造型基础，形象直观，类似于工程师传统的设计办法，并能用参数驱动。

(4) 曲面设计采用非均匀有理 B 样条曲线作为基础，可用多种方法生成复杂的曲面，特别适合于汽车外形设计和汽轮机叶片设计等复杂曲面造型。

(5) 出图功能强，可十分方便地从三维实体模型直接生成二维工程图；能按 ISO 标准和国标标注尺寸、形位公差和汉字说明等；并能直接对实体作旋转剖、阶梯剖和轴测图，挖切生成各种剖视图，增强了绘制工程图的实用性。

(6) 以 Parasolid 为实体建模核心，实体造型功能处于领先地位。目前许多著名 CAD/CAE/CAM 软件均以此作为实体造型基础。

(7) 具有良好的用户界面，绝大多数功能都可通过图标实现；进行对象操作时，具有自动推理功能；同时在每个操作步骤中，都有相应的提示信息，便于用户做出正确的选择。

(8) 提供了简单方便的二次开发和界面开发接口，使用户能够快速地定制适合自己的环境。

2. Pro/Engineer

Pro/Engineer 系统是美国参数技术公司(Parametric Technology Corporation，PTC)的产品。PTC 公司提出的单一数据库、参数化、基于特征、全相关的概念改变了机械 CAD/CAE/CAM 的传统观念。这种全新的概念已成为当今世界机械 CAD/CAE/CAM 领域的新标准。

利用该概念开发出来的第三代机械 CAD/CAE/CAM 产品 Pro/Engineer 软件能将设计至生产全过程集成到一起，让所有的用户能够同时进行同一产品的设计制造工作，即实现所谓的并行工程。

Pro/Engineer 不仅具有真正参数化的实体造型，而且对于曲面造型来说也真正实现了参数化。为了克服参数化对曲向造型的局限性，Pro/Engineer 对于概念设计增加了 STYLE 模块，对于逆向工程增加了 RESTYLE 模块。从而使 Pro/Engineer 极易在产品设计、制造与管理等每个环节中充分发挥其作用。

Pro/Engineer 系统主要功能如下。

(1) 真正的全相关性，任何地方的修改都会自动反映到所有相关之处。

(2) 具有真正管理并发进程、实现并行工程的能力。

(3) 具有强大的装配功能，能够始终保持设计者的设计意图。

(4) 容易使用，可以极大地提高设计效率。

(5) 简捷灵活的 STYLE 模块可以十分迅速地生成美观、理想的自由曲面。

(6) RESTYLE 模块使逆向工程在产品设计中形成更高层次的集成。

Pro/Engineer 系统用户界面简洁，概念清晰，符合工程人员的设计思想与习惯。整个系统建立在统一的数据库上，具有完整而统一的模型。

3. CATIA

CATIA(Computer Aided Three&Two Dimensional Interaction Application System，计算机辅助三维/二维交互式应用系统)是由法国达索(DS)公司开发的大型 CAD/CAM 应用软件，后被美国的 IBM 公司收购。新一代的 CATIA V5 是 IBM/DS 公司在充分了解客户应用需求后基于 Windows 重新在 CATIA V4 基础上开发的新一代高端 CAD/CAM 软件系统。1999 年 3 月法国达索系统(Dassault Systems)正式发布第一个版本，即 CATIA V5R1 (CATIA Version 5 Release 1)。2003 年 4 月发布的 CATIA V5R11(CATIA Version 5 Release 11)，模块总数由最初的 12 个增加到了 146 个，将原来运行于 IBM 主机和 AIX 工作站环境的 CATIA V4. 版本彻底改变为运行于微软 Windows NT 环境，99%以上的用户界面图标采用 MS Office 形式，并且自己开发了一组图形库，使 INIX 工作站版本与 Windows 微机版本具有相同的用户界面。CATTA V5 充分发挥了 Windows 平台的优点，在开发时大量使用了最新、最前沿的计算机技术和标准，使其具有强大的功能。

(1) 复杂、灵活的曲面建模功能。小仅能够完成任何苛刻要求的曲面设计工作，而且对于逆向工程提供了强大的数字化外形编辑模块，使逆向工程首次可以在CAD系统中达到更高层次的集成。CATIA特别针对A级曲面设计开发出汽车A级曲面设计模块，该模块采用其独有的逼真造型、自由曲面相关性造型和发计意图捕捉等曲面造型技术，可生成和构造优美光顺的外形。该模块可以大幅度提高工作效率，并方便使用，它开创了A级曲面处理的新方法，提高了A级曲面造型的模型质量和A级曲面(设计流程)的设计效率，并在总开发流程中达到更高层次的集成，将A级曲面整个开发过程提高到一个新的水平。

(2) 单一的数据结构，各个模块全相关，某些模块之间还是双向相关；端到端的集成系统拥有宽广的专业覆盖面，支持自上向下(top－down)和自下向上(bottom－top)的设计方式。

(3) 以流程为中心，应用了许多相关工业优秀开发设计经验，提供经过优化的流程。

(4) 创新的用户界面、极强的交互性能及界面图形化把使用性和功能性结合起来，易学易用。

(5) 独一无二的知识工程架构，创建、访问及应用企业知识库，把产品开发过程中涉及的多学科知识有机地集成在一起。

(6) 先进的混合建模技术，建立在优秀可靠的几何造型与图像基础上，具有领先的几何建模和混合建模功能。

(7) 建立在STEP产品模型和CORBA标准之上，可在整个产品周期内方便修改，尤其是后期修改。

(8) 提供多模型链接的工作环境及混合建模方式，实现真正的并行工程的设计环境。

(9) 强大的数字样机、形状虚拟样机、功能虚拟样机等技术。

(10) 开放平台，为各种应用的集成提供了一个开放的平台。

(11) 面向设计的工程分析，作为设计人员进行决策的辅助工具，开放性允许使用第三方的解算器(如NASTRAN、ADAMS)。

(12) 具有完善的加工解决方案，唯一建立在单一的基础构架上、基于知识工程、覆盖所有CAM应用；支持电子商务，支持即插即用(plug&play)功能的扩展等。

(13) 使用专用性解决方案，最大限度地提高特殊复杂流程的效率。这些独有的和高度专业化的应用将产品和流程的专业知识集成起来，支持专家系统和产品创新，如汽车A级曲面造型、汽车车身设计、装配变形公差分析等。

为了更好地对比，现把UG、Pro/Engineer、CATIA一些功能对比列入表1－1中。

表1－1　UG、Pro/Engineer、CATIA功能对比

序号	功能对比	UG	Pro/Engineer	CATIA
1	系统历史	第四代三维CAD系统	第三代三维CAD系统	第一代三维CAD系统
2	操作性	位图式多层次指令，好学但不方便使用	原版本为封闭的命令行，多层复杂指令，难学又难用。最新野火改为对话框式单层指令，简单易学	完全Windows真彩图形操作界面，操作简单，导向性好，命令繁多，功能强大，难学易用

（续）

序号	功能对比	UG	Pro/Engineer	CATIA
3	软件处理模式	参数式实体模型计算核心，参变数式使用界面，也可以选择全参数模式	完全参数式设计	参数式实体模型计算核心，参变数式使用界面，也可以选择全参数模式
4	轮廓产生	可以在三维空间中绘制和编辑	可以方便地在三维空间中绘制	可以方便地在三维空间中绘制
5	数据文件交换	具有良好的CAD/CAM三维数据文件交换性，二维交换性较差	具有一般的三维CAD/CAM数据文件交换性，二维交换性很好	具有良好的二、三维CAD/CAM数据文件交换性
6	曲面造型功能	具有良好的产品曲面造型功能，适合正向设计	具有简单快捷的曲面造型功能，对于非参数修改比较困难，适合正向设计	具有强大的曲面造型功能。适合正向设计、逆向设计及A级曲面设计
7	中文应用	支持中文界面	支持中文界面	支持中文界面
8	培训时间比例	1	2	3
9	硬件需求	中	中	高
10	参考价格/元	30	30	50
11	动态预览	一般	好	好
12	主要应用领域	汽车、摩托车、航天、模具、民用家电产品等	民用家电产品、模具、汽车、摩托车中的发动机设计等	在汽车、航天领域中占有很大的比例

小　　结

本章主要阐述了现代设计方法的定义、分类，包括正向设计和逆向设计两大类，分别讲解了正向设计、逆向设计的工程流程，各个流程点的定义的概念，最后讲解了三维数字化建模CAD平台的选择。

习　　题

1-1　什么叫逆向工程？

1-2　结合图1.3分析逆向设计的流程特点。

1-3　逆向设计的应用主要在哪几个方面？

1-4　现代设计方法主要包含哪些方面？

1-5　逆向设计未来的发展趋势是什么？

1-6　三维数字化建模主要的CAD软件平台是什么？分别从正向设计和逆向设计说明。

第2章 逆向工程的测量技术

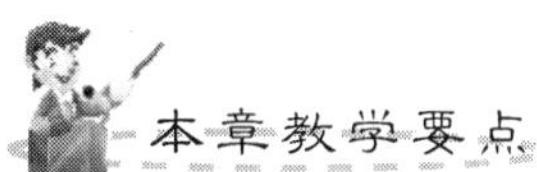

知识要点	掌握程度	相关知识
接触方法的分类	(1) 掌握接触测量方法、非接触测量方法、层析法的基本原理及特点 (2) 熟悉两类测量方法的应用范围及特点	其他新型的测量方法(如电磁量、核共振技术等)
三坐标测量机	(1) 掌握三坐标测量机的分类、基本原理及特点 (2) 熟悉三坐标测量机测量工艺的设计	(1) 三坐标测量机的工作原理、精度条件及工作范围 (2) 三坐标测量机的精度问题及测量优势
非接触测量 光学检测	(1) 熟悉非接触测量中摄影测量的基本原理及作用方式 (2) 了解光学检测获取点云数据的精度及处理方式	(1) 局部加载的省力原理及变形协调特点 (2) 典型超大构件成形的应用

导入案例

世界上第一台三坐标测量机的诞生

1956 年世界上出现了有英国 Ferranti 公司开发的首台用光栅作为长度基准并数字显示的现代意义上的三坐标测量机。

1962 年，作为 FIAT(菲亚特)汽车公司质量控制工程师的 Fraorinco Sartorio 先生，在意大利都灵市创建了 DEA(Digital Electronic Automation)，成为世界上第一家专业制造坐标测量设备的公司，同时在公司的命名上还富有前瞻性地预见到数字技术的广泛应用，并继而在推动坐标测量机在制造业，尤其是汽车、航空航天等大型零部件精密测量方面发挥着重要作用。

1963 年 10 月，DEA 公司的第一台行程为 2500mm×1600mm×600mm 的龙门式测量机 ALPHA，出现在米兰的欧洲机床展览会上，从而开创了坐标测量技术的新领域，并使得几何量质量控制技术成为工业生产的重要因素。

在随后的年代里，DEA 相继推出其手动和数控测量机，并率先采用气浮技术，配备了各种触发、扫描测头、非接触光学测头，开发了具有强大 CAD 功能的通用测量软件；先后推出系列桥式测量机和大型水平臂、龙门式测量机，并推动汽车车身研究和“白车身”的尺寸检测方面做出了突出贡献，并成为当时世界上技术最先进、规模最大的测量机供应商之一。

资料来源：http：//www. 18show. cn/share _ news/579314. html，2013

2.1　先进检测技术

近年来，随着计算机技术、传感技术、控制技术和视觉图像技术等相关技术的发展，出现了各种数据测量方法，三维数据测量方法按照测量探头是否和零件表面接触，可分为接触式数据采集和非接触式数据采集两大类。接触式包括基于力-变形原理的触发式和连续扫描式数据采集；而非接触式主要有激光三角测量法、激光测距法、光干涉法、结构光学法、图像分析法等。另外，随着工业 CT 技术的发展，断层扫描技术也在逆向工程中取得了广泛的应用。它们各自的特点和适用场合，具体如图 2.1 所示。

先进检测技术的发展历史包括最初的人力检测、人工检测，发展到电检测，以及最终的计算机辅助检测阶段。长期以来，因为制造水平的限制和工艺的不发达性，通用量具和专用检验用具被作为主要的检验手段，并在各个行业广泛使用，但是存在多种弊端，对被测物体的某些关键部位不能精确测量，并获得理想的几何模型。

层析法是一种以破坏待测物体、逐层铣削获得断层截面，并最终依靠截面堆积形成物体三维形态的不可逆的测量方法。

其主要分类如图 2.1 所示，相关测量的定义及特点可见相关文献。

点云数据获取是逆向工程的第一个步骤，也称为产品表面的数字化，零件的数字化通

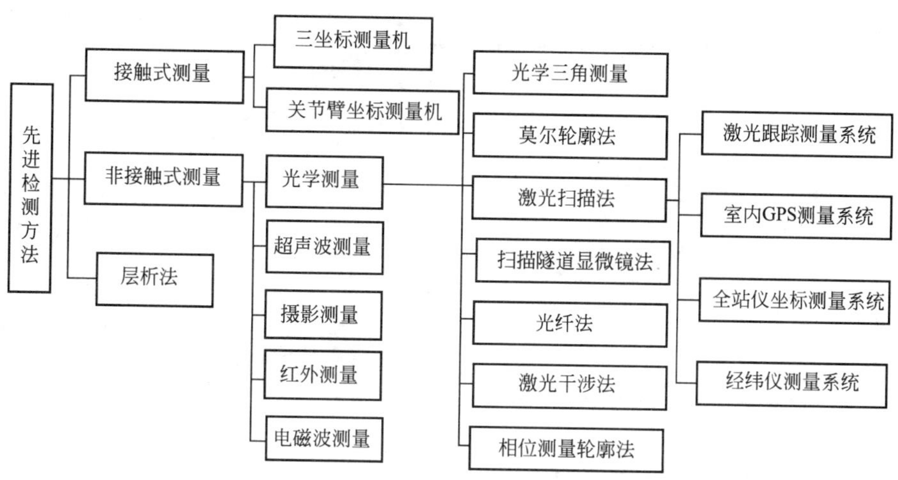

图 2.1　逆向工程数据获取方法分类

常是利用特定的测量设备和测量方法将物体的表面形状转换成离散的几何点坐标数据，对零件表面进行数据采样，得到的采样数据点的(x，y，z)坐标值。在这基础上进行复杂曲面的建模、评价、改进和制造。因而，高效、高精度地实现样件表面的数据采集，是逆向工程实现的基础和关键技术之一，也是逆向工程中最基本、最不可缺少的步骤。数据获取在产品设计与逆向工程及 CAD/CAM/CAE/RP/CNC 之间扮演着桥梁的角色。可以这样认为，数据测量是逆向工程的基础，测得数据的质量事关最终模型的质量，直接影响到整个工程的效率和质量。实际应用中，因模型表面数据获取的问题而影响重构模型精度的事时常发生。因此，如何取得最佳的物体表面数据，是进行产品逆向建模首要考虑到问题。点云数据要真实地反映被测量物体有关特征的坐标信息，因此对精度的追求是测量技术的首要目标；在满足精度要求的前提下，提高点云数据量的获取是一个需要考虑的问题。

2.2　接触式测量

接触式(Tactile Methods)数据采集方法是在机械手臂的末端安装测量探头，使其与被测量零件表面接触来触发一个记录信号，并通过相应的设备记录下当时的标定传感器数值，从而获取被测零件表面的三维数据信息。目前最常用的接触式数据测量系统为桥式三坐标测量机(Coordinate Measuring Machine，CMM)或机械手臂式坐标测量机，如图 2.2 所示。桥式三坐标测量机的侧头一般只能左右、上下和前后移动，对于一些复杂零件，测量效率较低。机械手臂式坐标测量机为一关节机构，具有多自由度，可用作柔性坐标测量机，传感器可装置在其头部，各关节的旋转角度由旋转编码器获取，由机构学原理可求得传感器在空间的坐标位置。这种测量机几乎不受方向的限制，可在工作空间做任意方向的测量，常用于大型钣金模具件的逆向建模的测量。

接触式测量方法在测量时可根据实物的特征和测量的要求选择测量探头及其方向，确定测量点数及其分布，然后确定测量的路径，有时还要进行碰撞的检查。常用的接触式三

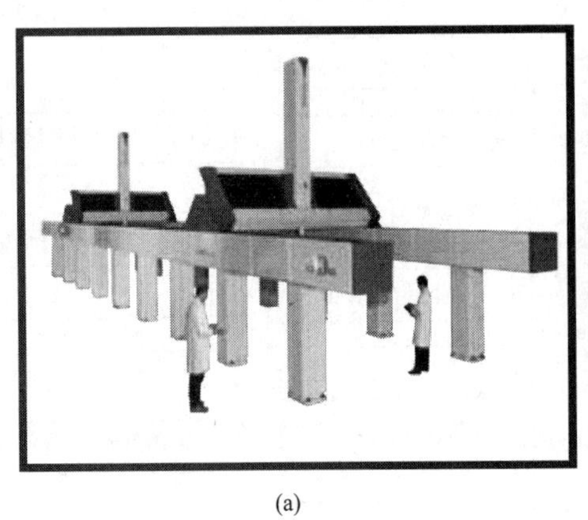

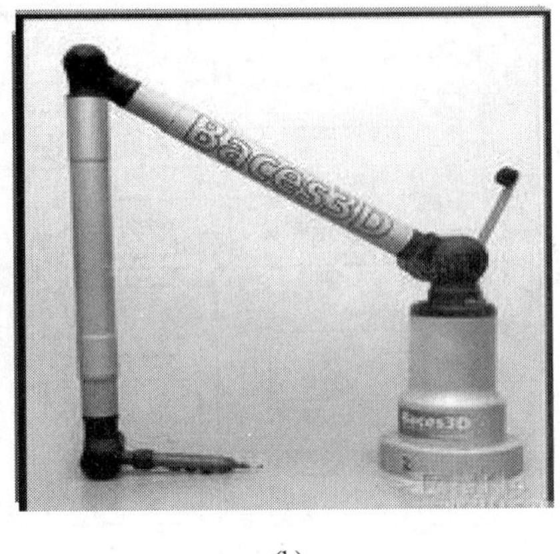

(a) (b)

图 2.2 桥式三坐标测量机和机械手臂式测量机

坐标测量机的测量数据采集方法多采用触发探头，触发探头又称为开关测头，当探头的探针接触到产品的表面时，由于探针触发采样开关，通过数据采集系统记下探针的当前坐标值，逐点移动探针就可以获得产品的表面轮廓的坐标数据。常用的接触式触发探头主要包括：机械式触发探头、应变片式触发探头、压电陶瓷触发探头。

触发式探头的原理是通过编程规划扫描路径进行点位测量，每次测量获取被测形面上的一点(x, y, z)坐标值。采用触发式探头的优点在于：①适用于空间箱体类工件及已知产品表面的测量；②触发式探头的通用性较强，适用于尺寸测量和在线应用；③体积小，易于在狭小的空间内应用；④由于测量数据点时测量机处于匀速直线低速状态，测量机的动态性能对测量精度的影响较小。但由于探头的限制，不能测量到被测零件的一些细节之处，不能测量一些易碎、易变形的零件；另外接触式测量的探头与零件表面接触，测量速度慢，测量后还要进行探头补偿；数据量小，不能真实的反映实体的外形。

从几何量种类来看，制件可分为长度、角度、形状与位置和粗糙度等几何尺寸的检测。常规的手工检测方法量具常使用盒尺、卷尺、游标卡尺、千分尺等，非手工方式常常借助于各种仪器进行检测。

现代工业高速发展，板料制件如大型飞机的蒙皮类零件、汽车覆盖件、锻压件型面等关键产品的尺寸，对其检测和精度评价的要求越来越高。其研究结果直接影响产品的品质和性能，如果未能达到预期设计的工程效果，那么整个产品的产业链也将受到影响。

对于复杂自由曲面类零件和中小型工件(长度小于 1 m)。国内生产厂家主要采用三坐标机测量法机，如图 2.3 Metro 三坐标测量机和图 2.4 PIONEER 三维激光扫描仪所示。关节臂三坐标测量机(图 2.5)等测量设备和标准样板靠模法和大型投影仪测量法来检测。三坐标测量机虽然精度能够保证，但其效率低、成本高、柔性差，并且对使用环境要求苛刻。模板式检测存在检测结果随机性大、检测时间长、精度低等缺点，且难以与自动控制系统、质量管理系统进行信息交流。大型投影仪测量法操作方便，但其精度小于三坐标测量法，所用的设备多从国外进口，价格昂贵，一般中小企业难以承受。

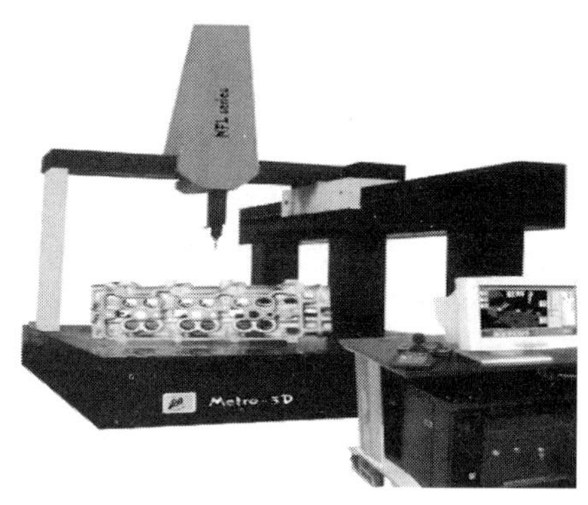

图 2.3　Metro 三坐标测量机

图 2.4　PIONEER 三维激光扫描仪

对于大型工件(长度大于 1 m)，空间测量激光跟踪仪(图 2.6)、电子经纬仪(图 2.7)、室内全空间定位系统(图 2.8)等光学仪器的测量精度能够满足使用要求，但其局限于对工件的一些关键点进行测量。存在测量速度慢、检测烦琐，无法进行全尺寸检测的缺点。

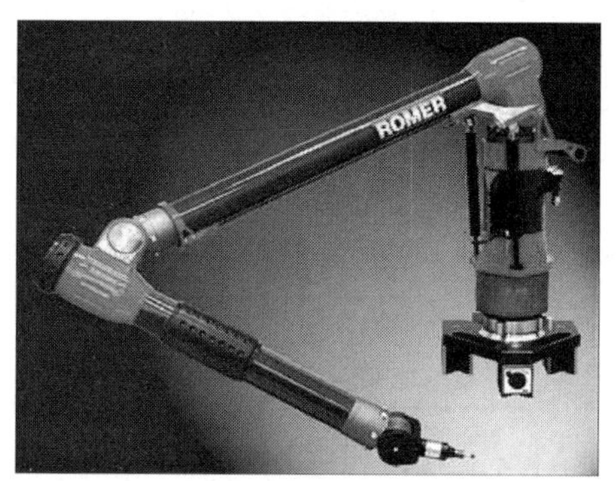

图 2.5　FARO 关节臂三坐标测量机

图 2.6　FARO 激光跟踪仪

图 2.7　STD 电子经纬仪

图 2.8　METRIS 室内全空间定位系统

应用计算机立体视觉系统对板料几何量进行精度评价已研究了好多年，并发展为一个领域，Olden 和 Patterson 等提出了一个模型，该模型使用主动目标模式，允许从众多的人群收集和处理信息并进行优化。但是这个处理方法主要依赖于获得的信息质量，而且难以对多种几何量的可执行性进行比较。Patterson 等又提出了设计一种标准测试材料，可以帮助解决这个问题，通过提供通用测试试样用于精度评价，达到直接比较的目的。李钢应用 CCD 作为传感器，开发了一种新的测量系统，具有快速装夹、准确度高等特点。陈福兴等通过改进激光扫描仪对汽轮机叶片进行检测和分析，并将结果反馈来优化加工参数。王军利用投影光栅相移测量技术使叶片的测量精度达到 0.01mm。

2.2.1 三坐标测量机

在三坐标测量机出现以前，测量空间三维尺寸已有一些原始的方法，如采用高尺度和量规等通用量具在平板上测量，以及采用专用量规、心轴、验棒等量具测量孔的同轴度及相互位置精度。早期出现的测量机可在一个坐标方向上进行工件长度的测量，即单坐标测量机，仅能进行一维测量。后来出现的万能工具显微镜具有 x 与 y 两个坐标方向移动的工作台，可测量平面上各点的二维坐标位置，即二维测量，也称为二坐标测量机。三坐标测量机具有 x、y、z 3 个方向的运动导轨，因此可测出空间范围内点的三维坐标位置。

三坐标测量机是 20 世纪 60 年代发展起来的一种新型、高效的精密测量仪器。在工业界，三坐标测量机的最初应用是作为一种检测仪器，对零件和部件的尺寸、形状及相对位置进行快速、精确的检测。此外，还可用于划线、定中心孔、光刻集成线路等。但随着三坐标测量机各方面技术的发展(如回转工作台、触发式测头的产生)，特别是计算机控制的三坐标测量机的出现，三坐标测量机已广泛应用于逆向工程的点云数据获取。由于三坐标测量机具有对连续曲面进行扫描来制备数控加工程序的功能，因此一开始就被选为逆向工程的主要的数字化设备并一直使用至今。传统测量技术与三坐标测量技术的区别见表 2-1。

表 2-1 传统测量技术与坐标测量技术比较

传统测量技术	坐标测量技术
对工件要进行精确、及时地调整	不需要对工件进行特殊调整
专用测量仪和多工位测量很难适应测量任务的改变	简单地调用所对应的软件完成测量任务
与实体标准或运动标准进行测量比较	与数学的或数学模型进行测量比较
形状和位置测量在不同的仪器上进行	尺寸、形状和位置的评定在一次安装中即可完成
不相干的测量数据	产生完整的数学信息，完成报告输出
手工记录测量数据	统计分析和 CAD 设计

它的出现，一方面是由于自动机床、数控机床高效率加工，以及越来越多且复杂形状的零件加工需要有快速可靠的测量设备与之配套；另一方面是由于电子技术、计算机技术、数字控制技术以及精密加工技术的发展，为三坐标测量机的产生提供了技术基础。1965 年，英国 FERRANTI 公司研制成功世界上第一台三坐标测量机，如图 2.9 所示。世界上首台龙门式测量机如图 2.10 所示。到 20 世纪 60 年代末，已有近 10 个国家的 30 多

家公司在生产 CMM，不通这一时期的 CMM 尚处于初级阶段。进入 20 世纪 80 年代后，以 ZEISS、LEITZ、DEA、LK、三丰、SIP、FERRANTI、MOORE 等为代表的众多公司不断推出新产品，使得 CMM 的发展速度加快。现代 CMM 不仅能在计算机控制下完成各种复杂测量，而且可以通过与数控机床交换信息，实现对加工的控制，并且还可以根据测量数据实现逆向工程。目前，CMM 已广泛用于机械制造业、汽车工业、电子工业、航空航天工业和国防工业等各部门，成为现代工业检测和质量控制不可缺少的万能测量设备。

图 2.9　1965 年 FERRANTI 公司研制的三坐标测量机

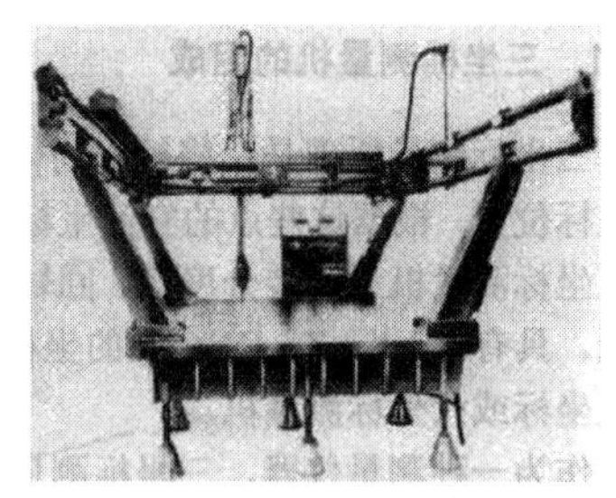

图 2.10　世界上首台龙门式测量机

三坐标测量机的特点是测量精度高，对被测物的材质和色泽无特殊要求。对不具有复杂内部型腔，只有少量特征曲面的零件。三坐标测量机是一种非常有效且可靠的三维数字化测量手段，它主要应用于由基本的几何形体(如平面、圆柱面、圆锥面、球面等)构成的实体的数字化过程，采用该方法可以达到很高的测量精度；但测量速度很慢，并且易损伤探头或划伤被测实体表面，还需要对测量数据进行测头半径补偿，对使用环境也有一定的要求。采用这种方法会使测量周期加长，从而不能充分发挥快速成形技术“快速”的优越性。一般来说，三坐标测量机可以配备触发式测量头和连续扫描式测量头，对被测件进行单点测量和扫描测量。由于三坐标测量机的测量点数不可能像非接触式测量机的测量点数那样密集，因而其测量所得数据比较适合于采用各种通用 CAD 软件来进行 CAD 数学模型的反求，利用不大的数据量也能很好地完成反求曲面，这使得三坐标测量机得到了更为广泛的应用。

1. 三坐标测量机的原理

三坐标测量原理是：将被测物体置于三坐标机的测量空间，可获得被测物体各测点的坐标位置，根据这些点的空间坐标值，经过计算可求出被测对象的几何尺寸、形状和位置。

也可以定义为：通过探测传感器(测头)与测量空间轴线运动的配合，对被测几何元素进行离散的空间点坐标的获取，然后通过相应的数学计算定义，完成对所测得点(点群)的拟合计算，还原出被测的几何元素，并在此基础上进行其与理论值(名义值)之间的偏差计算与后续评估，从而完成对被测零件的检验工作。

在三坐标测量机上装置分度头、回转台(或数控转台)后，系统具备了极坐标(柱坐标)系测量功能，这种具有 x、y、z，c 4 轴的坐标测量机称为四坐标测量机。按照回转轴的数目也可有五坐标或六坐标测量机。

2. 三坐标测量机的组成

作为一种测量仪器，三坐标测量机主要是比较被测量与标准量，并将比较结果用数值表示出来。三坐标测量机需要 3 个方向的标准器(标尺)，利用导轨实现沿相应方向的运动，还需要三维测头对被测量进行探测和瞄准。此外，测量机还具有数据自动处理和自动检测等功能，需要由相应的电气控制系统与计算机软硬件实现。

三坐标测量机可分为主机(包括光栅尺)、测头、电气系统 3 个部分，如图 2.11 所示。

1) 主机

三坐标测量机的主机结构如图 2.12 所示。

图 2.11　三坐标测量机组成

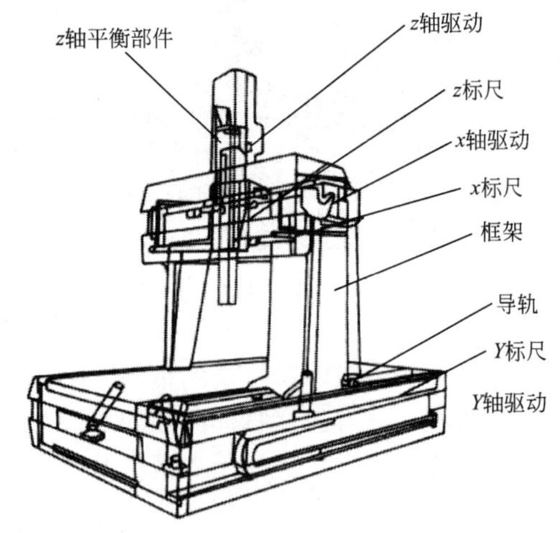

图 2.12　三坐标测量主机结构

(1) 框架结构：指测量机的主体机械结构架子。它是工作台、立柱、桥框、壳体等机械结构的集合体。

(2) 标尺系统：包括线纹尺、精密丝杠、感应同步器、光栅尺、磁尺、光波波长及数显电气装置等。

(3) 导轨：实现二维运动，多采用滑动导轨、滚动轴承导轨和气浮导轨，以气浮导轨为主要形式。气浮导轨由导轨体和气垫组成，包括气源、稳压器、过滤器、气管、分流器等气动装置。

(4) 驱动装置：实现机动和程序控制伺服运动功能。由丝杠丝母、滚动轮、钢丝、齿形带、齿轮齿条、光轴滚动轮、伺服马达等组成。

(5) 平衡部件：主要用于 z 轴框架中，用以平衡 z 轴的重量，使 z 轴上下运动时无偏重干扰，z 向测力稳定。

(6) 转台与附件：使测量机增加一个转动运动的自由度，包括分度台、单轴回转台、万能转台和数控转台等。

2) 测头

三维测头即三维测量传感器，它可在 3 个方向上感受瞄准信号和微小位移，以实现瞄准和测微两项功能。主要有硬测头、电气测头、光学测头等。测头有接触和非接触式之分。按输出信号分，有用于发信号的触发式测头和用于扫描的瞄准式测头、测微式测头等。

测头是三坐标测量机非常关键的部件，是测量机接触被测零件的发讯开关，测头精度的高低决定了测量机的测量重复性。可以这样说，测头发展的先进程度就标志着三坐标测量机发展的先进程度。三坐标测量机可以配置不同类型的测头传感器，按照结构原理，测头可分为机械式、光学式和电气式等。机械式主要用于手动测量，光学式多用于非接触测量，电气式多用于接触式的自动测量，新型测头主要采用电学与光学原理进行信号转换。

目前，工业界主要采用的是机械式测头。机械式测头又可分为开关式(触发式或动态发讯式)与扫描式(比例式或静态发讯式)两大类。开关测头的实质是零位发讯开关，以 Renishaw 公司的 TP6 为例，它相当于三对触点串联在电路中，当测头产生任一方向的位移时，均使任一触点离开，电路断开即可发讯计数。开关式结构简单，寿命长，具有较好的测量重复性，而且成本低廉，测量迅速，因而得到较为广泛的应用。常用接触式触发测头有 Renishaw 公司的机械式触发测头(TP20)、应变片式触发测头(TP7、TP200)、压电陶瓷触发测头(TP800)，如图 2.13 所示。

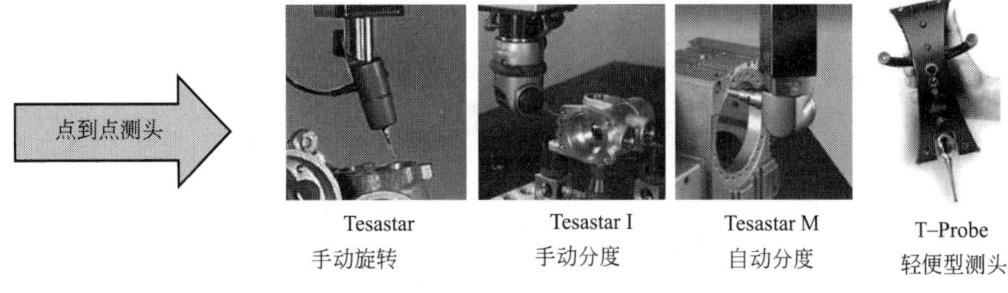

图 2.13 接触式触发测头

高精度扫描式测头(图 2.14)不仅能作触发测头使用，更重要的是能输出与探针的偏转成比例的信号(模拟电压或数字信号)，由计算机同时读入探针偏转及测量机的三维坐标信号，以保证实时地得到被探测点的三维坐标值。扫描式测头在取点时没有机械的往复运动，因此采点率大大提高。扫描测头用于离散点测量时，探针的三维运动可以确定所在表面的法矢方向，因此更适于曲面测量。常用的接触式扫描测头如 Renishaw 的 SP600 系列。

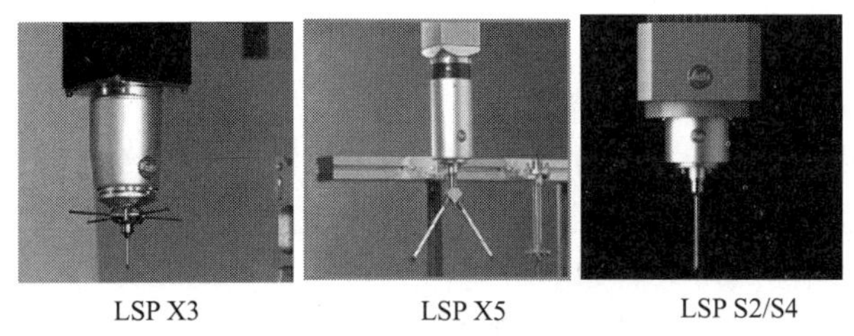

图 2.14 高精度扫描式测头

为了提高三坐标测量机的测量效率及精度，需对测头的类型进行选择。下面对不同类型的测头功能及优缺点进行分析，以供参考。

(1) 接触式测头的应用范围如下所述。

① 零件所被关注的是尺寸(如小的螺纹底孔)、间距或位置，而并不强调其形状误差(如定位销孔)。

② 当确信所用的加工设备有能力加工出形状足够好的零件。

③ 触发测头体积较小，适用于测量空间狭窄的部位。

一般来讲，触发式测头使用及维修成本较低，在机械工业中有大量的几何量测量，所关注的仅是零件的尺寸及位置。所以目前市场上的大部分测量机，特别是中等精度测量机，仍然使用接触式触发测头。

(2)扫描测头的应用范围如下所述。

① 应用于有形状要求的零件和轮廓的测量。扫描方式测量的主要优点在于能高速地采集数据，这些数据不仅可以用来确定零件的尺寸及位置，更重要的是由于其测得的数据包括大量的点，能精确地描述物体形状、轮廓。这特别适用于对形状、轮廓有严格要求的零件，并且该零件形状直接影响零件的性能(如叶片、椭圆活塞等)；也适用于不能确信所用的加工设备能否加工出形状足够好的零件，而形状误差成为主要矛盾的情形。

② 对于未知曲面的扫描，扫描式测头显示出了其独特优势。由于后续曲面重构需要大量的点，而触发式测头的采点方式显得太慢；由于是未知曲面，测量机运动的控制方式亦不一样，即在“探索方式”下工作；测量机根据已运动的轨迹来计算下一步运动的轨迹、计算采点密度等。

(3) 测头选择的原则如下所述。

① 在可以应用接触式测头的情况下，慎选非接触式测头。

② 在只测尺寸、位置要素的情况下，尽量选接触式触发测头。

③ 在考虑成本又满足要求的情况下，尽量选接触式触发测头。

④ 对形状及轮廓精度要求较高的情况下，选用非接触式测头。

⑤ 扫描式测头应当可以对离散点进行测量。

⑥ 考虑扫描式测头与触发式测头的互换性(一般用通用测座来实现)。

⑦ 易变形零件、精度不高零件、要求超大量数据的零件的测量，优先考虑采用非接触式测量。

⑧ 要考虑软件、附加硬件(如测头控制器、电缆)的配套。

(4) 扫描式测头的优点及缺点如下所述。

优点：①适于形状及轮廓测量；②采点率高；③高密度采点保证了良好的重复性、再现性；④更高级的数据处理能力。

缺点：①比触发测头复杂；②对离散点的测量较触发测头慢；③高速扫描时由于加速度而引起的动态误差很大，不可忽略，必须加以补偿；④测尖的磨损必须考虑。

(5) 触发式测头的优点及缺点如下所述。

优点：①适于空间棱柱形物体及已知表面的测量；②通用性强；③有多种不同类型的触发测头及附件供采用；④采购及运行成本低；⑤应用简单；⑥适用于尺寸测量及在线应用；⑦坚固耐用；⑧体积小，易于在窄小空间应用；⑨由于测点时测量机处于匀速直线低速运行状态，测量机的动态性能对测量精度影响较小。

缺点：测量取点率低。

（6）两种测头的比较（表2-2）

表2-2　两种测头的优缺点比较

测头	触发式测头	扫描式测头
测得数据	需进行球头半径补偿	表面数据
速度	慢	快
工件材料	硬质材料	不限制
精度	高	高
测量死角	受球头半径影响	光学阴影区域
误差	大	小
价格	中等	高

（7）测头附件

测头附件是指那些与测头相连接、扩大其功能的零部件。测头附件主要有测端与探针、连接器、回转附件和自动更换测头系统，如图2.15和图2.16所示。

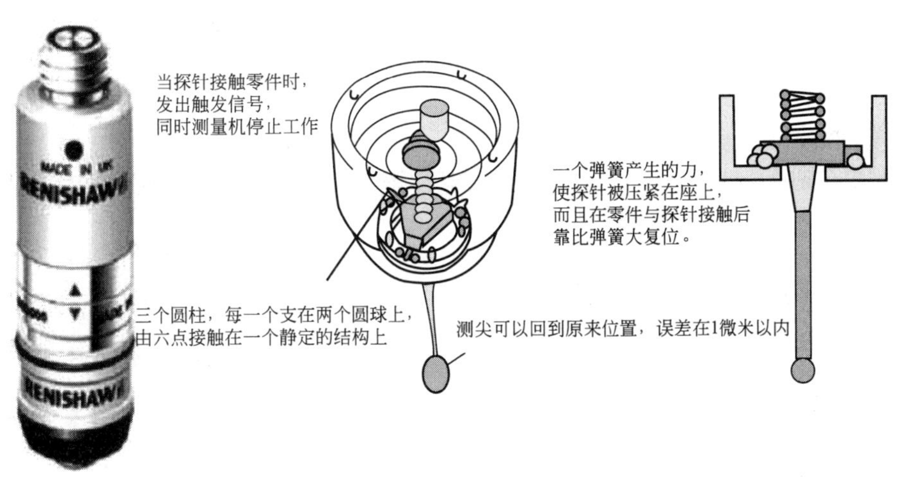

图2.15　Renishaw ACR3测头结构原理

① 测端与探针：测端与探针为直接对被测件进行探测的部件。对于不同尺寸、不同形状的工件需要采用不同的测端与探针。测端形状主要有球形、盘形、圆柱形端、尖锥形和半球形等。其中最常用的是球形测端，它具有制造简单、便于从各个方向探测、不易磨损、接触变形小的优点。测端的常用材料为红宝石、钢、陶瓷、碳化物、刚玉等。

图2.16　Renishaw旋转测座

为了便于对工件进行探测，需要有各种探针，通常将可更换的测杆称为探针。

选择探针时应注意下列问题。

a. 增加探针长度可以增强测量能力，但会造成刚度下降，因此在满足测量要求的前提下，探针应尽可能短。

b. 探针直径应小于测端球径，在不发生干涉条件下，应尽量增大探针直径；

c. 需要长探针时，常采用硬质合金探针，以提高刚度。

d. 在测量深孔时，还需使用加长杆以使探针达到要求的长度。

② 连接器：连接器的作用是将探针连接到测头上，以及将测头连接到回转体上或测量机主轴上。常见的连接器有星形探针连接器、连接轴和星形测头座等。

③ 回转附件：通过回转附件使测头能对斜孔、斜面或类似形状进行精确测量。常用的回转附件有铰接接头和测头回转体等。

3）电气系统

(1) 电气控制系统是测量机的电气控制部分，具有单轴与多轴联动控制、外围设备控制、通信控制和保护与逻辑控制等功能。

(2) 计算机硬件部分包括各式计算机和工作站。

(3) 测量机软件包括控制软件与数据处理软件。可进行坐标变换与测头校正，生成探测模式与测量路径，还用于基本几何元素及其相互关系的测量，形状与位置误差测量，齿轮、螺纹与凸轮的测量，曲线与曲面的测量等，具有统计分析、误差补偿和网络通信等功能。

(4) 打印与绘图装置根据测量要求打印输出数据、表格、绘制图形等。

3. 三坐标测量机的分类

1）按自动化程度分类

(1) 数字显示及打印型：主要用于几何尺寸测量，能以数字形式显示或记录测量结果以及打印结果，一般采用手动测量。

(2) 带小型计算机的测量机：带小型计算机的测量机的测量过程仍然是手动或机动的，由计算机进行诸如工件安装倾斜的自动校正计算、坐标变换、中心距计算、偏差值计算等，并可预先储备一定量的数据，通过计量软件存储所需测量件的数学模型和对曲线表面轮廓进行扫描计算。

(3) 计算机数字控制(CNC)型：计算机数字控制型可按照编制好的程序自动进行测量。按功能可分为：①编制好的程序对已加工好的零件进行自动检测，并可自动打印出实际值和理论值之间的误差以及超差值；②可按实物测量结果编程，与数控加工中心配套使用，测量结果经计算机进行处理，生成针对各种机床的加工控制代码。

2）按测量范围分类

(1) 小型坐标测量机，主要用于测量小型精密的模具、工具、刀具与集成线路板等，测量精度高，测量范围一般是 x 轴方向小于 500mm。

(2) 中型坐标测量机测量范围在 x 轴方向为 500～2000mm，精密等级为中等，也有精密型的。

(3) 大型坐标测量机测量范围在 x 轴方向大于 2000mm，精密等级为中等或低等。

3）按精度分类

三坐标测量机按精度可分为低精度、中等精度和高精度的测量机。3 种精度的三坐标测量机大体上可这样划分：低精度测量机的单轴最大测量不确定度在 $1\times10^{-4}L$ 左右，而空间最大测量不确定度为 $2\times10^{-4}\sim3\times10^{-4}L$，其中 L 为最大量程；中等精度的单轴与空间最大测量不确定度分别为 $1\times10^{-5}L$ 和 $2\times10^{-5}\sim3\times10^{-5}L$；高精度的单轴与空间最大测量不确定度则分别小于 $1\times10^{-6}L$ 和 $2\times10^{-6}L$。在实际应用中，可根据被测工件的技术规范、尺寸规格以及各种结构的具体特点选择不同形式的三坐标测量机。

4）按机械结构与运动关系分类

按结构形式分为桥式、龙门式、悬臂式、水平臂式、坐标镗床、卧镗式和仪器台式等。桥式和龙门式具有较高的刚度，可有效地减小由于重力的作用，使移动部件在不同位置时造成的三坐标测量机非均匀变形，从而在垂直方向上具有较高的精度。龙门式的设计结构主要是为了测量体积比较大的物体。由于本身结构的特点，桥式和龙门式的三坐标测量机具有较大的惯性，这影响了其加减速性能，测量速度一般较低。当前，在追求测量时间尽可能短的情况下，测量速度低成为桥式和龙式三坐标测量机的主要缺点。另外，桥式和龙门式三坐标测量机的敞开空间较小，从而限制了工件的自动装卸。悬臂式的三坐标测量机惯性小，因而加减速性能较高，有利于提高测量速度。但是悬臂式的三坐标测量机缺少立柱的支撑，因而对工件在垂直方向上的检测精度有限制。悬臂式的三坐标测量机由于有较大的敞开空间，有利于工件的自动装卸。悬臂式测量机具有较好的柔性，特别适合在生产现场使用，但缺点是精度比较低。

(1) 悬臂式三坐标测量机：悬臂式三坐标测量机原理结构如图 2.17 所示，测头系统撑在悬臂框架上可平行移动，而其悬臂框架又可在平板工作台上作垂直方向的平行移动。

图 2.17　悬臂式三坐标测量机原理结构示意图

优点：结构简单，测量空间开阔。

缺点：悬臂沿 y 向运动时受力点的位置随时变化，从而产生不同的变形，使得测量的误差较大。因此，悬臂式测量机只能用于精度要求不太高的测量中。

(2)桥式三坐标测量机：测头系统支撑在桥式框架上，桥式三坐标测量机是当前三坐标测量机的主流结构。按运动形式的不同，桥式三坐标测量机又可分为移动桥式和固定桥式，如图 2.18 所示。

① 移动桥式：移动桥式三坐标测量机外形结构如图 2.18(a)所示，放置被测物体的工作平台不动，桥式框架沿工作平台上的气浮导轨平行移动，导轨在工作台两侧，电动机单边驱动。

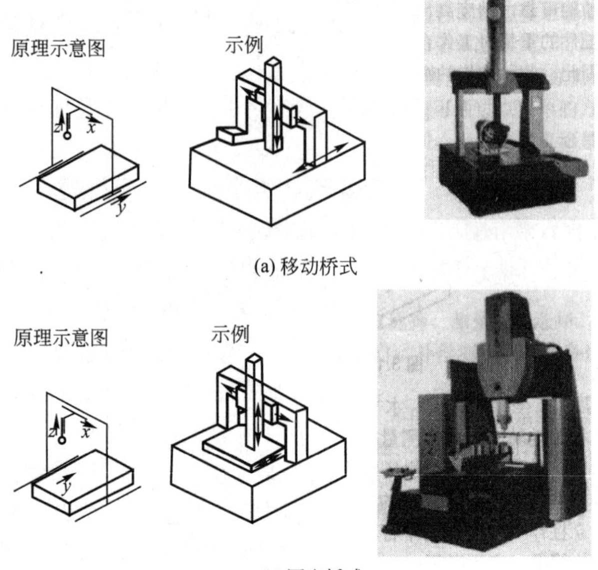

(a) 移动桥式

(b) 固定桥式

图 2.18　桥式三坐标测量机

优点：结构简单，结构刚性好，承重能力大；工件重量对测量机的动态性能没有影响。

缺点：x 向的驱动在一侧进行，单边驱动，扭摆大，容易产生扭摆误差；移动桥式三坐标测量机的光栅偏置在工作台一边，产生的阿贝误差较大，对测量机的精度有一定影响；因测量空间受框架的限制，移动桥式结构不适用于大型测量机。

② 固定桥式：固定桥式三坐标测量机原理结构如图 2.18(b)所示，桥式框架被固定在基座上不能移动，由放置被测物的工作台沿基座上的导轨移动。

优点：整机刚性强，载荷变化时测量机整机的机械变形小；光栅置于工作台中央，中央驱动偏摆小，产生的阿贝误差较小；测量工作的相对运动在 x 和 y 方向相互独立，不产生相互影响。

缺点：因测量时是工作台移动，工作台刚性较差，当载荷变化时易产生变形误差，所以工件重量不宜太大；基座长度大于 2 倍的量程，所以占据空间较大；操作空间不如移动桥式的开阔。

(3) 龙门式三坐标测量机：其原理结构如图 2.19 所示，与移动桥式三坐标测量机相比，其移动部分只是横梁。

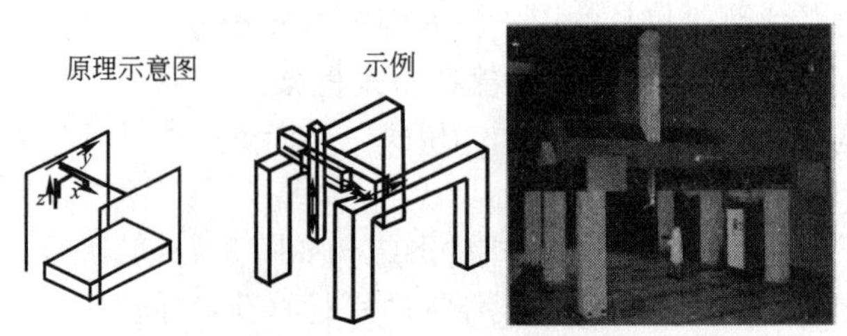

图 2.19　龙门式三坐标测量机

优点：结构稳定，刚性好，测量范围较大。

缺点：因驱动和光栅尺集中在一侧，造成的阿贝误差较大；驱动不够平稳。

(4) 卧镗式三坐标测量机：卧镗式测量机是在卧式镗床基础上发展起来的，特别适合测量卧镗加工类零件，亦适合在生产中作为自动检测设备。由于其 y 向移动较小，所以适合于中小型工件几何尺寸和形位尺寸的测量。测量时放置测量物体的工作平台可作平行移动，测头系统作上下垂直运动。其原理结构如图 2.20 所示。

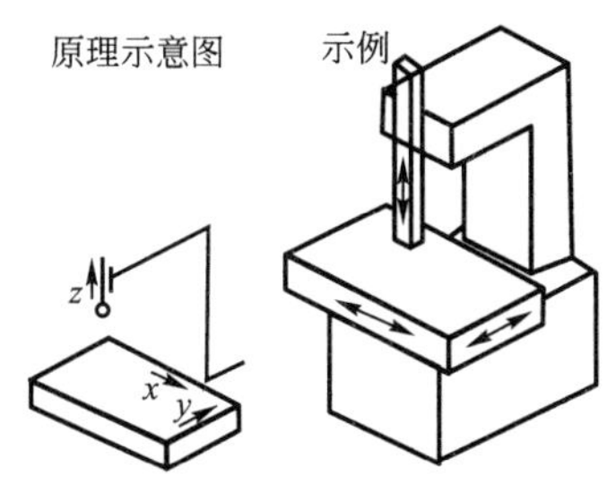

图 2.20 卧镗式三坐标测量机

优点：结构可靠，精度高，可将加工和检测集为一体。

缺点：工件的重量对工作台有影响，工作台同时作 x 向和 y 向运动，这增大了工作所需空间，因此此种结构的测量机只适合于中小型工件的测量。

(5) 水平臂式三坐标测量机：水平臂式也是悬臂式的一种，由于其工作台直接与地基相连，故又被称为地轨式三坐标测量机。从理论上讲，水平臂式三坐标测量机的导轨可以做得很长，所以这种形式的测量机广泛应用于汽车和飞机制造工业中。它的立柱沿基座上的导轨作 x 向运动，测头系统支撑在水平悬臂上可沿立柱作 y 向和 z 向平行移动。

优点：结构简单，空间开阔。

缺点：水平悬臂梁的变形与 y 向行程的 4 次方成正比；在固定载荷下，水平悬臂梁的变形与臂长的 3 次方成正比，以上原因造成水平臂变形较大。鉴于悬臂变形，这类测量机的 y 行程不宜太大。目前 y 行程一般为 1.35～1.5m，个别可达 2m。汽车车身检测中，需要更大的量程时，一般采用双水平臂式三坐标测量机(双臂三坐标测量机)，如图 2.21 所示。

图 2.21 水平臂式三坐标测量机

2.2.2 三坐标测量机软件分类

准确、稳定、可靠、精度高、速度快、功能强、操作方便是对测量机总体性能的要求，测量机本体(包括测头)只是提取零件表面空间坐标点的工具。过去，人们一直认为精度速度完全由测量机的硬件部分决定(测量机机械结构、控制系统、测头)，实际上，由于误差补偿技术的发展，算法及控制软件的改进，测量机的精度在很大程度上依赖于软件。测量机软件成为决定测量机性能的主要因素。现代三坐标测量机一般都采用微机或小型机，操作系统已选用 Windows 或 UNIX 平台，测量软件也采用流行的编程技术编制，尽管开发的软件系统各不相同，但本质上可归纳为两种：可编程式和菜单驱动式。可编程式具有编程语言解释器和程序编辑器，用户能根据软件提供的指令对测量任务进行联机或脱机编程，可以对测量机的动作进行微控制；而对于菜单驱动式，用户可通过点菜单的方式实现软件系统预先确定的各种不同的测量任务。根据软件功能的不同，坐标测量机测量软件可分成下列几类。

1. 基本测量软件

基本测量软件是坐标测量机必备的最小配置软件，它负责完成整个测量系统的管理，通常具备以下功能。

(1) 运动管理功能：包括运动方式选择、运动进度选择、测量速度选择。

(2) 测头管理功能：包括测头标定、测头校正、自动补偿测头半径和各向偏值、测头保护及测头管理。

(3) 零件管理功能：确定零件坐标系及坐标原点、不同工件坐标系的转换。

(4) 辅助功能：坐标系、地标平面、坐标轴的选择；公制、英制转换及其他各种辅助功能。

(5) 输出管理功能：输出设备选择、输出格式及测量结果类型的选择等。

(6) 几何元素测量功能，具体如下所述。

① 点、线、圆、面、圆柱、圆锥、球、椭圆的测量。

② 几何元素组合功能，即几何元素之间经过计算得出如中点、距离、相交、投影等功能。

③ 几何形位误差测量功能：平面度、直线度、圆度、圆柱度、球度、圆锥度、平行度、垂直度、倾斜度、同轴度等。

2. 专用测量软件

专用测量软件是指在基本测量软件平台上开发的针对某种具有特定用途的零部件测量与评价软件。通常包括：齿轮、螺纹、凸轮、自由曲线、自由曲面测量软件，如图 2.22 所示，用它替代一些专用的计量仪器，拓展了测量机的应用领域。

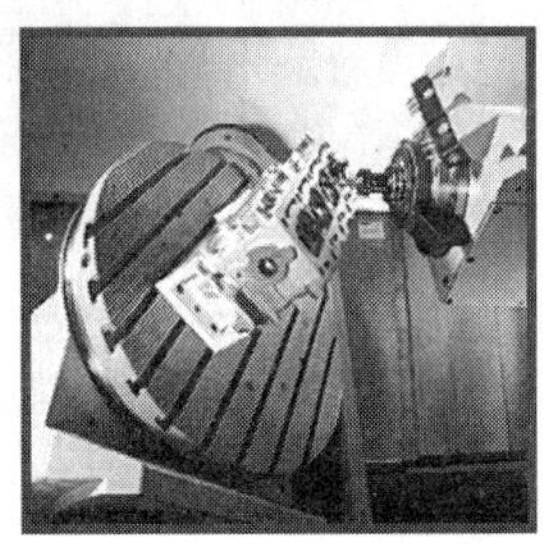
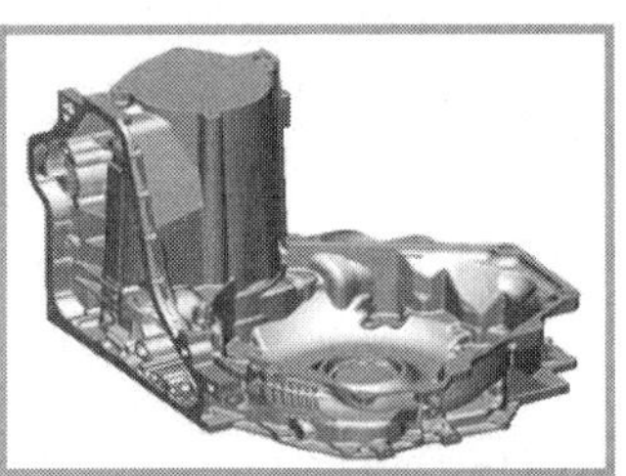

图 2.22　特定型面

模具轮廓、自由曲面形状的测量，包括模具、冲压件、塑料件和一些家电产品，如电话听筒、手机，或者是具备流线形状的，如车身、飞机构件等。鉴于过程控制的核心是制造出符合设计要求的产品，需要测量机完成上述自由形状工件表面点数据的采集。其测量方法包括：连续扫描测量法和点位测量法两类。

1) 连续扫描测量法

(1) 手动连续扫描测量：在点位测量机上，利用连续扫描，即锁住测量机的一轴，用手推动测头，使其始终保持与工件接触，并沿零件表面慢慢移动。这时计算机按一定的时间间隔，采入移动中的测头中心的密集点，经稀化处理和补偿计算以后，求得零件被测表面诸点坐标值，并打印输出。这种方法可按径向扫描或轴向扫描进行测量。这种测量方法的系统简单，但测量精度较低、操作麻烦、劳动强度大，只能进行二维曲线测量。

(2) 自动连续扫描测量：在数控点位测量机上，利用三向电感测头自动进行连续扫描，利用测力方向确定接触点的三维法线方向，以进行三维测头半径补偿。测头运动始终与轮廓表面接触，并保持测力为一个预定值，沿一定方向(按表面曲率的变化)，适时地调节运动速度，自动、连续地完成空间曲线、曲面的测量，能够快速地获得相当高的型面精确度，如图 2.23 所示。这种方法以德国 Leitz 公司的轮廓扫描测量程序为代表，需要数控三坐标测量机，系统较复杂。

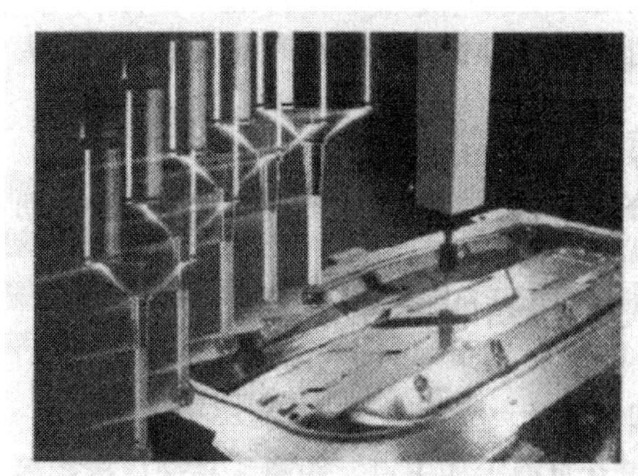

图 2.23 自动连续扫描

2) 点位测量法

点位测量法就是在数控测量机上利用触发式测头，按被测曲线逐点采样，取得被测曲线的一系列点的坐标值。但首先要确定被测点的法线方向，确定法线方向的方法主要有二维已知轮廓测量程序和三维轮廓测量程序。点位测量法的最大特点是不需要昂贵的三向电感测头，因而测量成本比较低，具有较高的操作灵活性。它的缺点是需大量采点才能获得较高型面精确度，因此比较费时。但在一定型面精度范围内，方便而经济地利用触发式测头点位测量法测量空间曲线是一种有效途径。

3. 附加功能软件

为了增强三坐标测量机的功能和用软件补偿的方法提高测量精度，三坐标测量机还提供有附加功能软件，如附件驱动软件、最佳配合测量软件、统计分析测量程序软件、随行夹具测量软件、误差检测软件、误差补偿软件、CAD 软件等。

1) 附件驱动软件

各种附件主要包括回转工作台、测头回转体、测头与探针的自动更换装置等。附件驱动软件首先实现附件驱动，如回转工作台，然后自动记录附件位置，作校准、标定和补偿用。

2) 最佳配合测量软件

该软件运用于配合件的测量，是应用最大实体原则检测互相配合的零件，其功能如下。

(1) 如测量结果是可配合的，则找出其最佳配合位置。

(2) 零件的合格检查：利用这个软件可以经过测量给以评定，得出零件是合格产品或废品，一般不再进行零件的返修。

(3) 当配合件有一个或更多的尺寸超差时，能给出不可能装配的信息，并可进行再加工模拟循环，以便找出使该零件符合装配要求的可能性。

(4) 当零件为中间工序的毛坯件时，此软件具有使加工余量分布最佳化的能力，计算出被测元素的最佳位置。

3) 统计分析测量程序软件

该软件是为保证批量生产质量的一个测量程序。它是一种连续监控加工的方法，由三坐标测量机采集测量数据，并自动、实时地分析被测零件的尺寸，以便在加工出超差零件之前就能发现被加工零件将超出尺寸极限的倾向。因此，可监控加工过程中的零件尺寸，判断被加工件是合格件、超差件或超差前给出相应信息，以防止出现废品，如给出换刀信号、误差补偿信号及补偿值等。以图形、打印、显示或在线上给出反馈信号等方式，表示出统计分析结果。

4) 随行夹具测量软件

它是被测零件与其夹具之间建立一种互相连接关系的一个程序，一般用于多个相同零件的测量，即在一个夹具上装有多个零件，工作台上放有多个夹具，在第一个被测零件的示教编程后，再与随行夹具程序相连，该程序即可自动地测量一个个零件。当发生错误测量或碰撞时，即可自动将测量引到下一个工件上继续进行测量。利用此程序可实现无人化测量。测量需对卡具、工件定向，再将工件的坐标系转换成相对于随行夹具的坐标系，并设定中间点，此点没有测量数据传输，以避免碰撞。

5) 其他软件程序

还有输出软件、示教程序、计算机辅助编程程序、转台程序、温度补偿程序、坐标精度程序和其他专用程序，如为测量某种特殊零件的测量程序(如曲轴测量程序)或特殊功能的程序(如绘图程序)等。

2.2.3 三坐标测量机测量过程

1. 测量前的准备

1) 测头标定

在对工件进行实际检测之前，首先要对测量过程中用到的探针进行校准。因为对于许多尺寸的测量，需要沿不同的方向进行。系统记录的是探针中心的坐标，而不是接触点的坐标。为了获得接触点的坐标，必须对探针半径进行补偿。因此首先必须对探针进行校准，一般使用校准球来校准探针。校准球是一个已知直径的标准球，校准探针的过程实际上就是对这个已知直径的标准球的直径进行测量的过程，该球的测量值等于校准球的直径加探针的直径，这样就可以确定探针直径。将探针直径除以 2，得出探针半径，系统用这个值就可以对测量结果进行补偿。校准的具体操作步骤一般如下。

(1) 将探头正确地安装在三坐标测量机的主轴上。

(2) 将探针在工件表面移动，看是否均能测得到，检查探针是否清洁，一旦探针的位置发生改变，就必须重新校准。

(3) 将校准球装在工作台上，要确保不用移动校准球，并在球上打点，测点最少为 5 个。

(4) 测完给定的点数后，就可以得到测量所得的校准球的位置、直径、形状偏差，由此可以得到探针的半径值。

测量过程所有要用到的探针都要进行校准，而且一旦探针改变位置，或者取下后再次使用时，要重新进行校准，因此接触式测量在探针的校准方面要用去大量的时间。为解决这一问题，有的三坐标测量机上配有测头库和测头自动交换装置。测头库中的测头经过一次校准后可重复交换使用，而无须重新校准。

2）工件的找正

三坐标测量机有自身的机器坐标系，而在进行检测规划时，检测点数量及其分布的确定，以及检测路径的生成等都是在工件坐标系下进行的。因此在进行实际检测之前，首先要确定工件坐标系在三坐标测量机机器坐标系中的位置关系，即首先要在三坐标测机机器坐标系中对工件进行找正，通常采用“6 点找正法”，即“3－2－1”方法对工件进行找正，如图 2.24 所示。

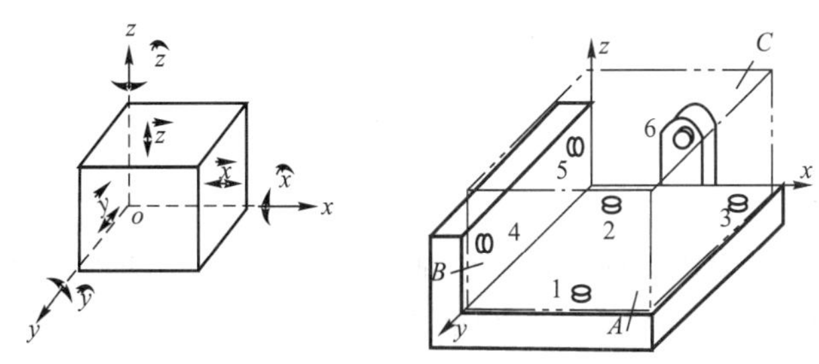

图 2.24　工件自由度和 6 点定位

首先，通过在指定平面上测量 3 点(1，2，3)或 3 点以上的点校准基准面；其次，通过测量两点(4，5)或两点以上的点来校准基准轴；最后，再测一点(6)来计算原点。在以上 3 步操作中，检测点位置的确定都是依据工件坐标系来选择的。工件在工作台上的搁置方式一般有两种：一种是通过专用夹具或自动装卸装置，将工件放在工作台上的某一固定位置，这样只需通过一次工件找正，在以后测量同批工件时，由于工件的位置基本上是确定的，无须再对工件进行找正，直接就可进行测量；另一种是通过肉眼观察直接将工件放在工作台的某一合适位置，这种情况下，每测一个工件前都必须先将其在工作台上进行找正。

2. 数据测量规划

测量规划的目的是精确而又高效地采集数据。精确是指所采集的数据足够反映样件的特性，而不会产生误导、误解；高效是指在能够正确表示产品特性的情况下，所采集的数据尽量少、所走过的路径尽量短、所花费的时间尽量短。采集产品数据，有一条基本的原则：沿着特征方向走，顺着法向方向采。就好比火车，沿着轨道走，顺着枕木采集数字信息一样。这是一般的原则，实际应根据具体产品和逆向工程软件来定。下面分两个方面来介绍。

(1) 规则形状的数据采集规划。对规则形状，如点、直线、圆弧、平面、圆柱、圆锥、球体等，也包括扩展规则形状，如双曲线、螺旋线、齿轮、凸轮等，数据采集多用精度高的接触式探头，依据数学定义对这些元素所需的点信息进行数据采集规划，这里不作过多说明。虽然一些产品的形状可归结为特征，但现实产品不可能是理论形状；加工、使用、环境的不同，也影响着产品的形状。作为逆向工程的测量规划，不能仅停留在“特征”的抽取上，更应考虑产品的变化趋势，即分析形位公差。表 2－3 列出了应用数学描述各规则元素所需的最少数据点数，要描述其公差与变化，实际需要测量更多的点。

表 2-3　描述各规则元素所需的最少数据点数

元素名称	最少点数	备注
点	1	
直线	2	注意方向性
圆弧	3	
平面	3	注意点的分布
圆柱	4	注意点的分布
圆锥	4	注意点的分布
球	4	注意点的分布
双曲线	3	注意点的分布

(2) 自由曲面的数据采集规划。对非规则形状，统称自由曲面，多采用非接触式探头或两者相结合。原则上，要描述自由形状的产品，只要记录足够的数据点信息即可，但很难评判数据点是否足够。实际数据采集规划中，多依据工件的整体特征和流向，顺着特征走。法向特征的数据采集规划，对局部变化较大的地方，仍采用这一原则进行分块补充。

这里采用英国 Renishaw 公司 SP600 模拟扫描测头，来说明对未知三维自由型面的连续扫描，并通过英国 LK 三坐标测量机及其 CAMIO 软件来介绍接触式扫描测量技术。

英国 LK 三坐标测量机是目前三坐标测量机行业中高端应用的代表，它具有先进的控制系统，可以无需昂贵的 SP600 扫描测头，仅利用 TP200 传感器就可以做到点到点的高速扫描，配合高性能的扫描测量软件模块，成为三坐标扫描测量的典范。

其扫描测量过程包括：①机器测头的标定和工件的装夹定位、基准设定，进行被测对象的内部与外部边界的定义，这些边界的设定将使测量机知道哪些区域需要扫描，同时知道哪些部位需要避开，如孔、槽等部位；②对上面设定的扫描范围进行扫描数据密度及扫描方向设置，格栅将控制三坐标的测针沿着这些格栅在物体表面上的投影进行测量；③ LK 的 CAMIO 逆向测量软件(图 2.25)将根据测针的测量数据，在测量窗口上显示边界及格栅的三维点数据；④点云数据的输出。

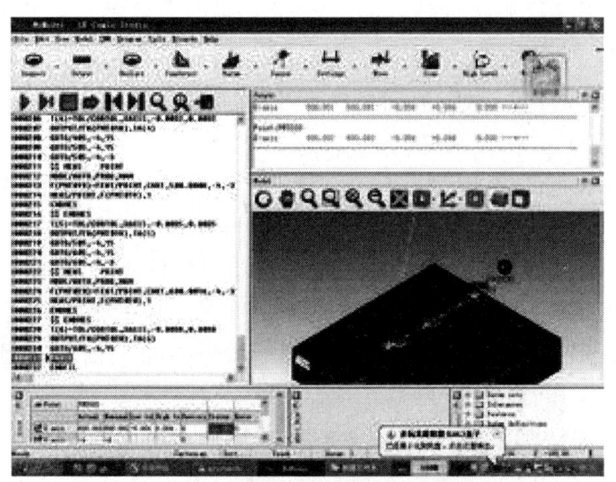

图 2.25　LK 三坐标测量机软件界面

2.3 非接触测量

非接触式数据采集方法主要运用光学原理进行数据的采集，主要包括：激光三角形法、激光测距法、结构光法以及图像分析法等。

非接触式数据采集速度快、精度高，排除了由测量摩擦力和接触压力造成的测量误差，避免了接触式测头与被测表面由于曲率干涉产生的伪劣点数目，获得的密集点云信息量大、精度高，测头产生的光斑也可以做得很小，可以探测到一般机械测头难以丈量的部位，最大限度地反映被测表面的真实外形。非接触式数据采集方法采用非接触式探头，由于没有力的作用，适用于丈量柔软物体；非接触式探头取样率较高，在 50 次/s 到 23000 次/s 之间，适用于表面外形复杂，精度要求不特别高的未知曲面的测量，例如：汽车、家电的木模、泥模等。但是非接触式探头由于受到物体表面特征的影响(颜色、光度、粗糙度、外形等)的影响较大，目前在多数情况下其测量误差比接触式探头要大，保持在 10μm 级以上。该方法主要用于对易变形、精度要求不高、要求海量数据的零件，不考虑测量本钱及其相关软硬件的配套情况下的丈量。

总之，在可以应用接触式测量的情况下，不要采用非接触式测量；在只测量尺寸、位置要素的情况下尽量采用接触式测量；考虑测量本钱且能满足要求的情况下，尽量采用接触式测量；对产品的轮廓及尺寸精度要求较高的情况下采用非接触式扫描测量；对离散点的测量采用扫描式；对易变形、精度要求不高的产品、要求获得大量测量数据的零件进行测量时采用非接式测量方法。

2.3.1 三维光学测量技术

获取宏观物体的三维信息的基本方法可以分成两大类：被动三维传感和主动三维传感。

被动三维传感采用非结构光照明方式，从一个或多个摄像系统获取的二维图像中确定距离信息，形成三维型面数据。从一个摄像系统获取的二维图像确定深度信息时，必须依赖于物体大致形态、光照条件等先验知识。典型的被动三维传感系统采用两个以上摄像机系统，利用与人的双目立体视觉相似的原理，从两个或多个视角重建物体的三维表面。这种方法的关键是对应点的匹配算法，计算量通常较大，当被测物体表面各点反射率没有明显差异时，对应点匹配变得更加困难。因此，被动三维传感方法常用于对目标的识别、理解以及位置形态的分析，在无法采用结构光照明时具有更独特的优点。

主动三维传感采用结构光照明的方式，由于物体二维表面对结构光场的空间或时间调制，观察到的变形光场携带了三维型面的信息，对变形光场进行解调，可以获得三维型面数据。由于这种方法具有较高的测量精度，因此大多数以三维型面测量为目的的系统都采用主动三维传感方式。根据三维表面对结构照明光场调制方式的不同，将主动三维传感方法分为时间调制与空间调制两类。

一类方法称为飞行时间法(Time of Flight，TOF)，是基于三维表面对单光束产生的时间调制。例如，一个激光脉冲信号从激光器发出，经物体表面漫反射后，其中一部分漫反射沿相反的路径传回到接收器。根据检测光脉冲从发出到接收之间的时间延迟，就可以计算出距离。用附加的扫描装置使光束扫描整个物面，可形成三维型面数据。该方法原理简单，又可以避免阴影和遮挡等问题，但对信号处理系统的时间分辨率有很高的要求。为了提高测量精度，实际的TOF系统往往采用时间调制光束，例如采用正弦调制的激光束，然后比较发射光束和接收光束之间的相位，计算出距离。

另一类更常用的主动三维传感方法是空间调制方法，以结构光投影为基础。由于三维型面对结构照明光束产生空间调制，改变了成像光束的角度，即改变了成像光点在检测器阵列上的位置，通过成像光点位置的确定和系统光路的几何参数，即可计算出距离。由于此类方法都采用了结构光投影方式，因此又被称为投影式三维轮廓测量技术。

1）激光扫描法

激光扫描法是发展得比较成熟的一种测量方法。一般的工作流程是通过同步电动机控制激光器旋转，激光光条随之扫描整个待测物体，光条所形成的高斯亮条经被测面调制形成测量条纹，由摄像机接收图像，获得测量条纹的测量信息，再经过摄像机标定和外极线约束准则得出三维测量数据。

单目摄像机扫描法中的难点是传感器标定过程。由于单个摄像机只能测量单一平面中任意点的三维数据，因此必须对激光光条所经过的每一个位置进行标定，这是十分繁杂的工作。一些学者采用旋转待测物体的方法来避免这一过程，也有利用精确控制同步电动机的旋转角，以旋转角为已知量确定数学模型的做法，但是这些做法都要有严格的旋转控制和精密的机械装置作为保证。

双目摄像机扫描法克服了单目摄像机扫描中的标定问题。采用双目立体标定技术可以获得工作区任意点的三维坐标。测量的重点在于左右摄像机精确匹配问题。

扫描法测量具有测量精度高、后续图像处理简单的优点。但是不管是双目还是单目扫描测量，其中必须有价格昂贵的扫描系统，并且机械误差在所难免。同时测量过程需要在多个扫描位置拍摄图像，并进后续图像处理，因此测量速度比较慢。图2.26为“3D Scanner”激光扫描系统中所用的FARO激光扫描仪。

2）白光(彩色)光栅编码法

光栅编码法测量原理如图2.27所示，光源照射光栅，经过投影系统将光栅条纹投射到被测物体上，经过被测物体形面调制形成了测量条纹，由双目摄像机接收测量条纹，应用特征匹配技术、外极线约束准则和立体视觉技术获得测量曲面的三维数据。

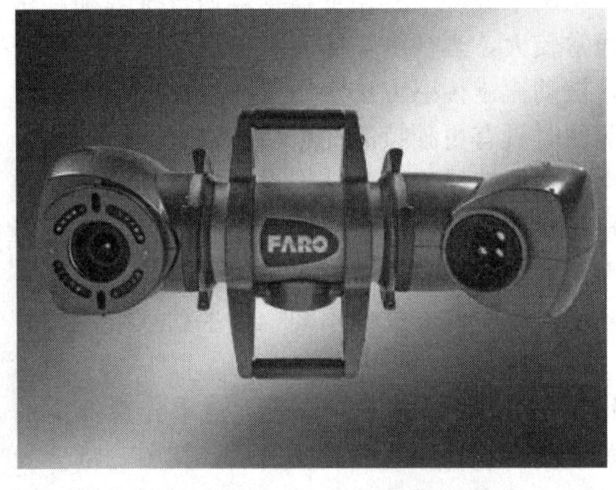

图2.26 “3D Scanner”激光扫描系统

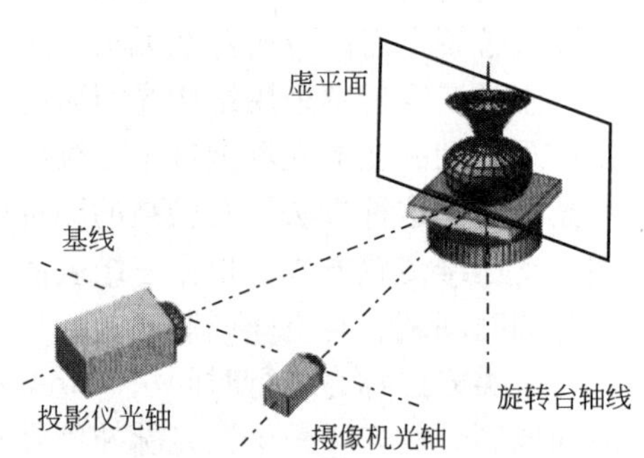

图2.27 光栅编码测量示意图

光栅编码法中的测量重点是特征匹配技术。由于左右摄像机不能分辨所获得的光栅条纹图像究竟对应空间哪一条光栅条纹，因此空间中的光栅条纹在左右摄像机中的对应问题是光栅编码法的难点。利用白光作为光源的测量方法一般采用空间编码技术解决这一问题。

空间编码技术有很多种，常用的是空间二分编码方案，即投射 n 组光栅条纹，每一组光栅条纹是下一组条纹的二分细化。这样每一个光栅条纹对应唯一的一个空间二进制编码，左右摄像机可以根据这一二进制编码匹配光栅条纹图像。如空间光栅条纹的编码为0…101(直线在黑图案区为编码 0，在白图案区为编码 1)。

目前一种基于彩色光栅编码的方法也得到了应用。由白光照射彩色编码光栅，投射出带有多种彩色信息的光栅条纹，再由彩色摄像机获得这些条纹，利用色度信息实现左右摄像机匹配。中国台湾的智泰公司和日本的 Minolta 公司对此进行了相关的研究。还有利用彩色编码点技术和特征点技术实现特征匹配的方案。

光栅编码法需要拍摄和处理的测量图像少，测量速度快，精度比较高，其中匹配精度决定着测量精度。但是编码过程中需要有换编码光栅的机构，因此结构比较复杂，对于梯度变化较大的表面存在一定的编码误差。

国内外对于光栅编码法进行了大量的研究工作，其中德国 Gom 公司开发的流动式光学三坐标测量仪 ATOS Ⅱ 为典型仪器，它利用了白光条纹和多视角图像拼接技术实现了大范围曲面的 3D 测量，如图 2.28 所示。

图 2.28 ATOS Ⅱ 测量仪

3) 位相轮廓法

位相轮廓法测量由非相关光源(激光)照射光栅(正弦光栅或其他)，投射出的光栅条纹受被测型面调制，形成与被测形状相关联的光场分布，再应用混合模板技术、相位复原技术相位图定标技术获得与曲面高度信息相关的相位变化，从而获得被测物体的三维相貌。

位相轮廓法利用相位复原技术获得了相位的连续分布，能够有效、快速地获得被测物体三维相貌，但是该技术的系统精度与光学系统的灵敏度相关，一般精度适中。另外，对于有高频噪声的图像存在一定的误差。

位相轮廓法发展得非常迅速，在三维测量中显示了一定的优势。台湾大学的范光照教授和四川大学的苏显渝教授使用该方法测量物体的表面轮廓，天津大学的彭翔教授使用位相轮廓法研制的仪器可以测量出人脸的三维轮廓。

4) 彩色激光扫描法

近年来，多媒体技术蓬勃发展，游戏业、动画业及古文物业迫切需要彩色 3D 测量，彩色激光扫描法应运而生。彩色激光扫描系统对被测物体进行两步拍摄。首先关闭激光器，打开滤光片，用彩色 CCD 拍摄一幅被测物体的彩色照片，记录下物体的颜色信息；然后打开激光器，放下滤光片，用 CCD 获得经过被测型面调制的激光线条单色图案。利用激光光条扫描法中所叙述的原理，获得被测型面的三维坐标(单色)；然后利用贴图技术，将第一次拍摄获得的彩色图像信息匹配到各个被测点的三维数据上，这样就获得了物体的彩色 3D 信息。

彩色 3D 测量中还可以利用白光光栅法测量 3D 数据，也可以采用自然光用被动的方式获得 3D 模型。

彩色 3D 测量能够真实反映被测物体的三维色度信息，具有广阔的应用前景，但是测量的精度一般比较低。有效得解决单色 3D 测量和高精度贴图两个技术是彩色 3D 测量的基石。

图 2.29　Cyberware 扫描仪

目前台湾大学和智泰公司研制出了成形仪器；美国 Cyberware 公司的彩色三维扫描仪已经成功地商业化，如图 2.29 所示。

5）阴影莫尔法

阴影莫尔法最早由 Meadows 和 Takasaki 于 1970 年提出。它是将一光栅放在被测物体上，再用一光源透过光栅照在物体上，同时再透过光栅观察物体，可看到一系列莫尔条纹，它们是物体表面的等高线。之后，人们将此技术与 CCD 技术、计算机图像处理技术相结合，使其走向实用化，特别是相移技术的引入，解决了无法从一幅莫尔图中判别物体表面凹凸的问题，并使莫尔计量技术从定性走向定量，使莫尔技术向前迈进了一大步。但相移一般是通过机械手段改变光栅与被测物的距离而实现的，其机构复杂、速度慢。

6）基于直接三角法的三维型面测量技术

直接三角法三维型面测量技术包括激光逐点扫描法、线扫描法和二元编码图样投影法等，分别采用点、线、面这 3 类结构光投影方式。这些方法以传统的三角测量原理为基础，通过出射点、投影点和成像点三者之间的几何成像关系确定物体各点高度，因此其测量关键在于确定三者的对应关系。逐点扫描法用光点扫描，虽然简单可靠，但测量速度慢；线扫描法采用一维线性图样扫描物体，速度比前者有很大的提高，确定测量点也比较容易，应用较广，国际上早有商品出售，但这种方法的数据获取速度仍然较慢；二元编码图像投影法采用时间或空间编码的二维光学图案投影，利用图案编码和解码来确定投影点和成像点的对应关系，由于是二维面结构光，能够大大提高测量速度。这几种方法的优点是信号的处理简单可靠，无需复杂的条纹分析就能确定各个测量点的绝对高度信息，并自动分辨物体凹凸，即使物体的物理间断点使图像不连续，也不影响测量。它们的共同缺点是精度不高，不能实现全场测量。

2.3.2　三维光学测量设备

随着传感技术、控制技术、制造技术等相关技术的发展，出现了大量商品化三维测量设备，其中光学测量仪器应用较为成功。其中，Replica 公司的三维激光扫描仪 3D Scanner，Gom 公司的 ATOS、Steinbichler 公司的 Comet 光学测量系统在中国市场上取得了很大的成功，并占有绝大部分的市场份额。这些国外三维测量设备的价格昂贵，如 ATOS 及 Comet 光学测量系统的市场价格均在 100 万元左右，这使得国内相关行业的技术使用成本明显偏高。

1. Comet测量系统

Comet测量系统(图2.30)是由测量头、支架及相关软件组成，该系统采用投影光栅相移法进行测量，每次测点可达130万个，测量精度可达±20μm。Comet系统与其他光栅测量系统(如ATOS系统)相比有着明显的优点。

图2.30 Comet测量系统

投影光栅法对工作边界、表面细小特征及突起进行测量时，当光栅条纹方向与特征的方向平行或接近平行时测量数据会残缺不全，而在逆向工程技术中，获得工件完整的点云数据是至关重要的，对一个边界残缺不全、表面细小特征无法判断的点云数据，很难进行曲面重构。为了提高这方面的测量能力，Comet系统在测量原理上进行了重大改进，采用单光栅旋转对工件表面进行测量，在测量过程中光栅自动旋转并进行相位移。这样就弥补了直线移动光栅时光栅条纹方向与特征的方向平行或接近平行时测量数据会残缺不全的缺点，从而实现对工件的边界、表面细线条等特征的准确测量。

同时Comet系统通过光栅旋转对光栅进行编码，这种编码方式不需要改变光栅的节距，光栅的条纹可以做得非常细，可以极大地提高分辨力和精度。另外，对一个光学测量系统而言，当系统结构确定之后，其精度从某种意义上讲取决于对系统的标定。标定的参数包括系统的几何参数、CCD的切向、径向畸变等，而对这些参数影响最大的就是温度。Comet系统为了克服这一问题，从系统支架构件的用材、气流的循环等方面均进行精心设计，在系统内部安装数个温度传感器对整个系统的温度进行闭环控制。使系统在整个工作过程中始终将温度变化控制在±1℃的范围内，这样大大地提高了测量精度。

Comet系统采用了单摄像头，消除了同步误差，并且在数据拼合方面Comet系统除了提供对应点选择拼接、两点拼接和参考点拼接方法外，还提供最终全局优化拼接，使各数据点云拼接达到全局最优化，这也是Comet系统特有的。

1) 基点拼接测量

这种方法是通过配备的数码照相机做辅助坐标定位系统，采用立体照相技术获得标志中心的坐标，并将这些标志中心的坐标读到光学测量系统中，作为全局定位和分片扫描数据拼接的基准点，然后进行测量。由于基准点的相对关系已经确定下来了，在测量过程中测量设备和测量对象都可以任意移动，这样给测量带来了极大的方便，还可从任意角度进行测量。每次测量后，把所得的数据点云按标志点的中心坐标转换到基准坐标系中去，重复以上过程，便可完成对实物的测量。

2) 节点拼接测量

这种方法通过参考节点来进行数据拼接，和第一种方法所不同的是这种方法不需要配备数码照相机做辅助坐标定位，而是通过实体对象上的标志中心坐标进行数据点拼接。应用这种测量方法要注意的是：每次测量的数据点云上需要包含上次测量数据点云上的3个标志中心坐标，只有这样才能较好地进行数据拼接。

3）自由拼接测量

这种测量方法主要是通过实体特征进行数据点云拼接，拼接时在两数据点云上选择对应的点，当然这些点的选择不一定十分准确，大概位置相同即可，Comet 系统提供的软件可以根据两数据点云所反映的实物特征进行自动拼接。在实际测量过程中，操作者可以根据具体情况变互使用上述测量方法以达到最佳效果。

另外，Comet 系统尽管提供了多种测量方法，相对于其他测量方法来说提供了极大的方便，且基本满足各种零件的测量，但为了更加便捷，有时仍需要辅以其他办法。如有些薄板件正、反面都要进行测量，用数码照相机辅助坐标定位时，反面难以精确定位，当然结合其他两种方法也可建模，但整体效果不是很好；再如，为了检测车身制造质量，对整车进行测量，用 Comet 系统测量一般只需一天时间就可完成，而准备工作往往需要半个月，其中很大一部分时间用在获得基准点的坐标上；另外再对装配件的各个零件进行反求建模，然后进行装配干涉检查，如果各个零件的建模基准不同，会给装配干涉检查带来误差。

2. ATOS 测量系统

(1) ATOS 是德国 GOM 公司生产的非接触式精密光学测量仪，适合众多类型物件的扫描测量，如人体、软物件、硅胶样板或不可磨损的模具及样品等。该测量仪具有独特的流动式设计，在不需要任何工作平台(如三坐标测量机、数控机械或机械手等)支援下，使用者可随意移动测量头至任何测量方位做高速测量。该测量仪使用方便快捷，非常适合测量各种大小模型(如汽车、摩托车外形件及各种机构零件、大型模具、小家电等)。整个测量过程基于光学三角形定理，自动影像摄取，再经数码影像处理器分析，将所测的数据自动合并成完整连续的曲面，由此得到高质量零件原型的“点云”数据。ATOS 较其他类型的测量设备有以下特点。

① 操作简单。简单的测量概念和易于掌握的软件，使操作者在较短时间内能操作自如；每次启动系统时，校对程序的操作也非常的简捷。

② 测头的测量范围弹性大。通常物件大小在 10mm～10m 的范围内，都可使用同一测量头做多角度的测量。

③ 高解析度。光栅式扫描测量可获得高密度的“点云”数据，对许多细微的部位也能精确地测到足够的点云数据，其测量的准确性可与固定武的三坐标测最机相比较。

④ 携带方便。整个系统可置于两个便携箱内，并具有较好的抗震性及抗干扰的能力，如湿度改变或经过长途搬运后，通常不会对其测量精度造成影响。缺点是测量的点多且密，造成点数据庞大，曲面建模的数据文件太大，影响工作效率；对突变不连续的曲面及窄缝缺口、边界测量时等，容易造成失真和曲面数据缺损。

(2) ATOS 光栅扫描仪系统由硬件和软件两部分组成。

ATOS 测量系统的硬件组成如图 2.31 所示，各部分简介如下。

① 计算机及显示屏用于安装测量系统软件和曲面数据处理软件，控制测量过程，运算得到光顺曲线或曲面。

② 主光源、光栅器件组用于对焦和发出扫描的光栅光束。

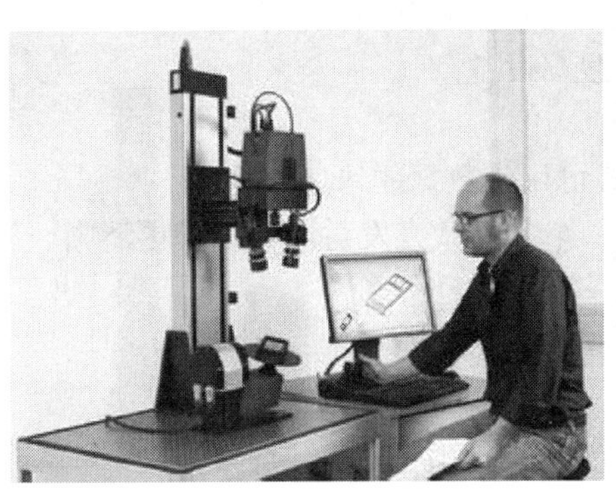

图 2.31　ATOS 测量系统的硬件组成

③ 2CCD 光学测量传感器件分左右对称两组，通过检测照射在曲面上的光点数据获取原型曲面的“点云”数据。

④ 校准平板用于校准系统的测量精度。

⑤ 三脚支架用于支撑测量光学器件组。

⑥ 通信电缆用于将控制信号传送到检测系统，并将测量传感器的数据反馈给控制系统。

测量系统的软件分别由 Linux 操作系统和专用的测量及处理软件 ATOS 及 Geomagic 等组成。ATOS 测量系统的测量流程与 Comet 的相似。

3. 手持式三维数字扫描及测量系统 HandyScan

HandyScan 3D 是 Creaform 公司推出的一款自定位且唯一真正便携的激光扫描仪，如图 2.32 所示。Creaform 将每一个 3D 处理方法和技术与涵盖 3D 所需的各项范围内的创新解决方案整合在了一起：3D 扫描、逆向工程、检测、风格设计和分析、数字化制造和医学应用。Creaform 全新推出的 HandyScan 系列手持式自定位三维扫描系统，使得三维数字化扫描再次上升到一个新的高度，它能够完成各种大小、内外以及逆向工程和型面三维检测。HandyScan 3D 是新一代的手持式激光三维扫描仪，是继基于三学标测量机激光扫描系统、基于柔性测量关节臂的激光扫描系统之后的“第三代”三维激光扫描系统。十字激光发生器加上高性能的内置双摄像头可以快速获取物件的三维模型。HandyScan 3D 具有操作简单、轻便以及高性能的优点。

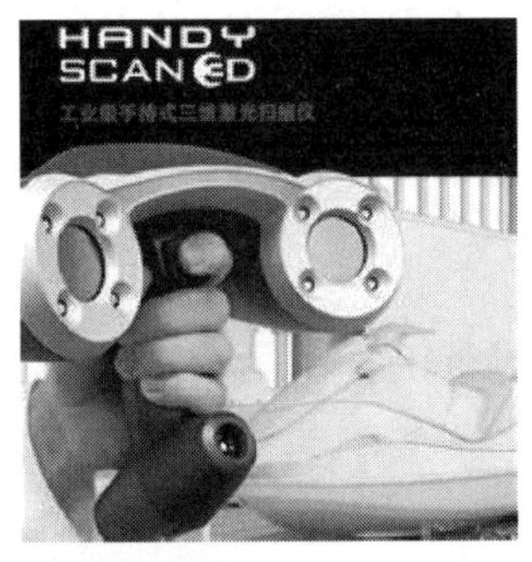

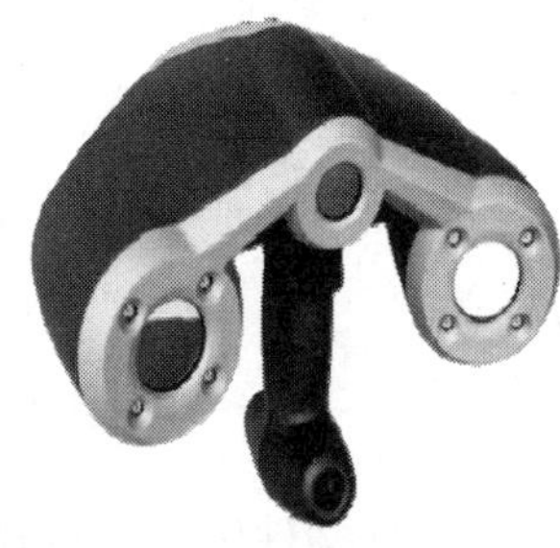

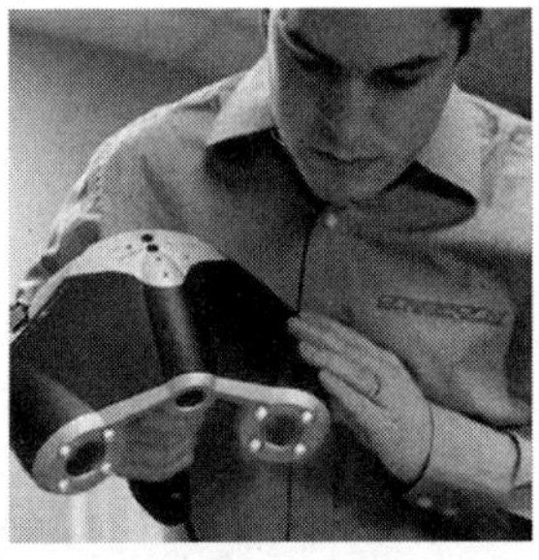

图 2.32　HandyScan 3D 自定位三维扫描系统

(1) HandyScan 3D 自定位三维扫描系统具有以下技术特点。

① 目标点自动定位，无需关节臂或其他跟踪设备。

② 即插即用的系统，快速安装及使用。

③ 自动生成 STL 三角网格面，STL 格式可用于数据的快速处理。

④ 高分辨率的 CCD 系统，两个 CCD 及一个十字激光发射器，扫描更清晰、精确。

⑤ 点云无分层，自动生成三维实体图形(三角网格面)。

⑥ 手持任意扫描，随身携带，质量只有 980g。

⑦ 十字交叉激光束扫描速度快。

⑧ 可内、外扫描，无局限。可多台扫描头同时工作扫描，所有的数据都在同一个坐标系中。

⑨ 可控制扫描文件的大小，根据细节需求，组合扫描不同的部位。

⑩ 非常容易操作。

⑪ 可在狭窄的空间扫描，物体可以移动。如飞机驾驶舱、汽车内部仪表板等。

⑫ 快速校准，10s 即可完成。

(2) HandyScan 3D 自定位三维扫描系统的性能指标如下。

① 精度：可达 0.05mm。

② 扫描速度：18 000 次/s，约 40 000 点/s。

③ 扫描线宽：300mm/束(十字交叉光束)。

④ 镜深：可达 300mm(自动)。

⑤ z 轴分辨率：0.1 mm。

⑥ 扫描范围：无局限，大小、内外均可。

HandyScan 3D 系统具有功能强大的三维扫描软件 VXScan。VXScan 为三维数字扫描需要提供了完美的解决方案，使扫描文件根据需要来控制大小和精细。这一完善的扫描软件，通过其简洁的用户界面，引导使用者进行扫描结果的编辑、保存和重复使用。同时，可内置到多个 CAD 软件中，更容易进行数据处理。

(3) 三维扫描软件 VXScan 具有如下特点。

① Windows XP/Vista 的操作系统。

② 即插即用的软件操作系统。

③ 三维图形扫描即时显现。

④ 从点云到 STL 或 Polygon 模式，瞬即完成。

⑤ 多种标准数据文件格式输出，兼容多种 CAD 软件，如 Geomagic Studio、CATIA、UGNX、Rapidform、Polyworks 等。

⑥ 网格面的最优化处理。

⑦ 表面最优化运算。

⑧ 组合扫描，同一坐标系的建立。

⑨ 精细扫描。

⑩ 点云无分层。

⑪ 可输出 STL、IGES、ASC 等数据文件格式，不同部位、不同色彩的扫描显示。

2.4 断层数据测量方法

除三坐标测量机外，目前断层数据采集方法在实物外形的测量中呈增长趋势，断层数据的采集方法分非破坏性测量和破坏性测量两种，非破坏性测量主要有CT测量法、MRI测量法、超声波测量法等，破坏性测量主要有铣削层析扫描法。

1. CT测量法

工业CT(Industry Computerized Tomography，ICT)是基于射线与物质的相互作用原理，通过射线的衰减获得投影，进而重建出被检测物体的断层图像。工业CT的检测能力不受被检物的材料、形状、表面状况影响，能给出构件的二维和三维直观图像。目前先进的工业CT系统已达到的主要技术指标为：空间分辨率为10～25μm；密度分辨率为0.1%～0.5%；最高X射线能量为60MeV；可测最大直径为4m的物体。

工业CT主要是由射线源系统、探测器系统、运动控制系统、同步系统、数据处理系统等子系统组成。

目前，工业CT所用的射线源按射线类型可分为X射线、γ射线以及中子源等。其中X射线主要由加速器或X光机来产生。对于一般的小型构件，可采用450kV以下的X光机；而对于等效钢厚大于150mm的大、中型构件，则需采用加速器。目前基于2MeV以上加速器的高能X射线工业CT系统国外是对我国严格禁运的，而对一些大型工件例如导弹、固体火箭发动机以及一些高密度特种材料(铀、钚等)的无损检测只能使用高能X射线工业CT。

探测器负责把X射线转换成电信号，它是工业CT的核心之一，直接影响到投影数据的质量。目前工业CT所用的探测器有气体电离探测器、半导体探测器和闪烁探测器，经常使用的则是闪烁探测器。其按类型又可分为线阵探测器、基于光纤耦合的CCD系统和平板探测器等。

CT的运动控制系统与它的需求密切相关。不同扫描控制系统的移位特性相差较大，主要包括试件的移动(上下、左右、前后和旋转)、射线源和探测器的移动(上下、左右和前后)、准直器切片宽度的自动调节、射线束张角的自动调节等。关键是移位精度，它们是影响系统空间分辨率的重要因素。目前，先进扫描控制系统的移动轴都采用直流伺服电动机驱动，绝对和相对位置编码器控制闭环位置(或速度)，机械移位运动或扫描位置的选择完全由计算机控制。

数据处理系统是工业CT的一个重要组成部分，它包括对投影数据的校正、图像的重建、图像的后处理等。原始数据校正包括对探测器响应不一致性的校正、对探测器坏像素的校正、对旋转轴偏离中心的校正，还包括非常重要的硬化和散射校正等。图像的重建是整个数据处理系统的核心，它利用已经校正好的投影数据来进行二维重建或三维重建，从而得到清晰的断层图像。图像的后处理既包括普通的数字图像处理，如灰度直方图显示、图像的缩放和裁剪、图像的旋转、中值滤波等，也包括如三维可视化、逆向CAD工程、特征识别等工程上极具价值的技术。

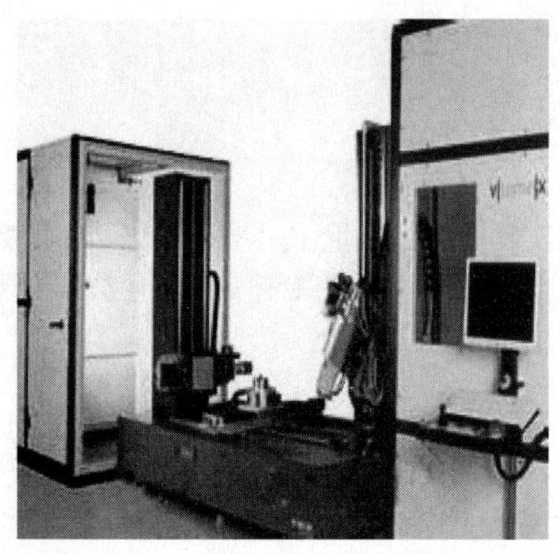

图 2.33　德国菲尼克斯的 X 射线工业 CT 机

图 2.33 为德国菲尼克斯的 X 射线工业 CT 机，该设备具有如下特点。

(1) 细节分辨能力：4μm(三维)。

(2) 试件最大尺寸(高×直径)：1000mm×800mm。

(3) 试件最大质量：100kg。

(4) 机械平台轴数：8 轴。

(5) X 射线管最高电压：450kV。

(6) 可选双 X 射线源(450kV 常规焦点定向式 X 射线管和/或 240kV 定向式微焦点 X 射线管，或其他 X 射线管)。

(7) 可选双 X 射线图像接收器(平板探测器和/或线阵列探测器)。

(8) 用于三维成像，也可进行二维成像。

(9) 出众的专业软件进行快速数据采集和三维重建。

(10) 任意截面三维可视化与动画显示。

(11) CAD 原型比较和高精度尺寸测量。

(12) 曲面特征提取，快速建模和逆向工程。

2. MRI 测量法

磁共振成像术(Magnetic Resonance Imaging，MRI)也称为核磁共振，该技术的理论基础是核物理学的磁共振理论，是 20 世纪 70 年代末以后发展的一种新式医疗诊断影像技术，和 X－CT 扫描一样，可以提供人体断层的影像。其基本原理是用磁场来标定人体某层面的空间位置，然后用射频脉冲序列照射，当被激发的核在动态过程中自动恢复到静态场的平衡时，把吸收的能量发射出来，然后利用线圈来检测这种信号，将信号输入计算机，经过处理转换在屏幕上显示图像。MRI 测试机如图 2.34 所示。MRI 提供的信息量不但大于医学影像学中的其他许多成像技术所提供的信息量，而且不同于已有的成像技术，它能深入物体内部且不破坏物体，对生物没有损害，在医疗上具有广泛的应用。但这种方法造价高，空间分辨率不及 CT，且目前对非生物材料不适用。磁共振成像自 20 世纪 80 年代初临床应用以来，发展迅速，这种技术目前正在蓬勃发展中。如同 X－CT 一样，MRI 提供的影像中的像素是用计算机产生的。在 X－CT 扫描中，每个像素的数字值反映人体组织中对应体积元的 X 射线衰减值。在 MRI 扫描提供的影像中，每个像素的数字值反映人体组

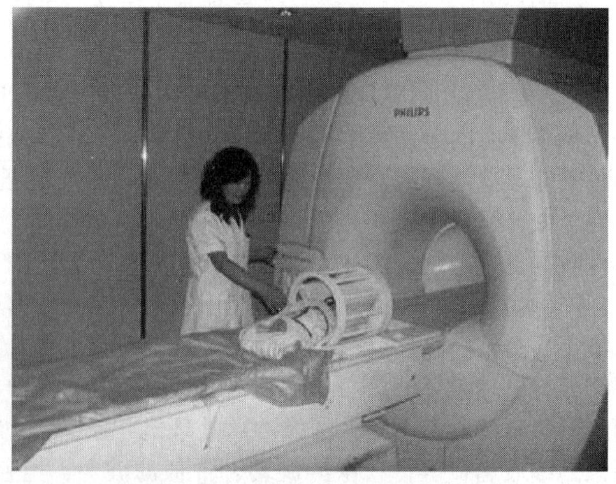

图 2.34　医学用 MRI 测量机

织中对应体积元中产生的核磁共振信号的强度。

3. 超声波测量法

采用超声波的数字化方法，其原理是当超声波脉冲到达被测物体时，在被测物体的两种介质边界表面会发生回波反射，通过测量回波与零点脉冲的时间间隔，即可计算出各面到零点的距离。这种方法相对CT和MRI而言，设备简单，成本较低，但测量速度较慢，且测量精度不稳定。目前主要用于物体的无损检测和壁厚测量。

4. 层析扫描法

以上3种方法为非破坏性测量方法，但这些测量方法设备造价昂贵，近来发展了层析扫描法(Capture Geometry Intenally，CGI)，用来测量物体截面轮廓的几何尺寸。其工作过程为：将待测零件用专用树脂材料(填充石墨粉或颜料)完全封装，待树脂固化后，把它装夹到铣床上，进行微进刀量平面铣削，结果得到包含有零件与树脂材料的截面，然后由数控铣床控制工作台移动到CCD摄像机下，位置传感器向计算机发出信号，计算机收到信号后，触发图像采集系统驱动CCD摄像机对当前截面进行采样、量化，从而得到三维离散数字图像。由于封装材料与零件截面存在明显边界，利用滤波、边缘提取、纹理分析、二值化等数字图像处理技术进行边界轮廓提取，就能得到边界轮廓图像。通过物—像坐标关系的标定，并对此轮廓图像进行边界跟踪，便可获得物体在该截面上各轮廓点的坐标值。每次图像摄取与处理完成后，再用数控铣床把待测物铣去很薄一层(如0.1mm)，又得到一个新的横截面，并完成前述的操作过程，就可以得到物体上相邻很小距离的每一截面轮廓的位置坐标。层析法可对有孔及内腔的物体进行测量，测量精度高，能够得到完整的数据；不足之处是这种测量是破坏性的。美国CGI公司已生产层析扫描测量机；在国内，海信技术中心工业设计所和西安交通大学合作，研制成功了具有国际领先水平的扫捕式三维数字测量CMS系列，图2.35为层析法测量过程。

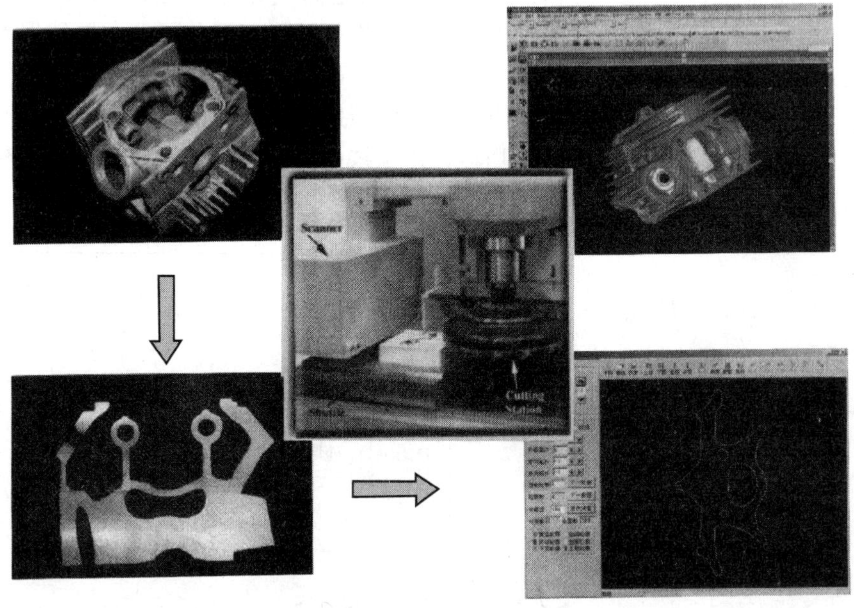

图2.35　层析法测量

2.5 测量中的问题

2.5.1 三维数据测量方法的选择

接触式测量的优、缺点如下。

(1) 接触式测量有以下优点。

① 接触式探头发展已有几十年，其机械结构及电子系统已相当成熟，并有较高的准确性和可靠性。

② 接触式测量的探头直接接触工件表面，与工件表面的反射特性、颜色及曲率关系不大。

③ 被测物体固定在三坐标测量机上，并配合测量软件，可快速准确地测量出物体的基本几何形状，如面、圆、圆柱、圆锥、圆球等。

(2) 接触式测量有以下缺点。

① 为确定测量基准点而使用特殊的夹具，会导致较高的测量费用；不同形状的产品会要求不同的夹具，而使成本大幅度增加。

② 球形探头很容易因为接触力而磨耗，所以为维持一定的精度，需经常校正探头的直径。

③ 不当的操作容易损害工件某些重要部位的表面精度，也会使探头损坏。

④ 接触式触发探头是以逐点方式进行测量的，所以测量速度慢。

⑤ 检测一些内部元件有先天的限制，如测量内圆直径、触发探头的直径必定要小于被测内圆直径。

⑥ 对三维曲面的测量，因传统接触式触发探头是感应元件，测得的数据是探头的球心位置，要测得物体真实外形，则需要对探头半径进行补偿，因此可能会导致误差修正的问题，图 2.36 是探头半径补偿原理图。测量某一曲面时，假设此时探头正好定位在此被测点表面法线的方向上，探头尖端与被测零件间的接触点为 A，A 点至球心 C 点有一偏差量，而实际上要求的位置是接触点 A，所以，沿法线负方向必须补正一个探头半径值。整个曲面补正需繁杂及冗长的计算，同时这也是测量误差的来源之一。

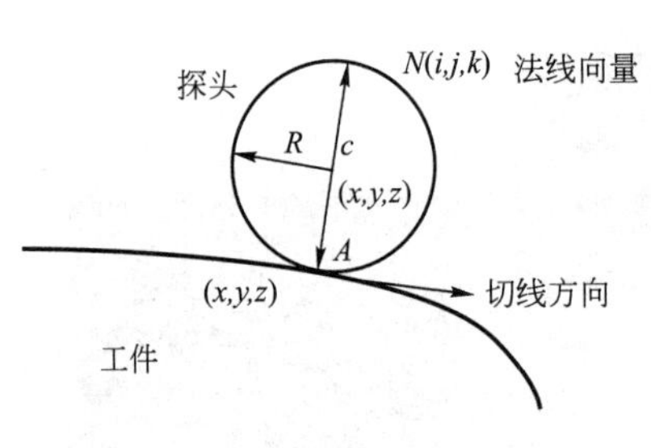

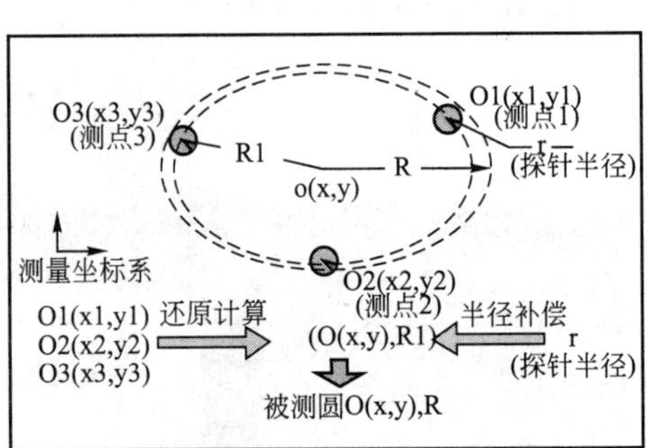

图 2.36 探头半径补偿原理

⑦ 接触探头在测量时，探头的力将使探头尖端部分与被测件之间发生局部变形，而影响测量值的实际读数。

⑧ 测量系统的支撑结构存在静态及动态误差。

⑨ 由于探头触发机构的惯性及时间延迟，使探头产生超越(Over Shoot)现象，趋近速度会产生动态误差。

⑩ 另外，测量接触力即使一定，而测量压力并不能保证一定，这是因为接触面积与工件表面纹路的几何形状有关，不能保证一样。

接触式测量存在的缺点限制了它的应用领域。随着测量技术的发展，由于接触式测量的一些不足和测量市场的需要，产生了非接触式扫描测量。非接触式测量克服了接触式测量的一些缺点，在逆向工程领域应用日益广泛。

(3) 非接触式测量有以下优点。

① 不必做探头半径补偿，因为激光光点位置就是工件表面的位置。

② 测量速度非常快，不必像接触触发探头那样逐点进行测量。

③ 软工件、薄工件、不可接触的高精密工件可直接测量。

(4) 非接触式测量主要缺点如下所述。

① 测量精度较差，因非接触式探头大多使用光敏位置探测器 PSD(Position Sensitive Detector)来检测光点位置，目前的光敏位置探测器的精度仍不够，为 20μm 以上。

② 因非接触式探头大多是接收工件表面的反射光或散射光，易受工件表面的反射特性(reflectivity)的影响，如颜色、斜率等。

③ PSD 易受环境光线及杂散光影响，故噪声较高，噪声信号的处理比较困难。

④ 非接触式测量只做工件轮廓坐标点的大量取样，对边线处理、凹孔处理以及不连续形状的处理较困难。

⑤ 使用 CCD 作探测器时，成像镜头的焦距会影响测量精度，因工件几何外形变化大时成像会失焦，导致成像模糊。

⑥ 工件表面的表面结构要求会影响测量结果。

不同的测量对象和测量目的，决定了测量过程和测量方法的不同。在实际进行三坐标测量时，应该根据测量对象的特点以及设计工作的要求确定合适的扫描方法并选择相应的扫描设备。例如，材质为硬质且形体曲面相对较为简单、容易定位的物体，应尽量使用接触式扫描仪；而在对橡胶、人体头像或超薄形物体进行扫描时，则需要采用非接触式测量方法。这些模型或者是在受到轻微外力时易变形，或者是模型表面凹凸不平而无法使用接触式测量设备进行三维测量。使用非接触式测量不仅可以不对测量模型进行任何力的加载，同时还可以大量获取测量表面的数据信息，通过相应的数学方法或软件即可生成测量表面的 CAD 模型。表 2－4 比较了主要的三维测量方法的特点，表 2－5 介绍了一些商用三维测量系统的技术参数。

表 2－4　主要的三维测量方法的特点

	精度	速度	内部轮廓的可测性	形状限制	材料限制	价格
三坐标测量法	高±0.5μm	慢	否	有	有	高
激光三角法	较高±5μm	快	否	无	无	较高

（续）

	精度	速度	内部轮廓的可测性	形状限制	材料限制	价格
投影光栅法	较低±20μm	快	否	表面变化不能过陡	无	较高
CT 断层扫描法	低 0.1mm	较慢	能	无	有	较高
层析法	较低±25μm	较慢	能	无	无	较高

表 2-5　商用三维测量系统的技术参数

公司	产品型号	技术	精度(mm)	测量范围(mm×mm)	测量速度
3D Scanners	ModelMaker Replica Reversa	Laser stripe/camera	0.02	100×100	
Aracor	Konoscaope 160/200	X-Ray/CT cone-beam	0.02	200	1024×1024×1024 scan in 16 hours
Breuckmann GmbH	Opto TOP-HE100	Triangulation with pattern projection	±0.015	8060×50	1 300 000 点/s
Cyberware	Desktop 3D Scanner Bundle	Laser video/color	0.05～0.2	250×150×75	14 580 点/s
Genex	Rainbow 100	Projected white-light pattern/CCD camera	0.025	32×25×20	442 368 点/s
GOM Gmbh	ATOS II	Structured white light/CCD camera, Photogrammetry	0.02	1200×960×960	(1 300 000/7)点/s
INTECU	Cylan 3D	Triangulation with laser	0.01	10×10×10, 375×350×350	4000 点/s
Minota	VIVID 300	Laser stripe/CCD color	0.75	190×190 400×400	70 000 点/s
Riegl	LPM25 HA	Time of flight	4～8	360×360	1000 点/s
Steinbichler optotechnik	Comet C100VZ	White light fringe projection	±0.02	100×80	6666 点/s

2.5.2 数据测量的误差分析

对工程应用来说，测量精度是必须考虑的。影响测量精度的因素很多，如测量的原理误差、测量系统的精度及测量过程中的随机因素等，都会对测量结果造成影响，从而产生测量误差。影响数据测量的误差及精度的因素主要有以下几点。

1. 机房环境条件

由于三坐标测量机是一种高精度的检测设备，其机房环境条件的好坏，对测量机的影响至关重要。这其中包括检测工件状态及环境、温度条件、振动、湿度、供电电源、压缩空气等因素。

(1) 检测工件的状态及环境：检测工件的物理形态对测量结果有一定的影响。最普遍的是检测工件表面结构和加工留下的切屑。冷却液和机油对测量误差也有影响。通常，灰尘和脏东西可集中在测球上影响测量机的性能和精度。类似影响测量精度的情况还很多，大多数可以避免，建议在测量机开始工作之前和完成工作之后进行必要的清洁工作。

(2) 温度条件：在三坐标测量机系统中，温度是影响测量的主要环境因素。测量的标准温度一般为20℃，大多数制造厂商都是在此温度下标定其三坐标测量机的各种性能指标的。而所有的几何量及其误差的标准环境温度定义是(20±2)℃，所以在进行测量时，最理想的情形是在这个温度进行，但实际状况却往往无法满足这个要求。在测量过程中，环境发生变化(主要包括：环境温度的变化、短时间的温度变化、长时间的温度变化、温度梯度的变化)或者三坐标测量机运动在内部产生热量，都将导致三坐标测量机与环境之间、三坐标测量机内部各部分之间变形不均匀，从而造成测量误差。

现代化大生产中，许多三坐标测量机都是直接在生产车间现场使用，这种情形往往不能满足对温度的要求。此时，测量结果将达不到原标定的精度。为减小温度变化对测量结果的影响，大多数测量机制造商开发了温度自动修正系统。温度自动修正补偿系统是通过对测量机光栅和检测工件零件温度的监控，根据不同金属的温度膨胀系数，基于标准温度(20±2)℃对测量结果进行修正。但对于快速温度或温度梯度的变化，无法进行补偿修正。除了温度自动修正补偿系统外，为减小温度变化对测量结果的影响，一方面要对制造三坐标测量机的材料进行选择，比如选择那些对温度变化不敏感的材料，或者选择一些热惯量小的材料，用这些材料制成的机器可以很快地跟随环境温度的变化，有利于从软件方面进行温度补偿。另一方面也要从结构上进行考虑，比如轻型的悬臂式结构的三坐标测量机，比桥式的花岗岩制成的三坐标测量机更有利于减小温度的影响。

(3) 振动：由于较多的测量机应用于生产现场，振动成为一个常见的问题，比如在测量机的周围的冲压机、空压机或其他重型设备将会对测量机产生严重影响。较难察觉的是小幅振动，如果同测量机自身的振动频率相混淆，对于测量精度也会产生较大影响，因此测量机的制造对于测量环境的振动频率与振幅均有一定的要求。

(4) 湿度：与其他环境因素相比，湿度对测量精度的影响就显得不那么重要。为防止块规或其他计量设备的氧化和生锈，要求保持环境湿度在40%以下。

(5) 供电电源：为保证控制系统和计算机系统以及同外部联网的良好运作，对于供电电源有一定的要求，包括电源电压变化、频率要求以及接地装置、屏蔽装置的要求等。

(6) 压缩空气：由于许多坐标测量机使用了精密的空气轴承，因此需要压缩空气。在使用坐标测量机的过程中，除了满足测量机对压缩空气的要求外，还要防止由于水和油侵入压缩空气对测量机产生影响；同时，应防止突然断气，以免对测量机窄气轴承和导轨产生损害。

2. 物体自身的因素

在曲面测量中，被测物体本身的材料、表面结构要求、颜色、光学性质及表面形状，对光的反射和吸收程度有很大的差异，尤其是物体的表面结构要求和折射率等因素会对测量的精度会产生重大的影响。

3. 标定的因素

所有的测量方法都需要标定。对于光学测量系统而言，由于光学测量系统的制造和装配必然存存误差，因此对于物点到像点的非线性关系的标定技术更是获取物体三维坐标的关键，这一问题很早就被广泛地讨论。由于测头的变形以及标定对光学系统进行了许多理想假设，都会带来一些很复杂的非线性系统误差，影响测量数据的精度。

4. 摄像机的分辨率

CCD 摄像机的分辨率主要是靠尺寸和像素间距的大小来决定的。对整个测量系统的分辨率而言，它主要取决于测量的范围。此外，扫描系统运动装置的移动误差也会降低测量精度。

5. 可测性的问题

在采用 CMM 或光学系统测量时，都存在着可测性问题。尽管多数情况下，可通过加长测杆或采用多个视点扫描的方式来解决，但在处理如通孔之类的不可测表面时，采用光学扫描的方法无法获取完整的采样数据。阻塞问题是由于阴影或障碍物遮挡了扫描介质而引起的。除了自阻塞外，固定被测物体的夹具也会引起阻塞问题，即夹具表面成了测量的一部分，而被夹具覆盖的那一部分被测物体表面则未测量到。

6. 参考点的误差

参考点的误差是指在对物体进行多次测量，然后进行拼合的情况中，参考点的选取所引起的误差。

7. 测量探头半径补偿误差

主要发生在接触式 CMM 测量系统中。当探头和被测表面接触时，实际得到的数据坐标并不是接触点的坐标，而是探头球心的坐标。对规则表面如平面，接触点数值和球心点数值相差一个半径值，当测量方向和平面的法线方向相同时，相应方向的坐标加上半径值即是接触点坐标(二维补偿)；但当测量表面是曲面时，测量方向和测量点的法矢不一致，用平面探头半径进行补偿会造成补偿误差。

如何提高测量精度，是一个理论和实践相结合的问题。尽可能地降低各种误差，提高测量精度，有利于后续处理。

2.6 三维测量技术的应用

三维测量作为逆向工程的首要步骤和关键技术，近年来得到了长足的发展。随着电子、光学、计算机技术的日趋完善以及图像处理、模式识别、人工智能等领域的巨大进步，以工业化的 CCD(Charge Coupled Device)摄像机、半导体激光器和液晶光栅技术及电子产品(计算机、图像采集系统和低级图像处理系统等)为基础的三维外形轮廓非接触、快速测量技术，已成为国内外研究发展的热点和重点。三维测量技术具有检测速度快、测量精度高、数据处理易于自动化等优点，其需求和应用领域不断扩大，不仅仅局限在制造领域，在医学、服装、娱乐、文物保存工程等行业也得到了广泛的应用。

1. 产品检测与质量控制

在复杂型面的零件制造质量检测中，由于某些型面特征自身缺乏清晰的参考基准，型值点与整体设计基准间没有明确的尺寸对应关系，使得基于设计尺寸与加工尺寸直接度量比较的传统检测模式在复杂型面零件的制造误差评定中难以实行。基于三维 CAD 模型的复杂型面的产品数字化检测已成为复杂型面制造精度评价的最主要的发展趋势，即通过测量加工产品零件的三维型面数据，与产品原始设计的三维 CAD 模型进行配准比较和偏差分析，给出产品的制造精度。在 2003 年北美汽车制造技术论坛总结报告中明确指出：“多个国际著名的汽车制造厂，包括通用、福特、宝马、奔驰、奥迪、大众、本田、丰田等，已将数字化测量与检测技术应用于其产品开发中，体现出复杂型面产品数字化检测的重要意义，一方面数字化检测可大大降低产品开发制造成本，缩短产品开发周期，同时数字化检测结果的报告形式满足了全球合作技术交流的需求。”通用汽车采用光学测量技术，通过测量数据与 CAD 设计数据的直接比较对其 OEM 配套产品进行数字化检测来评测产品的制造精度，如图 2.37 所示。

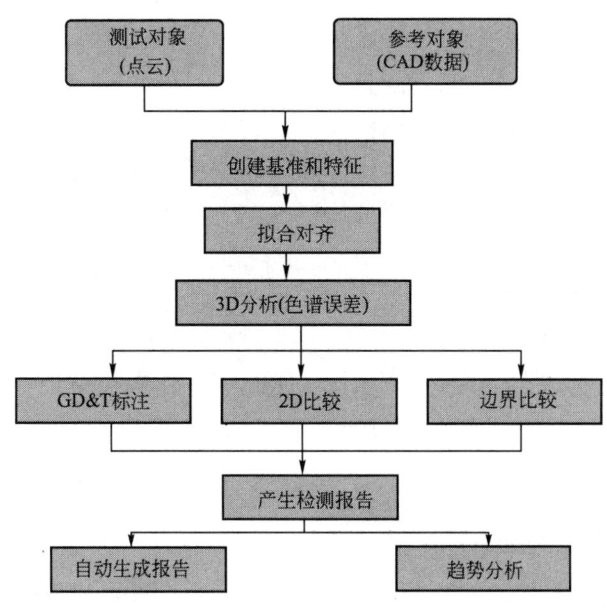

图 2.37 三维测量在质量检测中的应用

2. 虚拟现实

通过三维测量提供虚拟现实系统所需要的大量与现实世界完全一致的三维模型数据，如图 2.38 所示。由于虚拟现实(Virtual Reality，VR)技术可以展示三维景象、模拟未知环境和模型，以及具有很强的交互性，已被广泛应用于产品展示、规划设计、远程教育、建筑工程和商业应用等领域。

图 2.38　用 MS 接触式数据化仪和 Maya 设计制作的汽车模型

3. 人体测量

人体测量在服装设计、游戏娱乐等行业都有广泛的应用。采用非接触快速三维测量得到人体三维数据，然后获得人体三维特征，可进行服装定制设计，如图 2.39 所示。此外，人体测量可以为游戏、娱乐等系统提供大量的具有极强真实感的三维彩色模型，还可以将游戏者的形象扫描输入到系统中，如图 2.40 所示。

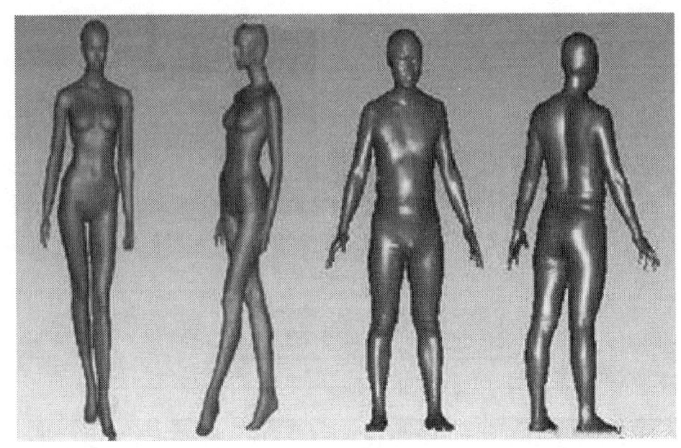

图 2.39　人体测量

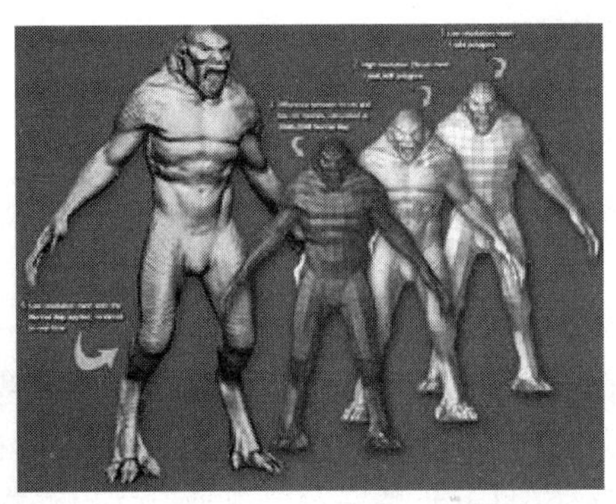

图 2.40　游戏者形象

4. 文物保存工程

如何将古文物、具有历史意义的传统雕刻或人类学中古人类的骨头、器皿快速地数字化且保存下来，一直是一个重要的研究课题。非接触三维测量可以不损伤物体，获得文物的外形尺寸和表面色彩、纹理，得到三维模型，图 2.41 给出的即是对著名的“辟邪神兽”的恢复场景。

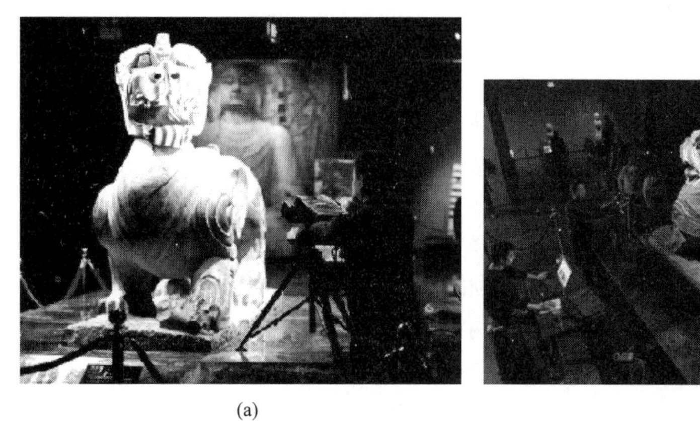

(a) (b)

图 2.41 文物“辟邪神兽”三维模型

5. 医学工程

近年来，3D 影像扫描在医学领域上已被广泛应用于核磁共振、X 光断层照相、放射线医学等，分析并处理 3D 影像扫描所得到的数据极其重要。由 3D 影像扫描可辅助的范围有遥控医学、外科手术模拟训练、整形外科模拟、义肢设计、筋骨关节矫正和牙齿矫正、假牙设计等，如图 2.42 所示为 3D 假牙快速扫描系统。

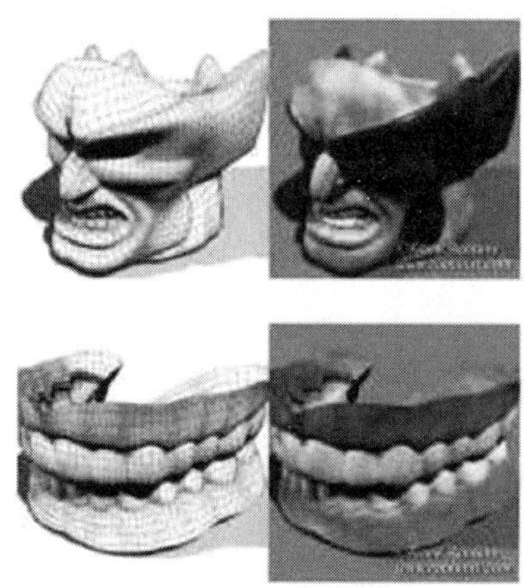

图 2.42 3D 假牙快速扫描系统

小　　结

本章主要介绍了先进检测技术的概念，组成和分类，分为接触式测量、非接触式测量和断层测量数据方法，分析了测量方法的组成原理、国内外主要仪器及其应用的范围、特点、局限性等。

习　　题

2-1　三坐标测量机技术的主要应用有哪些?

2-2　用于逆向工程的检测方法可以分为几类？各有什么特点?

2-3　非接触测量方法主要分为哪几种?

2-4　三维检测技术主要应用在哪些地方?

2-5　制约逆向工程技术发展的主要瓶颈因素是什么?

2-6　ATOS 光栅扫描仪系统主要由哪两部分组成？其特点分别是什么?

2-7　三维测量方法主要有哪几种？其特点分别是什么?

第3章 工业近景摄影测量技术

知识要点	掌握程度	相关知识
数字摄影测量	(1) 掌握数字摄影测量的定义和分类，要解决的主要问题 (2) 熟悉摄影测量的作业过程	利用摄影测量的作业过程了解单反相机的工业化用途
数字影像的获取、解析基础、匹配原理、影像纠正	(1) 掌握数字影像获取与重采样、解析基础的基本原理及特点 (2) 熟悉匹配原理、影像纠正的工作原理 (3) 了解数字摄影测量系统的分类及用途	(1) 国内外常见的数字摄影系统及其商业化用途、科研价值 (2) 数字影像内定向及标定的关系
近景摄影测量系统	(1) 熟悉近景摄影测量的摄影方法和基本公式 (2) 了解近景摄影测量中相对控制的应用	(1) 量测用立体摄影机的分类、性能特点及其优缺点 (2) 直接线性变换解法的应用

导入案例

数字摄影测量系统在高速公路测绘中的应用

随着信息技术和计算机技术的迅猛发展，航空摄影测量技术也有了前所未有的发展和进步。全数字摄影测量系统取代传统的摄影测量内业仪器，作为基础地理数据获取的作业平台，已成为必然的发展趋势。

为适应数字摄影测量的需要，我单位自引进了 VirtuoZo NT 全数字摄影测量系统，经过技术培训和试生产之后，全面投入了实际生产工作。利用 VirtuoZo NT 全数字摄影测量系统，先后完成了青岛市 1∶2000、1∶500 比例尺 DLG 测图；广西百色水利枢纽库区 312 国道改建 1∶2000 比例尺 DLG 测图、DEM 制作；青海省塔拉滩生态治理区 1∶10 000 比例尺 DLG 测图；安徽省蚌—宁高速公路测绘等项目。现就 VirtuoZo NT 系统在蚌—宁高速公路测绘中的应用作一论述。

1. 工程概况

蚌—宁(蚌埠—南京)高速公路安徽段途径蚌埠、凤阳、明光、来安等县，全长约 170km。测区内有平地、丘陵、山地，地物、地形复杂，植被茂密，给测绘工作带来一定的困难。为满足该高速公路安徽段设计的需要，我单位承担了该条公路的测绘工作，主要内容包括：高速公路选址的 1∶10 000 比例尺正射影像图制作、1∶2000 比例尺数字线划图(DLG)测绘以及符合 CARD－1 公路设计软件要求的数字高程模型制作。

由于公路选线设计要求在正射影像上进行，因而需要在摄影以后首先制作正射影像，根据正射影像，确定公路中心以及测量范围。数字高程模型的数据格式必须满足 CARD－1 软件的要求。由于时间紧、任务重，为如期完成任务，我们决定使用 VirtuoZo NT 全数字摄影测量系统来完成这项工作。

2. 正射影像图制作

正射影像图具有信息量丰富，现势性强的特点，能够最大限度反映地表信息。本项目制作正射影像图的目的，就在于利用正射影像图来确定蚌—宁高速公路的初设平面位置，划定 1∶2000 比例尺地形图及数字高程模型的测绘范围。

由于没有进行外业像片控制测量，我们在 1∶5000 比例尺地形图上量取部分明显地物点的三维坐标作为像片控制点，使用 VirtuoZo NT 空三加密模块(AATM＋PATB)进行空三加密，创建模型，从而利用 VirtuoZo NT 进行正射影像图制作。这样做，能够充分利用 VirtuoZo NT 的自动化程度高，运算速度快的特点，在最短的时间内为用户提供高质量的正射影像图。

使用 VirtuoZo NT 制作正射影像图，与常规的使用纠正仪进行相片纠正相比，效率提高 5 倍以上。而且使用纠正仪无法制作山区正射影像图，也无法解决无缝镶嵌的问题。可见，使用 VirtuoZo NT 制作正射影像图的优势相当突出。

3. 数字线划地形图测绘

利用正射影像图确定了 1∶2000 比例尺地形图的测绘范围后，并对全测区进行了全野外像片控制和像片调绘。然后使用 VirtuoZo NT 进行数字线划地形图测绘。

VirtuoZo NT 可以测绘各种比例尺的数字地形图，从1：10 000、1：5000至1：500甚至更大比例尺的数字地形图。其实用的数字测图模块，线划半自动提取功能，可大大提高作业效率。

蚌—宁高速公路测绘项目共完成247幅1：2000比例尺数字地形图。VirtuoZo NT以其完美的界面设计，方便的操作功能，快速的运算及可靠的精度，为按时完成这项任务提供了保证。

4. 高精度数字高程模型制作

CARD-1软件是专门用于公路、铁路、管道工程设计的CAD系统。它是一种能够满足各设计阶段工程要求的、全新高效的CAD软件。CARD-1软件所要求的数字高程模型，实际上是不规则三角网数字地面模型(TIN)，它的特点是能够很好地顾及地貌特征点、线，表示复杂地形表面比规则格网(grid)精确。要制作的数字高程模型数据为两类文件：点文件(*.asc)与线文件(*.pol)。点文件是能够反映实际地形的按一定规则排列的地形点。线文件是地形断裂线，即地形变换处的连线，如陡坎上、下边沿线；路堤、路堑的上、下边沿线；山脊线；山谷线等。断裂线上的点必须是点文件已经采集的点。

制作数字高程模型的方法有许多种：野外实测、在地形图上量取、利用摄影测量方法等。野外实测投入高，费工费时。在地形图上量取精度差，不能满足用户要求。利用摄影测量方法是目前最好的方法。在实际工作中使用VirtuoZo NT的数字测图模块进行点、线提取，在进行线提取时全部使用折线而不能使用流线。点线提取完成后，利用VirtuoZo NT的导出文本文件功能生成文本文件(*.txt)，再使用自己编制的转换程序，将该文本文件(*.txt)转换为符合CARD-1软件要求的点文件(*.asc)和线文件(*.pol)。

采用本方法测制的蚌—宁高速公路数字高程模型，经有关专家鉴定和业主的实际应用，数据完全能够满足CARD-1软件进行道路设计的要求，点、线密度合理、位置正确、精度可靠，为高速公路的设计提供了可靠保证。

5. 结论

全数字摄影测量系统在生产实际中的应用，是摄影测量业内的一次革命。传统的航测是一个复杂的系统工程，而且产品单一、功效落后。现在，运用全数字摄影测量系统，在一台计算机上就能完成航测内业的各个工序的工作，而且操作简单、工效翻倍、精度可靠、产品多样。VirtuoZo NT以其强大的功能，友好的界面，方便的操作，已成为全数字摄影测量系统中的佼佼者，被越来越多的用户所认可。

VirtuoZo NT全数字摄影测量系统用于高速公路测绘，不仅可以测绘符合精度要求的数字线划图，而且可以快速制作正射影像，按规定格式制作高精度数字高程模型，为高速公路设计提供各种精度可靠、现实性强的数字产品，满足高速公路设计的需要。

资料来源：http://www.ca800.com/apply/d_1nrutga2kvvc8_1.html

汽车、飞机、船舶、军工、家电等行业的产品大量采用复杂曲面，工件的复杂曲面和模具型面的数字化建模和三维检测是进行产品设计和质量控制的前提和基础。对于中小型工件(长度小于1m)，主要采用台式三坐标测量机、激光扫描仪、关节臂三坐标测量机等，基本能满足检测和逆向设计的要求。对于大型工件(长度大于1m)，空间测量激光跟踪仪、经纬仪等光学仪器的精度虽然能够满足要求，但其局限于只能对工件的一些关键点进行测量。并且存在测量速度慢、检测烦琐、无法进行全尺寸检测的缺点，实际工作中迫切需要有新型的检测设备和检测方法出现。

3.1 数字摄影测量

摄影测量的基本任务是从影像中提取几何信息和物理信息。传统的模拟摄影测量和解析摄影测量方法，都是人工作业完成。在模拟立体测图仪或解析测图仪上进行相对定向、绝对定向、测绘地物与地貌，都需要作业员在双眼立体观察的情况下完成。而数字摄影测量是利用影响相关技术来代替人眼的目视观测、自动识别同名点，实现几何信息的自动提取。目前，对于物理信息的自动提取，还处于研究阶段，在实际工作中，仍然沿用传统的目视判读方法。

3.1.1 数字摄影测量的定义和分类

数字摄影测量是基于摄影测量的基本原理，应用在计算机技术、数字图像处理、计算机视觉、模式识别等多学科的理论与方法，从影像提取所摄对象用数字方式表达的几何和物理信息的摄影测量的分支学科。它包括计算机辅助测图和影像数字化测图。

1. 计算机辅助测图

计算机辅助测图又称数字测图，是利用解析测图仪或具有机助系统的模拟测图仪，进行数据采集和数据处理，测绘数字地图，制作数字高程模型，建立测量数据库。如果需要，也可用数控绘图仪输出线划图，或用数控正射投影像图，或用打印机打印各种表格。计算机辅助测图系统所处理的依然是传统的像片，且对影像的处理仍然需要人眼的立体测量，计算机则起数据记录与辅助处理的作用，是一种半自动化的方式。计算机辅助测图是摄影测量从解析向数字的过渡阶段所采用的技术。

2. 摄影数字化测图

摄影数字化测图是利用计算机对数字影像或数字化影像进行的处理，由计算机视觉代替人眼进行立体量测与识别，完成影像几何与物理信息的自动提取。此时不再需要传统的光学和机械仪器，不再采用传统的人工操作方式而是自动化的方式。若处理的原始资料是传统的模拟像片，则要用高精度影像数字化仪对其数字化，获得数字影像。按对影像进行数字化的程度，影像数字化测图又可分为混合数字摄影测量和全数字摄影测量。

混合数字摄影测量系统是在解析测图仪上安装一对 CCD 数字相机，对要进行测量的局部影像进行数字化，然后由数字相关(匹配)方式获得点的空间坐标。

全数字摄影测量(也称软拷贝摄影测量)处理的是完整的数字化影像。若原始资料是像片，则首先利用影像数字化仪对影像进行完全数字化。或利用数码相机获得数字影像并直接输入计算机。由于自动影像解释仍然处于研究阶段，因而目前全数字摄影测量主要用于测绘数字线划图、生成数字地面模型、制作正射影像图。其主要内容包括：方位参数的解算、核线影像的建立、影像匹配、空间坐标解算、数字表面模型的建立、等值线自动绘图、数字纠正产生正射影像及生成带等值线的正射影像图等。通常所说的数字摄影测量系统就是指全数字摄影测量系统，也是当前测绘部门普遍采用的摄影测量设备。

当影像获取与处理几乎同步进行并在一个视频周期内完成，这就是实时摄影测量，它是全数字摄影测量的一个分支。在实时摄影测量系统中，数码相机必须与计算机连机使用，实时地获取与处理数字影像。实时摄影测量被用于视觉科学，如计算机视觉、机器视觉及机器人视觉等。它在工业上的典型应用是流水生产线上移动零件或产品的监测。它可用于制造工业、运输、导航及各种需要实时监视与识别物体的情况。对于摄影测量来说，实时摄影测量也是近景摄影测量的数字自动化的进一步发展。

3.1.2 数字摄影测量要解决的主要问题

1. 影像匹配

影像匹配是实现自动立体量测的关键，也是数字摄影测量的重要研究课题之一。影像匹配的精确性、可靠性、算法的适应性及运算速度均是其重要的研究内容，特别是影像匹配的可靠性一直是其关键之一。多级影像匹配以及从粗到细的匹配策略是早期提出的，但至今仍不失为提高可靠性的有效方法，而近年来发展起来的整体匹配技术是提高影像匹配可靠性的极其重要的进展。从单点匹配到整体匹配是数字摄影测量影像匹配理论和实际的一个飞跃。多点最小二乘影像匹配、动态规划法影像匹配与松弛法影像匹配等整体影像匹配方法考虑了匹配点与点之间的相互关联性，因而提高了匹配结果的可靠性与结果的相容性、一致性。

2. 影像解译

当前，全数字摄影测量主要用于测绘数字地图、自动产生数字地图模型与射影像图。事实上，数字摄影测量还有另一项基本任务——利用影像信息确定被摄对象的物理属性，既对影像进行自动解译。常规摄影测量采用人工目视判读识别影像对应的物体，而遥感技术则利用多光谱信息和其他信息实现自动分类。数字摄影测量中对居民地、道路、河流等地面目标的自动识别与提取，主要是依赖于对影像结构与纹理的分析，需要提取各种影像特征，包括点特征、线特征与面特征。影像特征提取也是利用基于特征匹配与关系(结构)匹配的方法，进行城镇地区大比例尺数字摄影测量和数字近景摄影测量，提取几何信息的需要。

数字摄影测量的基本任务仍然是确定被摄对象的几何与物理属性，实现影像量测与理解的自动化。前者虽有很多问题有待解决，需要继续不断研究，但已达到实用阶段，已经取代模拟法和解析法，成为当前主流的摄影测量方法；后者则离实际应用还有很大距离，还处于研究阶段，但其中某些专题信息(如道路和房屋)的自动提取可能会首先进入实用阶段。

3.1.3 数字摄影测量系统的作业过程

实现数字影像自动测图的系统称为数字摄影测量系统(Digital Photogrammetric System，DPS)或数字摄影测量工作站(Digital Photogrammetric Workstation，DPW)。数字摄影测量系统的作业过程如下所述。

1. 数字影像的获取

用高精度的影像扫描仪对像片进行数字化，转化为数字影像，存储在磁带或硬盘中。如果直接用数码相机获得影像，则省略这项工作。

2. 数字影像的定向

数字影像的定向包括内定向、相对定向和绝对定向。

(1) 内定向。通过对数字影像的框标进行自动或人工识别与定位，计算出扫描坐标系与像片坐标系之间的变换参数。

(2) 相对定向。提取影像中的特征点，进行二维相关运算寻找同名点，计算相对定向参数。定向参数的计算方法与双像解析摄影测量的相对定向相同，只是为了提高精度和可靠性，通常选用数十至数百对同名点参加定向计算。

(3) 绝对定向。通过人眼观测，在左(右)影像定位控制点，由影像匹配确定同名点，根据解析绝对定向计算法计算绝对定向参数。

3. 建立核线影像

按照核线关系，将影像的灰度沿核线方向重新排列，构成核线影像，以便立体观测及将二维相关简化为一维相关。

4. 影像匹配与建立数字地面模型

沿核线进行密集点的一维影像匹配，求出同名点；根据定向元素计算像点对应地面点的空间坐标；然后内插出规格网的数字高程度模型或构建不规则三角网。

5. 自动绘制等高线

根据规则格网的数字高程度模型或构建不规则三角网，采用一定的算法自动生成数字等高线。

6. 制作数字正射影像

根据规则格网的数字高程度模型，采用数字纠正方法，将原始数字影像纠正为正射影像。

7. 数字测图

根据地物调绘片和数字高程模型数据，在立体观察下，由作业员通过人机交互方式，测绘地物地貌。

3.2 数字影像的获取与重采样

3.2.1 光学影像与数字影像

传统的摄影机用光学影像记录景物的几何与物理信息，景物的辐射强度(亮度)在光学影像上反映为影像的黑白程度，称为影像的灰度或光学密度。在透明像片(正片或负片)上灰度表现为影像的透明程度，即透光的能力。设投射在透明像片上的光通量为 F_0，而透过透明像片后的光通量为 F，则透过率 T 与不透过率 O 分别定义为

$$\begin{cases} T=\dfrac{F}{F_0} \\ O=\dfrac{F}{F_0} \end{cases} \tag{3-1}$$

因此，影像愈黑，则透过的光通愈小，不透过率愈大。虽然透过率和不透过率都可以说明影像黑白的程度，但是人眼对明暗的感觉是对按对数关系变化的。为了适应人眼的视觉，在分析影像的性能时，不直接用透过率或不透过率表示其黑白程度，而用不透过率的对数值表示，即

$$D=\lg O=\lg \frac{1}{T} \tag{3-2}$$

式中：D 为影像的灰度值，当光线全部透过时，即透过率等于1，其影像的灰度等于0。当光通量仅透过1/100，即不透过率是100时，其影像的灰度是2。实际的航空负片的灰度一般在0.3～1.8范围之内。

光学影像在像幅的几何空间和灰度空间上都是连续的。

数字摄影测量系统处理的原始资料是数字影像或数字化影像，它是一个灰度矩阵 $\boldsymbol{g}$，即

$$\boldsymbol{g}=\begin{bmatrix} g_{0,0} & g_{0,1} & \cdots & g_{0,n-1} \\ g_{1,0} & g_{1,1} & \cdots & g_{1,n-1} \\ \vdots & \vdots & \vdots & \vdots \\ g_{m-1,0} & g_{m-1,1} & \cdots & g_{m-1,n-1} \end{bmatrix} \tag{3-3}$$

矩阵中的每个元素对应于被摄影物体或光学影像的一个微小区域，称为像元或像素(Pixel)，它是数字影像的最小的基本单元。各像素的值 $g_{i,j}$，j 一般是0～255之间的某个整数。矩阵的每一行对应于一个扫描行，像素的点位坐标用行列号表示，称为扫描坐标。

3.2.2 影像的数字化

数字影像可以由数字摄像机直接获得，但是目前更多的是将传统光学摄像机所摄的光学影像的底片经扫描数字化获得。

影像扫描数字化过程包括采样与量化两项内容。光学影像上的像点是连续分布的，但在影像数字化过程中不可能将每一连续的像点全部数字化，而只能将实际的灰度函数离散化，每隔一个间隔(Δ)获取一个微小区域的灰度值，这个过程称为采样，Δ称为采样间隔。采样时所取的区域通常是正方形的微小影像块，即像素。影像块的大小通常等于采样间隔，也等于像素的尺寸。

采样过程会给影像的灰度带来误差，影像的细部将受到损失。若要减少误差，则采样的间隔越小越好。但是采样间隔越小，数据量越大，增加了运算工作量和提高了对设备的要求。究竟如何确定采样间隔，应综合考虑精度要求、影像分解力、数据量和存储设备的容量，根据具体情况可选择50μm、25μm、12.5μm甚至更小的采样间隔。

通过上述采样过程得到的每个区域的灰度值通常不是整数，不便于实际计算。为此，应将各区域的灰度值取为整数，这一过程称为影像灰度的量化。其方法是将透明像片有可能出现的最大灰度变化范围进行等分，等分的数目称为灰度等级，然后将每个区域的灰度值在其相应的灰度等级内取整，取整的原则是四舍五入。由于计算机中数字均用二进制表示，因此灰度等级一般都取 2^m(m 是正整数)。当 $m=1$ 时，灰度只有黑白两级，即二值图像。通常取 $m=8$，此时有256个灰度级，其级数是介于0～255之间的一个整数，0为黑，255为白，每个像元素的灰度值占8bit，即一个字节。

3.2.3 数字影像的重采样

在对数字影像进行几何处理，如旋转、核线排列、数字纠正时，经常会出现变换后影像的像素灰度取值问题。当变换后影像对应的原始影像位置正好位于整数(矩阵)点上时，直接取原始影像的像素值为变换后的影像的像素值。但是，当计算得的原始影像不位于整数点上时，并无现成的灰度值存在，此时就必须采用适当的方法，把该点周围整数点位上灰度值对该点的灰度贡献积累起来，构成该点位新的灰度值。这个过程称为数字影像灰度的重采样。常用的重采样方法有双线性插值法、双三次卷积法和最邻近像元法。

1. 双线性插值法

双线性插值法的卷积核(权函数)是一个三角形函数，即：

$$W_{(x)}=1-|x| \quad 0\leqslant|x|\leqslant 1 \tag{3-4}$$

此时，需要待重采样点 P 附近的 4 个原始影像灰度值参加计算。如图 3.1 所示，(1，1)、(1，2)、(2，1)、(2，2) 为相邻像元，像元间隔为 1 个单位，它们的灰度值分别为 I_{11}、I_{12}、I_{21}、I_{22}，P 为待重采样点的位置。图中右侧表示式(3-4)的卷积核图形在沿 x 方向进行重采样时所在的位置。

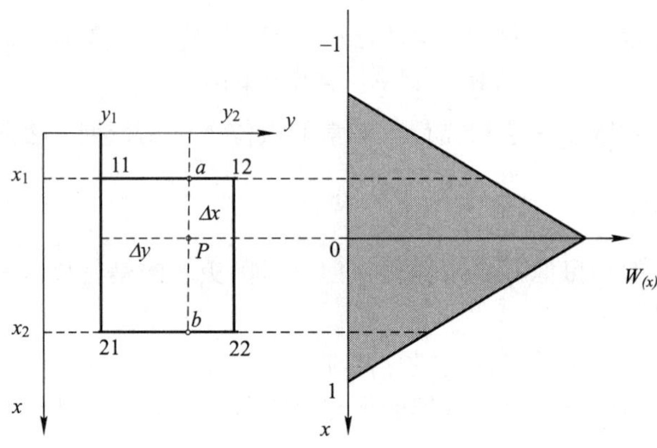

图 3.1 双线性插值法

计算可沿 x 方向和 y 方向分别进行。先沿 y 方向分别对点 a、b 的灰度值进行重采样，再利用这两点沿 x 方向对 P 点重采样。在任一方向作重采样计算时，可使卷积核(权函数)的零点与 P 点对齐，以读取其各原始像元素处的相应函数值。实际上，将上述运算过程经整理归纳后，可以把两个方向的计算合为一个，可直接计算出 4 个原始点对点 P 所做贡献的权值，以构成一个 2×2 的二维卷积核 $\boldsymbol{W}$(权矩阵)，把它与 4 个原始像元灰度值构成的 2×2 灰度矩阵 $\boldsymbol{I}$ 作哈达玛(Hadamard)积运算得出一个新的矩阵，然后把这些新的矩阵元素累加，即可得到重采样点 P 的灰度值 I_{p}，有

$$I_{\mathrm{p}}=\sum_{i=1}^{2}\sum_{j=1}^{2}\boldsymbol{I}(i,\ j)*\boldsymbol{W}(i,\ j)=I_{11}\cdot W_{11}+I_{12}\cdot W_{12}+I_{21}\cdot W_{21}+I_{22}\cdot W_{22} \tag{3-5}$$

式中：

$$\boldsymbol{I}=\begin{bmatrix} I_{11} & I_{12} \\ I_{21} & I_{22} \end{bmatrix}$$

$$\boldsymbol{W}=\begin{bmatrix} W_{11} & W_{12} \\ W_{21} & W_{22} \end{bmatrix}$$

$$W_{11}=W_{(x1)}W_{(y1)}, \quad W_{12}=W_{(x1)}W_{(y2)}$$

$$W_{21}=W_{(x2)}W_{(y1)}, \quad W_{22}=W_{(x2)}W_{(y2)}$$

式中：$I(i, j)*W(i, j)$为两个矩阵的哈达玛积，它的定义是这两个矩阵中各对应元素的乘积所构成的矩阵。

根据图3.1和式(3-4)有

$$W_{(x1)}=1-\Delta x, \quad W_{(x2)}=\Delta x$$

$$W_{(y1)}=1-\Delta y, \quad W_{(y2)}=\Delta y$$

$$\Delta x=x-\text{int}(x)$$

$$\Delta y=y-\text{int}(y)$$

代入式(3-5)得 P 点的重采样灰度值 I_p 为

$$I_p=(1-\Delta x)(1-\Delta y)I_{11}+(1-\Delta x)\Delta y I_{12}+\Delta x(1-\Delta y)I_{21}+\Delta x\Delta y I_{22} \tag{3-6}$$

2. 双三次卷积法

双三次卷积法是以三次样条函数作为卷积核，其函数表达式为

$$\begin{cases} W_{1(x)}=1-2x^2+x^3 & 0\leqslant x\leqslant 1 \\ W_{2(x)}=4-8x+5x^2-x^3, & 1\leqslant x\leqslant 2 \\ W_{3(x)}=0 & 2\leqslant x \end{cases} \tag{3-7}$$

用式(3-7)作为权函数对任一点重采样时，需该点周围16个原始像元参加计算。与双线性插值法相同，重采样可以沿 x 方向和 y 方向分别进行计算，如图3.2所示。图中右侧表示式(3-7)的卷积图形在沿 x 方向进行重采样时所在的位置。重采样也可以用16个邻近像元灰度矩阵与对应权阵的哈达玛积来计算。此时重采样点 P 的灰度值 I_p 为

$$I_p=\sum_{i=1}^{4}\sum_{j=1}^{4}I(i, j)*W(i, j) \tag{3-8}$$

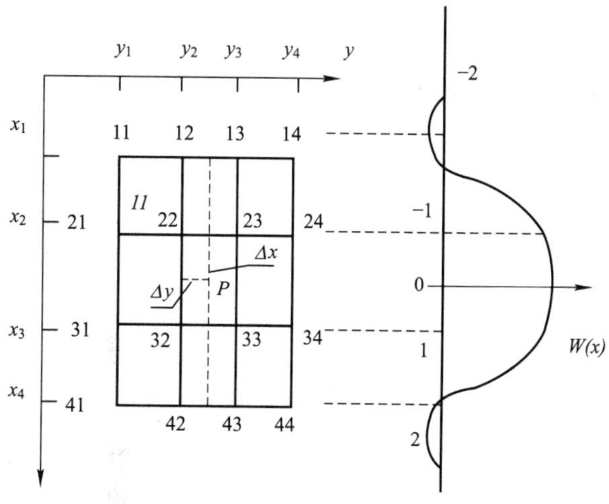

图3.2 双三次卷积法

式中：

$$I=\begin{bmatrix} I_{11} & I_{12} & I_{13} & I_{14} \\ I_{21} & I_{22} & I_{23} & I_{24} \\ I_{31} & I_{32} & I_{33} & I_{34} \\ I_{41} & I_{42} & I_{43} & I_{44} \end{bmatrix}$$

$$W=\begin{bmatrix} W_{11} & W_{12} & W_{13} & W_{14} \\ W_{21} & W_{22} & W_{23} & W_{24} \\ W_{31} & W_{32} & W_{33} & W_{34} \\ W_{41} & W_{42} & W_{43} & W_{44} \end{bmatrix}$$

$$W_{11}=W_{(x1)}W_{(y1)}, \quad W_{12}=W_{(x1)}W_{(y2)}$$

$$\vdots$$

$$W_{ij}=W_{(xi)}W_{(yi)}$$

根据图 3.2 和式(3－7)有

$$\begin{aligned} W(x_1)&=W(-1-\Delta x)=-\Delta x+2\Delta x^2-\Delta x^3 \\ W(x_2)&=W(-\Delta x)=1-2\Delta x^2+\Delta x^3 \\ W(x_3)&=W(1-\Delta x)=\Delta x+\Delta x^2-\Delta x^3 \\ W(x_4)&=W(2-\Delta x)=-\Delta x^2+\Delta x^3 \\ W(y_1)&=W(-1-\Delta y)=-\Delta y+2\Delta y^2-\Delta y^3 \\ W(y_2)&=W(-\Delta y)=1-2\Delta y^2+\Delta y^3 \\ W(y_3)&=W(1-\Delta y)=\Delta y+\Delta y^2-\Delta y^3 \\ W(y_4)&=W(2-\Delta y)=-\Delta y^2+\Delta y^3 \end{aligned}$$

$$\Delta x=x-\text{int}(x)$$

$$\Delta y=y-\text{int}(y)$$

3. *最邻近像元法*

最邻近像元法是取离重采样点位置最近的像元(N)的灰度值作为重采样点的灰度值，即

$$I_P=I_N \tag{3-9}$$

式中：N 为最邻近点。其影像坐标值为

$$\begin{cases} x_N=\text{int}(x+0.5) \\ y_N=\text{int}(y+0.5) \end{cases} \tag{3-10}$$

以上 3 种方法中，双线性插值法计算比较简单，采样精度也能满足要求，是实践中常用的方法；双三次卷积法精度高，但计算量大；最邻近像元法计算最简单，但其中几何精度较差，最大误差可达 0.5 个像素。

3.3 数字影像解析基础

3.3.1 数字影像的内定向

数字摄影测量的主要任务是从数字影像中提取几何信息。在双像解析摄影测量中，已

经建立了以像主点为原点的像平面直角坐标计算地面点坐标的一系列数字关系，如相对定向、绝对定向、共线条件方程等，这些关系式在数字摄影测量中完全适用。由于数字影像的像素坐标系(扫描坐标系)是建立在像素矩阵之上的，其坐标原点在矩阵的左上角，坐标轴系也与像平面直角坐标轴系不平行，为此必须建立像素坐标系和像平面直角坐标系之间的关系，这一过程称为数字影像的内定向。内定向只对那些用扫描仪数字化得到的数字影像才有必要。由于对数码相机摄取的数字影像来说，内定向参数是个常数，经相机鉴定获得。

内定向所需的已知数据包括影像数据和相机参数文件(含有相机类型、框标点的理论坐标、物镜畸变差等信息)。内定向时，必须准确量测框标的像素坐标，再根据框标点的理论坐标，用解析的方法计算内定向参数。设框标的像素坐标为($\bar{x}$，$\bar{y}$)，以像主点为原点的像平面直角坐标(理论坐标)为(x，y)，则扫描坐标和像平面直角坐标之间的关系可用仿射变换公式表示，即

$$\begin{cases} x=a_0+a_1\bar{x}+a_2\bar{y} \\ y=b_0+b_1\bar{x}+b_2\bar{y} \end{cases} \tag{3-11}$$

式中：a_i、b_i(i=0、1、2)为6个仿射变化参数，其中包括像素坐标与像平面直角坐标之间的平移、旋转关系以及数字影像的部分系统误差(如底片变形误差、物镜畸变和扫描仪误差等)。

根据框标的量测坐标和理论坐标计算得6个参数后，就可以把像点的像素坐标换为像平面直角坐标。内定向也可以用双线性公式或线性正形换变公式进行计算。双线性公式为

$$\begin{cases} x=a_0+a_1\bar{x}+a_2\bar{y}+a^3\overline{xy} \\ y=b_0+b_1\bar{x}+b_2\bar{y}+b^3\overline{xy} \end{cases} \tag{3-12}$$

正形变换公式为

$$\begin{cases} x=a_0+a_1\bar{x}-a_2\bar{y} \\ y=b_0+a_2\bar{x}-a_1\bar{y} \end{cases} \tag{3-13}$$

在数字摄影测量系统中进行内定向通常有两种方法：人工内定向和自动内定向。人工内定向就是由作业人员用目视方式识别和定位影像框标；自动内定向是由计算机根据框标点的特征自动识别和定位框标。自动内定向效率较高，但当影像质量不佳时难以保证内定向精度。内定向的成果包括：框标的像素坐标、内定向参数和内定向精度报告。

3.3.2 同名核线的确定

由双像解析摄影测量知识可知，任一物点和摄影基线构成的核面与立体像对的左、右像片相交在一对同名核线上，该物点在像片上的同名像点必然位于同名核线上。这样利用核线的概念就能将沿着x、y两个方向搜索同名点的二维影像相关问题，简化为沿同名核线的一维影像相关问题，从而大大地减少影像相关的计算工作量。但是在影像数字化过程中，像元是按矩阵形式规则排列的，扫描行不是核线方向。因此要进行核线相关，必须先找到核线，建立核线影像。

同名核线的确定常用两种方法，一种是基于数字影像的几何纠正；另一种是基于共面条件。

1. 基于数字影像几何纠正的核线关系

一般情况下，核线在倾斜像片上是相互不平行的，它们相交于核点，只有当像片平行

于摄影基线时，像片与摄影基线相交在无穷远处，所有核线才相互平行，且平行于像片 x 轴，如图 3.3(a)和图 3.3(b)所示。图 3.3(a)为通过摄影基线和某一构像光线构成的核面，P 为左方倾斜像片，P_t 代表平行于基线 B 的“水平”像片。设倾斜像片上的像点坐标为$(x，y)$，“水平”像片上对应像点坐标为$(x_t，y_t)$，由图 3.3(a)可得：

$$\begin{cases} x=-f\dfrac{a_1x_t+b_1y_t-c_1f}{a_3x_t+b_3y_t-c_3f} \\ y=-f\dfrac{a_2x_t+b_2y_t-c_2f}{a_3x_t+b_3y_t-c_3f} \end{cases} \tag{3-14}$$

式中：a_i、b_i、$c_i(i=0、1、2)$9 个方向的余弦是倾斜像片相对于摄影基线的方位元素的函数，可由解析相对定向算得。

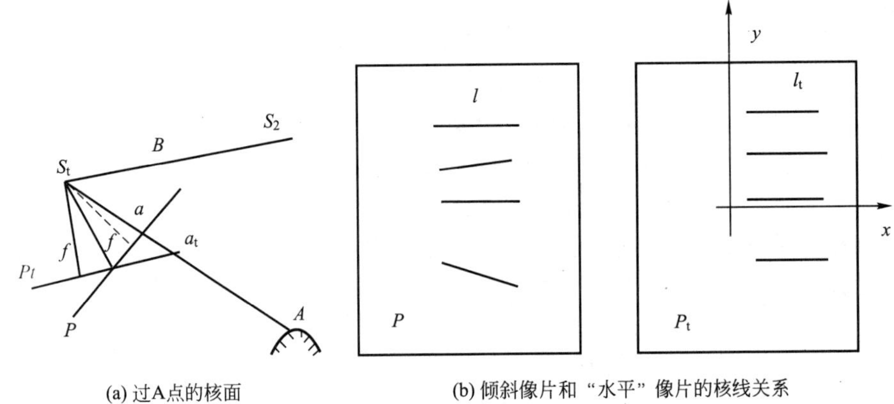

(a) 过A点的核面　　(b) 倾斜像片和“水平”像片的核线关系

图 3.3　基于数字影像的几何纠正的核心关系

在“水平”像片上，同一核线上的像点坐标值 y_t 为常数，以 $y_t=c$ 代入式(3-14)得

$$\begin{cases} x=\dfrac{d_1x_t+d_2}{d_3x_t+1} \\ y=\dfrac{e_1x_t+e_2}{e_3x_t+1} \end{cases} \tag{3-15}$$

式中：

$$d_1=\frac{-fa_1}{b_3c-c_3f}，d_2=\frac{-f(b_1c-c_1f)}{b_3c-c_3f}，d_3=\frac{a_3}{b_3c-c_3f}$$

$$e_1=\frac{-fa_2}{b_3c-c_3f}，e_2=\frac{-f(b_2-c_2f)}{b_3c-c_3f}，e_3=d_3$$

若在“水平”像片上以等间隔取一系列的点，其 x_t 值分别为

$$X_t=\Delta，2\Delta，\cdots，k\Delta，(k+1)\Delta$$

代入式(3-15)，即得一系列的像点坐标$(x_1，y_1)$、$(x_2，y_2)$…这些点都在左方倾斜像片 P 的核线上。

由于在“水平”像片上，同名核线的 y_t 坐标相等，以 $y'_t=y_t=c$ 代入右片的“水平”像片与倾斜像片的像点坐标关系式，得

$$\begin{cases} x'=-f\dfrac{a_1'x_t'+b_1'y_t'-c_1'f}{a_3'x_t'+b_3'y_t'-c_3'f} \\ y'=-f\dfrac{a_2'x_t'+b_2'y_t'-c_2'f}{a_3'x_t'+b_3'y_t'-c_3'f} \end{cases} \tag{3-16}$$

同理可得

$$\begin{cases} x'=\dfrac{d_1'x_t'+d_2'}{a_3'x_t'+1} \\ y'=\dfrac{e_1'x_t'+e_2'}{e_3'x_t'+1} \end{cases} \tag{3-17}$$

若在右“水平”像片上以等间隔取一系列的点，即得到右片上的同名核线。以上倾斜像片上的像点坐标可按内定向公式(3-11)的反算式计算出对应的像素坐标($\bar{x}$，$\bar{y}$)。此时像素坐标($\bar{x}$，$\bar{y}$)不一定位于采样时某像素中心，就要用影像灰度重采样的方法内插出该点的灰度值。

2. 基于共面条件的核线几何关系

这个方法从核线的定义出发，直接在倾斜像片上获得同名核线。如图3.4所示，先在左片目标区选定一个像点$a(x_b, y_b)$，再根据共面条件确定过点a的核线l和右片搜索区内同名核线l'。要确定核线l，需要确定核线l上另一点$b(x_b, y_b)$；要确定l的同名核线l'，需要确定两个点$a'(x_b', y_b')$和点$b'(x_b', y_b')$，这里点a和a'、点b和b'不要求是同名点，只要在同一核线即可。

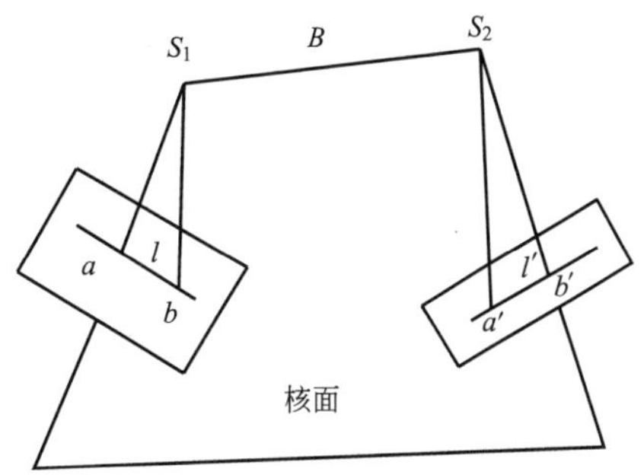

图3.4 基于共面条件的核线关系

由于同一核线上的点均位于同一核面内，基线B、S_1a和S_1b满足共面条件，即

$$B\cdot(S_1a\times S_1b)=0$$

若采用单独相对定向基线系统，可得

$$\begin{vmatrix} B & 0 & 0 \\ X_a & Y_a & Z_a \\ X_b & Y_b & Z_b \end{vmatrix}=B\begin{vmatrix} Y_a & Z_a \\ Y_b & Z_b \end{vmatrix}=0 \tag{3-18}$$

式中：(X_a，Y_a，Z_a)和(X_b，Y_b，Z_b)为像点a和b在以基线为x轴的像空间辅助坐标系中的坐标。根据像点坐标变换公式$R_\varphi R_\omega R_\kappa \begin{bmatrix} x \\ y \\ -f \end{bmatrix}=R\begin{bmatrix} x \\ y \\ -f \end{bmatrix}=\begin{bmatrix} a_1 & a_2 & a_3 \\ b_1 & b_2 & b_3 \\ c_1 & c_2 & c_3 \end{bmatrix}\begin{bmatrix} x \\ y \\ -f \end{bmatrix}$可得

$$\begin{bmatrix} X \\ Y \\ Z \end{bmatrix}_{a,b}=\begin{bmatrix} a_1 & a_2 & a_3 \\ b_1 & b_2 & b_3 \\ c_1 & c_2 & c_3 \end{bmatrix}\begin{bmatrix} x \\ y \\ -f \end{bmatrix}_{a,b} \tag{3-19}$$

式中：a_i，b_i，c_i为由左片单独像对相对定向元素构成的方向余弦；(x，y)为左像片某核线l上像点a或b的像点坐标。

将式(3-18)展开得

$$\frac{Y_a}{Z_a}=\frac{Y_b}{Z_b}$$

而

$$Y_b=b_1x_b+b_2y_b-b_3f,\ Z_b=c_1x_b+c_2y_b-c_3f$$

所以

$$\frac{Y_a}{Z_a}=\frac{b_1x_b+b_2y_b-b_3f}{c_1x_b+c_2y_b-c_3f}$$

整理后得

$$y_b=\frac{Y_ac_1-Z_ab_1}{Z_ab_2-Y_ac_2}x_b+\frac{Z_ab_3-Y_ac_3}{Z_ab_2-Y_ac_2}f \tag{3-20}$$

或写成

$$y_b=\frac{A}{B}x_b+\frac{C}{B}f \tag{3-21}$$

当给定 x_b，就可由式(3-20)算得 y_b。有了 $a(x_a,\ y_a)$、$b(x_b,\ y_b)$两点就确定了过 a 点的左核线 l。

同理，左像点 a 和右片同名核线 l'上任一像点 $a'(x'_a,\ y'_a)$也位于同一核面上，因此

$$B\cdot(S_1a\times S_2a')=0$$

或写成

$$\begin{vmatrix} B & 0 & 0 \\ X_a & Y_a & Z_a \\ X'_{a'} & Y'_{a'} & Z'_{a'} \end{vmatrix}=B\begin{vmatrix} Y_a & Z_a \\ Y'_{a'} & Z'_{a'} \end{vmatrix}=0$$

根据类似的方法可得

$$y'_{a'}=\frac{Y_ac'_1-Z_ab'_1}{Z_ab'_2-Y_ac'_2}x_b+\frac{Z_ab'_3-Y_ac'_3}{Z_ab'_2-Y_ac'_2}f$$

式中：a'_i，b'_i，c'_i为右片单独像对相对定向元素构成的方向余弦。当给定 $x'_{a'}$，可由上式算得 $y'_{a'}$；再根据左像点 a 和右片同名核线 l'上另一像点 b'也位于同一核面的条件，算得 b'点的像点坐标($x'_{b'}$，$y'_{b'}$)，这样就确定了右片的同名核线 l'。

3.4 数字影像匹配原理

立体像对的量测是提取物体空间信息的基础。在数字摄影测量中，是以影像匹配代替人工观测，来自动确定同名点。最初的影像匹配是利用相关技术实现的，所以影像匹配也称为影像相关。由于原始像片中的灰度信息可以转换为电子信息、光学信息或数字信息，因此可构成电子相关、光学相关或数字相关方式。但是无论是电子相关、光学相关或数字相关，其理论基础都是相同的，都是根据两个信号的相关函数，评价它们的相似性，以确定同名点。

3.4.1 数字影像相关原理

数字影像是利用计算机对数字影像进行数字计算的方式完成影像相关，识别出两幅

(或多幅)影像的同名点。计算时，通常先取出一张像片(左片)以待定点为中心的小区域中的影像信号，然后搜索该待定点在另一影像中相应区域的影像信号，计算两者的相关函数，以相关函数最大值对应的相关区域中心为同名点。即以影像信号分布最相似的区域为同名区域，同名区域的中心为同名点，这是自动化立体量测的基本原理。

一般在影像上搜索同名点是一个二维搜索即二维相关的过程，但当完成相对定向后，就可以利用同名核线，将二维搜索转化为一维搜索，从而极大地提高运算速度。

1. 二维影像相关

二维影像相关时，先在左像上确定一个待定点(目标点)，以待定点为中心选取 $m\times n$(通常取 $m=n$)个像素的灰度阵列作为目标区，如图 3.5 所示。为了在右影像上搜索同名点，必须估计出该同名点可能存在的范围，建立一个 $k\times l(k>m,\ l>n)$个像素的灰度阵列作为搜索区，依次在搜索区的不同位置取出 $m\times n$ 个像素灰度阵列作为搜索窗口，计算与目标区的相似性测度，则

$$\rho_{ij}\left(i=i_0-\frac{l}{2}+\frac{n}{2},\ \cdots i_0+\frac{l}{2}-\frac{n}{2};\ j=j_0-\frac{k}{2}+\frac{m}{2},\ \cdots,\ j_0+\frac{k}{2}-\frac{m}{2}\right)$$

式中：$(i_0\times j_0)$为搜索区中心。

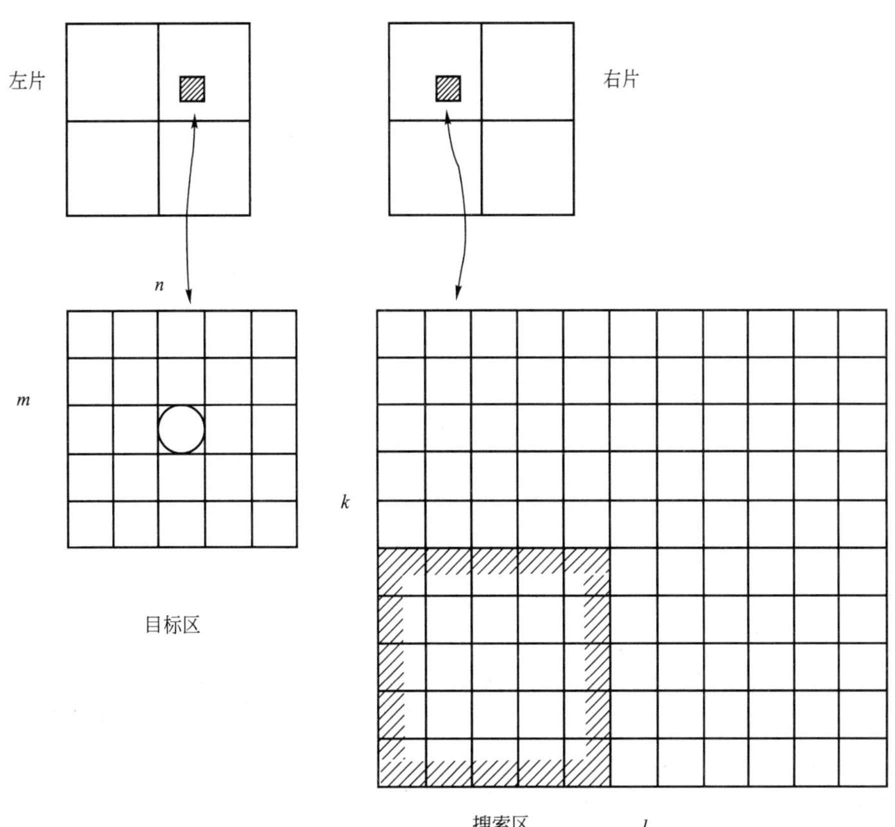

图 3.5 二维图像相关

当 ρ 取最大值时，该搜索素窗口的中心像素被认为是目标点的同名点。即当

$$\rho_{c,r}=\max\left\{\rho_{i,j}\left|\begin{matrix}i=i_0-\dfrac{l}{2}+\dfrac{n}{2},\ \cdots i_0+\dfrac{l}{2}-\dfrac{n}{2}\\ j=j_0-\dfrac{k}{2}+\dfrac{m}{2},\ \cdots,\ j_0+\dfrac{k}{2}-\dfrac{m}{2}\end{matrix}\right.\right\}\tag{3-22}$$

时，点(c，r)即为目标点的同名点。

2. 一维影像相关

一维影像相关也称核线相关。立体像对经相对定向后，建立了核线影像。由于同名像点必须在同名核线上，此时同名点只需在一个方向上搜索，只进行一维影像相关。理论上，目标区和搜索区都可以是一维窗口。但是为了保证相关结果的可靠性，提高精度，通常用较多的像素参加计算。因此目标区与二维影像相关时相同，取待定点为中心的$m\times n$(通常取$m=n$)个像素的灰度阵列作为目标区，如图3.6所示。搜索区为$m\times l(l>n)$个像素的灰度阵列，搜索只在一个方向进行，计算相似性测度，得：

$$\rho_i\left(i=i_0-\frac{l}{2}+\frac{n}{2},\ \cdots i_0+\frac{l}{2}-\frac{n}{2}\right)$$

当

$$\rho_c=\max\left\{\rho_i\left|i=i_0-\frac{l}{2}+\frac{n}{2},\ \cdots i_0+\frac{l}{2}-\frac{n}{2}\right.\right\}\tag{3-23}$$

时，点(c，j_0)即为目标点的同名点，其中(i_0，j_0)为搜索区中心。

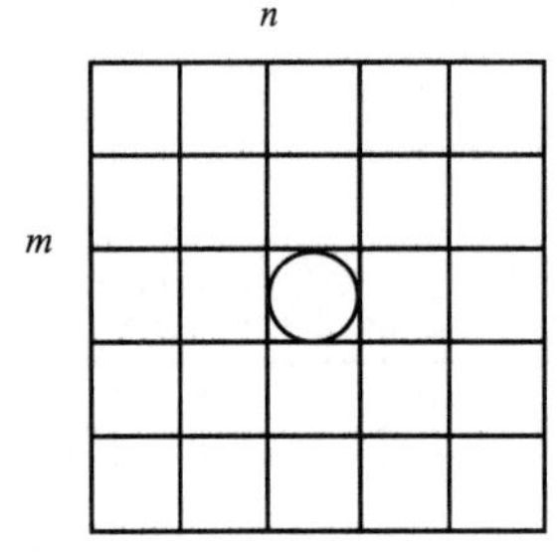

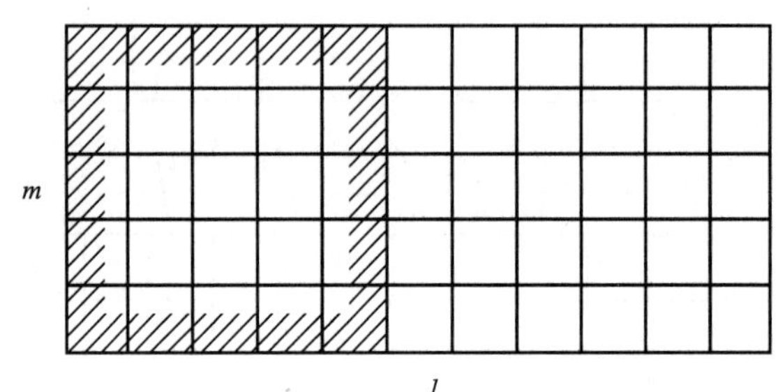

图3.6 一维影像相关

3. 分频道影像相关

为了同时满足相关结果的可靠性和精度要求，应采用由粗到精的相关方式。即先通过低通滤波，得到降低了分辨率的数字影像，以便在大的范围内，进行初相关，找到同名点的粗略位置，作为预测值；然后逐渐采用较高分辨率的影像，在逐渐变小的搜索区中进行相关；最后用原始分辨率影像进行相关，以得到最好的精度，这就是分频道相关的方法。

在分频道相关时，需要获得不同等级分辨率的数字影像。这些影像采用逐次低通滤波，并增大采样间隔方式得到，形成一个像元总数逐渐变小的影像序列，若将这些影像叠置起来，恰似一座金字塔，称为金字塔影像结构。

对于一维相关，分频道可采用两像元平均、三元平均和四元平均等方法。对于实际的二维影像相关，通过每$2\times2=4$(或$3\times3=9$)个像元平均为一个像元构成第二级影像，再在第二级影像基础上构成第三级影像，依次类推，构成金字塔影像。图3.7为金字塔影像的示意图。

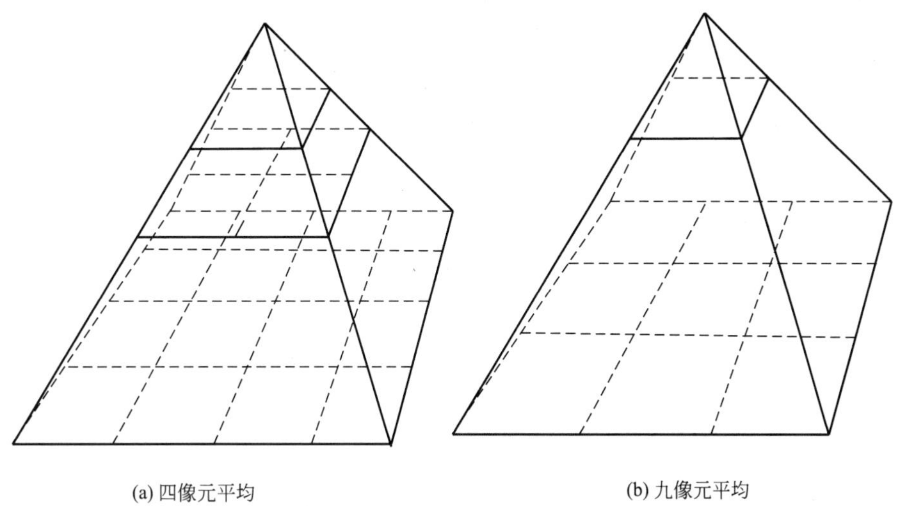

图 3.7 金字塔影像

3.4.2 数字影像匹配基本算法

数字影像匹配就是在两幅(多幅)影像之间识别同名点，它是计算机视觉和数字摄影测量的核心问题。数字影像匹配有多种算法，它们是根据一定的准则，比较左、右影像的相似性来确定同名影像块，从而确定相应的同名像点。

若影像匹配的目标窗口的灰度矩阵为

$$G=(g_{i,j}),\ (i=1,\ 2,\ \cdots,\ m,\ j=1,\ 2,\ \cdots,\ n)$$

式中：m 和 n 分别是矩阵 $\boldsymbol{G}$ 的行列数，通常 m 和 n 为奇数且 $m=n$。与 G 相应的灰度函数为 $g(x,\ y)$，$(x,\ y)\in D$。搜索区的灰度矩阵为

$$G'=(g'_{i,j}),\ (i=1,\ 2,\ \cdots,\ k,\ j=1,\ 2,\ \cdots,\ l)$$

式中：k 和 i 分别是矩阵 $\boldsymbol{G}'$ 的行列数，通常 k 和 l 为奇数。与 G' 相应的灰度函数为 $g'(x',\ y')$，$(x',\ y')\in D'$。G' 中任意一个 m 行 n 列的搜索窗口记为

$$G'_{r,c}=(g'_{i+r,j+c}),\ (i=1,\ 2,\ \cdots,\ m,\ j=1,\ 2,\ \cdots,\ n)$$

$$r=\mathrm{int}(m/2)+1,\ \cdots,\ k-\mathrm{int}(m/2)$$

$$c=\mathrm{int}(n/2)+1,\ \cdots,\ l-\mathrm{int}(n/2)$$

1. 相关函数法

灰度函数 $g(x,\ y)$ 与 $g'(x',\ y')$ 的函数定义为

$$R(p,\ q)=\iint_{(x,\ y)\in D} g(x,\ y)g'(x+p,\ y+q)\mathrm{d}x\mathrm{d}y \tag{3-24}$$

若

$$R(p_0,\ q_0)>R(p,\ q)\quad (p\neq p_0,\ q\neq q_0)$$

则 p_0，q_0 为搜索区影像相对目标区影像的位移参数，即左右视差和上下视差值，也就是确定了同名像点。对于一维相关，应有 $q\equiv 0$。

由于数字影像是离散的灰度数据，其相关函数用估计公式表示为

$$R(c, r)=\sum_{i=1}^{M}\sum_{j=1}^{n}g_{i,j}\cdot g'_{i+r,j+c} \tag{3-25}$$

若

$$R(c_0, r_0)>R(c, r) \quad (c\neq c_0, r\neq r_0)$$

则 c_0，r_0 为搜索区影像相对目标区影像的位移的行、列参数。对于一维相关，应有 $r\equiv 0$。

2. 协方差函数法

协方差函数法是中心化的相关函数。函数 $g(x, y)$ 与 $g'(x', y')$ 的协方差函数定义为

$$C(p, q)=\iint_{(x,y)\in D}\{g(x, y)-E[g(x, y)]\}\{g'(x+p, y+q)-E[g'(x+p, y+q)]\}\mathrm{d}x\mathrm{d}y \tag{3-26}$$

式中：

$$E[g(x, y)]=\frac{1}{D}\iint_{(x,y)\in D}g(x, y)\mathrm{d}x\mathrm{d}y$$

$$E[g'(x+p, y+q)]=\frac{1}{D}\iint_{(x,y)\in D}g'(x+p, y+q)\mathrm{d}x\mathrm{d}y$$

若

$$c(p_0, q_0)>c(p, q) \quad (p\neq p_0, q\neq q_0)$$

则 p_0，q_0 为搜索区影像相对目标区影像的位移参数。对于一维相关，应有 $q\equiv 0$。

对于离散灰度数据，协方差函数的估计公式为

$$C(c, r)=\sum_{i=1}^{m}\sum_{j=1}^{n}(g_{i,j}-\bar{g})\cdot(g'_{i+r,j+c}-\bar{g}') \tag{3-27}$$

式中：

$$\bar{g}=\frac{1}{m\cdot n}\sum_{i=1}^{M}\sum_{j=1}^{n}g_{i,j} \qquad \bar{g}'=\frac{1}{m\cdot n}\sum_{i=1}^{M}\sum_{j=1}^{n}g'_{i+r,j+c}$$

若

$$c(c_0, r_0)>c(c, r) \quad (c\neq c_0, r\neq r_0)$$

则 c_0，r_0 为搜索区影像相对目标区影像的位移的行、列参数。对于一维相关，应有 $r\equiv 0$。

3. 相关系数法

相关系数法是标准化的协方差函数，协方差函数除以两信号的方差即为相关系数。函数 $g(x, y)$ 与 $g'(x', y')$ 的相关系数为

$$\rho(p, q)=\frac{C(p, q)}{\sqrt{C_{gg}C_{g'g'}(p, q)}} \tag{3-28}$$

式中：

$$C_{gg}=\iint_{(x,y)\in D}\{g(x, y)-E[g(x, y)]\}^2\mathrm{d}x\mathrm{d}y$$

$$C_{g'g'}=\iint_{(x+p,y+q)\in D}\{g'(x+p, y+q)-E[g'(x+p, y+q)]\}^2\mathrm{d}x\mathrm{d}y$$

若

$$\rho(p_0, q_0) > \rho(p, q) \quad (p \neq p_0, q \neq q_0)$$

则 p_0，q_0 为搜索区影像相对目标区影像的位移参数。对于一维相关，应有 $q \equiv 0$。

对于离散灰度数据，相关系数的估计公式为

$$\rho(c, r) = \frac{\sum_{i=1}^{m}\sum_{j=1}^{n}(g_{i,j} - \bar{g}) \cdot (g'_{i+r,j+c} - \bar{g}')}{\sqrt{\sum_{i=1}^{m}\sum_{j=1}^{n}(g_{i,j} - \bar{g})^2 \cdot \sum_{i=1}^{m}\sum_{j=1}^{n}(g'_{i+r,j+c} - \bar{g}')^2}} \tag{3-29}$$

式中：

$$\bar{g} = \frac{1}{m \cdot n}\sum_{i=1}^{m}\sum_{j=1}^{n} g_{i,j} \qquad \bar{g}' = \frac{1}{m \cdot n}\sum_{i=1}^{m}\sum_{j=1}^{n} g'_{i+r,j+c}$$

若

$$\rho(c_0, r_0) > \rho(c, r) \quad (c \neq c_0, r \neq r_0)$$

则 c_0，r_0 为搜索区影像相对于目标区影像的位移的行、列参数。对于一维相关，应有 $r \equiv 0$。

4. 差平方和法

函数 $g(x, y)$ 与 $g'(x', y')$ 的差平方和为

$$S^2(p, q) = \iint_{(x,y)\in D} [g(x, y) - g'(x+p, y+q)]^2 \mathrm{d}x\mathrm{d}y \tag{3-30}$$

若

$$S^2(p_0, q_0) < S^2(p, q), \quad (p \neq p_0, q \neq q_0)$$

则 p_0，q_0 为搜索区影像相对目标区影像的位移参数。对于一维相关，应有 $q \equiv 0$。

对于离散灰度数据差平方和的计算公式为

$$S^2(c, r) = \sum_{i=1}^{m}\sum_{j=1}^{n}(g_{i,j} - g'_{i+r,j+c})^2 \tag{3-31}$$

若

$$S^2(c_0, r_0) < S^2(p, q), \quad (c \neq c_0, r \neq r_0)$$

则 c_0，r_0 为搜索区影像相对于目标区影像的位移的行、列参数。对于一维相关，应有 $r \equiv 0$。

5. 差绝对值和法

函数 $g(x, y)$ 与 $g'(x', y')$ 的差绝对值和为

$$S(p, q) = \iint_{(x,y)\in D} |g(x, y) - g'(x+p, y+q)| \mathrm{d}x\mathrm{d}y \tag{3-32}$$

若

$$S(p_0, q_0) < S(p, q), \quad (p \neq p_0, q \neq q_0)$$

则 p_0，q_0 为搜索区影像相对目标区影像的位移参数。对于一维相关，应有 $q \equiv 0$。

对于离散灰度数据差绝对值的计算公式为

$$S(c, r) = \sum_{i=1}^{m}\sum_{j=1}^{n}|g_{i,j} - g'_{i+r,j+c}| \tag{3-33}$$

若

$$S(c_0, r_0) < S(c, r), \quad (c \neq c_0, r \neq r_0)$$

则 c_0，r_0为搜索区影像相对于目标区影像的位移的行、列参数。对于一维相关，应有$r \equiv 0$。

3.4.3 基于物方的影像匹配法

影像匹配的主要目的是提取被摄物体的几何信息，确定物点的空间位置。用前述影像匹配方法获取左右影像的视差值后，还需用空间前方交会法解算对应物点的空间坐标，建立数学地面模型。在建立数学地面模型时还会采用一定的内插方法，影像坐标的计算精度。而基于物方的影像匹配方法，直接确定地面点的空间坐标。此时待定点的平面坐标(x, y)是已知的，只需要确定其高程Z。下面介绍铅垂线轨迹法直接解求高程的原理。

假设在物方有一条铅垂线轨迹，它在像片上的构像也必然是一条直线，如图 3.8 所示。铅垂线轨迹法的计算步骤如下所述。

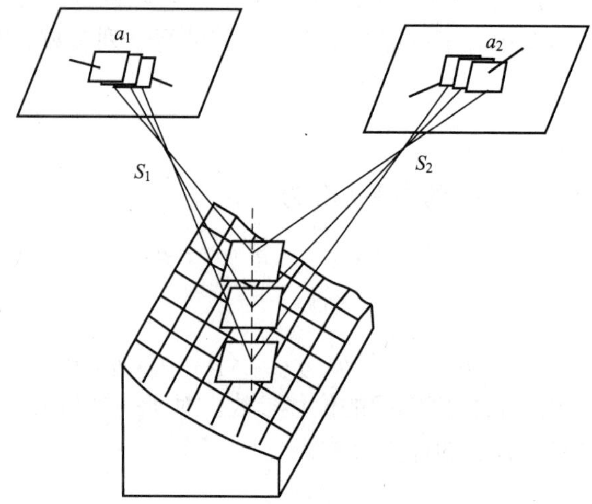

图 3.8 铅垂线轨迹法影像匹配

(1) 给定地面点的平面坐标(x, y)和可能的最低高程$Z_{\min}$，确定高程搜索布距ΔZ，步距的大小由精度而定。

(2) 由地面点平面坐标(x, y)与可能的高程得

$$Z_i = Z_{\min} + i\Delta Z \quad (i=0, 1, 2, \cdots)$$

根据共线方程计算左、右像点坐标(x'_i, y'_i)与(x''_i, y''_i)，则

$$\begin{cases} x'_i = -f\dfrac{a'_1(X-X'_S)+b'_1(Y-Y'_S)+c'_1(Z-Z'_S)}{a'_3(X-X'_S)+b'_3(Y-Y'_S)+c'_3(Z-Z'_S)} \\ y'_i = -f\dfrac{a'_2(X-X'_S)+b'_2(Y-Y'_S)+c'_2(Z-Z'_S)}{a'_3(X-X'_S)+b'_3(Y-Y'_S)+c'_3(Z-Z'_S)} \end{cases} \tag{3-34}$$

$$\begin{cases} x''_i = -f\dfrac{a''_1(X-X''_S)+b''_1(Y-Y''_S)+c''_1(Z-Z''_S)}{a''_3(X-X'_S)+b''_3(Y-Y''_S)+c''_3(Z-Z''_S)} \\ y''_i = -f\dfrac{a''_2(X-X''_S)+b''_2(Y-Y''_S)+c''_2(Z-Z''_S)}{a''_3(X-X''_S)+b''_3(Y-Y''_S)+c''_3(Z-Z''_S)} \end{cases} \tag{3-35}$$

(3) 分别以(x'_i, y'_i)与(x''_i, y''_i)为中心，在左、右影像上取影像窗口，计算其匹配测

度，如相关系数 ρ_i。

(4) 将 i 的值增加 1，重复步骤(2)、(3)，得到一系列相关系数 ρ_0，ρ_1，ρ_2，…，ρ_n，取其最大的 ρ_k 即

$$\rho_k=\max\{\rho_0,\ \rho_1,\ \rho_2,\ \cdots,\ \rho_n\}$$

其对应的高程 $Z_k=Z_{\min}+k\Delta Z$，即为地面点 A 的高程。

(5) 为了提高精度，可以用 ρ_k 和相邻的几个相关系数拟合一条抛物线，以其极值对应的高程作为 A 的高程，或以更小的步距 ΔZ 在小范围内重复以上过程。

3.5　最小二乘影像匹配

最小二乘影像匹配方法是由德国 Ackermann 教授提出的一种高精度的影像匹配方法，该方法根据相关影像灰度差的平方和为最小的原理，进行平差计算，使影像匹配可以达到 1/10 甚至 1/100 像素的高精度，即子像素等级。该方法不仅可以用于建立数字地面模型，生产和制作正射影像图，而且可以用于空中三角测量及工业摄影测量中的高精度量测。由于在最小二乘影像匹配中可以非常灵活地引入各种已知参数和条件(如共线方程等几何条件、已知的控制点坐标等)，进行整体平差。它不仅可以解决“单点”的影像匹配问题，直接解求物方空间坐标，或同时解求待定点的坐标与影像的方位元素；而且可以解决“多点”影像匹配或“多片”影像匹配问题。此外，在最小二乘影像匹配系统中，可以很方便地引入“粗差检测”，从而大大地提高影像匹配的可靠性。由于最小二乘影像匹配方法具有灵活、可靠和高精度的特点。因此，它受到了广泛的重视，得到了很快的发展。当然这个系统也有某些缺点，如系统的收敛性等有待解决。

3.5.1　最小二乘影像匹配原理

影像匹配中判断影像匹配的度量很多，其中有一种是“灰度差的平方和最小”。若将灰度差记为 v，则上述判断可写为

$$\sum vv=\min$$

因此，它与最小二乘法的原则是一致的。但在一般情况下，它没有考虑影像灰度中存在的系数误差，仅仅认为影像灰度只存在偶然误差(随机噪声)，即

$$n_1+g_1(x,\ y)=n_2+g_2(x,\ y)$$

式中：n_1，n_2为左、右影像灰度 g_1，g_2中存在的偶然误差。把上式写成一般的误差方程式形式为

$$v=g_1(x,\ y)-g_2(x,\ y) \tag{3-36}$$

这就是一般的$\sum vv=\min$ 原则进行影像匹配的数字模型。若在此系统中引入系统变形参数，再根据最小二乘原则，解求变形参数，就构成了最小二乘影像匹配系统。

影像灰度的系统变形有辐射畸变和几何畸变两大类，由此产生左右影像灰度分布之间的差异。产生辐射变形的原因有：照明及被摄影物体辐射的方向、大气与摄影机物镜所产生的衰减、摄影处理条件的差异以及影像数字化过程中所产生的误差，等等。产生几何畸变的主要因素有：摄影机方位不同所产生的影像透视畸变、影像的各种畸变以及由于地形坡度所产生的影像畸变等。在竖直航空摄影的情况下，地形高差的影响则是几何畸变是主

要因素。因此，在陡峭的山区的影像匹配要比平坦地区影像匹配困难。

在影像匹配中引入这些变形参数，同时按最小二乘原则，解求这些参数，就是最小二乘影像匹配的基本思想。

1. 仅考虑辐射线性畸变的最小二乘影像匹配

假定灰度分布 g_2 相对于另一个灰度分布 g_1 存在着线性畸变，因此

$$n_1+g_1=n_2+h_0+h_1g_2+g_2$$

式中：h_0、h_1 为线性畸变参数；$h_0+h_1g_2$ 为线性畸变改正值。按上式可写出仅考虑辐射线性畸变形的最小二乘影像匹配的数学模型为

$$v=h_0+h_1g_2-(g_1-g_2) \tag{3-37}$$

按 $\sum vv=\min$ 原则，可求得辐射线性畸变参数 h_0 和 h_1

$$\begin{cases} h_1=\dfrac{\sum g_1\sum g_2-n\sum g_1g_2}{(\sum g_2)^2-n\sum g_2^2} \\ h_0=\dfrac{1}{n}\left[\sum g_1-\sum g_2-(\sum g_2)h_1\right] \end{cases} \tag{3-38}$$

假定对 g_1、g_2 已作过中心化处理，就有

$$\sum g_1=0，\sum g_2=0，h_0=0$$

则

$$h_1=\frac{\sum g_1g_2}{\sum {g_2}^2}-1$$

因此，在消除了灰度分布 g_2 相对于另一个灰度分布 g_1 的线性辐射畸变后，考虑到式(3-37)，其余的灰度平方和为

$$\sum vv=\sum\left(g_2\cdot\frac{\sum g_1g_2}{\sum {g_2}^2}-g_1\right)^2$$

整理后得

$$\sum vv=\sum {g_1}^2-\frac{(\sum g_1g_2)^2}{\sum {g_2}^2} \tag{3-39}$$

由相关系数

$$\rho^2=\frac{(\sum g_1g_2)^2}{\sum {g_1}^2\cdot\sum {g_2}^2}$$

可知相关系数与 $\sum vv$ 的关系为

$$\sum vv=\sum {g_1}^2(1-\rho^2)$$

或写成

$$\frac{\sum {g_1}^2}{\sum vv}=\frac{1}{(1-\rho^2)}$$

式中：$\sum {g_1}^2$ 为信号的功率；$\sum vv$ 为噪音的功率。它们的比值称为信噪比，即

$$(SNR)^2=\frac{\sum {g_1}^2}{\sum vv}$$

由此可得相关系数与噪音比的关系为

$$\rho=\sqrt{1-\frac{1}{(SNR)^2}} \tag{3-40}$$

或写成

$$(SNR)^2=1-\frac{1}{(1-\rho^2)}$$

这是相关系数的另一种表达形式。由此式可知，以“相关系数最大”作为影像匹配搜索同名点的准则，其实质就是搜索“信噪比为最大”的灰度序列。

2. 考虑影像相对移位的一维最小二维影像匹配

在上述算法中只考虑辐射畸变，没有引入几何变形参数。最小二乘影像匹配算法，可引入几何变形参数，直接解算影像移位，这是此算法的特点。

假设两个一维灰度函数，除随机噪声 $n_1(x)$、$n_2(x)$外，$g_2(x)$相对于 $g_1(x)$只存在零次几何变形——左右视差 Δx，则

$$n_1(x)+g_1(x)=n_2(x)+g_2(x+\Delta x)$$

或写成

$$v(x)=g_2(x+\Delta x)-g_1(x) \tag{3-41}$$

为解求相对移位量 Δx(视差值)，对式(3-41)进行线性化得

$$v(x)=g_2'(x)\Delta x-(g_1(x)-g_2(x))$$

对于离散的数字影像而言，灰度函数的导数 $g_2'(x)$常用一阶差分 $g_2(x)$代替，即

$$g_2(x)=\frac{g_2(x+\Delta x)-g_2(x-\Delta x)}{2\Delta} \tag{3-42}$$

式中：Δ 为采样间隔。因此，误差方程式可写为

$$v(x)=g_2\Delta x-\Delta g \tag{3-43}$$

根据最小二乘原理，求得影像的相对位移为

$$\Delta x=\frac{\sum g_2\Delta g}{\sum {g_2}^2} \tag{3-44}$$

由于最小二乘影像匹配是非线性系统，因此必须用迭代方法进行解算。

3.5.2 单点最小二乘影像匹配

两个二维影像之间的几何变形，除了存在着前述的相对移位外，还存在着图形变化。如图3.9所示，左片为矩形影像窗口，而右片相应的影像窗口，则是个任意四边形。

只有充分考虑了影像的几何变形，才能获得最佳的影像匹配。由于影像匹配窗口的尺寸很小，因此一般只要考虑一次畸变，即

$$\begin{cases}x_2=a_0+a_1x+a_2y\\ y_2=b_0+b_1x+b_2y\end{cases}$$

有时只考虑仿射变形或一次正形变换。若同时再考虑到右方影像相对于右方影像的线性灰度畸变，则可得

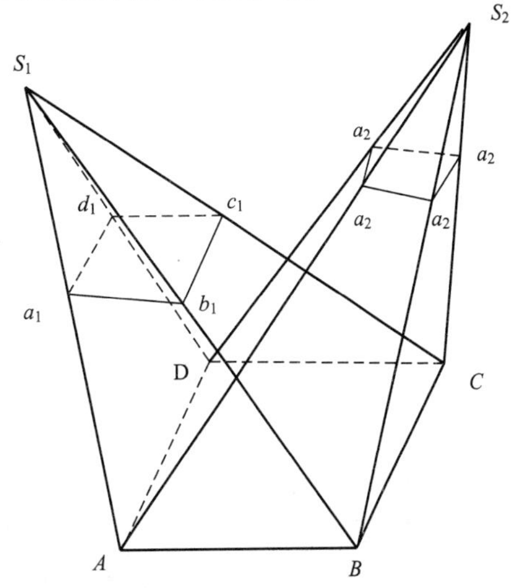

图 3.9 几何变形

$$n_1(x, y)+g_1(x, y)=n_2(x, y)+h_0+h_1g_2(a_0+a_1x+a_2y, b_0+b_1x+b_2y)$$

上式经线性化后，可得最小二乘影像匹配的误差方程式为

$$v=c_1dh_0+c_2dh_1+c_3da_0+c_4da_1+c_5da_2+c_6db_0+c_7db_1+c_8db_2-\Delta g \tag{3-45}$$

式中：dh_0，dh_1，da_0，…，db_2为待定辐射和几何变形参数的改正数，它们的初始值分别为$h_0=0$，$h_1=1$，$a_0=0$，$a_1=1$，$a_2=0$，$b_0=0$，$b_1=0$，$b_2=1$。

观测值Δg是相应像素的灰度差，误差方程式的系数为

$$\begin{cases} c_1=1 \\ c_2=g_2 \\ c_3=\dfrac{\partial g_2}{\partial x_2}\cdot\dfrac{\partial x_2}{\partial a_0}=(\dot{g}_2)=\dot{g}_x \\ c_4=\dfrac{\partial g_2}{\partial x_2}\cdot\dfrac{\partial x_2}{\partial a_1}=x\dot{g}_x \\ c_5=\dfrac{\partial g_2}{\partial x_2}\cdot\dfrac{\partial x_2}{\partial a_2}=y\dot{g}_x \\ c_6=\dfrac{\partial g_2}{\partial x_2}\cdot\dfrac{\partial x_2}{\partial b_0}=\dot{g}_y \\ c_7=\dfrac{\partial g_2}{\partial x_2}\cdot\dfrac{\partial x_2}{\partial b_1}=x\dot{g}_y \\ c_8=\dfrac{\partial g_2}{\partial x_2}\cdot\dfrac{\partial x_2}{\partial b_2}=y\dot{g}_y \end{cases} \tag{3-46}$$

由于数字影像是规则排列的离散的灰度矩阵，且采样间隔为常数Δ，因而可看作是单位长度，故式(3-46)中的偏导数可用分差代替，即

$$\dot{g}_x=g_I(i, j)=\frac{1}{2}[g_2(i+1, j)-g_2(i-1, j)]$$

$$\dot{g}_y=g_J(i, j)=\frac{1}{2}[g_2(i, j+1)-g_2(i, j-1)]$$

按式(3-45)、式(3-46)逐个像元在目标区内建立误差方程式，其矩阵形式为

$$\boldsymbol{V}=\boldsymbol{CX}-\boldsymbol{L} \tag{3-47}$$

由误差方程式建立法方程式为

$$(\boldsymbol{C}^{\mathrm{T}}\boldsymbol{C})\boldsymbol{X}=\boldsymbol{C}^{\mathrm{T}}\boldsymbol{L} \tag{3-48}$$

上述解算必须迭代进行。

3.6 基于特征的影像匹配

前面讲述的影像匹配，是在以待定点为中心的窗口内，根据影像的灰度分布来确定同名点，称为基于灰度的影像匹配。但是当待匹配的点位于低反差影像区域时，也有类似的问题，区域建筑物密集，存在阴影和遮挡现象，用基于灰度的影像匹配算法难以获得满意的结果。此外，在许多应用领域，影像匹配不用于地形测绘，不需生成密集格网的DEM，

只需配准一些感兴趣的点、线或面。例如在机器人视觉中，有时影像匹配的目的只是为了确定机器人所在的空间方位。在上述情况下，影像匹配的主要目的是用于配准那些特征点、线或面，这一类算法称为基于特征的影像匹配。

根据所选取的特征，基于特征的影像匹配可分为点、线、面特征影像匹配。特征影像匹配一般有 3 个步骤：①特征提取；②用于一组参数描述特征；③用参数作特征影像匹配。

多数特征影像匹配方法也使用金字塔影像结构，将上一层影像的特征影像匹配结果传到下一层作为初始值，并作粗差的剔除或改正。最后，以特征影像匹配结果为“控制”，对其他点进行匹配或内插。由于基于特征的影像匹配是以整像素精度定位，为了提高精度，可将特征影像匹配结果作为近似值，再利用最小二乘影像匹配方法进行精度匹配，获得子像素级的匹配精度。

3.6.1 特征提取

1. 点特征提取

点特征主要是指明显点，如角点、圆点等。提取点特征的算子称为兴趣算子，即用某种算法从影像中提取感兴趣的特征点。常用的兴趣算子有 Moravec 算子、Hannah 算子和 Forstner 算子等。下面简述 Moravec 算子的计算步骤。

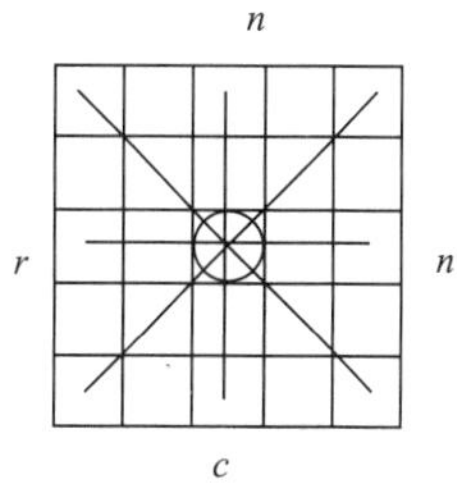

图 3.10 Moravec 算子

(1) 计算各像素的兴趣值 IV。在以像素(c, r)为中心的 $n\times n$（如 5×5）的窗口中，如图 3.10 所示，计算 4 个方向相邻像素灰度差的平方和，则

$$\begin{cases} V_1=\sum_{i=-k}^{k-1}(g_{c+i,\,r}-g_{c+i+1,\,r})^2 \\ V_2=\sum_{i=-k}^{k-1}(g_{c+i,\,r+i}-g_{c+i+1,\,r+i+1})^2 \\ V_3=\sum_{i=-k}^{k-1}(g_{c,\,r+i}-g_{c,\,r+i+1})^2 \\ V_4=\sum_{i=-k}^{k-1}(g_{c+i,\,r-1}-g_{c+i+1,\,r-i-1})^2 \end{cases} \tag{3-49}$$

式中：$k=\text{int}(n/2)$。取其中最小者作为该像素(c, r)的兴趣值，即

$$IV_{c,r}=\min\{V_1, V_2, V_3, V_4\} \tag{3-50}$$

(2) 给定一阈值，将兴趣值大于该阈值的点（窗口中心）作为候选点。

(3) 选取候选点中的极值作为特征点。在一定大小的窗口内（窗口大小可不同于兴趣值计算窗口），选择候选点中兴趣值最大的点作为特征点。

2. 线特征提取

线特征是指线状地物或面状地物的边缘在像片上的构像。线特征提取算子也称边缘检测算子。边缘检测通常是检测一阶导数（对离散数据为差分）最大或二阶导数（差分）为零的点。常用检测算子有差分算子、拉普斯算子、LOG 算子等。下面简述差分算子边缘检测方法。

对一个灰度函数 $g(x, y)$，其梯度为一个向量，即

$$G[g(x, y)]=\begin{bmatrix}\frac{\partial g}{\partial x}\\ \frac{\partial g}{\partial y}\end{bmatrix} \tag{3-51}$$

向量 $G[g(x, y)]$ 的方向是函数 $g(x, y)$在(x, y)处最大增加率的方向；而向量 $G[g(x, y)]$ 的模为

$$G(x, y)=mag[G]=\left[\left(\frac{\partial g}{\partial x}\right)^2+\left(\frac{\partial g}{\partial y}\right)^2\right]^{1/2} \tag{3-52}$$

就等于最大增加率。在离散的数字影像中，常用差分代替导数，则梯度算子即差分算子为

$$G_{i,j}=[(g_{i,j}-g_{i+1,j})^2+(g_{i,j}-g_{i,j+1})^2]^{1/2} \tag{3-53}$$

为了简化运算，常用差分绝对值之和近似地代替上式，即

$$G_{i,j}=|(g_{i,j}-g_{i+1,j})|+|(g_{i,j}-g_{i,j+1})| \tag{3-54}$$

对于一给定的阈值 T，当 $G_{i,j}>T$ 时，则认为像素(i, j)即是边缘上的点。

由于差分算子对噪声比较敏感，因此一般应先作低通滤波，尽量消除噪声的影响，再利用差分算子提取边缘。

3.6.2 基于特征点的影像匹配

用上述方法提取特征点时，可以根据特征点的兴趣值将特征点分成几个等级，匹配时按等级依次进行处理。对于不同的匹配目的，特征点的提取应有所不同。若用于计算像对的相对定向参数，则应提取梯度方向与 y 轴一致的特征；当完成相对定向后，进行一维影像匹配时，则应提取梯度方向与 x 轴一致的特征。特征点的分布可采用随机分布和均匀分布两种方式。

1. 二维影像匹配与一维影像匹配

当影像的相对定向参数未知时，必须进行二维的影像匹配。此时匹配的主要目的是利用明显点对解求影像的相对定向参数，建立立体模型，形成核线影像以便进行一维影像匹配。二维影像匹配时，金字塔影像最上一层的搜索范围由先验视差确定，以后各层只需要在小范围内搜索。当影像相对定向参数已知时，可直接进行带核线约束条件的一维影像匹配。但当影像相对定向参数不精确时，有必要在上下方向各搜索一到两个像素。

2. 特征点的提取与影像匹配的顺序

在提取特征点和特征影像匹配时，可采用深度优先或广度优先两种方式。深度优先法是对最上一层左影像每提取到一个特征点，即对其进行影像匹配；然后将结果传递到下一层影像进行匹配，直至原始影像，并以该匹配好的点对为中心，将其邻域的点进行印象匹配；再上升到上一层，在该层已匹配的点的邻域选择另一点，进行匹配，将结果传递到原始影像，重复前一点的过程，直至第一层最先匹配的点的邻域中的点处理完；重复进行以上步骤。这种处理顺序类似人工智能中的深度优先搜索法，其搜索顺序如图 3.11 所示。而广度优先法是一种按层处理的方

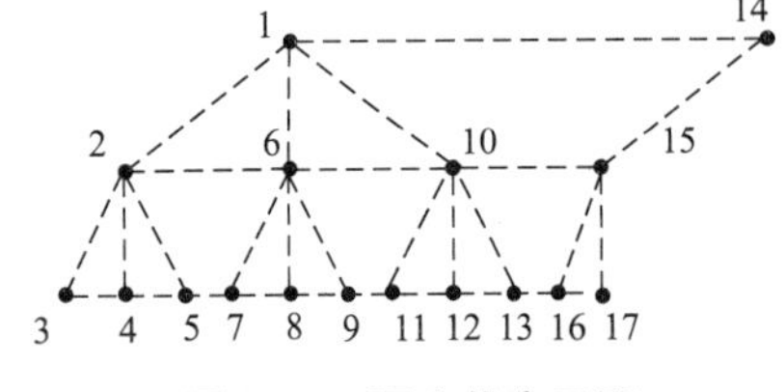

图 3.11 深度优先匹配

法，即首先对最上一层影像进行特征提取与匹配，将这一层全部点处理完后再将结果传递到下一层，并加密，进行匹配；重复以上过程直至原始影像。这种处理顺序类似人工智能中的广度优先搜索法。

3.7 数字影像纠正

传统的地形图是以线划符号表示地物地貌，其缺点是信息量少，表现方式比较抽象而不易判读；而航摄像片信息丰富、形象直观、易于判读。可是，航摄像片是中心投影，存在着因像片倾斜和地面起伏引起的像点位移；此外，不同摄站拍摄的像片其比例尺也不一致。因而航摄像片进行处理，消除像片倾斜引起的像点位移，消除或限制地形起伏引起的投影差，归化不同摄站所摄像片的比例尺，就可形成即有航摄影像的优点又有地形图的数字精度的正射影像，这一过程称为像片纠正。若在正射影像上添加必要的地图符号就成为一种新的地图产品——正射影像地图(DOM)。正射影像或正射影像地图因其信息丰富、形象直观、成图快速和现势性强而在地理信息系统、数字城市建设等领域得到广泛应用。

3.7.1 像片纠正的基本思想

像片纠正的实质是要将像片的中心投影变换为图比例尺的正射投影，实现这一变换的关键是要建立像点与相应图点的对应关系。

传统的像片纠正是在纠正仪上用投影变换方法实现的。图 3.12 表示投影变换的情况，S 为投影中心，T 为水平的地面，P 为负片面。水平地面上地物 $ABCD$ 在负片上的构像为 $abcd$。若恢复像片的内方位元素，同时保持像片摄影时的空间方位，建立起与摄影光线束相似的投影光线束，然后用一个投影距为 H/M 的水平面 E 与之相截，在 E 面上就得到影像 $a_0b_0c_0d_0$，它与 P 面上的 $abcd$ 互为透视关系，而 $a_0b_0c_0d_0$ 就是比例尺为 $1/M$ 的纠正影像。

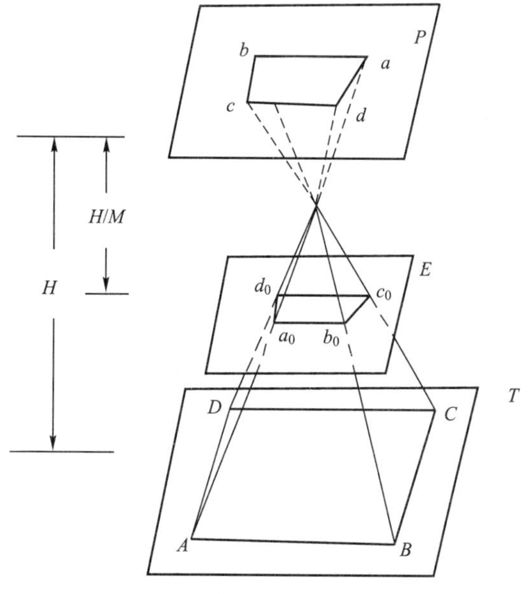

图 3.12 像片纠正的基本思想

实际上，地面总是有起伏的，凡高于(或低于)水平面上的点，在纠正像片上都存在投影差。这一误差是中心投影与正摄投影两种投影方法不同所产生的，它不因将倾斜像片变换成纠正像片(水平像片)而消除。测图规范规定这种误差不得超过图上 0.4mm，即如果在一张纠正像片的作业面积内，任何像点的投影差都不超过 0.4mm，这样的地区通常称为平坦地区。若投影差超过上述数值不太多的丘陵地区，可以采用分带纠正方法，将像片按地面高程分为若干带，每一带的投影差都在限差范围内，每带都按平坦地区进行像片纠正，再将各带的纠正影像拼接镶嵌起来，就取得整张纠正像片。

对于起伏较大的丘陵和山地，就难以用分带纠正方法实现像片纠正，通常使用正射投影仪采用正射投影技术进行像片纠正。该方法是以一条缝隙(如 0.2mm×1.0mm)作为纠正的基本单元，根据倾斜的缝隙影像与对应的正射影像存在的共线条件关系进行纠正，制作正射影像。

但是，这些传统的光学纠正仪和正射投影仪在数学关系上受到很大的限制，只能处理一般的中心投影的航摄像片，不能处理以扫描方式或其他方式获取的非中心投影卫星影像，而且这些影像通常都是数字影像，不便使用这些光学纠正仪器。

在数字摄影测量系统中，以数字影像纠正技术制作正射影像是当前普遍采用的作业方法。数字纠正也称数字微分纠正，是以像素为纠正单元，通过数字影像变换完成像片纠正。数字影像纠正前，必须已知原始影像的内、外方位参数和对应地面的数字高程模型。纠正时首先要建立原始像素与对应正射影像之间的坐标关系，然后进行变换后影像灰度值的重采样，获得正射影像图上各点的灰度值。数字纠正属于高精度的逐点纠正，它除了可以处理常规的航摄像片外，还适用于处理以扫描方式或其他方式获取的非中心投影卫星影像。

3.7.2 中心投影影像的数字影像纠正

数字影像纠正的基本任务是实现两个二维影像之间的几何变换，在数字纠正时，首先要建立原始影像与纠正后影像之间的几何关系。设任一像元在原始影像和纠正后影像中的坐标分别为(x, y)和(X, Y)，它们之间存在映射关系为

$$x=f_x(X, Y), \quad y=f_y(X, Y) \tag{3-55}$$

或

$$X=\varphi_X(x, y), \quad Y=\varphi_Y(x, y) \tag{3-56}$$

式(3-55)是由纠正后的像点坐标(X, Y)出发反算该点在原始影像上的像点坐标(x, y)，这种方法称为间接法(或反解法)数字纠正，而式(3-56)则是由原始影像上像点坐标(x, y)解求纠正后影像上相应点坐标(X, Y)，这种方法称为直接法或(正解法)数字纠正。

1. 间接法数字影像纠正

间接法数字影像纠正如图 3.13 所示，具体的过程如下所述。

(1) 计算地面点坐标。设正射影像上任一像素中心 P 的坐标为(X', Y')，由正射影像左下角图廓点地面坐标(X_0, Y_0)与正射影像比例尺分母 M 计算 P 点对应的地面坐标(X, Y)

$$\begin{cases} X=X_0+M\cdot X' \\ Y=Y_0+M\cdot Y' \end{cases} \tag{3-57}$$

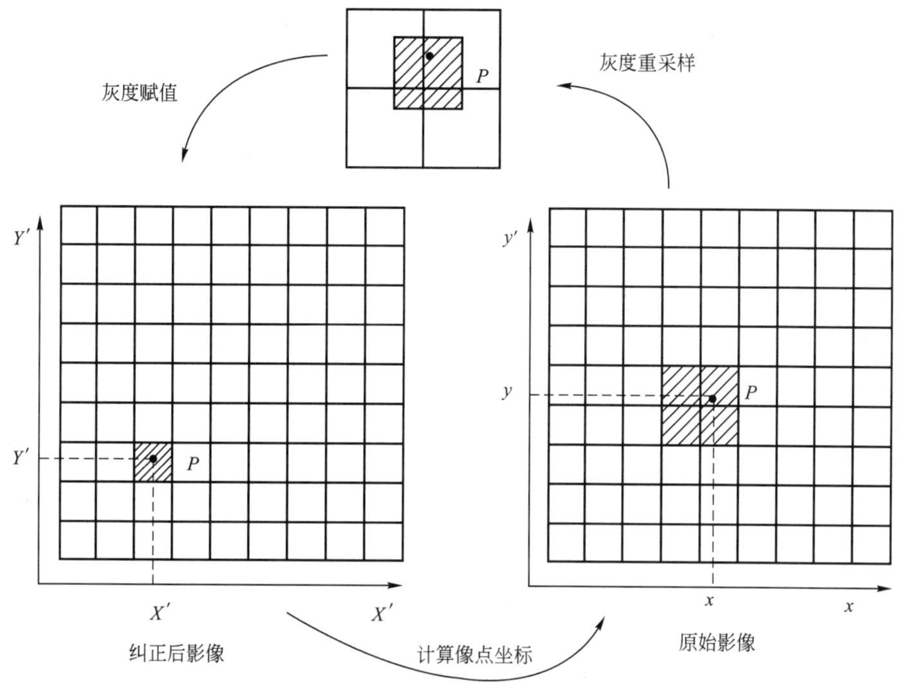

图 3.13 间接法数字纠正

(2) 计算像点坐标。间接法数字纠正的基本公式是共线条件方程式：

$$\begin{cases} x-x_0=-f\dfrac{a_1(X-X_S)+b_1(Y-Y_S)+c_1(Z-Z_S)}{a_3(X-X_S)+b_3(Y-Y_S)+c_3(Z-Z_S)} \\ y-y_0=-f\dfrac{a_2(X-X_S)+b_2(Y-Y_S)+c_2(Z-Z_S)}{a_3(X-X_S)+b_3(Y-Y_S)+c_3(Z-Z_S)} \end{cases} \tag{3-58}$$

根据正射影像某像素的地面坐标(X, Y)，在已知的数字地面模型上内插出该点的高程 Z，再利用共线条件方程式计算出该点在对应原始影像中的像点坐标(x, y)。

(3) 灰度重采样。由于算得的原始影像点坐标不一定正好落在像元中心，因此必须进行灰度重采样，一般采用双线性内插方法，求得像点 p 的灰度值 $g(x, y)$。

(4) 灰度赋值。最后将像点 p 的灰度值 $g(x, y)$赋给纠正后的像素 P，即

$$G(X, Y)=g(x, y) \tag{3-59}$$

依次对每个像元进行上述运算，即能得到纠正后的正射影像。

2. 直接法数字影像纠正

直接法数字影像纠正的原理如图 3.14 所示，它是从原始影像出发，逐个像素解算其纠正后的像点坐标。直接法数字纠正的公式为

$$\begin{cases} X=(Z-Z_S)\dfrac{a_1x+a_2y-a_3f}{c_1x+c_2y-c_3f}+X_S \\ Y=(Z-Z_S)\dfrac{b_1x+b_2y-b_3f}{c_1x+c_2y-c_3f}+Y_S \end{cases} \tag{3-60}$$

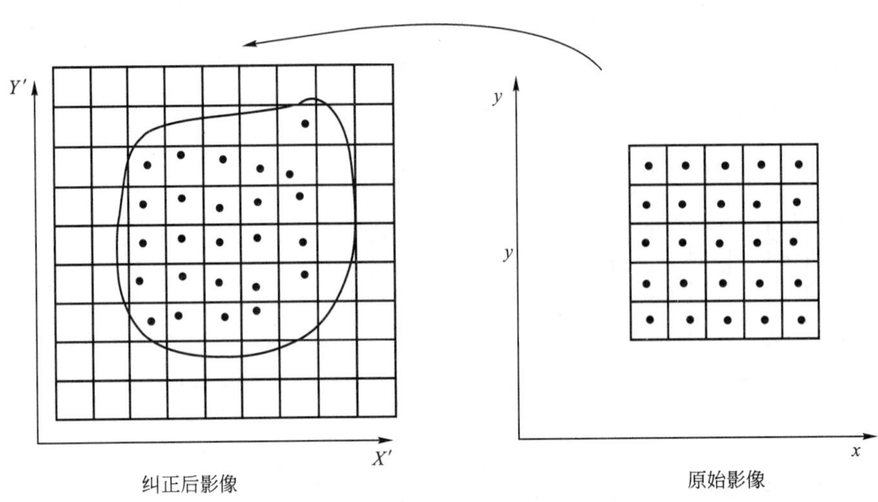

图 3.14　直接法数字纠正

直接法数字影像纠正实际上是由二维影像坐标变换到三维空间坐标的迭代解算过程。利用上述直接法公式进行解算时，必须事先知道地面点高程 Z，但 Z 又是地面平面坐标(X，Y)的函数，因此由原始像点坐标(x，y)解算(X，Y)，必须先假定近似高程 Z_0，第一次求得地面坐标(X_1，Y_1)，再由数字高程模型内插出该点的高程 Z_1。重复上述步骤，直到满足精度为止。此外，由于纠正后影像上所得的像点不是规则排列，可能出现"空白"或重复像素，因此难以实现灰度内插，获得规则排列的正射数字影像。

由于直接解法的上述缺点，数字影像纠正一般采用间接方法。

3.8　数字摄影测量系统

数字摄影测量系统的任务是根据数字影像或数字化影像完成摄影测量作业。原则上，数字摄影测量系统是对影像进行自动量测与识别的系统。但数字摄影测量计算目前仍处于发展阶段，对影像物理信息的自动提取与自动量测，也还存在很多有待研究与解决的问题。因此，在现阶段，只可能是人工与计算机自动化并存。

当前数字摄影测量技术发展迅速，数字摄影测量系统品种繁多，国际上著名的产品有 Leica 公司的 Leica Photogrammetry Suite(LPS)、BAE Systems 公司的 Socet Set、Inter-graph 公司的 ImageStation、美国 GSI 公司的 V-STARS 系统、德国 AICON 3D 公司 DPA-Pro 系统、德国 GOM 公司的 TRITOP 系统、挪威 METRONOR 公司的 METRONOR 系统等。我国测绘部门、高校和科研院所使用较多的国产软件有武汉适普公司的 VirtuoZo 和北京思维公司的 JX-4 等、西安交通大学开发的 XJTUDP 等。

3.8.1　数字摄影测量系统的主要产品

数字摄影测量系统的主要产品包括以下几种。

(1) 摄影测量加密坐标和定向参数。

(2) 数字高程模型 DEM 或数字表面模型 DSM。

(3) 数字线划图。

(4) 数字正射影像。

(5) 透视图、景观图。

(6) 可视化立体模型。

(7) 各种工程设计所需的三维信息。

(8) 各种信息系统、数据库所需的空间信息。

3.8.2 数字摄影测量系统的主要功能

数字摄影测量系统主要有以下功能。

(1) 数据输入、输出。多种格式的影像数据、高等线矢量数据和DEM数据的输入与输出。

(2) 影像处理。包括影像增强和几何变换等基本的处理功能。

(3) 数字空中三角测量。人工或全自动内定向、选点、相对定向、转点，半自动量测地面控制点，航带法区域网平差和光束法区域网平差，自动整理成果，建立各模型的参数文件。

(4) 定向建模。框标的自动识别与定位。利用相机检校参数，计算扫描坐标系与像片坐标系之间的变换参数，自动进行内定向。摄影影像中的特征点，利用二维相关寻找同名点，计算相对定向参数，自动进行相对定向。由人工方式在左(右)影像的定位控制点点位，采用影像匹配技术确定同名点，计算绝对定向参数，完成绝对定向。

(5) 构成核线影像。将原始影像中用户选定的区域，按同名核线重新采样，形成按核线方向排列的立体影像。

(6) 影像匹配。在核线影像上进行一维影像匹配，确定同名点，对匹配结果进行交互式编辑。

(7) 建立DEM。由密集的影像匹配结果与定向元素计算同名点的地面坐标，内插生成不规则的数字地面模型TIN。再进行插值计算，建立精确的矩形格网的数字高程模型DEM。

(8) 制作正射影像。基于矩形格网的DEM与数字纠正原理，自动生成正射影像。

(9) 自动生成等高线。由DEM自动生成等高线图。

(10) 正射影像和等高线叠合。正射影像和等高线生成后，将等高线叠合到正射影像上，获得带有等高线的正射影像图。

(11) 数字测图，基于数字影像的机助量测、矢量编辑、符号化表达与注记。

(12) DEM拼接与正射影像镶嵌。对多个立体模型进行DEM拼接。对正射影像、等高线或等高线叠合正射影像进行镶嵌。

(13) 制作透视图和景观图。根据透视变换原理与DEM制作透视图，将正射影像叠加到DEM透视图上制作景观图。

3.8.3 数字摄影测量系统的工作流程

数字摄影测量系统的工作流程如图3.15所示。

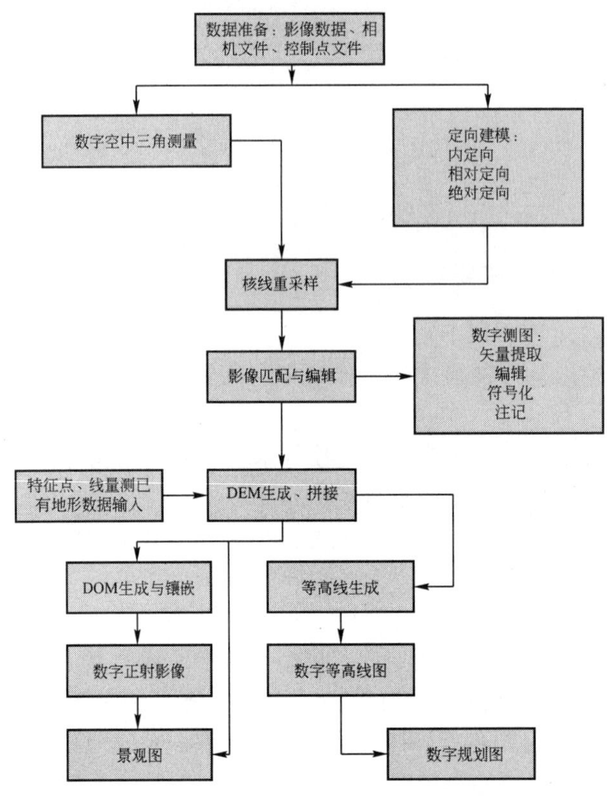

图 3.15　数字摄影测量系统的工作流程

3.8.4　JX－4C 数字摄影测量系统

JX－4C DPS 是由中国测绘科学研究院刘先林院士研制，北京思维远见信息技术有限公司经销的一套半自动化数字摄影测量系统。系统主要有定向建模、DEM 和 DOM 建立、DEM 和 DOM 拼接、矢量测图等模块组成，图 3.16 为 JX－4C DPS 系统。

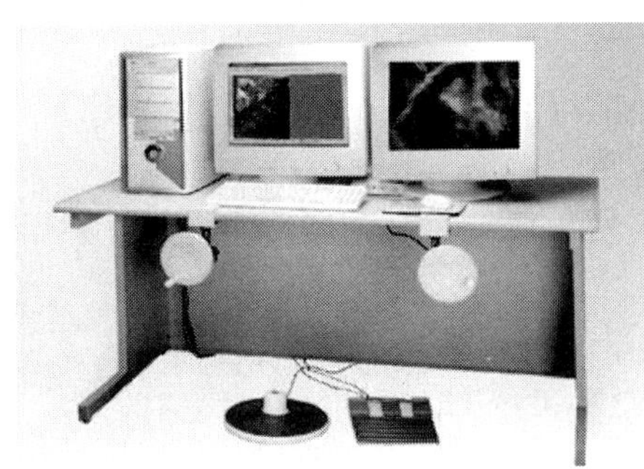

图 3.16　JX－4C DPS 系统

1. 系统主要特点

JX－4C 系统主要特点如下所述。

(1) JX－4C 系统在硬件上有一块专用的 C 型立体图形图像彩色漫游卡，实现硬件漫游。数据并行传输，传输速度快，影像漫游稳定、快速。

(2) 双屏显示(两台 19 英寸纯平彩显)，图形和立体模型独立显示于两个不同的显示器，使得视场增大，立体感强，影像清晰、稳定，便于进行立体量测、判读。

(3) 兼容性强。JX－4C 系统除了能处理常规的航空影像外，还可接收 IKONOS、SPOT5、Quickbird、ADEOS、RadarSat 等多光谱扫描和雷达影像，以生产 DEM、DOM、DLG 等数据；能够导入 Part _ B、LH、ImageStation、JX4、VirtuoZO 等多种空

中三角测量数据；能与 MicroStation、AutoCAD2000(2002)、ArcGIS 联机作业；输出产品有 DGN、DXF、shapfile、ASC、JX4、Tiff 等多种格式的 DLG、DEM 和 DOM。

(4) 精度高。可以满足各种比例尺的 DLG、DEM 和 DOM 生产。

2. 系统配置

(1) CPU：Intel 酷睿 E8400。
(2) 主板：技嘉 P41，1333MHz。
(3) 内存：2GB DDR2 800。
(4) 硬盘：1T/SATA(SATA 接口)。
(5) 光驱：16X DVD。
(6) 键盘、鼠标：罗技光电套装。
(7) 网卡：D-Link 10/100M 或主板集成。
(8) 计算机电源：300W (长城 P4 300W)。
(9) 显示卡：NVIDIA FX3700 512M。
(10) 显示器：22 英寸 120Hz 宽屏液晶显示器 1 台(优派 2268wm 或三星 2233RZ)，22 英寸普通宽屏液晶显示器 1 台。
(11) 3D 输入盒：1 个 USB/COM 输入盒，可快速平稳的接收脚盘手轮信号。
(12) 立体显示系统：Nvidia 3D Vision 立体幻镜 (含发射器和眼镜)。
(13) 三维坐标输入装置：左右手轮、脚盘和脚踏板。

3. 软件配置

(1) 3D 输入、3D 显示驱动软件。
(2) 全自动内定向、相对定向及半自动绝对定向软件。
(3) 影像匹配软件。
(4) 核线纠正及重采样软件。
(5) 空三加密数据导入模块。
(6) 投影中心参数直接安置软件。
(7) 矢量测图模块。
(8) 鼠标立体测图模块。
(9) 整体批处理软件(内定向、相对定向、核线重采样、DEM 及 DOM 等)。
(10) Tin 生成及立体编辑模块。
(11) 自动生成 DEM 及 DEM 处理模块。
(12) 自动生成等高线模块。
(13) 自动生成 DOM 及 DOM 无缝镶嵌模块。
(14) 等高线与立体影像套合及编辑模块。
(15) 由 Tin/DEM 生成正射影像模块。
(16) 正射影像拼接匀光模块。
(17) 特征点/线自动匹配模块。
(18) Microstation 实时联机测图接口软件。
(19) 地图符号生成器模块。
(20) 影像处理 Imageshop 模块。

(21) 三维立体景观图软件。

(22) 数据转换和 DEM 裁切等实用工具软件。

3.9 近景摄影测量

摄影测量学按照研究对象可分为地形摄影测量和非地形摄影测量；按照摄站所处的空间位置可分为航天摄影测量、航空摄影测量、地面摄影测量和水中摄影测量。近景摄影测量即属于非地形摄影测量，它不是以测绘地形图为主，而是通过摄影手段以确定(地形以外)目标的外形和运动状态为主；近景摄影测量应属于地面摄影测量，有专家把摄影距离小于 100m 的摄影测量称之为近景摄影测量。总之近景摄影测量是摄影测量学的一个分支。

近景摄影测量与航空摄影测量及地面摄影测量有许多相似之处，如：近景摄影测量在很多方面应用了航空摄影测量的基本理论，地面摄影测量采用的一些摄影方式也直接地应用于近景摄影测量。但近景摄影测量本身又存在一些特点，如：①以测定物体的外形为目的，常常不注重物体的绝对位置；②产品形式多种多样；③物空间坐标系选择灵活，通常根据现场作业自由选择，使得计算更为简便；④由于摄影距离较近，控制点和待定点可采用人工标志点，为系统误差的消除提供了有利条件；⑤控制方式多样化，除了控制点的控制方式外，还可选择相对控制等；⑥可使用各种非量测用摄影机；⑦可测定动态目标；⑧测量目标一般以单个像对为处理单位；⑨可采用交向摄影、倾斜摄影等大角度、大重叠度的多重摄影方式等。

与其他三维测量手段相比，近景摄影测量的优点为：①它是一种能在瞬间获取被测物体大量信息的测量手段；②它是一种非接触性量测手段，不伤及测量目标，不干扰被测物自然状态，可在恶劣条件下作业；③它是一种适合于动态物体外形和运动状态测定的手段；④它是一种基于严谨的理论和现代的硬软件结合的产物，具有较高的精度与可靠性；⑤它是一种基于数字信息和数字影像技术以及自控技术的手段；⑥可提供基于三维空间坐标的各种产品。当然，近景摄影测量也存在一些不足之处，如：①技术含量较高，需要投入较昂贵的硬件设备和较高素质的技术人员，设备的不足、技术力量的欠缺均会导致不良的测量成果；②当待测目标物不能获得质量合格的影像或目标上待测点数不多时，就不能采用近景摄影测量方案。

与摄影测量学一样，近景摄影测量也是一门摄影测量学技术相互融合、交叉发展的学科，同时作为影像信息获取、处理加工和表达的一门学科，又随着影像传感器技术、航空航天技术、计算机技术的发展而发展。在近 60 年的发展中，近景摄影测量经历了与摄影测量学相似的 3 个发展阶段：模拟近景摄影测量阶段、解析近景摄影测量阶段，以及目前的数字近景摄影测量阶段。在这 3 个不同的发展阶段中，所用的摄影设备、计算方法及产品等方面都存在较大区别。

在模拟近景摄影测量阶段，近景摄影测量所用的摄影设备只能是量测用摄影机，包括单个量测用地面摄影机和立体量测用摄影机。近景影像获取后将其安置在专门为近景摄影测量设计的立体测图仪上或某些航空摄影测量用的立体测图仪上，利用光学导杆重建或恢复摄影时的几何模型，然后按一般方法勾绘等值线。模拟法的生产过程较直观，易于被生产部门接收，但也有其缺陷：①由于立体测图仪等仪器设备限制，只能处理近似正直摄影像对，不能处理倾斜或大角度交向摄影像对和非量测摄影机所摄像对；②产品较单一，只能是一些等值线图、轮廓图、剖面图等；③生产过程中无法对一些系统误差进行校正，因此成果精度较低。

随着 20 世纪 60 年代早期第一批计算机的出现，20 世纪 70 年代解析图仪和数控正射投影仪的登台，以及许多高精度解析图理论的提出，使得近景摄影测量的严密解算成为可能，更由于 Adbel - Aziz 和 Karara 于 1971 年首先提出的直线性变换解法，改变了近景摄影测量只能使用量测用摄影机的历史，将许多价格低、体重轻、使用方式较灵活的非量测用摄影机引入近景摄影测量领域，进一步推动了近景摄影测量的发展，近景摄影测量也就步入解析近景摄影测量阶段。相对于模拟近景摄影测量，解析近景摄影测量的优点主要表现为：①能处理量测用摄影机和非量测用摄影机拍摄的近景像片；②可采用多摄站、重复摄影、整体平差等技术提高成果精度；③不受仪器空间限制；④输出成果多样等。但也有缺点：自动化程度不高、只实现了计算和测量成果的数字化、像片量测工作还需要人工完成、属于半自动的机助作业等。

随着计算机容量的不断扩大和计算速度的提高，影像数据处理方法的不断改进发展，如数字图像处理、模式识别、计算机视觉、人工智能、专家系统等学科技术的发展，特别是 20 世纪 80 年代德国的 Ackemann 教授提出了一种新的影像匹配方法——最小二乘影像匹配方法，该方法能使影像匹配精度达到子像素级，揭开了摄影测量步入数字摄影测量的开端，也促进了近景摄影测量向数字化方向发展。同时伴随着微电子技术的发展，近景摄影测量中的一些摄影仪器和摄影材料发生了革命性变革，出现了基于 CCD 的固态摄像机，包括普通摄像机和数码相机。CCD 固态摄像机抛弃了传统的胶卷成像方式，生成的影像既可以是数字的，也可以是视频信号。这些影像可直接输入计算机进行实时快速的处理，真正实现实时近景摄影测量。CCD 固态摄影机的出现也使得近景测量在影像的获取、记录、处理、存储等方面发生了根本性的变化。数字近景摄影测量与模拟、解析近景摄影测量的区别在于：①它处理的原始影像不仅可以是摄影像片，更主要的是数字影像或数字化影像；②它最终以计算机视觉代替人眼立体观测，因而它最终使用的仪器是计算机及其相关外部设备；③其产品是数字形式的，传统产品只是该数字产品的模拟输出。

目前近景摄影测量技术方法不仅应用于测绘界，还广泛渗透到其他基础研究和应用研究的各个领域，如应用在岩土工程的模型试验变形测量中，量测材料应力、变形、裂纹扩展演化途径、形态破坏等；在现代工业生产中，对工件的三维坐标进行精密测量；在文物测绘中，测绘文物的立面轮廓图，对文物进行重建和保护；在地质工程中，进行施工地质编录；在汽车制造过程中，对汽车的设计模型、产品的出厂技术参数进行实时测定等。据世界各国的应用情况表明，现几乎找不到完全未使用近景摄影测量技术的行业。

3.9.1 近景摄影测量的摄影方法和基本公式

1. 近景摄影测量常用坐标系

近景摄影测量常用坐标系有 4 种，如图 3.17 所示。

(1) 像平面坐标系 $O-xz$：用以描述像点在像平面中的坐标。此坐标系以摄站中心 S 在像平面 P 上的垂足为原点，以两个框标的连线作为 x、z 轴，x 轴接近于两摄站连线。

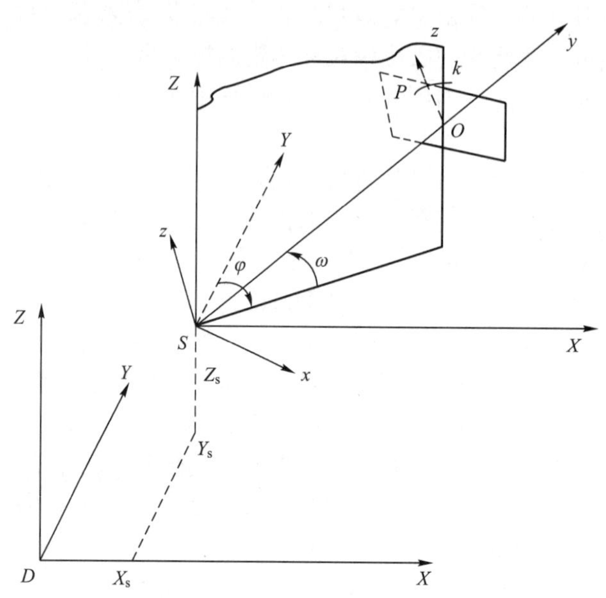

图 3.17　近景摄影测量常用坐标系

(2) 像空间坐标系 $S-xyz$：用以描述像点 a 的空间坐标(x，f，z)。在坐标系以摄站点 S 为坐标原点，x、z 轴分别与像平面坐标系 $O-xz$ 中的 x、z 轴平行，y 轴垂直于 x、z 轴，形成一“右手直角坐标系”。S 到像平面 P 的距离 S_0 称为摄影机的主距 f。

(3) 物方坐标 $D-XYZ$：用以描述被测目标的空间形态或运动状态。此坐标系通常以地面上某点 D 为坐标系原点，X、Y 轴位于水平面上，具体方向可根据工程项目要求确定，目的是尽可能使计算简化，垂直于 X、Y 轴上为 Z 轴。此坐标系也是一个“右手直角坐标系”。摄站中心点 S 在此坐标系中的坐标为 X_S、Y_S、Z_S，即 3 个直线元素。像片在空间中的方位由 3 个角元素 φ、ω、k 确定，图中显示的 φ、ω、k 均为正角。

(4) 摄测坐标系 $S-XYZ$：此坐标系也可称为像空间辅助坐标系，是像空间坐标系 $S-xyz$ 与物方坐标系 $D-XYZ$ 之间的过渡坐标系。摄影坐标系的 3 个坐标轴方向均与 $D-XYZ$ 平行，只是坐标原点为摄站点。

在处理近景摄影测量像对时，近景摄影测量的摄测坐标系可根据实际情况自定，通常采用的摄影坐标系 S_1-XYZ 是以左摄站投影中心 S_1 为坐标原点，以过 S_1 的铅垂线为 Z 轴，左主光轴 S_1O_1 在水平面上的投影为 Y 轴。两投影中心 S_1S_2 的连线在水平面上的投影习惯称之为基线 B，基线 B 与坐标轴 X 之间的夹角为 ψ。若水平基线长度为 B，则 B_X，B_Y 的值为

$$\begin{cases} B_X = B\cos\psi \\ B_Y = B\sin\psi \end{cases} \tag{3-61}$$

2. 近景摄影测量的摄影方式

近景摄影测量中的摄影方式有 4 种：正直摄影、等偏摄影、交向摄影、等倾斜摄影。4 种摄影方式的示意如图 3.18 所示。

(1) 正直摄影：摄影时两像片的主光轴 S_1O_1 与 S_2O_2 彼此平行，且垂直于摄影基线

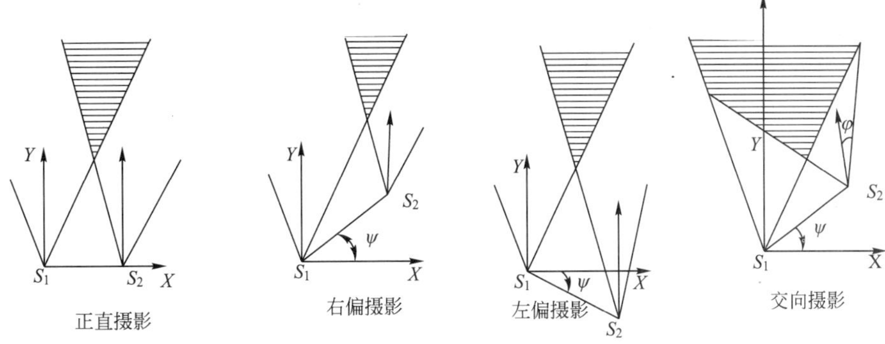

图 3.18 近景摄影测量常用坐标系

B 的摄影方式。正直摄影时 $\psi=0$，$B_X=B$，$B_Y=0$，B_Z一般不为零，$\varphi_1=\varphi_2=\omega_1=\omega_2=k_1=k_2=0$。

(2) 等偏摄影：摄影时仍保持两站摄影机光轴水平，但摄影基线在水平面上的摄影与 X 轴有一角度 ψ。规定向右等偏时 ψ 为正值，向左等偏为负值。这种摄影方式下基线可按式(3-61)计算得出。其中 $\varphi_1=\varphi_2=\omega_1=\omega_2=k_1=k_2=0$。

(3) 交向摄影：摄影时两摄影机主光轴保持水平，但两光轴在水平面上的投影相交成一夹角 γ(交向角)。此时 $\varphi_1=\varphi_2=\omega_1=\omega_2=k_1=k_2=0$，$\varphi_2=-\gamma$，一般情况下 $\psi\neq0$。

(4) 等倾斜摄影：摄影时两摄影机都倾斜同一角度 ω。规定光轴向上仰为正值，向下为负值。等倾摄影还可细分为正直等倾摄影($\psi=0$，$\varphi_1=\varphi_2=k_1=k_2=\gamma=0$，$\omega_1=\omega_2=\omega$)和等偏等倾摄影($\psi\neq0$，$\varphi_1=\varphi_2=k_1=k_2=\gamma=0$，$\omega_1=\omega_2=\omega$)。

实际常采用正直摄影和等偏摄影方式。

3. 近景摄影测量的基本公式

1) 像点的像空间坐标系坐标与摄影坐标系关系式

设某像点 a 的像空间坐标为(x，$y=f$，z)，其摄测坐标为(X，Y，Z)。角元素仍用(φ、ω、κ)表示，各角元素含义如图 3.17 所示。则像点的像空间坐标与辅助坐标(摄测坐标)之间的关系式可参照航空摄影测量关系式，得

$$\begin{bmatrix}X\\Y\\Z\end{bmatrix}=\boldsymbol{R}\begin{bmatrix}x\\y\\z\end{bmatrix}=\boldsymbol{R}\begin{bmatrix}x\\f\\z\end{bmatrix} \tag{3-62}$$

式中：

$$\boldsymbol{R}=\begin{bmatrix}a_1 & a_2 & a_3\\b_1 & b_2 & b_3\\c_1 & c_2 & c_3\end{bmatrix}=\boldsymbol{R}_\varphi\boldsymbol{R}_\omega\boldsymbol{R}_\kappa=$$

$$\begin{bmatrix}\cos\varphi & \sin\varphi & 0\\-\sin\varphi & \cos\varphi & 0\\0 & 0 & 1\end{bmatrix}\begin{bmatrix}1 & 0 & 0\\0 & \cos\omega & -\sin\omega\\0 & \sin\omega & \cos\omega\end{bmatrix}\begin{bmatrix}\cos k & 0 & -\sin k\\0 & 1 & 0\\\sin k & 0 & \cos k\end{bmatrix} \tag{3-63}$$

将式中(3-63)展开可得到a_i、b_i、c_i($i=1, 2, 3$)关于φ、ω、κ的表达式。

2) 摄测坐标系中像点与物点的关系

地物点A的空间坐标可由像对中左右像片的两条同名光线前方交会后得出，参照航空拍摄测量的前方交会公式，可先求出点的投影系数N和N'，再求点A的摄测坐标，即

$$\begin{cases} X_M=NX=B_X+N'X' \\ Y_M=NY=B_Y+N'Y' \\ Z_M=NZ=B_Z+N'Z' \end{cases} \tag{3-64}$$

式中：N和N'为某地物点对左、右像片而言的点投影系数；B_X、B_Y、B_Z为基线在3个坐标轴上的投影分量；X、Y、Z为像点a_2的摄测坐标；像点a_1、a_2为左右像片上的同名像点。式中(3-64)中的N和N'是未知数，由式(3-64)中的前两个公式求得

$$N=\frac{\begin{vmatrix} B_X & X' \\ B_Y & Y' \end{vmatrix}}{\begin{vmatrix} X & X' \\ Y & Y' \end{vmatrix}}=\frac{B_XY'-B_YX'}{XY'-YX'} \tag{3-65}$$

同样，按式(3-64)中的第一、第三两个公式可求得

$$N=\frac{\begin{vmatrix} B_X & X' \\ B_Z & Z' \end{vmatrix}}{\begin{vmatrix} X & X' \\ Z & Z' \end{vmatrix}}=\frac{B_XZ'-B_ZX'}{XZ'-ZX'} \tag{3-66}$$

求得投影系数N和N'后，代回式(3-64)可求得地物点A在坐标系S_1-XYZ中的坐标。

现推导出常用的两种摄影方式下地物点A在坐标系S_1-XYZ中的坐标。

(1) 等偏摄影。由于等偏摄影时$\varphi_1=\varphi_2=\omega_1=\omega_2=k_1=k_2=0$，$\psi\neq0$，根据式(3-62)和式(3-63)可得出

$$\begin{bmatrix} X \\ Y \\ Z \end{bmatrix}=\begin{bmatrix} x \\ f \\ z \end{bmatrix} \quad \begin{bmatrix} X' \\ Y' \\ Z' \end{bmatrix}=\begin{bmatrix} x' \\ f' \\ z' \end{bmatrix}$$

则投影系数N的值为

$$N=\frac{B_XY'-B_YX'}{XY'-YX'}=\frac{fB\cos\psi-x'B\sin\psi}{f(x-x')} \tag{3-67}$$

设$x-x'=p$，将其代入式(3-67)并整理得到

$$N=\frac{B}{p}\left(\cos\psi-\frac{x'}{f}\sin\psi\right)$$

将求得的投影系数N带入式(3-64)得

$$\begin{cases} X_A=\dfrac{Bx}{p}\left(\cos\psi-\dfrac{x'}{f}\sin\psi\right) \\ Y_A=\dfrac{Bf}{p}\left(\cos\psi-\dfrac{x'}{f}\sin\psi\right) \\ ZX_A=\dfrac{Bz}{p}\left(\cos\psi-\dfrac{x'}{f}\sin\psi\right) \end{cases} \tag{3-68}$$

(2) 正直摄影。正直摄影时 $\varphi_1=\varphi_2=\omega_1=\omega_2=k_1=k_2=0$，$\psi\neq0$，所以式(3-68)为

$$\begin{cases} X_A=\dfrac{B}{p}x=\dfrac{Y}{f}x \\ Y_A=\dfrac{B}{p}f \\ Z_A=\dfrac{B}{p}z \end{cases} \tag{3-69}$$

3.9.2 近景摄影测量的量测用摄影机

摄影机或摄像机是摄影(摄像)阶段的关键设备。按照所具备的摄影测量功能的多寡分类，摄影机可分为量测摄影机、格网摄影机、半量测摄影机和非量测摄影机4类；按照性能的不同，CCD摄像机可分为标准视频幅面摄像机、高分辨率摄像机和静止视频画面摄像机。

1. 瑞士原威特P31型量测摄影机

威特P31型摄影机(图3.19)是由瑞士原威特(Wild)厂生产。该系列产品有3种型号，焦距分别为200mm、100mm和45mm。整个摄影机主要由摄影机和支架两部分组成。支架下方为定向装置，上部设有一圆环支承，用于安放摄影机。放入圆环的摄影机，能按设定的几个档次绕水平轴做仰俯倾斜和绕光轴自身旋转。

图3.19 P31型摄影机

P31型摄影机像幅较小，为102mm×127mm，摄影材料为玻璃干板或单张软片。附有垫环(共有7个)，用来改变主距，以适应不同目标的摄影。例如焦距为100mm的P31型摄影机，其标准调焦距为25m，通过7个垫环，调焦距分别为7m、4m、2.5m、2.1m、1.8m、1.6m和1.4m。物镜光圈和曝光时间可调节，配有同步摄影的快门装置。

P31型摄影机光学质量好，携带轻便。但该仪器像幅较小，只能使用单张的干板或软片，不能进行连续摄影，也无底片压平装置。

2. Photheo 19/1318型量测摄影机

Photheo 19/1318型量测摄影机是由德国耶那厂生产的，其外貌、功能与国产的

图 3.20　Photheo 19/1318 摄影经纬仪

DJS19/1318 型摄影机大体相同，如图 3.20 所示。该仪器由摄影机和定向装置两部分组成。摄影机物镜焦距为 190mm 左右，像幅为 13cm×18cm 的干板。物镜光圈固定为 F/25。未设置快门装置，需靠徒手启闭物镜盖以控制曝光时间。不能进行倾斜摄影，但物镜可沿导轨相对承片框做上下移动，以适应不同高度目标的摄影。物镜旁还设有一小准直管，其内部设有一个“一”字形的标志，摄影时能在底片边缘构像，用以记录主点位置。

另外，此摄影机承片框四边中间各设有金属框标，还有显示主距、片号以及地面地形摄影测量正直摄影方式和等偏摄影方式的记录装置。定向装置位于镜箱顶部，用于确定摄影瞬间像片在给定的摄影测量坐标系内的方位。定向装置的水平度盘位于摄影机镜箱下部。此类量测用摄影机价格低廉、像幅较大，可用于中低精度的近景摄影测量。但摄影机不能倾斜，采用效果一般的机械压平措施，光圈与曝光时间不可改动，对近距离目标的摄影时不可调焦。

3. UMK 型量测摄影机

德国生产的 UMK 型量测用摄影机是由德国蔡司厂生产的，专为测量而设计制造，其外表如图 3.21 所示。有 4 种系列产品，焦距分别为 65mm、100mm、200mm 和 300mm，相应称为：UMK6.5/1318、UMK10/1318、UMK20/1318 和 UMK30/1318；像幅大小为 130mm×180mm，有效面积为 120mm×166mm；畸变差小于 12μm；连续调焦改变主距；有 4 个框标(分别位于像片的 4 个角落)；有外部定向设备(确定摄影机光轴在给定坐标系内的方向)；使用干板、单张软片或成卷软片；无格网改正底片变形；使用成卷软片可进行连续摄影。

图 3.21　UMK10/1318 摄影机

UMK 型摄影机机型由铝箔、暗盒、支架和电子控制箱 4 部分组成。物镜有用于远距离摄影的 F 型，以及有用于近距离摄影的 N 型。同时可利用旋钮改变主距，调焦共分 19 档，即无穷远、25m、12m、…、1.6m、1.5m、1.4m 等。像幅为 13cm×18cm。可使用软片或硬片摄影。使用成卷软片时，配备电子卷片装置以及抽气压平装置。设置可遥控启动的快门，可以选择曝光时间。摄影机支架下方有较精密的定向装置。摄影镜箱连同暗盒一起，可以绕光轴旋转，以适应被测目标的总体走向。摄影机物镜光轴的倾角可以在 $-30°\sim+90°$间变化，以 15°分档。

UMK 型摄影机有专门的支架配备，可使摄影方向竖直向下。亦有专门的摄影基线架，可进行立体摄影和同步立体摄影。

UMK 型系列产品自动化性能较高，像幅大，可改变主距以适应大多数近景测量目标的摄影；光学性能较好，可进行连续摄影和同步摄影，价格相对低廉。但是此类仪器较为笨重，机械结构中某些联结件不够稳定。

3.9.3 量测用立体摄影机

在已知长度的摄影基线两端，配有两台主光轴平行且与基线垂直的量测摄影机的设备，以获取较理想的立体像对，这种设备称之为立体量测摄影机。

立体量测摄影机所摄像片直接形成正直摄影立体像对，较单个摄影机简易可靠，不易发生粗差，而且野外工作量减少。但其基线长度常常是有限的，一般变化在几十 cm 至 1m 左右，使得拍摄距离受到限制，因此只能实用中低精度的量测。常用的几种立体摄影机如下所述。

1. C120 型立体摄影机

图 3.22 是瑞士原威特厂(Wild)生产的 C120 型立体量测摄影机。此立体摄影机的焦距为 65mm，像幅为 65mm×90mm，基线长 1200mm，光圈变化范围 F/8～F/32。配备有电磁同步快门，可用于动态目标投影。摄影基线可绕自身轴线旋转，除能进行水平正影机处于一上一下的位置。C120 型立体投影机多用于户外摄影。

图 3.22 C120 型立体摄影机

另外该厂生产的另一型号立体量测摄影机 Wild C40 型，摄影基线长 400mm，摄影机性能与 C120 型相仿，但主要用于室内目标的摄影。

2. IMK10/1318 型立体摄影机

为德国耶那厂 IMK10/1318 型立体量测摄影机。该摄影机实质是由两台 IMK10/1318 型单个摄影机组成，摄影基线可在 350～1600mm 间变化。摄影基线连同摄影机一起倾斜，倾斜值可在设置的分划尺上读出。可进行小角度交向摄影，每个摄影机偏角 φ 最大安置值约为 10°左右，倾斜角 ω 的安置值可在 0°～45° 间变化。整个立体摄影机的高度变化范围为 0.6～2.1mm。摄影机其他性能与 UMK10/1318 型量测摄影机相似。

3. CRC 系列摄影机

CRC 系列摄影机是一种由微处理器控制的格网量测摄影机，适合于高精度要求下的近景摄影测量目标，如图 3.23 所示。

CRC 系列摄影机的特点是：①自动化程度高，由微处理器控制；②摄影时所有状态参数实时显示在屏幕上；③配备多种焦距的镜头：240mm(50°)，120mm(88°)，150mm(75°)，360mm(35°)；④出厂前严格检定畸变差；⑤可自动连续调焦；⑥主距安置精度 5μm；⑦像幅 23cm×23cm；⑧25 个格网点，按后向投影方式成像；⑨真空抽气压平，不平度中误差±1.1μm；⑩最大不平度小于±2.5 μm；⑪配合回光反射标志使用近轴光源时，能得到准二值影像。

4. Hasseblad(哈苏)摄影机

哈苏摄影机是瑞典生产的一种轻型手持半量测摄影机，如图 3.24 所示。能与无定向设备相连。它配备有两种焦距的镜头：60mm 和 100mm，有 25 个格网点(5×5)，刻在玻璃承片框上，使用前向投影方式。

图 3.23　CRC 系列摄影机

图 3.24　Hasseblad(哈苏)摄影机

5. Rolleiflex(罗莱)6008 相机

罗莱相机是德国罗莱公司生产的一种轻型手持半量测摄影机，如图 3.25 所示。其物镜可换，其焦距有多种；像幅为 6cm×6cm；玻璃承片框上有 121 个十字丝形标志；像片边缘分辨率 25 线对/mm；像主点坐标可测定，精度为±50μm。

6. SMK - 40 型立体量测摄影机

SMK - 40 是在已知长度的摄影基线两端，配有两台主光轴平行且基线垂直的量测摄影机的设备，如图 3.26 所示。

图 3.25 Rolleiflex(罗莱)6008 相机

图 3.26 SMK-40 型立体量测摄影机

3.9.4 非量测摄影机

135 型及 120 型普通照相机，特别是 135 型照相机十分普及，社会拥有量很大。除数量大、体积小、轻便、价格较低廉的特点外，普通相机还具有以下特点。

(1) 曝光量可自动控制。

(2) 自动对焦功能。

(3) 在数不尽的种种型号的普通相机中，可以寻得量测摄影机不具备的特性(如调焦距离更小、同一机身可配备多种不同焦距的镜头)。

1. 佳能 A2200

佳能 A2200 外观如图 3.27 所示，主要性能见表 3-1。

图 3.27 佳能 A2200

表 3-1 佳能 A2200 主要性能

操作方式	纠错全自动操作
传感器类型	CCD
传感器尺寸	(1/2.3)英寸
有效像素数	1410 万

续表

操作方式	纠错全自动操作
光学变焦	4 倍
影像处理器	DIGIC 4
最高分辨率	4320×3240
等效 35mm 焦距	28～112mm
镜头说明	实际焦距：f=5～20mm
对焦范围	广角：30mm～无穷远，长焦：800mm～无穷远
快门类型	机械电子快门
闪光灯类型	内置
曝光补偿	±2EV(1/3EV 步长)
感光度	自动、ISO 80、100、200、400、800、1600

2. 佳能 7D 套机(18～135mm)

佳能 7D 套机如图 3.28 所示，主要性能见表 3－2。

图 3.28　佳能 7D 套机

表 3－2　佳能 7D 套机主要性能

机身特性	APS－C 规格数码单反
操作方式	全手动操作
传感器类型	CMOS
传感器尺寸	22.3mm×14.9mm
有效像素数	1800 万
光学变焦	7.5 倍
影像处理器	DIGIC 4+DIGIC 4
最高分辨率	5184×3456
镜头说明	镜头型号：EF－S 18～135mm f/3.5～5.6 IS 实际焦距：f=18～135mm
快门类型	电子控制纵走式焦平面快门

续表

机身特性	APS-C 规格数码单反
快门速度	1/60～1/8000s(全自动模式)，闪光同步速度 1/250s 30～1/8000s，B 快门(总快门速度范围。可用范围随拍摄模式各异。)
闪光范围	EF-S 15mm 镜头视角(相当于 35mm 规格的 24mm 镜头视角)
闪光指数	12/39(ISO 100，以 m/inch 为单位)
闪光灯回电时间	约 3s
曝光补偿	手动和自动包围曝光(可与手动曝光补偿组合使用) 可设置数值：±5EV(1/3EV，1/2EV 步长)(自动包围曝光±3 级)

3. 松下 FH25

松下 FH25 如图 3.29 所示，主要性能见表 3-3。

图 3.29　松下 FH25

表 3-3　松下 FH25 主要性能

机身特性	消费，卡片，长焦，广角
传感器类型	CCD
最大像素数	1660 万
数码变焦	4 倍
最高分辨率	4608×3456
镜头说明	徕卡 VARIO-ELMARIT 镜头，实际焦距：f=5～40mm
对焦方式	标准，微距，变焦微距，快速自动聚焦(始终处于开启状态)，AF(自动聚焦)追踪
对焦范围	广角：500mm～无穷远，长焦：2m～无穷远
最大光圈	F3.3～F5.9
光圈范围	广角：F3.3～F10，长焦：F5.9～F18
闪光范围	广角：0.6～5.8m，长焦：1.0～3.2m
曝光补偿	±2EV(1/3EV 步长)

由于摄影摄像设备众多，本文就列举以上设备作为对比参考。

3.9.5 直接线性变换解法

近景摄影测量中的影像可用量测用摄影机和非量测用摄影机摄得。若影像为量测用摄影机摄得，则可采用航空摄影测量的所有解析法来处理像对，如前方—后方交会法、共面条件方程式法、光束法等。若影像为非量测用摄影机摄得的，由于非量测摄影机畸变差较大，无定向装置，内方位元素不稳定且方位元素未知，这时不能采用航空摄影测量中的解析法来处理像对，可采用直接线性变换解法。

直接线性变换解法(Direct Linear Transformation，DLT)是直接建立坐标仪坐标与物方空间坐标间的关系式的一种算法，计算中不需要内、外方位元素数据，因此可用来处理非量测用摄影机摄取的像片。

1. 直接线性变换解法基本公式

直接线性变换解法基本公式是由共线条件方程式推导而来。航测用的共线条件方程式为

$$\begin{cases}\bar{x}=-f\dfrac{a_1(X-X_S)+b_1(Y-Y_S)+c_1(Z-Z_S)}{a_3(X-X_S)+b_3(Y-Y_S)+c_3(Z-Z_S)}\\ \bar{y}=-f\dfrac{a_2(X-X_S)+b_2(Y-Y_S)+c_2(Z-Z_S)}{a_3(X-X_S)+b_3(Y-Y_S)+c_3(Z-Z_S)}\end{cases} \tag{3-70}$$

式中：X，Y，Z 为待定点的物方空间坐标；X_S，Y_S，Z_S 为摄站点的物方空间坐标；a_i，b_i，$c_i(i=1,2,3)$为像空间坐标系相对于物方空间坐标系的方向余弦；f 为摄影机主距；$\bar{x}$、$\bar{y}$为以像片主点为原点经过误差改正后的像点坐标。

对于非量测用摄影机，其像主点位置未知，假定用以下公式表示像点坐标的线性误差改正为

$$\begin{cases}\bar{x}=\alpha_1+\alpha_2 x+\alpha_3 y\\ \bar{y}=\beta_1+\beta_2 x+\beta_3 y\end{cases} \tag{3-71}$$

式中：x，y 为像点在像片上任意坐标轴系内的坐标；α_i，β_i 为线性改正系数，利用这些系数可以改正由底片变形、不均匀变形、坐标仪 X，Y 轴的不垂直等因素引起的线性误差；α_1，β_1 为因坐标原点位移而产生的改正数。

将式(3-71)代入式(3-70)中有

$$\begin{cases}a_1+a_2x+a_3y+f\dfrac{a_1X+b_1Y+c_1Z+\gamma_1}{a_3X+b_3Y+c_3Z+\gamma_3}=0\\ \beta_1+\beta_2x+\beta_3y+f\dfrac{a_2X+b_2Y+c_2Z+\gamma_2}{a_3X+b_3Y+c_3Z+\gamma_3}=0\end{cases} \tag{a}$$

式中：

$$\begin{cases}\gamma_1=-(a_1X_S+b_1Y_S+c_1Z_S)\\ \gamma_2=-(a_2X_S+b_2Y_S+c_2Z_S)\\ \gamma_3=-(a_3X_S+b_3Y_S+c_3Z_S)\end{cases}$$

式(a)为二元一次方程组。通过解方程组，首先消去式(a)中的 y，则得到仅含有 x 的方程，即

$$(\alpha_1\beta_3-\beta_1\alpha_3)+(\alpha_2\beta_3 x-\beta_2\alpha_3)x+$$
$$f\frac{(a_1\beta_3-a_2\alpha_3)X+(b_1\beta_3-b_2\alpha_3)Y+(c_1\beta_3-c_2\alpha_3)Z+(\gamma_1\beta_3-\gamma_2\alpha_3)}{a_3X+b_3Y+c_3Z+\gamma_3}=0 \tag{b}$$

式(b)可简化成以下表达，即

$$d_1+d_2x+\frac{m_1X+m_2Y+m_3Z+m_4}{a_3X+b_3Y+c_3Z+\gamma_3}=0 \tag{c}$$

将式(c)中的 d_1 合并到该式第三项，得

$$d_2x+\frac{(m_1+a_3d_1)X+(m_2+b_3d_1)Y+(m_3+c_3d_1)Z+(m_4+\gamma_3d_1)}{a_3X+b_3Y+c_3Z+\gamma_3}=0 \tag{d}$$

同样，式(d)可进一步简化为

$$d_2x+\frac{m_1'X+m_2'Y+m_3'Z+m_4'}{a_3X+b_3Y+c_3Z+\gamma_3}=0 \tag{e}$$

将式(e)除以 d_2，则有

$$x+\frac{m_1^*X+m_2^*Y+m_3^*Z+m_4^*}{a_3X+b_3Y+c_3Z+\gamma_3}=0 \tag{f}$$

同样消去 x 则得到仅含有 y 的类似于(f)的方程式为

$$y+\frac{m_5{}^*X+m_6{}^*Y+m_7{}^*Z+m_8{}^*}{a_3X+b_3Y+c_3Z+\gamma_3}=0 \tag{g}$$

将式(f)和式(g)两式进一步整理，可得到

$$\begin{cases} x+\dfrac{l_1X+l_2Y+l_3Z+l_4}{l_9X+l_{10}Y+l_{11}Z+1}=0 \\ y+\dfrac{l_5X+l_6Y+l_7Z+l_8}{l_9X+l_{10}+l_{11}Z+1}=0 \end{cases} \tag{3-72}$$

式(3-72)即为直接线性变换解法的基本公式。式中包含有11个系数(l_i)，通过11个系数直接建立了坐标仪坐标 x、y 与物方空间坐标 X，Y，Z 间的关系式。物方空间中每一已知点可列出如式(3-72)的一对方程，因此要解算11个 l 未知数，至少需物方空间中的6个均匀分布的点。

从推导式(3-72)的过程可知，11个 l 系数均是内、外方位元素以及线性改正系数的函数。现以 l_1 为例进行说明。

由式(f)可知

$$l_1=\frac{m_1^*}{\gamma_3}$$

由式(d)到式(f)的推导演算过程，反推得

$$l_1=\frac{m_1'}{d_2\gamma_3}=\frac{(d_1a_3+m_1)}{d_2\gamma_3}$$

由式(b)和式(c)的推导过程可知

$$l_1=\frac{(d_1a_3+m_1)}{d_2\gamma_3}=\frac{(\alpha_1\beta_3-\beta_1\alpha_3)a_3+(a_1\beta_3-a_2\alpha_3)f}{(\alpha_2\beta_3-\beta_2\alpha_3)\gamma_3}$$

将 γ_3 的关于 X_S、Y_S、Z_S 的表达式代入上式，则得

$$l_1=\frac{(\alpha_1\beta_3-\beta_1\alpha_3)a_3+(a_1\beta_3-a_2\alpha_3)f}{(\alpha_2\beta_3-\beta_2\alpha_3)[-(a_3X_S+b_3Y_S+c_3Z_S)]}$$

上式 l_1 中的 a_i、b_i、$c_i(i=1,2,3)$ 是 φ、ω、κ 的函数。

2. L 系数及畸变系数的解算

直接线性变换解法的基本公式中只改正了线性误差，若还需要改正非线性的物镜畸变差 Δx、Δy，则式(3-72)变为

$$\begin{cases}x+\Delta x+\dfrac{l_1X+l_2Y+l_3Z+l_4}{l_9X+l_{10}Y+l_{11}Z+1}=0\\ y+\Delta y+\dfrac{l_5X+l_6Y+l_7Z+l_8}{l_9X+l_{10}Y+l_{11}Z+1}=0\end{cases}\tag{3-73}$$

式中：Δx、Δy 可用下式或其中的一部分代入，得

$$\begin{cases}\Delta x=(x-x_0)(k_1r^2+k_2r^4+k_3r^6+\cdots)+\\ p_1[r^2+2(x-x_0)2]+2p_2(x-x_0)(y-y_0)\\ \Delta y=(y-y_0)(k_1r^2+k_2r^4+k_3r^6+\cdots)+\\ p_1[r^2+2(y-y_0)2]+2p_2(x-x_0)(y-y_0)\end{cases}\tag{3-74}$$

式中：x、y 为坐标仪坐标；x_0、y_0 为像点在坐标仪坐标系内的坐标；k_1、k_2、k_3 为待定的对称物镜畸变系数；p_1、p_2 为待定的非对称物镜畸变系数；γ 为向径，其值为 $\gamma=\sqrt{(x-x_0)^2+(y-y_0)^2}$。

若只取 $\Delta x=(x-x_0)\times k_1\gamma^2$，$\Delta y=(y-y_0)\times k_1\gamma^2$，则式(3-73)变为

$$\begin{cases}x+k_1(x-x_0)\gamma^2+\dfrac{l_1X+l_2Y+l_3Z+l_4}{l_9X+l_{10}Y+l_{11}Z+1}=0\\ y+k_1(y-y_0)\gamma^2+\dfrac{l_5X+l_6Y+l_7Z+l_8}{l_9X+l_{10}Y+l_{11}Z+1}=0\end{cases}\tag{3-75}$$

在有多余控制点的情况下，设像点量测坐标 x、y 之改正数分别为 v_x、v_y，则可列出求解待定系数(11 个 l 未知数和 k_1)的误差方程式，即

$$\begin{cases}v_x=-\dfrac{1}{A}[l_1X+l_2Y+l_3Z+l_4+xXl_9+xYl_{10}+xZl_{11}+A(x-x_0)r^2k_1+x]\\ v_y=-\dfrac{1}{A}[l_5X+l_6Y+l_7Z+l_8+yXl_9+yYl_{10}+yZl_{11}+A(y-x_0)r^2k_1+y]\end{cases}\tag{3-76}$$

式中：

$$A=l_9X+l_{10}Y+l_{11}Z+1$$

此误差方程式及相应的法方程式的矩阵形式写为

$$\begin{cases}V=ML+W\\ M^TML+M^TW=0\end{cases}\tag{3-77}$$

式中：

$$\boldsymbol{V}=\begin{bmatrix} v_x \\ v_y \end{bmatrix}$$

$$\boldsymbol{M}=\frac{1}{A}\begin{bmatrix} X & Y & Z & 1 & 0 & 0 & 0 & 0 & xX & xY & xZ & A(x-x_0)r^2 \\ 0 & 0 & 0 & 0 & X & Y & Z & 1 & yX & yY & yZ & A(y-y_0)r^2 \end{bmatrix}$$

$$\boldsymbol{L}=[l_1 \quad l_2 \quad l_3 \quad l_4 \quad l_5 \quad l_6 \quad l_7 \quad l_8 \quad l_9 \quad l_{10} \quad l_{11} \quad k_1]^{\mathrm{T}}$$

$$\boldsymbol{W}=-\frac{1}{A}\begin{bmatrix} x \\ y \end{bmatrix}$$

未知数矩阵 $\boldsymbol{L}$ 中共有 12 个未知数，因此至少需要 6 个已知物空间坐标 X，Y，Z 的控制点。又由于式(3-75)是非线性的，因此整个解算过程必须采用迭代法。

3. 内方位元素的解算

式(3-71)中$\bar{x}$、$\bar{y}$的表达式也可用以下关系式表示，即

$$\begin{cases} \bar{x}=x-x_0 \\ \bar{y}=y-y_0 \end{cases} \tag{3-78}$$

式中：$\bar{x}$、$\bar{y}$为以像主点为原点并改正了各项误差的像点坐标；x，y 为像点坐标仪坐标；x_0，y_0为像点在坐标仪坐标系内的坐标。将式(3-78)代入共线条件方程式，则有

$$\begin{cases} x-x_0+f_x\dfrac{a_1(X-X_S)+b_1(Y-Y_S)+c_1(Z-Z_S)}{a_3(X-X_S)+b_3(Y-Y_S)+c_3(Z-Z_S)} \\ y-y_0+f_y\dfrac{a_2(X-X_S)+b_2(Y-Y_S)+c_2(Z-Z_S)}{a_3(X-X_S)+b_3(Y-Y_S)+c_3(Z-Z_S)} \end{cases} \tag{3-79}$$

式中：

f_x、f_y为像片在x，y 方向上的摄影主距：

$$\begin{cases} x-x_0+f_x\dfrac{a_1X+b_1Y+c_1Z+\gamma_1}{a_3X+b_3Y+c_3Z+\gamma_3} \\ y-y_0+f_y\dfrac{a_2X+b_2Y+c_2Z+\gamma_1}{a_3X+b_3Y+c_3Z+\gamma_3} \end{cases} \tag{3-80}$$

将式(3-80)中的像主点 x_0，y_0并入到相应的第三项中，则式(3-80)变为

$$\begin{cases} x+\dfrac{(a_1f_x-a_3x_0)X+(b_1f_x-b_3x_0)Y+(c_1f_x-c_3x_0)Z+(r_1f_x-\gamma_3x_0)}{a_3X+b_3Y+c_3Z+\gamma_3} \\ y+\dfrac{(a_2f_y-a_3y_0)X+(b_2f_y-b_3y_0)Y+(c_2f_y-c_3y_0)Z+(r_2f_y-\gamma_3y_0)}{a_3X+b_3Y+c_3Z+\gamma_3} \end{cases} \tag{3-81}$$

同样式(3-81)经过合并整理，可得

$$\begin{cases} x+\dfrac{l_1X+l_2Y+l_3Z+l_4}{l_9X+l_{10}Y+l_{11}Z+1}=0 \\ y+\dfrac{l_5X+l_6Y+l_7Z+l_8}{l_9X+l_{10}Y+l_{11}Z+1}=0 \end{cases} \tag{3-82}$$

式(3-82)形式与前面的直接线性变换基本公式(3-72)是完全相同的；但各 L 系数与各 l 系数的含义不同。各 L 系数关于方位元素的函数表达式为

$$\begin{cases}L_1=(a_1f_x-a_3x_0)/\gamma_3\\L_2=(b_1f_x-b_3x_0)/\gamma_3\\L_3=(c_1f_x-c_3x_0)/\gamma_3\\L_4=(\gamma_1f_x-\gamma_3x_0)/\gamma_3\\L_5=(a_2f_y-a_3y_0)/\gamma_3\\L_6=(b_2f_y-b_3y_0)/\gamma_3\\L_7=(c_2f_y-c_3y_0)/\gamma_3\\L_8=(\gamma_2f_y-\gamma_3x_0)/\gamma_3\\L_9=a_3/\gamma_3\\L_{10}=b_3/\gamma_3\\L_{11}=c_3/\gamma_3\end{cases}\tag{3-83}$$

式中：

$$\begin{cases}\gamma_1=-(a_1X_S+b_1Y_S+c_1Z_S)\\\gamma_2=-(a_2X_S+b_2Y_S+c_2Z_S)\\\gamma_3=-(a_3X_S+b_3Y_S+c_3Z_S)\end{cases}$$

则将所有 L 系数用矩阵形式表示为

$$\begin{aligned}\boldsymbol{L}=&\begin{bmatrix}L_1&L_2&L_3&L_4\\L_5&L_6&L_7&L_8\\L_9&L_{10}&L_{11}&1\end{bmatrix}=\\&\frac{1}{\gamma_3}\begin{bmatrix}f_x&0&-x_0\\0&f_y&-y_0\\0&0&1\end{bmatrix}\begin{bmatrix}a_1&b_1&c_1\\a_2&b_2&c_2\\a_3&b_3&c_3\end{bmatrix}\begin{bmatrix}1&0&0&-X_S\\0&1&0&-Y_S\\0&0&1&-Z_S\end{bmatrix}=\\&\frac{1}{\gamma_3}\begin{bmatrix}a_1f_x-a_3x_0&b_1f_x-b_3x_0&c_1f_x-c_3x_0&-\{(a_1f_x-a_3x_0)X_S+(b_1f_x-b_3x_0)Y_S+(c_1f_x-c_3x_0)Z_S\}\\a_2f_y-a_3y_0&b_2f_y-b_3y_0&c_2f_y-c_3y_0&-\{(a_2f_y-a_3y_0)X_S+(b_2f_y-b_3y_0)Y_S+(c_2f_y-c_3y_0)Z_S\}\\a_3&b_3&c_3&\gamma_3\end{bmatrix}\end{aligned}\tag{3-84}$$

从式(3-84)看出，可根据各 L 系数值反算出 x_0，y_0 及 f_0 值。由于正交矩阵 R 中各元素 a_i、b_i、c_i 之间存在以下关系，即

$$a_3^2+b_3^2+b_3^2=1$$

$$a_1a_3+b_1b_3+c_1c_3=0$$

而

$$L_9^2+L_{10}^2+L_{11}^2=(a_3^2+b_3^2+c_3^2)/\gamma_3^2=\frac{1}{(a_3X_S+b_3Y_S+c_3Z_S)^2}$$

又因为

$$\begin{aligned}L_1L_9+L_2L_{10}+L_3L_{11}=&\frac{1}{\gamma_3^2}[(a_1f_x-a_3x_0)a_3+(b_1f_x-b_3x_0)b_3+(c_1f_x-c_3x_0)c_3]=\\&\frac{1}{\gamma_3^2}[f_x(a_1a_3+b_1b_3+c_1c_3)-x_0(a_3^2+b_3^2+c_3^2)]=\end{aligned}$$

$$-x_0[L_9^2+L_{10}^2+L_{11}^2]$$

因此存在

$$\begin{cases}x_0=-(L_1L_9+L_2L_{10}+L_3L_{11})/(L_9^2+L_{10}^2+L_{11}^2)\\Y_0=-(L_5L_9+L_6L_{10}+L_7L_{11})/(L_9^2+L_{10}^2+L_{11}^2)\end{cases}\tag{3-85}$$

又因为

$$L_1^2+L_2^2+L_3^2=\frac{1}{\gamma_3^2}[f_x^2+x_0^2]$$

则可以计算出主距 f_x

$$f_x^2=-x_0^2+(L_1^2+L_2^2+L_3^2)/(L_9^2+L_{10}^2+L_{11}^2)\tag{3-86}$$

同样可计算出主距 f_y

$$f_y^2=-y_0^2+(L_5^2+L_6^2+L_7^2)/(L_9^2+L_{10}^2+L_{11}^2)\tag{3-87}$$

可取 f_x 和 f_y 的均值为 f

$$f=(f_x+f_y)/2\tag{3-88}$$

4. 待定点空间坐标的解算

解求 k_1 和内方位元素 x_0，y_0 及 f_0 后，即可求得改正了畸变的坐标仪坐标为

$$\begin{cases}x+\Delta x=x+k_1(x-x_0)r^2\\y+\Delta y=y+k_1(y-y_0)r^2\end{cases}\tag{3-89}$$

将 $x+\Delta x$ 和 $y+\Delta y$ 当作式(3-72)中的 x 和 y，并设 v'_x、v'_y 为待定点像片坐标的改正数，则待定点的误差方程式为

$$\begin{cases}v'_x=\dfrac{1}{A}[(l_1+xl_9)X+(l_2+xl_{10})Y+(l_3+xl_{11})Z+(l_4+x)]\\[2ex]v'_y=\dfrac{1}{A}[(l_5+yl_9)X+(l_6+yl_{10})Y+(l_7+yl_{11})Z+(l_8+y)]\end{cases}\tag{3-90}$$

以矩阵形式表示的误差方程式和法方程式为

$$\begin{cases}V'=NS+Q\\N^{T}NS+N^{T}Q=0\end{cases}\tag{3-91}$$

式中：

$$\boldsymbol{V}'=[v'_xv'_y]^{T}$$

$$\boldsymbol{N}=-\frac{1}{A}\begin{bmatrix}l_1+l_9xl_2+l_{10}xl_3+l_{11}x\\l_5+l_9xl_6+l_{10}yl_7+l_{11}y\end{bmatrix}$$

$$\boldsymbol{S}=[X\quad Y\quad Z]^{T}$$

$$\boldsymbol{Q}=-\frac{1}{A}\begin{bmatrix}l_4+x\\l_8+y\end{bmatrix}$$

要求得某点的三维坐标 X，Y，Z 值，则必须至少有两组如式(3-90)的误差方程式，即至少要有两张像片组成的一个立体像对。

5. 直接线性变换解法流程

由于在直接线性变换解法中可引入不同的畸变改正，即为线性改正和非线性改正两种，因此其解算流程也不同。

1）只引入线性畸变改正流程

(1)利用控制点，列出式(3－72)的方差组，任取其中11个方程式，求解出每张像片的11个l系数的近似值。

(2)列出式(3－77)中的矩阵$\boldsymbol{M}$和常数项，这时矩阵$\boldsymbol{M}$中不包括最后一列，即矩阵$\boldsymbol{L}$不包括k_1数值，再利用最小二乘法重新求11个l系数值。由于此误差方程式为非线性的，因此必须进行迭代求解，每有一组新的l系数，A值就会发生变化，经过多次迭代，直至所有控制点像点观测值改正数中的最大值小于给定限差为止。

(3)求出式(3－91)中的矩阵$\boldsymbol{N}$，迭代求解待定点三维坐标X，Y，Z。第一次计算时由于X，Y，Z未知，则令矩阵$\boldsymbol{N}$中的$A=1$，以后每有一组新的X，Y，Z值，A值也随之发生变化。经过多次迭代循环求解，直到待定点坐标X，Y，Z的相邻两次运算的最大差值小于给定限差为止。

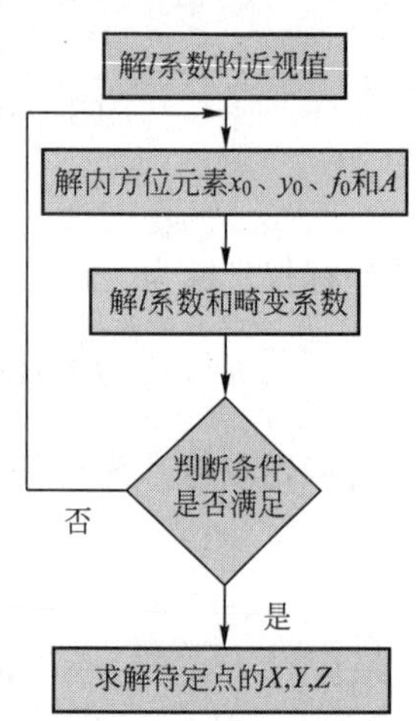

图3.30 引入非线性改正的直接线性变换计算过程

2）引入非线性畸变改正流程

(1) 与只引入线性畸变改正的流程。(1)一样，用同样方法求11个l系数的近似值。

(2) 利用l系数的近似值，按式(3－85)、式(3－86)、式(3－87)、式(3－88)计算像片的内方位元素x_0、y_0、f以及计算A值。

(3) 计算式(3－77)中的矩阵$\boldsymbol{M}$和常数项，利用最小二乘法求11个l系数和畸变系数值。

(4) 循环步骤(2)、(3)，直至所有控制点像点观测值改正数中的最大值小于给定限差为止。

(5) 按式(3－89)计算待定点改正了畸变差的坐标仪坐标和$x+\Delta x$和$y+\Delta y$，再按式(3－91)逐点迭代解算出相应的X，Y，Z值。

引入非线性改正的直线线性变换(DLT)解法过程如图3.30所示。

6. 关于A值问题

在DLT中，A值表达式为

$$A=l_9X+l_{10}Y+l_{11}Z+1$$

从以上直接线性变换解法的流程中可知，无论解算l系数，或解算待定点三维坐标(X，Y，Z)时，A值均为未知数。

将l_9、l_{10}、l_{11}的值及γ_3值，代入A值表达式，则有

$$A=l_9X+l_{10}Y+l_{11}Z+1=\frac{a_3}{\gamma_3}X+\frac{b_3}{\gamma_3}Y+\frac{c_3}{\gamma_3}Z+1$$

$$\frac{1}{\gamma_3}(a_3X+b_3Y+c_3Z)+1=1-\frac{(a_3X+b_3Y+c_3Z)}{(a_3X_S+b_3Y_S+c_3Z_S)}=$$

$$\frac{a_3(X-X_S)+b_3(Y-Y_S)+c_3(Z-Z_S)}{(a_3X_S+b_3Y_S+c_3Z_S)}=\frac{\overline{Z}}{Z'_S}$$

这里，$\overline{Z}$为物点在像空间坐标系$S-xyz$内的坐标，而Z'_S是摄站点S在坐标系$D-$

xyz 中的坐标。坐标系 $D-xyz$ 的坐标原点 D 为物方空间坐标系中的原点，其坐标轴与像空间坐标轴两两平行。

当摄站点 S 和坐标系 $D-xyz$ 的原点相接近或重合时，即 $Z'_S=0$，则

$$A=\frac{\overline{Z}}{Z'_S}=\frac{\overline{Z}}{0}$$

即各点的 A 值或者波动很大，或者无穷大，导致解算的不稳定或不收敛。因此布摄站时应使物方空间坐标系的原点 D 远离摄站点 S。

7. 外方位元素的解算

1）三个角元素的解算

根据 l 系数关系式(3-83)，可解算出该像片的方向余弦(a_3、b_3、c_3、a_2)的值，即

$$\begin{cases} a_3=\gamma_3 l_9=l_9/\sqrt{(l_9^2+l_{10}^2+l_{11}^2)} \\ b_3=\gamma_3 l_{10}=l_{10}/\sqrt{(l_9^2+l_{10}^2+l_{11}^2)} \\ c_3=\gamma_3 l_{11}=l_{11}/\sqrt{(l_9^2+l_{10}^2+l_{11}^2)} \\ a_2=\dfrac{\gamma_3(l_5+l_9 y_0)(1+\mathrm{d}s)\cos\beta}{fx} \end{cases} \tag{3-92}$$

式中：$\mathrm{d}s$、$\mathrm{d}\beta$ 值为

$$\begin{cases} \mathrm{d}s=\sqrt{\dfrac{\gamma_3^2(l_1^2+l_2^2+l_3^2)-x_0^2}{\gamma_3^2(l_5^2+l_6^2+l_7^2)-y_0^2}}-1 \\ \mathrm{d}\beta=\arcsin\left\{\dfrac{[(l_1l_5+l_2l_6+l_3l_7)/(l_9^2+l_{10}^2+l_{11}^2)-x_0y_0]}{[\gamma_3^2(l_1^2+l_2^2+l_3^2)-x_0^2][\gamma_3^2(l_5^2+l_6^2+l_7^2)-y^2]}\right\} \end{cases}$$

则像片的外方位角元素可依下式求出，即

$$\begin{cases} \tan\varphi=\dfrac{a_3}{c_3} \\ \sin\omega=-b_3 \\ \tan\kappa=\dfrac{b_1}{b_2} \end{cases} \tag{3-93}$$

2）三个直线元素的解算

11 个 l 系数在关系式(3-83)中存在以下 3 个等式，即

$$\begin{cases} l_1X_S+l_2Y_S+l_3Z_S=-l_4 \\ l_5X_S+l_6Y_S+l_7Z_S=-l_8 \\ l_9X_S+l_{10}Y_S+l_{10}Z_S=-1 \end{cases} \tag{3-94}$$

将 3 个方程式联求解可得 3 个外方位直线元素的值 X_S，Y_S，Z_S。

8. 直接线性变换中的两个关系式

1）第一个关系式

根据(3-86)，有

$$L_1L_5+L_2L_6+L_3L_7=$$
$$\frac{1}{\gamma_3^2}[(a_1f_x-a_3x_0)(a_2f_y-a_3y_0)+(b_1f_x-b_3x_0)(b_2f_y-b_3y_0)+$$

$$(c_1 f_x - c_3 x_0)(c_2 f_y - c_3 y_0)] = \frac{1}{\gamma_3^2} x_0 y_0$$

所以有

$$x_0 y_0 = (L_1 L_5 + L_2 L_6 + L_3 L_7)/(l_9^2 + l_{10}^2 + l_{11}^2) \tag{3-95}$$

而由式(3－85)可知

$$x_0 y_0 = \frac{(L_1 L_9 + L_2 L_{10} + L_3 L_{11})(L_5 L_9 + L_6 L_{10} + L_7 L_{11})}{(L_9^2 + L_{10}^2 + L_{11}^2)} = 0 \tag{3-96}$$

而由式(3－95)和式(3－96)可得到 L 系数间的第一个关系，即

$$(L_1 L_5 + L_2 L_6 + L_3 L_7) - \frac{(L_1 L_9 + L_2 L_{10} + L_3 L_{11})(L_5 L_9 + L_6 L_{10} + L_7 L_{11})}{(L_9^2 + L_{10}^2 + L_{11}^2)} = 0 \tag{3-97}$$

2) 第二个关系式

若认为摄影机主距 f_x 和 f_y 是相等的，即 $f_x = f_y$，并且将 $x_0 y_0$ 分别代入式(3－86)和式(3－87)，并进行简化则得到 L 系数间的第二个制约条件，即

$$(L_1^2 + L_2^2 + L_3^2) - (L_5^2 + L_6^2 + L_7^2) + (L_1 L_5 + L_2 L_6 + L_3 L_7) - \frac{(L_1 L_9 + L_2 L_{10} + L_3 L_{11})(L_5 L_9 + L_6 L_{10} + L_7 L_{11})}{(L_9^2 + L_{10}^2 + L_{11}^2)} = 0 \tag{3-98}$$

第一个制约条件成立条件为像片两个坐标轴正交，即不存在不正交误差。第二个制约条件成立条件为 x、y 方向上比例尺一致。

直接线性变换解法在解算 L 系数过程中，只要成立条件满足，即可将这两个关系式作为制约条件，利用附加制约条件的直接线性变换解法解算未知数。

3.9.6 近景摄影测量中相对控制的应用

近景摄影测量由于所摄目标距离较近，因此除了利用控制点作为控制条件外，还有条件布设和选用其他控制方式，这种除了控制点以外的其他控制方式，即为相对控制。工程中常用的相对控制有：①某已知距离；②位于某平面上的一些点；③位于某直线上的一些点；④某已知角度等。相对控制的引用，使控制手段多样化，简化和减少了控制工作，提高了近景摄影测量的工作质量。

采用相对控制后数据的处理主要有两种方式：一种将相对控制作为观测值，即可以建立起相对控制的误差方程式，将此误差方程式与像点坐标误差方程式一起联立求解未知数；另一种是将相对控制看作是真值，这时相对控制即作为一种制约条件，可按带有制约条件的间接平差法进行数据处理。

已知像点坐标误差方程式形式为

$$\boldsymbol{V} = \boldsymbol{A}\boldsymbol{t} + \boldsymbol{B}\boldsymbol{X} - \boldsymbol{L}$$

式中：$\boldsymbol{V}$ 为像点坐标改正数矩阵；$\boldsymbol{A}$ 为共线条件方程式中像点坐标对外方位元素的偏导数矩阵；$\boldsymbol{t}$ 为外方位元素的改正数 ΔX_S、ΔY_S、ΔZ_S、$\Delta\varphi$、$\Delta\omega$、$\Delta\kappa$ 矩阵；$\boldsymbol{B}$ 为共线条件方程式中像点坐标对物方待定点三维坐标的偏导数矩阵；$\boldsymbol{X}$ 为待定点的物方三维坐标改正数 ΔX、ΔY、ΔZ 矩阵。

将相对控制作为观测值时列出的误差方程式，其形式应与上式相同。

相对控制有多种形式，以下介绍几种常用形式。

1. 距离相对控制

距离相对控制包括 3 种形式：两个摄站点之间的距离、两个物点间的距离、一个摄站点与一个物点之间的距离。

1）两个摄站点的距离

设现有两个摄站点 S_A、S_B，两个摄站点坐标为：(X_{SA}、Y_{SA}、Z_{SA})、(X_{SB}、Y_{SB}、Z_{SB})，两点间的距离经实地量测为 L，如图 3.31 所示。则存在以下方程式

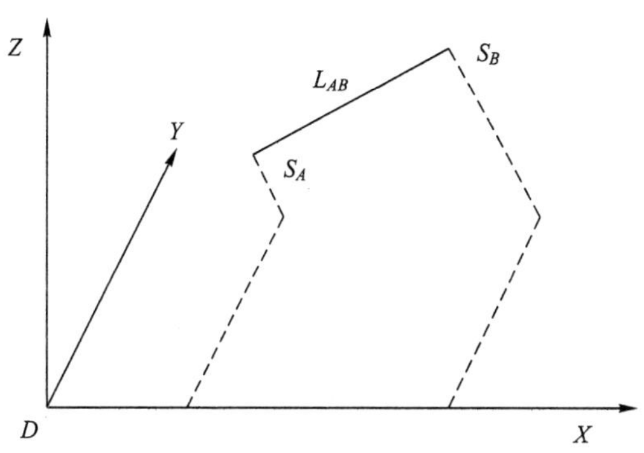

图 3.31 距离相对控制

$$F_{A,B}=L_{AB}^2-(X_{SA}-X_{SB})^2-(Y_{SA}-Y_{SB})^2-(Z_{SA}-Z_{SB})^2=0 \tag{3-99}$$

若 $F_{A,B}$ 的近似值为 $F_{A,B}^0$，改正数为 $\Delta F_{A,B}$，则有 $F_{A,B}=F_{A,B}^0+\Delta F_{A,B}$。

将式(3-99)线性化，有，

$$F_{A,B}=F_{A,B}^0+\Delta F_{A,B}=F_{A,B}^0+\frac{\partial F_{A,B}}{\partial L_{A,B}}\Delta L_{AB}+$$
$$\frac{\partial F_{A,B}}{\partial X_{SA}}\Delta X_{SA}+\frac{\partial F_{A,B}}{\partial Y_{SA}}\Delta Y_{SA}+\frac{\partial F_{A,B}}{\partial Z_{SA}}\Delta Z_{SA}+\cdots+\frac{\partial F_{A,B}}{\partial Z_{SB}}\Delta X_{SB}=0 \tag{3-100}$$

式中各系数项为

$$\begin{cases}\dfrac{\partial F_{A,B}}{\partial L_{A,B}}\Delta L_{AB}=2L_{AB}V_L\\ \dfrac{\partial F_{A,B}}{\partial X_{SA}}\Delta X_{SA}=-2(X_{SA}-X_{SB})\Delta X_{SA}\\ \dfrac{\partial F_{A,B}}{\partial Y_{SA}}\Delta Y_{SA}=-2(Y_{SA}-Y_{SB})\Delta Y_{SA}\\ \vdots\\ \dfrac{\partial F_{A,B}}{\partial Z_{SB}}\Delta Z_{SB}=-2(Z_{SA}-Z_{SB})\Delta Z_{SA}\end{cases} \tag{3-101}$$

将式(3-101)代入到式(3-100)中，则有

$$F_{A,B}^0+2L_{AB}V_L-[2(X_{SA}-X_{SB})(\Delta X_{SA}-\Delta X_{SB})+$$
$$2(Y_{SA}-Y_{SB})(\Delta Y_{SA}-\Delta Y_{SB})+2(Z_{SA}-Z_{SB})(\Delta Z_{SA}-\Delta Z_{SB})=0 \tag{3-102}$$

将式(3-102)整理为以 L 为观测值的误差方程式形式，即

$$V_L=A_Lt-L_L \tag{3-103}$$

式中：

$$\underset{2\times 6}{\boldsymbol{A}_L}=\frac{1}{L_{AB}}\begin{bmatrix}(X_{SA}-X_{SB})\\(Y_{SA}-Y_{SB})\\(Z_{SA}-Z_{SB})\\-(X_{SA}-X_{SB})\\-(Y_{SA}-Y_{SB})\\-(Z_{SA}-Z_{SB})\end{bmatrix}^{\mathrm{T}}$$

$$t_{6\times 1}=[\Delta X_{SA}\quad \Delta Y_{SA}\quad \Delta Z_{SA}\quad \Delta X_{SB}\quad \Delta Y_{SB}\quad \Delta Z_{SB}]^{\mathrm{T}}$$

$$L_L=\left(\frac{F_{A,B}^0}{2L_{AB}}\right)$$

相反，若将 L_{AB} 作为真值，则可建立一个限制条件方程式为

$$\begin{aligned}F_{A,B}=L_{AB}=F_{A,B}^0+\Delta F=\\ [(X_A^0-X_B^0)^2+(Y_A^0-Y_B^0)^2+(Z_A^0-Z_B^0)^2]+\Delta F=\\ F_{A,B}^0-2(X_A-X_B)(\Delta X_A-\Delta X_B)=\\ -2(Y_A-Y_B)(\Delta Y_A-\Delta X_B)-2(Z_A-Z_B)(\Delta Z_A-\Delta Z_B)\end{aligned}\tag{3-104}$$

此式可改为

$$\begin{bmatrix}(X_A-X_B)\\(Y_A-Y_B)\\(Z_A-Z_B)\\-(X_A-X_B)\\-(Y_A-Y_B)\\-(Z_A-Z_B)\end{bmatrix}^{\mathrm{T}}\begin{bmatrix}\Delta X_A\\\Delta Y_A\\\Delta Z_A\\\Delta X_B\\\Delta Y_B\\\Delta Z_B\end{bmatrix}=\frac{F_{A,B}^0-L_{AB}^2}{2}\tag{3-105}$$

或写为

$$C_{ssd1\times 6}t=G_{ssd}\tag{3-106}$$

2）两物点间的距离

已知两物点 A、B 距离为 S_{AB}，则有条件为

$$S_{A,B}^2=(X_A-X_B)^2+(Y_A-Y_B)^2+(Z_A-Z_B)^2\tag{3-107}$$

相应的误差方程式为

$$V_{S1\times 1}=B_{S1\times 6}X_{\partial}-L_{S1\times 1}\tag{3-108}$$

式中：X 为包含两个物点 A、B 的待定坐标改正值 ΔX、ΔY、ΔZ 等共 6 项。

如将两个物点间的距离视为真值，则也可写出如式(3-106)的制约条件方程式。

3）一个摄站点与一个物点之间的距离

若摄站点 S 与物点 A 之间的距离 $D_{S,A}$ 已经量测，则有方程式为

$$D_{S,A}^2=(X_S-X_A)^2+(Y_S-Y_A)^2+(Z_S-Z_A)^2$$

相应的误差方程式可写为

$$V_D=\underset{1\times 3}{A_D}\underset{3\times 1}{t}-\underset{1\times 3}{B}\underset{3\times 1}{X}-L\underset{1\times 1}{D}\tag{3-109}$$

2. 平面相对控制

平面相对控制是指预知有若干待定点位于一个平面上，这个平面可以是一个水平平面、垂直平面或任意平面。

1）水平平面相对控制

假定两个待定点(i，j)位于一个水平平面上，因为高程值均相等，因此有条件方程式，即

$$Z_i - Z_j = 0 \tag{3-110}$$

若 Z_i，Z_j 的改正数为 ΔZ_i，ΔZ_j，则有

$$\Delta Z_i - \Delta Z_j = -(Z_i^0 - Z_j^0) \tag{3-111}$$

式中：Z_i^0、Z_j^0 为 Z_i、Z_j 的近似值。

将式(3-111)写成矩阵形式为

$$\underset{1\times2}{\boldsymbol{C}}\ \underset{2\times1}{\boldsymbol{X}} = \underset{1\times1}{\boldsymbol{G}} \tag{3-112}$$

2）垂直平面相对控制

设有3个未知点1、2、i 位于一个垂直平面上，则存在以下方程式，即

$$\frac{X_i - X_1}{Y_i - Y_1} = \frac{X_i - X_2}{Y_i - Y_2} \tag{3-113}$$

或将式(3-113)写为

$$F = (X_i - X_2)(Y_i - Y_1) - (X_i - X_1)(Y_i - Y_2) = 0 \tag{3-114}$$

将式(3-114)按泰勒公式展开，得

$$F = F^0 + \frac{\partial F}{\partial X_i}\Delta X_i + \frac{\partial F}{\partial X_1}\Delta X_1 + \frac{\partial F}{\partial X_2}\Delta X_2 + \frac{\partial F}{\partial Y_i}\Delta Y_i + \frac{\partial F}{\partial Y_1}\Delta Y_1 + \frac{\partial F}{\partial Y_2}\Delta Y_2 = 0 \tag{3-115}$$

根据式(3-114)和式(3-115)，上式中未知数的各项系数为

$$\begin{cases} \dfrac{\partial F}{\partial X_i} = Y_2 - Y_1 & \dfrac{\partial F}{\partial X_i} = -(X_2 - X_1) \\ \dfrac{\partial F}{\partial X_1} = Y_i - Y_2 & \dfrac{\partial F}{\partial Y_1} = -(X_i - X_2) \\ \dfrac{\partial F}{\partial X_2} = -(Y_i - Y_1) & \dfrac{\partial F}{\partial Y_2} = X_i - X_1 \end{cases} \tag{3-116}$$

$$F^0 = (X_i - X_2)(Y_i - Y_1) - (X_i - X_1)(Y_i - Y_2)$$

将式(3-116)代入式(3-115)，并写成矩阵形式为

$$\underset{1\times6}{\boldsymbol{C}}\ \underset{6\times1}{\boldsymbol{X}} = \underset{1\times1}{\boldsymbol{G}} \tag{3-117}$$

式中：

$$\boldsymbol{C} = [(Y_2 - Y_1)(Y_i - Y_2) - (Y_i - Y_1) - (X_i - X_1) - (X_i - X_2)(X_i - X_1)]$$

$$\boldsymbol{X} = [\Delta X_i \quad \Delta X_1 \quad \Delta X_2 \quad \Delta Y_i \quad \Delta Y_1 \quad \Delta Y_2]$$

$$\boldsymbol{G} = -\boldsymbol{F}^0$$

3）任意平面相对控制

设有4个点，i、1、2、3位于同一平面上(此平面为任意一平面)，由平面方程得

$$\begin{vmatrix} (X_i - X_1) & (Y_i - Y_1) & (Z_i - Z_1) \\ (X_2 - X_1) & (Y_2 - Y_1) & (Z_2 - Z_1) \\ (X_3 - X_1) & (Y_3 - X_1) & (Z_3 - Z_1) \end{vmatrix} = 0 \tag{3-118}$$

将式(3-118)展开并线性化后，可得出以下误差方程式形式

$$\underset{1\times12}{\boldsymbol{C}_P}\ \underset{12\times1}{\boldsymbol{X}}=\underset{1\times1}{\boldsymbol{C}_P} \tag{3-119}$$

由于有4个待定点，所以有12个未知数。

3. 直线相对控制

1）垂直相对控制

设处于一铅垂线上两点 A 和 i，则 A 和 i 存在关系式

$$\begin{cases}X_A-X_i=0\\Y_A-Y_i=0\end{cases} \tag{3-120}$$

将此式写成矩阵形式为

$$\underset{2\times4}{\boldsymbol{C}}\ \underset{4\times1}{\boldsymbol{X}}=\underset{2\times1}{\boldsymbol{G}} \tag{3-121}$$

式中：

$$\boldsymbol{C}=\begin{bmatrix}1 & -1 & 0 & 0\\0 & 0 & 1 & -1\end{bmatrix}$$

$$\boldsymbol{X}=[\Delta X_A\quad \Delta X_i\quad \Delta Y_A\quad \Delta Y_i]$$

2）任意直线相对控制

任意直线的条件方程式为

$$\frac{(X_i-X_1)}{(X_2-X_1)}=\frac{(Y_i-Y_1)}{(Y_2-Y_1)}=\frac{(Z_i-Z_1)}{(Z_2-Z_1)}$$

此式等价于如下两个方程式为

$$\begin{cases}(X_i-X_1)(Y_2-Y_1)-(Y_i-Y_1)(X_2-X_1)=0\\(X_i-X_1)(Z_2-Z_1)-(Z_i-Z_1)(X_2-X_1)=0\end{cases} \tag{3-122}$$

则式(3-122)线性化后为

$$\underset{2\times9}{\boldsymbol{C}}\ \underset{9\times1}{\boldsymbol{X}}=\underset{2\times1}{\boldsymbol{G}_L} \tag{3-123}$$

4. 角度相对控制

设在点 A 处，两边 L_{A1}、L_{A2} 间的夹角为已知值 θ，如图3.32所示。则根据余弦定理，有以下条件方程式，即

$$L_{12}^2-L_{A1}^2-L_{A2}^2-2L_{A2}L_{A1}\cos\theta=0 \tag{3-124}$$

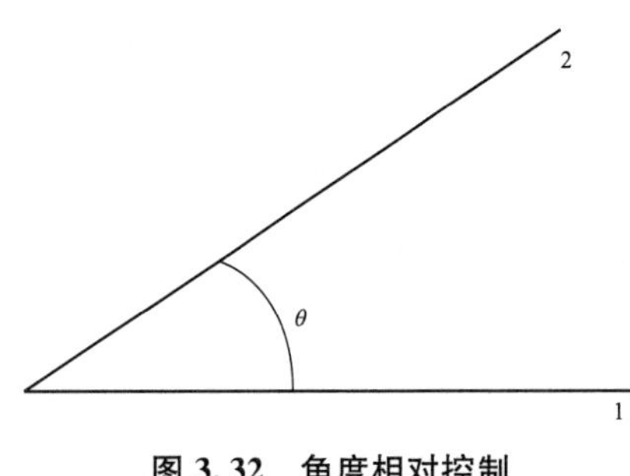

图 3.32 角度相对控制

其中，

$$L_{12}^2=(X_2-X_1)^2+(Y_2-Y_1)^2+(Z_2-Z_1)^2$$

$$L_{A1}^2=(X_1-X_A)^2+(Y_1-Y_A)^2+(Z_1-Z_A)^2$$

$$L_{A2}^2=(X_2-X_A)^2+(Y_2-Y_A)^2+(Z_2-Z_A)^2$$

对式(3-124)线性化，并将 θ 作为观测值，得误差方程式形式为

$$\underset{1\times1}{\boldsymbol{V}_\theta}=\underset{1\times9}{\boldsymbol{B}_\theta}\ \underset{9\times1}{\boldsymbol{X}}-\underset{1\times1}{\boldsymbol{L}_\theta}$$

3.9.7 XJTUDP 系统简介

XJTUDP（图3.33）三维光学摄影测量系统，采用数字近景工业摄影测量技术(Digital Close-range Industrial Photogrammetry)，是便携式光学三坐标系统，用于测量物体表面

的标志点和特征的精确三维坐标。用于对大型或超大型(几米到几十米)物体的关键点进行三维测量。与传统三坐标测量仪相比，没有机械行程限制，不受被测物体的大小、体积、外形的限制，能够有效减少累积误差，提高整体三维数据的测量精度。该系统既可以单独使用，也可以与三维光学面扫描系统配合使用，能够有效地保证大型物体整体点云的拼接精度。

图 3.33 XJTUDP

1. 系统组成

(1) 系统测量软件：系统测量软件安装在高性能的台式机或笔记本电脑上。

(2) 编码参考点：由一个中心点和周围的环状编码组成，每个点有自己的编号。

(3) 非编码参考点：圆形参考点，用来得到测量物体相关部分的三维坐标。

(4) 专业数码相机：固定焦距可互换镜头的高分辨率数码相机。

(5) 高精度定标尺：刻度尺作为测量结果的比例，具有极精确的已经测量的参考点来确定它们的长度。

2. 应用范围

(1) 便携式大尺寸的三坐标测量机：可以快速测量出大型物体(几米到几十米)表面的编码点与标志点的三维坐标。

(2) 逆向设计：快速获取零件的关键点云数据，建立三维数模，达到快速设计产品目的。

(3) 产品检测：生产线产品质量控制和形位尺寸检测，特别适合复杂曲面的检测，可以检测铸件、锻件、冲压件、模具、注塑件、木制品等产品。

(4) 变形分析：变形分析分为静态和动态变形分析，可以应用在板料成形、焊接变形、风洞变形、温度变形等领域。

3. 技术特点

(1) 便携式大尺寸的三坐标测量机，可以测量出大型物体(几米到几十米)表面的编码点与标志点的三维坐标。

(2) 相机自标定技术，自主知识产权的捆绑调整核心算法。

(3) 经过专业测试筛选和软件算法校正的固定焦距可互换镜头的高分辨率数码相机。

(4) 可根据用户的需求进行功能定制，可定制各种规格、数码编码位的标尺。

(5) 可配合 XJTUOM 三维光学扫描测量系统，快速获得高精度的超大物体三维数据，对大面积曲面的点云信息进行校正，大大提高三维扫描仪的整体点云拼接精度。

(6) 广泛应用于产品检测、生产线产品质量控制和形位尺寸检测，适合复杂曲面的检测，可以检测铸件、锻件、冲压件、模具、注塑件、木制品等产品。

(7) 可以对被测工件与 CAD 数模进行三维几何形状比对，快速方便地进行大型工件的产品外形质量的检测。

(8) 历经企业的长期使用考验，具备 3-2-1 坐标转换、色谱误差分析等使用的功能。

(9) 可以测量出工件在受力情况下不同时期的位移和变形，可以对飞机、桥梁、汽车等进行三维测量检测、形变检测。

小　结

本章主要针对数字摄影测量技术和近景摄影测量技术分开讲解。首先讲解了数字摄影测量的定义、分类和要解决的主要问题，数字影像的获取和重采样、解析基础、影像匹配原理；其次讲解了最小二乘匹配的原理，基于特征点的影像匹配，数字影像纠正技术；最后对近景摄影测量技术进行了探讨和研究。

习　题

3-1　数字摄影测量技术的主要应用有哪些？

3-2　数字摄影测量技术和近景摄影技术的异同点分别是什么？

3-3　数字影像的匹配原理主要有哪些？最小二乘影像匹配原理是什么？

3-4　数字摄影测量系统的主要功能和工作流程分别是什么？

3-5　近景摄影测量的基本公式包括哪些？试分析它们在摄影测量系统中的作用。

第4章
结构光扫描测量技术

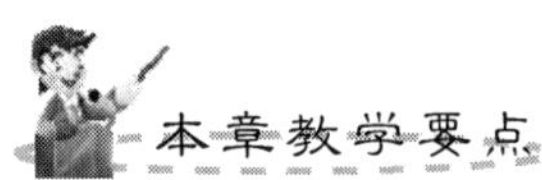

知识要点	掌握程度	相关知识
结构光测量、立体视觉测量	(1) 掌握结构光视觉的原理，分类及特点 (2) 立体视觉测量的测量模型定义 (3) 熟悉双目立体视觉传感器的标定方法	(1) 点结构光、线结构光、多线结构光视觉传感器的数学模型的特征 (2) 标定方法的分类
单相机测量、光束平差测量	(1) 掌握单相机测量的数学模型、光束平差测量数学模型的定义和方法 (2) 熟悉控制点空间坐标求解多义性、平差初值获取的原理及特点	(1) 8位、10位、16位编码点的原则及规范 (2) 光束平差算法和最小二乘的关系
相机成像基站的外部方位，空间特征点匹配，三角测量与反推投影，空间优化平差与后处理	(1) 熟悉初始绝对定向求解的算法、空间特征点匹配的原则及几种匹配方法 (2) 了解外极线几何与基础矩阵的估计方法	(1) 国内外主要的三维光学检测系统及其测量精度 (2) 数字化测量系统的硬件和软件组成

导入案例

SHINING 3D 专业三维数字化与 3D 打印

人类所处的环境、所接触的物体，全部都是三维、立体的，通过传统的绘画、拍照、摄像或平面扫描等方式机获取的却只有物体的二维平面信息，如何迅速地获得物体表面的立体信息，一直以来是人类的梦想追求。先临三维(Shining 3D)提供的三维测量解决方案很好地解决了实物的三维数字化难题。

消费者对品质和时尚的需求使制造领域发生了一系列变革，最明显的两点：一是产品外形增加了更多的曲面设计；二是产品的质量控制标准越来越严格。而这两点的变化又对检测行业提出了更高的要求，传统的测量或检测设备(如三坐标、激光跟踪仪等)不仅价格高昂，而且测量和检测过程相当烦琐，耗时很长。

三维展示作为全新概念的立体展示方式，把需要展示的物体利用三维的方式展现出来，相比传统的绘画、照片、平面影像等，展示的信息更加完整，展示内容更加直观。

三维测量又可称为三维扫描或三维抄数，利用先临三维自主研发的 Shining 3D - Scanner 系列三维扫描仪或 Shining 3D - Metric 摄影测量系统，以及相关三维软件，即可简单快速地获取物体表面精确的三维信息。相比于以往的物体信息获取手段或技术(无论是绘画、拍照或摄影，还是接触式测量、点测量或线测量)，先临三维提供了一种更加便捷、更加完整、更加精确的测量方式或信息获取方式。三维测量完成后，客户可以使用各种计算机三维图形软件对获取的三维数据进行再加工或运用。

先临三维提供的三维测量解决方案流程如图 4.1 所示。

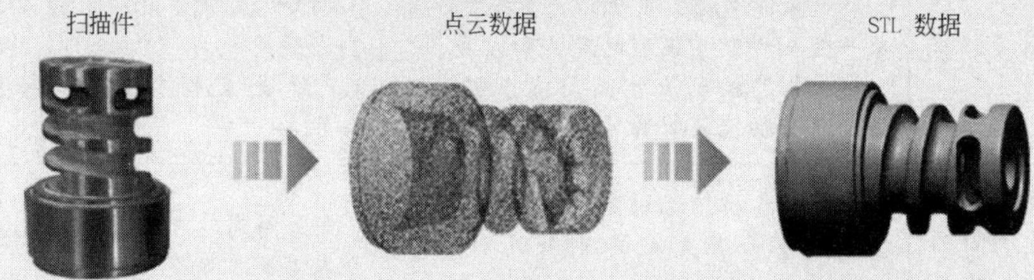

图 4.1　先临三维测量解决方案流程图

资料来源：http：//www. shining3dscanner. cn/zh - cn/solution _ 3d _ measurement. html

随着信息和通信技术的发展，人们在生活和工作中接触到越来越多的图形图像。获取图像的方法包括使用各种摄像机、照相机、扫描仪等，利用这些手段通常只能得到物体的平面图像，即物体的二维信息。在许多领域，如机器视觉、面形检测、实物仿形、自动加工、产品质量控制、生物医学等，物体的三维信息是必不可少的。因此，如何获取物体的三维信息，即对三维物体面形轮廓测量需要更进一步发展。

结构光方法((Structured Light)是一种主动式光学测量技术，其基本原理是由结构光投射器向被测物体表面投射可控制的光点、光条或光面结构，并由图像传感器(如摄像机)获得图像，通过系统几何关系，利用三角原理计算得到物体的三维坐标。结构光测量方法具有计算简单、体积小、价格低、量程大、便于安装和维护的特点，在实际三维轮廓测量中被广泛使用；但是测量精度受物理光学的限制，存在遮挡问题，测量精度与速度相互矛盾，难以同时得到提高。

4.1 结构光测量

结构光视觉测量方法的研究始于20世纪70年代，由激光三角法测量原理发展而来，是目前工业领域内广泛应用的一种视觉测量方法，具有结构简单、图像处理容易、实用性强及精度较高等优点。

视觉测量的目的是实现被测物体空间几何信息的获取，普通成像过程是三维空间到二维空间的变换，丢失一维信息，单纯依靠一幅图像不能提供充分几何约束，无法恢复三维信息。根本的解决途径是在单个摄像机成像以外，通过测量方法设计，引入(补充)其他几何约束，共同构造充分条件，解算空间信息。根据测量方法和测量模型不同，视觉测量主要包括结构光测量、立体视觉测量、单摄影机测量及光束平差测量等几种方法。

4.1.1 结构光视觉原理

光点式结构光测量方法需要通过逐点扫描物体进行测量，图像摄取和图像处理需要的时间随着被测物体的增大而急剧增加，难以完成实时测量。用线结构光代替点光源，只需要进行一维扫描就可以获得物体的深度图，图像获取和图像处理的时间大大减少。如图4.2所示，结构光视觉传感器由结构光投射器和摄像机组成。结构光投射器将一定模式的结构光投射于被测物表面，形成可视特征。根据机构光模式的不同，常见的可视特征有激光点、单条激光条和多条相互平行的激光条等。摄像机采集被测物表面含有可视特征的图像，传输到计算机进行处理，解算可视特征中心的精确空间三维坐标。

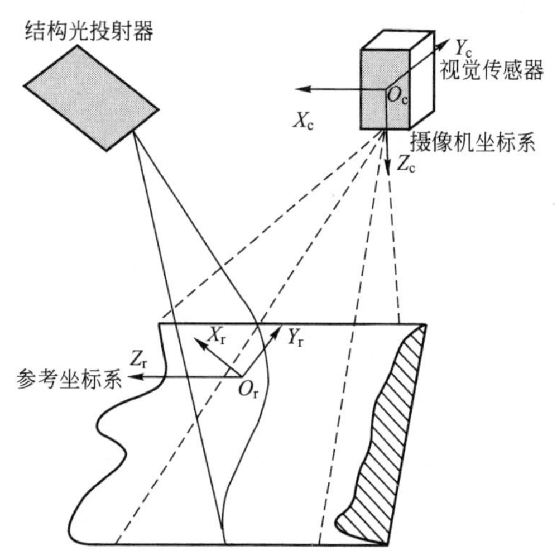

图4.2 结构光视觉测量原理

图4.2中，将摄像机坐标系($O_cX_cY_cZ_c$)作为视觉传感器坐标系，为方便描述，建立参考坐标系($O_rX_rY_rZ_r$)，建立原则可以根据结构光投射器所投射的结构光模式而定。由二维摄像机成像模式可知

$$\begin{cases} X_{cm}=\dfrac{(x_m-x_0+\Delta x)}{c}Z_{cm} \\ Y_{cm=}=\dfrac{(y_m-y_0+\Delta y)}{c}Z_{cm} \end{cases} \tag{4-1}$$

式中：(X_{cm}，Y_{cm}，Z_{cm})为被测点 m 在摄像机坐标系摄像机坐标系下的空间三维坐标；(x_m，y_m)为被测点在摄像机上成像点的图像坐标；c 为摄像机的有效焦距；(x_0，y_0)为像面中心；(Δx，Δy)为成像综合畸变，可用式(4－2)表示：

$$\begin{cases}\Delta x = x_c r^2 k_1 + x_c r^4 k_2 + x_c r^6 k_3 + (2x_c^2 + r^2) p_1 + 2p_2 x_c y_c + b_1 x_c + b_2 y_c \\ \Delta y = y_c r^2 k_1 + y_c r^4 k_2 + y_c r^6 k_3 + 2p_1 x_c y_c + (2y_c^2 + r^2) p_2\end{cases} \tag{4-2}$$

式中：

$$\begin{cases}x_c = x_m - x_0 \\ y_c = y_m - y_0\end{cases} \quad r = \sqrt{x_c^2 + y_c^2}$$

式中：c、x_0、y_0、k_1、k_2、k_3、p_1、p_2、b_1、b_2 为摄像机坐标系模型参数，可通过摄像机标定技术获得。

以平面结构光为例，结构光平面在参考坐标系下具有确定的数学描述，具体形式由结构光的模式决定，统一的数学方程描述为

$$Z_r = f(X_r,\ Y_r) \tag{4-3}$$

参考坐标系($O_r X_r Y_r Z_r$)与摄像机坐标系($O_c X_c Y_c Z_c$)间的转换关系可用旋转矩阵 R 和平移矩阵 T 来描述，如式(4－4)所示，**R** 和 **T** 可通过传感器标定技术获得。

$$\begin{pmatrix}X_c \\ Y_c \\ Z_c\end{pmatrix} = \boldsymbol{R}\begin{pmatrix}X_r \\ Y_r \\ Z_r\end{pmatrix} + \boldsymbol{T} \tag{4-4}$$

式中：$\boldsymbol{R} = \begin{pmatrix}r_{11} & r_{12} & r_{13} \\ r_{21} & r_{22} & r_{23} \\ r_{31} & r_{32} & r_{33}\end{pmatrix} \quad \boldsymbol{T} = \begin{pmatrix}T_1 \\ T_2 \\ T_3\end{pmatrix}$

由式(4－3)和式(4－4)能够求解结构光平面在摄像机坐标系下的方程：

$$Z_c = f(X_c,\ Y_c) \tag{4-5}$$

联立式(4－1)和式(4－5)，得到结构光视觉传感器的数学模型：

$$\begin{cases}X_c = \dfrac{(x - x_0 + \Delta x)}{c} Z_c \\ Y_c = \dfrac{(y - x_0 + \Delta y)}{c} Z_c \\ Z_c = f(X_c,\ Y_c)\end{cases} \tag{4-6}$$

上述讨论表明：通过引入结构光平面，利用预先标定技术获取光平面与摄像机坐标系间的相互关系，作为补充约束条件，消除从二维图像空间到三维空间逆映射的多义性。

根据结构光模式的不同，结构光视觉传感器分为点结构光视觉传感器、线结构传感器和多线结构光(或称光栅)视觉传感器等多种。

4.1.2 点结构光视觉传感器数学模型

点结构光视觉传感器投射器发射出一束激光，在被测物表面形成光点，如图 4.3 所示。按下述方法建立参考坐标系 $O_r X_r Y_r Z_r$：以光线上某点作为参考坐标系原点 O_r，以光线作为 Z 轴，X 轴与 Y 轴在与 Z 轴垂直的平面内，满足右手坐标系原则即可。激光线在参考坐标系 $O_r X_r Y_r Z_r$ 下的方程为

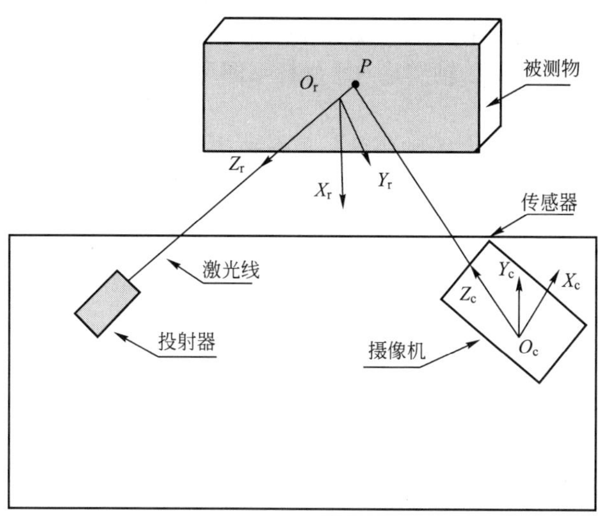

图 4.3 点结构光视觉传感器

$$\begin{cases} X_r = 0 \\ Y_r = 0 \\ Z_r = m \end{cases} \tag{4-7}$$

将式(4-7)代入式(4-6)，得到点结构光传感器的数学模型：

$$\begin{cases} X_c = \dfrac{(x - x_0 + \Delta x)}{c} Z_c \\ Y_c = \dfrac{(y - x_0 + \Delta y)}{c} Z_c \\ Z_c = X_c \dfrac{r_{33}}{r_{13}} + \dfrac{(r_{13} t_{13} - r_{33} t_1)}{r_{13}} = Y_c \dfrac{r_{33}}{r_{23}} + \dfrac{(r_{23} t_3 - r_{33} t_1)}{r_{23}} \end{cases} \tag{4-8}$$

4.1.3 线结构光视觉传感器数学模型

采用线结构光时，将二维的结构光图案投射到物体表面上，这样不需要进行扫描就可以实现三维轮廓测量，测量速度很快。线结构光视觉传感器的投射器发射出一个光平面，投射在被测物表面形成一条被调制的二维曲线，在曲线上采样获得被测点，如图 4.4 所示。

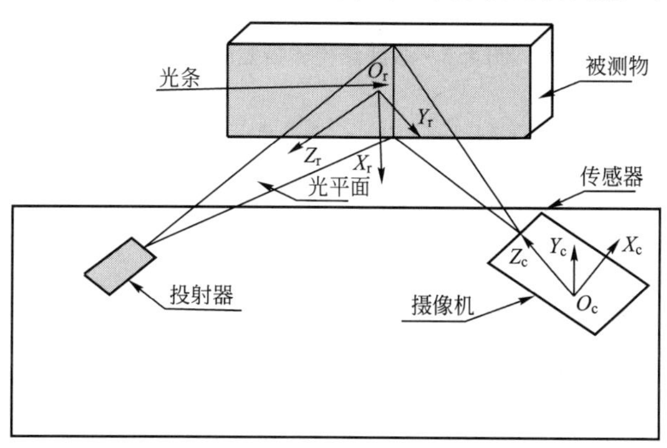

图 4.4 线结构光视觉传感器

按下述方法建立参考坐标系 $O_rX_rY_rZ_r$：以光平面上某点作为参考坐标系原点 O_r，令坐标系 X_rY_r 平面与光面重合，Z_r 轴满足右手坐标系即可。光平面在参考坐标系下的方程为

$$Z_r=0 \tag{4-9}$$

将式(4-9)代入式(4-6)，得到线结构光视觉传感器的数学模型：

$$\begin{cases}X_c=\dfrac{(x-x_0+\Delta x)}{c}Z_c\\ Y_c=\dfrac{(y-x_0+\Delta y)}{c}Z_c\\ Z_c=\dfrac{r_{22}r_{31}-r_{21}r_{32}}{r_{11}r_{22}-r_{12}r_{21}}X_c+\dfrac{r_{11}r_{32}-r_{12}r_{31}}{r_{11}r_{22}-r_{12}r_{21}}Y_c+\dfrac{r_{21}r_{32}-r_{22}r_{31}}{r_{11}r_{22}-r_{12}r_{21}}t_1+\dfrac{r_{12}r_{31}-r_{11}r_{32}}{r_{11}r_{22}-r_{12}r_{21}}t_2+t_3\end{cases} \tag{4-10}$$

4.1.4 多线结构光视觉传感器数学模型

多线结构光视觉传感器的投射器在空间射出多个平面光平面，光平面与被测物相交，形成多个被调制的二维曲线，在这些曲线上采样获得被测点，如图 4.5 所示。多线结构光视觉传感器可以看作线结构光视觉传感器的扩展，设激光投射器共发射出 i 个平面光，对于第 k ($k=1$，2，…，i)个光平面建立参考坐标系 $O_r^{(k)}X_r^{(k)}Y_r^{(k)}Z_r^{(k)}$，建立方法与单线结构光传感器相同，第 k 个光平面与被测物相交得到的曲线上的点满足式(4-10)所示的数学模型，联立所有 i 个光平面的方程组，得到多线结构光传感器的数学模型，如式(4-11)所示。

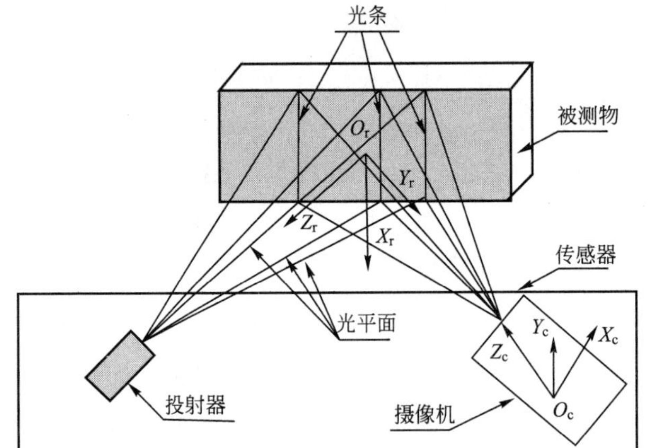

图 4.5 多线结构光视觉传感器

$$\begin{cases}X_c=\dfrac{(x-x_0+\Delta x)}{c}Z_c\\ Y_c=\dfrac{(y-x_0+\Delta y)}{c}Z_c\\ Z_c=\dfrac{r_{22}^{(k)}r_{31}^{(k)}-r_{21}^{(k)}r_{32}^{(k)}}{r_{11}^{(k)}r_{22}^{(k)}-r_{12}^{(k)}r_{21}^{(k)}}X_c+\dfrac{r_{11}^{(k)}r_{32}^{(k)}-r_{12}^{(k)}r_{31}^{(k)}}{r_{11}^{(k)}r_{22}^{(k)}-r_{12}^{(k)}r_{21}^{(k)}}Y_c+\\ \dfrac{r_{21}^{(k)}r_{32}^{(k)}-r_{22}^{(k)}r_{31}^{(k)}}{r_{11}^{(k)}r_{22}^{(k)}-r_{12}^{(k)}r_{21}^{(k)}}t_1^{(k)}+\dfrac{r_{12}^{(k)}r_{31}^{(k)}-r_{11}^{(k)}r_{32}^{(k)}}{r_{11}^{(k)}r_{22}^{(k)}-r_{12}^{(k)}r_{21}^{(k)}}t_2^{(k)}+t_3^{(k)}\end{cases} \tag{4-11}$$

对于多线结构光视觉传感器，需要预先标定每一个光平面对应的参考坐标系 $O_r^{(k)}X_r^{(k)}Y_r^{(k)}Z_r^{(k)}$（$k$=1，2，…，$i$）与摄像机坐标系间的关系，获取旋转矩阵 $R^{(k)}$ 和平移矩阵 $T^{(k)}$（k=1，2，…，i）。

4.1.5 光栅投影传感器数学模型

当投影的结构光图案比较复杂时，为了确定物体表面点与其图像像素点之间的对应关系，需要对投射的图案进行编码，因而这类方法又称为编码结构光测量法。图案编码分为空域编码和时域编码。空域编码方法只需要一次投射就可获得物体深度图，适合于动态测量，但是目前分辨率和处理速度还无法满足实时三维测量要求，而且对译码要求很高。时域编码需要将多个不同的投射编码图案组合起来解码，这样比较容易实现解码，但要求投射的空间位置不变，而且难以实现实时测量。主要的编码方法有二进制编码、二维网格图案编码、随机图案编码、彩色编码、灰度编码、邻域编码、相位编码以及混合编码等。

结构光方法还有一类测量方法，原理是将光栅图案投射到被测物表面，受物体高度的调制，光栅条纹发生形变，这种变形条纹可解释为相位和振幅均被调制的空间载波信号。采集变形条纹并且对其进行解调可以得到包含高度信息的相位变化，最后根据三角法原理计算出高度，这类方法又称为相位法。基于相位测量的三维轮廓测量技术的理论依据也是光学三角法，但与光学三角法的轮廓术有所不同，它不直接去寻找和判断由于物体高度变动后的像点，而是通过相位测量间接地实现，由于相位信息的参与，使得这类方法与单纯光学三角法有很大区别。

目前编码结构光法和相位法已成为三维轮廓测盘中的两个发展方向。相对编码结构光法而言，相位测量法不需要复杂的编码，同时由于每一个图像像素点都可以获得三维数据，可以实现真正的全场测量，并且分辨率高，但是相位测量法需要对折叠相位进行展开，而目前大多数的相位展开方法都需要人为干预，这是实现该方法自动化的最大障碍。本文采用基于投影正弦光栅的相位测量法。

近年来基于相位的光栅投影三维轮廓测量技术有了很大的发展，出现了很多新的方法和算法，但是离实际应用要求还有很大的差距。光栅条纹所包含的相位信息是关心的重点，相位法三维轮廓测量的处理步骤主要包括相位解调、相位展开、物体高度与相位关系标定和三维数据计算。就目前而言，相位法的主要难点在于投影方式、相位展开和系统标定。新出现的投影仪可以在计算机的控制下改变投影图案，具有很好的适应性，但是分辨率不高；对于相位展开问题，尽管人们提出了很多相位展开算法，但是都只是针对某一种干扰，无法满足一般要求。

对于结构光三维轮廓测量方法，目前也出现了一种发展趋势，即相位法与其他编码技术的结合。光栅投影技术实际上也是一种相位编码方式，如投影正弦光栅，与其他方式相比其优点在于可实现较高的测量分辨率，不足之处在于由于投影的正弦条纹具有周期性，以及其他不利因素的影响使得相位展开困难。编码结构光测量方法缺点在于测量的离散性，每一条光栅有一个离散值，因此仅能进行有限的条纹数编码，限制了测量的精度，在要求较高测量精度时，需要复杂的编码方式。将两种方法结合起来成为解决两种方法缺点的很好选择，如将格雷编码(Gray Code Method，GSM)与相移法(Phase Shift Method，PSM)结合。

4.1.6 结构光视觉传感器标定方法

结构光视觉传感器的标定与摄像机模型参数的标定和摄像机坐标系与参考坐标系间的转换关系的标定有关，将摄像机的模型参数称为摄像机内参数，将摄像机坐标系与参考坐标系间的转换关系称为传感器结构参数。这里着重讨论传感器结构参数的标定方法。

视觉传感器结构参数的标定方法是：在摄像机内参数精确标定的前提下，首先在空间设置能够被摄像机捕获的可视特征点，利用其他测量仪器测出可视特征点在空间的精确位置关系，带入到传感器视觉模型，求解模型中的旋转矩阵 $\boldsymbol{R}$ 和平移矩阵 $\boldsymbol{T}$。

传感器结构参数的标定方法主要有拉丝法、齿形靶标法、基于交比不变的标定方法和2D(3D 立体)靶标法。

1. 拉丝法

Dewar R 和 James K. W 在 1988 年分别提出用“拉丝法”产生能够被摄像机捕获的特征点，标定传感器的结构参数，如图 4.6 所示。

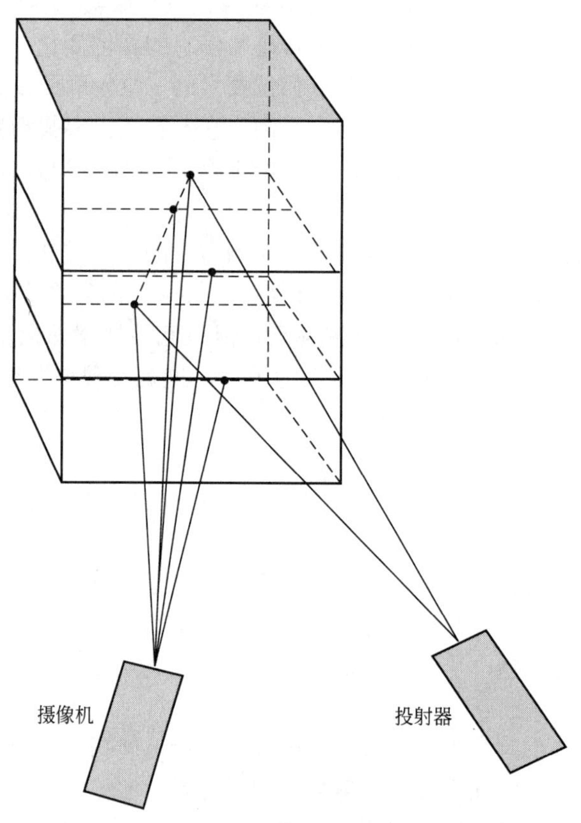

图 4.6 拉丝法示意图

拉丝法是将结构光投射到几根不共面的细丝上，形成 3 个以上的共面亮点。采用其他的测量手段(如经纬仪)测量亮点的精确三维空间坐标，代入结构光视觉成像模型算传感器的结构参数。

拉丝法存在几方面缺点，如下所述。

(1) 只能用于标点可见光视觉传感器，如果投射器投射的结构光不可见，标定方法无法实现。

(2) 使用其他仪器瞄准的亮点中心和与特征提取算法的亮点中心不能严格对应，存在一定的误差，影响标定精度。

(3) 标定用细丝与实际被测物的散射特性不同，在散射特性相差较大时，将导致测量时的光线或光平面与标定时的光线或光平面不一致，影响测量精度。

2. 齿形靶标法

齿形靶标法是一种利用简单一维工作台和齿形靶标标定线结构光视觉传感器结构参数的方法，称为齿形靶标法。齿形靶标法操作简单，速度快，对可见光和不可见光均适用。

标定原理如图 4.7 所示：将结构光投射到齿形靶标的齿面上，光平面与齿面相交形成一条折线光条，在摄像机像面上成像。利用高精度图像处理技术提取折线上各转折点的图像坐标，得到光平面与各齿尖交点的图像坐标。

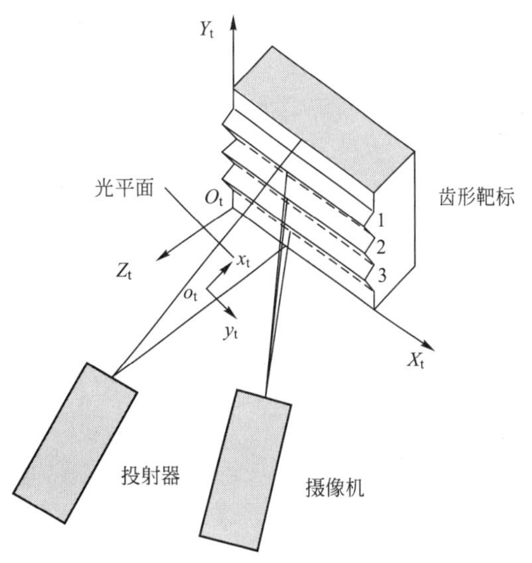

图 4.7 齿形标靶法示意图

齿形靶标经过精密加工制作而成，制作时需要保证：以平面 $O_tX_tY_t$ 作为齿形靶标的基准面，齿条棱线 1、2、3 均与基准面平行，并通过其他测量仪将棱线 1、2、3 在坐标系 $O_tX_tY_tZ_t$ 的直线方程精确测得，设 3 条棱线的直线方程为

$$\begin{cases} y_t = y_1 \\ z_t = z_1 \end{cases} \quad \begin{cases} y_t = y_2 \\ z_t = z_2 \end{cases} \quad \begin{cases} y_t = y_3 \\ z_t = z_3 \end{cases}$$

式中：y_1、z_1、y_2、z_2、y_3、z_3 在坐标系 $O_tX_tY_tZ_t$ 下的精确值已知。

标定时，将齿形靶标紧固在一维工作台上，通过精密调整手段保证一维工作台的运动方向与基准面垂直，传感器的光平面与齿尖棱线垂直。此时，一维工作台的移动方向与光平面保持平行。在光平面内沿工作台的移动方向建立 O_lx_l 轴，平行靶标基准面的方向建立 O_ly_l 轴。设工作台在初始位置时光平面与棱线交点的 x_l 坐标为 0，y_l 坐标与基准坐标系 Y_t 坐标相等。一维工作台作一维移动，光平面与棱线交点坐标 x_l 发生变化，y_l 坐标保持不变，得到一些离散点的 $O_lx_ly_l$ 坐标值与各自对应的图像坐标，带入线结构光视觉传感器模型中求解传感器模型参数。

3. 基于交比不变法

清华大学的徐光祐教授和澳大利亚的 Huynh 教授分别在 1995 年和 1999 年提出利用交比不变性原理获取标定点的方法。利用一个至少含有 3 个共线点的靶标，精确测量共线点的精确三维坐标，使结构光传感器的光平面投射到靶标平面，形成一条直线光条，光条与靶标上共线点所在直线相交，交点必位于光平面上，利用交比不变性获取交点的坐标，从而标定出传感器的结构参数。

交比不变性原理如图 4.8 所示。有透视模型可知，物方空间与像方空间的交比具有不

变性，有

$$\frac{\dfrac{A_iC_i}{B_iC_i}}{\dfrac{A_iD_i}{B_iD_i}}=\frac{\dfrac{a_ic_i}{b_ic_i}}{\dfrac{a_id_i}{b_id_i}}, \quad i=1, 2, 3 \tag{4-12}$$

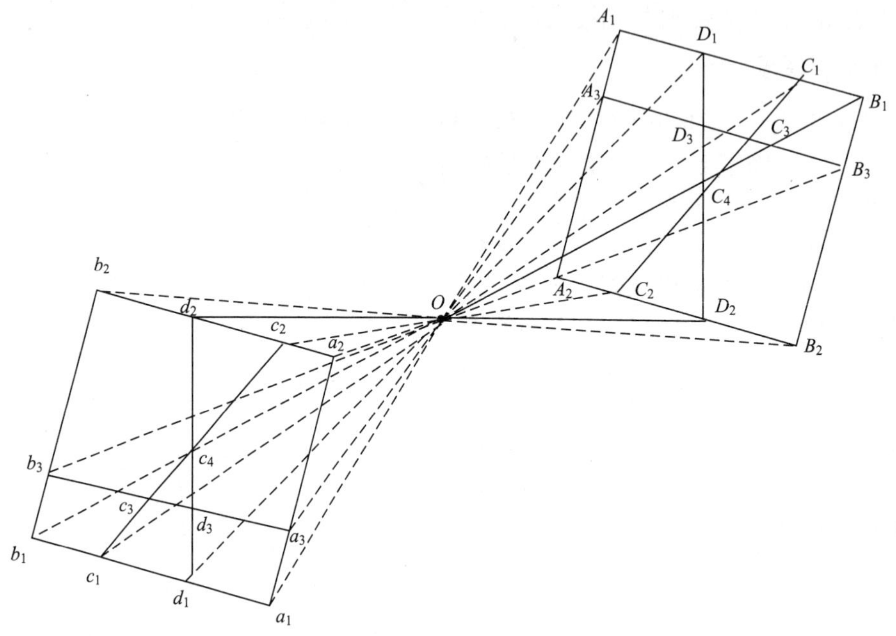

图 4.8　变比不变性原理

点 a_i、b_i、c_i、d_i 的坐标通过图像处理获取，点 A_i、B_i、C_i 坐标已知，通过式(4-12)能够获得点 D_i 的坐标，进而解算传感器的结构参数。此方法的缺点是能够获取的标点数量较少，标定精度不高。

Fusiello 等人在基于交比不变法的基础上提出基于双重交比不变性的标定方法。在以上获取了 D_1、D_2、D_3 坐标的基础上，在直线 D_1D_2 上任取一点 C_4，再次利用交比不变性获取 D_4 点的坐标。以此类推能够获取直线 D_1D_2 上任意一点的坐标，提高了视觉传感器结构参数的标定算法稳定性。

4. 基于共面靶标标定法

基于共面靶标的线结构光传感器快速标定方法是：仅需要一个共同靶标，通过摄像机投影中心及光条在摄像机像面上的信息，求解光平面内两条不重合的直线，得到光平面方程，从而标定传感器的结构参数。

如图 4.9 所示，在传感器的测量空间内放置含有多个圆孔的标准共面标定靶标。

标定时，首先将靶标置于位置Ⅰ处，在摄像机 C 的像面上得到多个圆孔的投影，根据共面靶标上圆孔在摄像机上的图像坐标和已知的空间关系，确定共面靶标在摄像机坐标系下的平面方程(位置Ⅰ处)。同时，光投射器 P 在共面靶标上产生一个投影(图 4.9 中位置Ⅰ所示实线)，由此光条在摄像机像面上的像及摄像机的投影中心确定一个平面。该平面与标定靶标平面相交成直线，确定此投影的直线方程；然后在测量空间内，将参照物无约

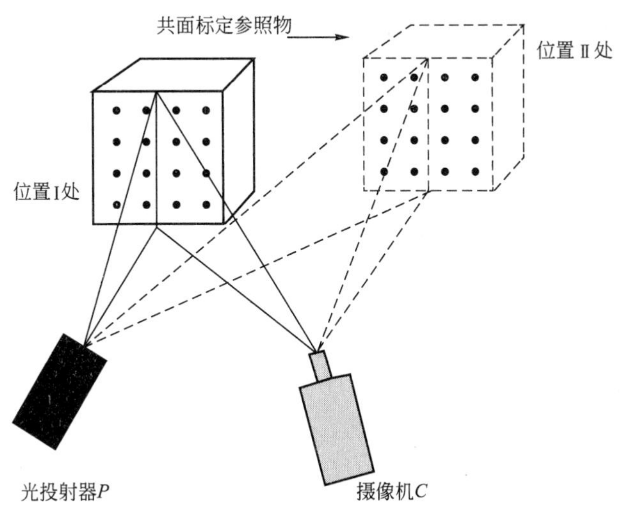

图 4.9　基于共面靶标的标定实物图

束移至位置Ⅱ处(保持光投射器 P 与摄像机 C 位置不变)，同理可得到共面靶标在摄像机坐标系的平面方程(位置Ⅱ处)及标定靶标面上光条(图 4.9 中位置Ⅱ所示虚线)的直线方程。由位置Ⅰ处光条的直线方程及位置Ⅱ处光条的方程可确定光平面的方程，从而得到光平面与摄像机之间的相对位置关系，实现传感器结构参数的标定。

结合标定原理图对标定原理做进一步说明：如图 4.10 所示，三维坐标系 $O_cX_cY_cZ_c$ 为摄像机坐标系，$O_iX_iY_iZ_i$ 为建立在共面靶标上的坐标系，$O_{ii}X_{ii}Y_{ii}Z_{ii}$ 为移动后的共面靶标上的坐标系，$O_sX_sY_sZ_s$ 为传感器的参考坐标系，O_c 为摄像机的投影中心；π_c 为图像平面，π_s 为光平面，π_i 为标定靶标平面，π_{ii} 为移动后的标定靶标平面，π_{ab} 为由投影中心 O_c 及直线 a_ib_i 确定的平面；π_{cd} 为由投影中心 O_c 及直线 c_id_i 确定的平面；P 点代表光投射器。直线 A_iB_i、C_iD_i 为光投射器 P 在平面 π_i 及 π_{ii} 上的投影(光平面 π_s 与平面 π_i 及 π_{ii} 的交线)，A_iB_i、C_iD_i 在摄像机平面上的投影直线为 a_ib_i、c_id_i。在标定靶标平面 π_i 坐

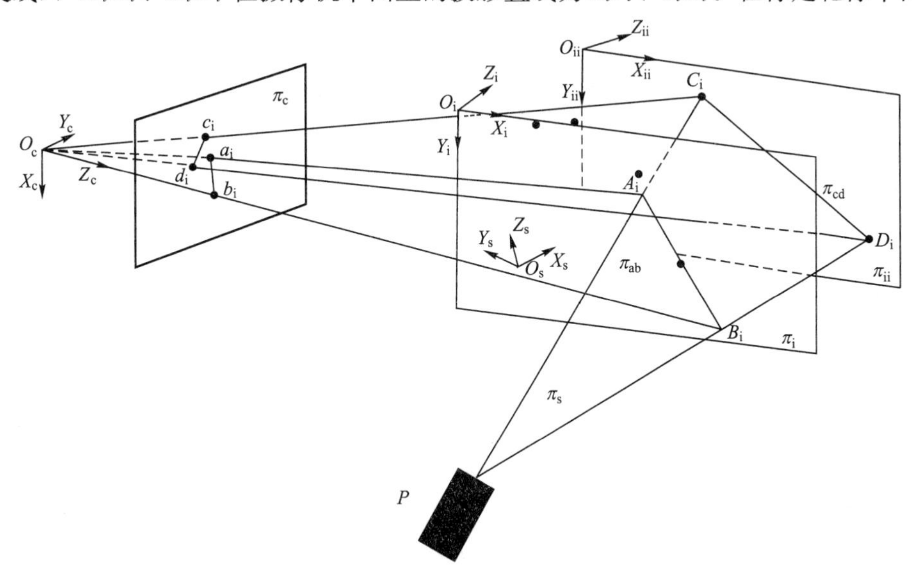

图 4.10　基于共面靶标的标定原理图

标已知的前提下，通过图像处理得到光条 A_iB_i 在摄像机像面上的投影信息 a_ib_i，由摄像机投影中心 O_c 及直线信息 a_ib_i，确定平面 π_{ab}。由透视变换模型可知，光条 A_iB_i 也在平面 π_{ab} 上，且 A_iB_i 在共面靶标平面 π_i 上，则 A_iB_i 为平面 π_{ab} 及平面 π_i 的交线，确定直线 A_iB_i 的方程。同理，在传感器测量空间内，把靶标平面移动到任一位置 π_{ii}，确定直线 C_iD_i 的方程。因光条 A_iB_i 及 C_iD_i 是光平面 π_s 在平面 π_i 及 π_{ii} 上的投影，由此可知，A_iB_i 及 C_iD_i 在光平面 π_s 上，得到光平面与摄像机之间的位置关系。

4.2 立体视觉测量

立体视觉测量基于立体视差原理建立，利用空间相互关系已知的多个摄像机获取同一被测场景的图像，解算被测物体的三维几何信息。立体视觉包括双目立体视觉、三目立体视觉和多目立体视觉，其中双目立体视觉是最简单的立体视觉模型，三目立体视觉和多目立体视觉可以看成是双目立体视觉的扩展，能够以双目立体视觉模型为基础建立。

4.2.1 双目立体视觉测量模型

双目立体视觉模仿人类双眼获取三维信息，有两个摄像机组成，如图 4.11 所示。两个摄像机与被测物体在空间形成三角关系，利用空间点在两个摄像机像平面上成像点坐标求取空间点的三维坐标。设 $O_{c1}X_{c1}Y_{c1}Z_{c1}$ 为摄像机 1 坐标系，有效焦距为 c_1，像平面坐标系为 $O_1x_1y_1$；$O_{c2}X_{c2}Y_{c2}Z_{c2}$ 为摄像机 2 坐标系，有效焦距为 c_2，像平面坐标系 $O_2x_2y_2$，将摄像机 1 坐标系作为双目视觉传感器坐标系 $O_sX_sY_sZ_s$。

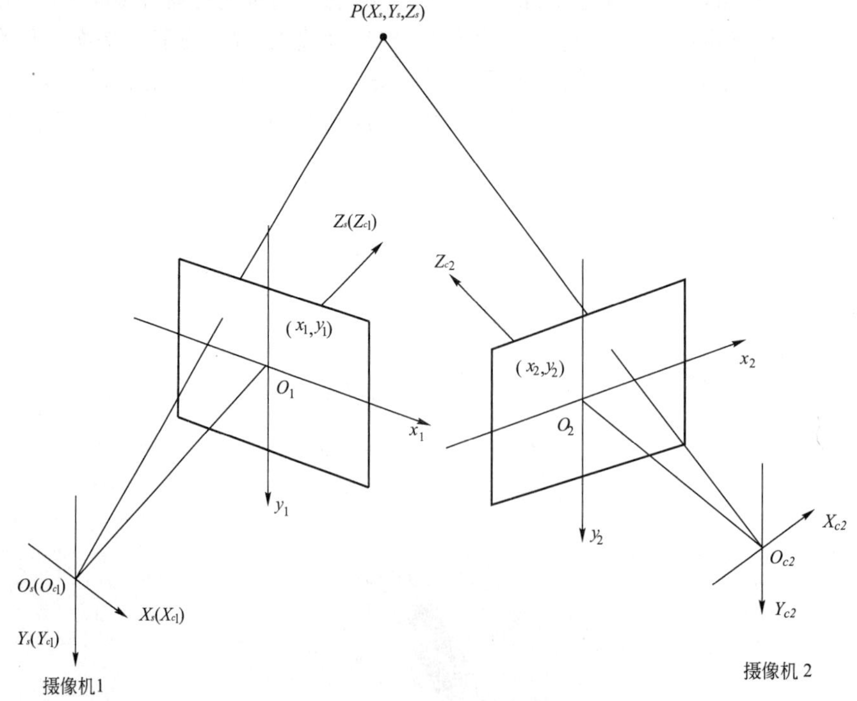

图 4.11　双目立体视觉测量模型

两摄像机之间的空间位置关系为

$$\begin{pmatrix} X_{c2} \\ Y_{c2} \\ Z_{c2} \\ 1 \end{pmatrix} = \begin{pmatrix} r_{11} & r_{12} & r_{13} & t_1 \\ r_{21} & r_{22} & r_{23} & t_2 \\ r_{31} & r_{32} & r_{33} & t_3 \\ 0 & 0 & 0 & 1 \end{pmatrix} \begin{pmatrix} X_{c1} \\ Y_{c1} \\ Z_{c1} \\ 1 \end{pmatrix} \tag{4-13}$$

式中：

$$\boldsymbol{R} = \begin{bmatrix} r_{11} & r_{12} & r_{13} \\ r_{21} & r_{22} & r_{23} \\ r_{31} & r_{32} & r_{33} \end{bmatrix}$$

表示摄像机坐标系 2 到摄像机坐标系 1 的旋转矩阵；

$$\boldsymbol{T} = (t_1 \quad t_2 \quad t_3)^{\mathrm{T}}$$

表示摄像机坐标系 2 到摄像机坐标系 1 的平移矩阵。

根据摄像机透视变换模型，在传感器坐标系下表示的空间被测点与两摄像机像面点之间的对应变换关系是

$$\rho_1 \begin{pmatrix} x_1 \\ y_1 \\ 1 \end{pmatrix} = \begin{pmatrix} c_1 & 0 & 0 & 0 \\ 0 & c_1 & 0 & 0 \\ 0 & 0 & 1 & 0 \end{pmatrix} \begin{pmatrix} X_s \\ Y_s \\ Z_s \\ 1 \end{pmatrix} \tag{4-14}$$

$$\rho_2 \begin{pmatrix} x_2 \\ y_2 \\ 1 \end{pmatrix} = \begin{pmatrix} c_2 r_{11} & c_2 r_{12} & c_2 r_{13} & c_2 t_1 \\ c_2 r_{21} & c_2 r_{22} & c_2 r_{23} & c_2 t_2 \\ r_{31} & r_{32} & r_{33} & t_3 \end{pmatrix} \begin{pmatrix} X_s \\ Y_s \\ Z_s \\ 1 \end{pmatrix} \tag{4-15}$$

空间被测点的三维坐标：

$$\begin{cases} X_s = Z_s x_1 / c_1 \\ Y_s = Z_s y_1 / c_1 \\ Z_s = \dfrac{c_1 (c_2 t_1 - x_2 t_3)}{x_2 (r_{31} x_1 + r_{32} y_1 + c_1 r_{33}) - c_2 (r_{11} x_1 + r_{12} y_1 + c_1 r_{13})} \\ \quad = \dfrac{c_1 (c_2 t_2 - y_2 t_3)}{y_2 (r_{31} x_1 + r_{32} y_1 + c_1 r_{33}) - c_2 (r_{21} x_1 + r_{22} y_1 + c_1 r_{23})} \end{cases} \tag{4-16}$$

式（4-16）便是双目立体视觉模型的数学描述，如果旋转矩阵 $\boldsymbol{R}$ 和平移矩阵 $\boldsymbol{T}$ 已知，通过两摄像机像面点坐标(x_1, y_1)和(x_2, y_2)即可求解空间点的三维坐标(X_s, Y_s, Z_s)。

上述讨论表明：双目立体视觉测量方法通过增加一个测量摄像机提供补充约束条件，利用预先标定技术获取两摄像机坐标系间的相互关系，消除从二维图像空间到三维空间映射的多义性。

4.2.2 双目立体视觉传感器标定方法

由双目立体视觉测量模型可知，测量前需要预先标定两摄像机的内参数和两摄像机间的旋转矩阵 $\boldsymbol{R}$ 和平移矩阵 $\boldsymbol{T}$，这里着重讨论在已知摄像机内参数的情况下，两摄像机间的

旋转矩阵 $\boldsymbol{R}$ 和平移矩阵 $\boldsymbol{T}$ 的标定方法。

通常采用三维精密靶标或三维控制场实现传感器结构参数的标定。采用三维精密靶标和三维精密控制场的原理相同，在两台摄像机的公共视场中设置控制点，利用外部三维坐标测量装置测量控制点三维坐标或者给定基准距离长度，代入双目立体视觉模型求解传感器结构参数。

由式(4-16)得到下述关系式：

$$(c_2t_1-x_2t_3)(r_{21}x_1+r_{22}y_1+c_1r_{23})-(c_2t_2-y_2t_3)(r_{11}x_1+r_{12}y_1+c_1r_{13})$$
$$=(y_2t_1-x_2t_2)(r_{31}x_1+r_{32}y_1+c_1r_{33}) \tag{4-17}$$

式(4-17)是一个含有 12 个未知数($r_{11}\sim r_{33}$和 $t_1\sim t_3$)的非线性方程。$t_1\sim t_3$ 具有齐次性，设 $\boldsymbol{T}'=a\boldsymbol{T}$，根据坐标系选择方法可知，$t_1\neq 0$，令 $a=1/t_1$，有 $\boldsymbol{T}'=(1\quad t_2'\quad t_3')^{\mathrm{T}}$，式(4-17)转化为含有 11 个未知数的方程，用函数 $f(x)=0$ 来表述。
式中：

$$x=(t_2',\ t_3',\ r_{11},\ r_{12},\ r_{13},\ r_{21},\ r_{22},\ r_{23},\ r_{31},\ r_{32},\ r_{33})$$

由 $r_{11}\sim r_{33}$构成的旋转矩阵 $\boldsymbol{R}$ 具有正交性，满足 6 个正交约束方程

$$\begin{cases}h_1(x)=r_{11}^2+r_{21}^2+r_{31}^2-1=0\\h_2(x)=r_{12}^2+r_{22}^2+r_{32}^2-1=0\\h_3(x)=r_{13}^2+r_{23}^2+r_{33}^2-1=0\\h_4(x)=r_{11}r_{12}+r_{21}r_{22}+r_{31}r_{32}=0\\h_5(x)=r_{11}r_{13}+r_{21}r_{23}+r_{31}r_{33}=0\\h_6(x)=r_{12}r_{13}+r_{22}r_{23}+r_{32}r_{33}=0\end{cases} \tag{4-18}$$

联合式(4-17)和式(4-18)可以构造无约束最优目标函数：

$$F(x)=\sum_{i=1}^{n}f_i^2(x)+M\sum_{i=1}^{6}h_i^2(x)=\min \tag{4-19}$$

式中：M 为罚因子；n 为设置的控制点数。可以看出，方程含有 5 个独立变量，当 $n\geqslant 5$ 时，即可利用数学优化方法求解 x。

由于控制点间的精确距离已知，由两个控制点间的距离能够求解比例因子 a。设某两个控制点 i，j 的距离为

$$D_{ij}^2=(X_i-X_j)^2+(Y_i-Y_j)^2+(Z_i-Z_j)^2 \tag{4-20}$$

控制点 i，j 在含有比例因子的传感器坐标空间D'^2_{ij}与D_{ij}^2满足下式：

$$D'^2_{ij}=(X_i'-X_j')^2+(Y_i'-Y_j')^2+(Z_i'-Z_j')^2 \tag{4-21}$$

根据 D_{ij}' 与 D_{ij} 求解比例因子 a，由 a 能够得到最优的旋转矩阵 $\boldsymbol{R}$ 和平移矩阵 $\boldsymbol{T}$，完成传感器结构参数的标定，也可以在控制点空间坐标未知的情况下，仅利用定点交会约定条件进行标定。

根据具体应用的需要，在双目立体视觉的基础上扩转，利用 3 个或 3 个以上摄像机组成三目立体视觉或多目立体视觉测量系统。在多目立体视觉中，按照双目立体视觉的标定方法精确标定出每两个摄像机之间的转换关系($\boldsymbol{R}$ 和 $\boldsymbol{T}$)，在所有摄像机间建立起一条转换关系传递链。测量时，使用视角合适的任意两个摄像机或多个摄像机采集测量图像，利用双目立体视觉测量模型求解被测物精确地空间三维几何信息。

4.3 单摄像机测量

单摄像机测量是指利用单个摄像机对被测物单次成像，测得被测物三维几何信息的测量方法。由4.1节的讨论可知：单张图像的透视模型反映的是三维空间到二维空间的映射关系，无法通过二维图像反求空间三维信息。单摄像机测量方法是在单张图像的基础上，通过控制点技术为透视模型增加附加约束关系，实现空间物体三维几何信息的测量。

4.3.1 单摄像机测量数学模型

单摄像机测量是利用单个摄像机单次成像，结合控制点技术实现被测物体空间三维几何信息测量的一种方法。测量过程中需要利用一个标准的精密靶标测头，如图4.12所示。靶标测头上设置若干个控制点，在靶标测头的末端设置测量球，用于和被测物接触。靶标上的控制点可采用主动发光方式，也可采用被动反光方式。

通过标靶上的控制点建立靶标测头坐标系：以测头最上端的点作为坐标系原点，以此点到测头最左点的方向为 x 轴方向，以此点到测头最右点的方向为 y 轴方向，z 轴方向为垂直靶标平面向外，符合右手坐标系。每个控制点和末端测量球在靶标测头坐标系下的精确三维坐标预先经过精确标定。

测量时，手持靶标测头，使测头末端测量球与被测点接触，单摄像机对靶标测头采集图像，便可测得被测点在摄像机坐标系下的空间三维坐标。如图4.13所示，任取靶标测头上的3个控制点 A、B、C，摄像机得到的对应成像点为 A'、B'、C'，其像面坐标分别为 (x_1, y_1)、(x_2, y_2) 和 (x_3, y_3)。由于靶标测头经过精确标定，控制点及测量球间的

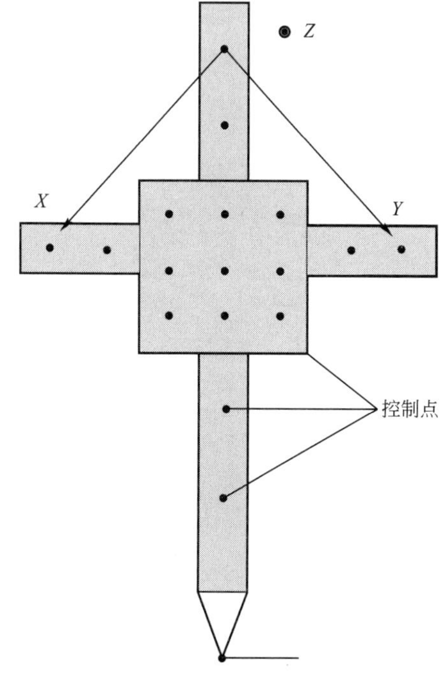

图4.12 精密标靶测头

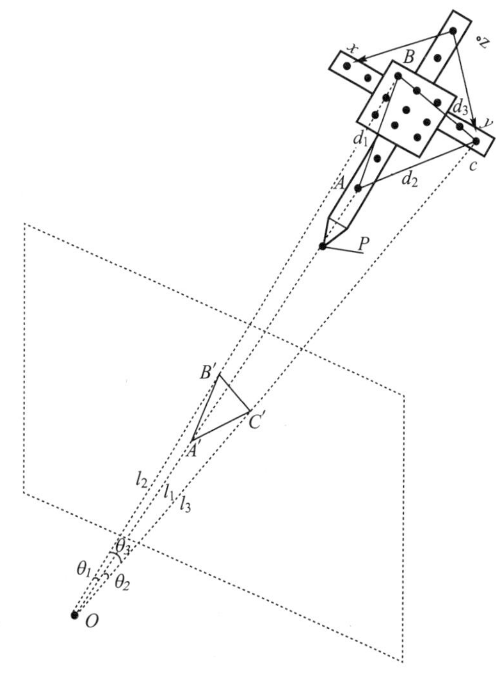

图4.13 单摄像机测量点原理图

关系固定已知，即控制点间的距离 AB、AC 和 BC 已知，分别设为 d_1、d_2 和 d_3，设摄像机的有效焦距为 c。

设投影中心 O 与 3 个像点的距离分别为 l_1、l_2 和 l_3，则有

$$\begin{cases} l_1^2=x_1^2+y_1^2+c^2 \\ l_2^2=x_2^2+y_2^2+c^2 \\ l_3^2=x_3^2+y_3^2+c^2 \end{cases} \tag{4-22}$$

由余弦定理可知，OA 与 OB 的夹角 θ_1、OA 与 OC 的夹角 θ_2 以及 OB 与 OC 的夹角 θ_3 分别为

$$\begin{cases} \cos\theta_1=\dfrac{l_1^2+l_2^2-[(x_1-x_2)^2+(y_1-y_2)^2]}{2l_1l_2} \\ \cos\theta_2=\dfrac{l_1^2+l_3^2-[(x_1-x_3)^2+(y_1-y_3)^2]}{2l_1l_3} \\ \cos\theta_3=\dfrac{l_2^2+l_3^2-[(x_2-x_3)^2+(y_2-y_3)^2]}{2l_2l_3} \end{cases} \tag{4-23}$$

同样地，设投影中心 O 与 3 个控制点 A、B、C 的距离分别为 L_1、L_2 和 L_3，有

$$\begin{cases} \cos\theta_1=\dfrac{L_1^2+L_2^2-d_1^2}{2L_1L_2} \\ \cos\theta_2=\dfrac{L_1^2+L_3^2-d_2^2}{2L_1L_3} \\ \cos\theta_3=\dfrac{L_2^2+L_3^2-d_3^2}{2L_2L_3} \end{cases} \tag{4-24}$$

初始值 L_1'、L_2'和 L_3'(L_1'、L_2'和 L_3'均大于 0)，则有

$$\begin{cases} L_1=L_1'+\Delta L_1 \\ L_2=L_2'+\Delta L_2 \\ L_3=L_3'+\Delta L_3 \end{cases} \tag{4-25}$$

于是，有以下关系是成立

$$\begin{cases} \cos\theta_1=\dfrac{L_1^2+L_2^2-d_1^2}{2L_1L_2}=\dfrac{(L_1'+\Delta L_1)^2+(L_2'+\Delta L_2)^2-d_1^2}{2(L_1'+\Delta L_1)(L_2'+\Delta L_2)} \\ \cos\theta_2=\dfrac{L_1^2+L_3^2-d_2^2}{2L_1L_3}=\dfrac{(L_1'+\Delta L_1)^2+(L_3'+\Delta L_3)^2-d_2^2}{2(L_1'+\Delta L_1)(L_3'+\Delta L_3)} \\ \cos\theta_3=\dfrac{L_2^2+L_3^2-d_3^2}{2L_2L_3}=\dfrac{(L_2'+\Delta L_2)^2+(L_3'+\Delta L_3)^2-d_3^2}{2(L_2'+\Delta L_2)(L_3'+\Delta L_3)} \end{cases} \tag{4-26}$$

展开整理后有

$$\begin{cases} (2\cos\theta_1L_2'-2L_1')\Delta L_1+(2\cos\theta_1L_1'-2L_2')\Delta L_2 \\ \qquad =(L_1')^2+(L_2')^2-d_1^2-2\cos\theta_1L_1'L_2' \\ (2\cos\theta_2L_3'-2L_1')\Delta L_1+(2\cos\theta_2L_1'-2L_3')\Delta L_3 \\ \qquad =(L_1')^2+(L_3')^2-d_2^2-2\cos\theta_2L_1'L_3' \\ (2\cos\theta_3L_3'-2L_2')\Delta L_2+(2\cos\theta_3L_2'-2L_3')\Delta L_3 \\ \qquad =(L_2')^2+(L_3')^2-d_3^2-2\cos\theta_3L_2'L_3' \end{cases} \tag{4-27}$$

写成矩阵形式：

$$\begin{bmatrix} 2\cos\theta_1 L_2'-2L_1' & 2\cos\theta_1 L_2'-2L_2' & 0 \\ 2\cos\theta_2 L_3'-2L_1' & 0 & 2\cos\theta_2 L_1'-2L_3' \\ 0 & 2\cos\theta_3 L_3'-2L_3' & 2\cos\theta_3 L_2'-2L_3' \end{bmatrix} \begin{bmatrix} \Delta L_1 \\ \Delta L_2 \\ \Delta L_3 \end{bmatrix} \tag{4-28}$$

$$= \begin{bmatrix} (L_1')^2+(L_2')^2-d_1^2-2\cos\theta_1 L_1' L_2' \\ (L_1')^2+(L_3')^2-d_2^2-2\cos\theta_2 L_1' L_3' \\ (L_1')^2+(L_3')^2-d_3^2-2\cos\theta_3 L_2' L_3' \end{bmatrix}$$

按式(4-28)迭代获取 L_i 的数值，根据 L_i 的数值，可以求解出 3 个控制点在摄像机坐标系下的空间坐标：

$$\begin{cases} X_i=\dfrac{L_i}{(x_i^2+y_i^2+c^2)}x_i \\ Y_i=\dfrac{L_i}{(x_i^2+y_i^2+c^2)}y_i \\ Z_i=\dfrac{L_i}{(x_i^2+y_i^2+c^2)}c \end{cases} \tag{4-29}$$

将摄像机坐标系作为全局坐标系，根据 3 个控制点在全局坐标系下的坐标值，可以求解出从靶标测头坐标系到全局坐标系的转换矩阵 $M_{\text{T-G}}$。靶标测头末端测量球在靶标测头坐标系下的三维坐标通过预先标定已知，由此得到靶标测头末端被测点的空间三维坐标。

4.3.2 控制点空间坐标求解的多义性

利用 3 个控制点求解控制点 A、B、C 与投影中心 O 的距离 L_1、L_2、L_3 时，由于方程组的非线性和约束不充分，最终可能得到两组正解，如图 4.14 所示。

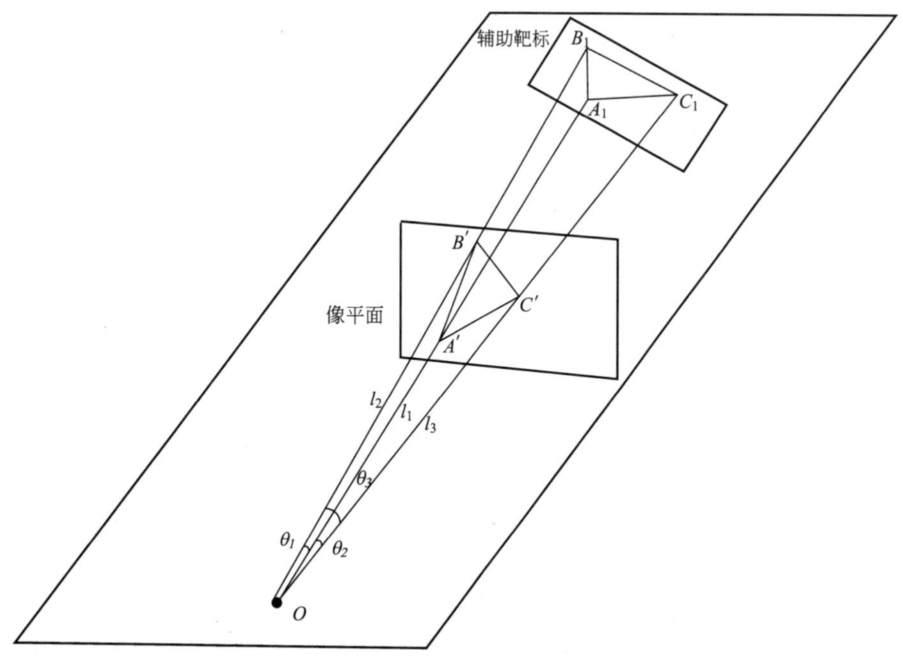

图 4.14 控制点三维坐标求解的多义性

为了得到正确的结果以求解出靶标测头正确的位置姿态，可以采用如下两种方法来处理。

(1) 在标靶上设置多于 3 个，一般为 5 个控制点增加约束，可唯一确定靶标测头位置姿态，解决多义性问题。

(2) 以控制点距离摄像机中心的远近关系来判别结果的正确性，此方法需要测量过程中测量者的辅助判断。

4.4 光束平差测量

光束平差测量是基于成像光束空间交会的几何模型建立的，以光束平差优化算法为核心。通过摄像机在测量空间不同位置建立多个测站，从不同位姿对空间被测点采集测量图像，由高精度图像处理和同名像点自动配准技术获取光束平差的迭代条件，然后通过光束平差优化算法求解出被测点精确的空间三维坐标。

光束平差优化算法是近景摄影测量中基于共线条件方程的重要解析方法，是一种严格的数据处理方法，尤其适用于测量精度要求高、视场大的情况。光束平差测量涉及两个关键问题：光束平差测量的数学模型和平差迭代初值的获取，本节将着重讨论这两部分内容。

4.4.1 光束平差测量数学模型

摄像机在不同测站下对同一点的成像光束在空间中必然相交于一点，光束平差测量正是以此为基础建立的。成像光束交会示意图如图 4.15 所示。

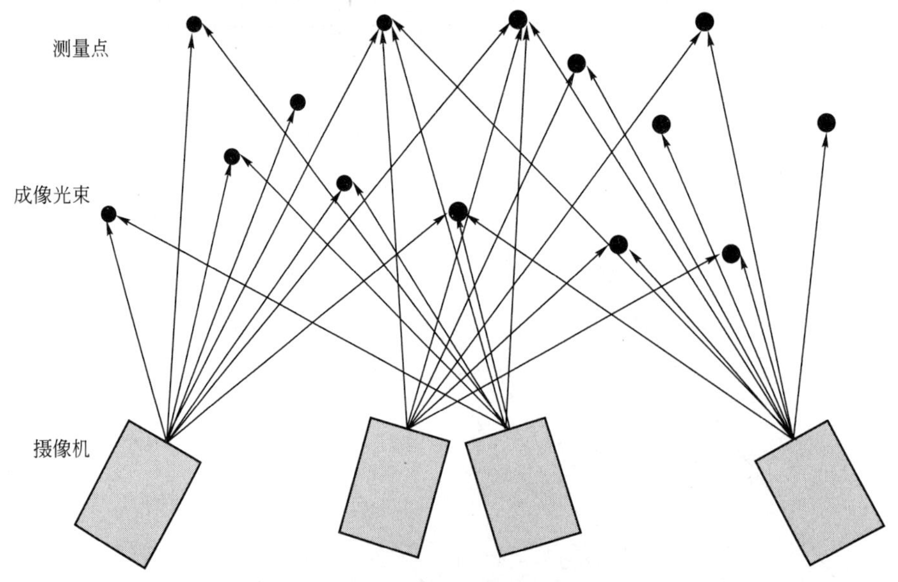

图 4.15 成像光束交会示意图

对于每个测站下，每一个被测点均满足共线条件方程，即被测点、被测点对应的像点和摄像机的投影中心 3 点必然在同一直线上。将所有测量点在所有测站中的共线条件方程联立，组成一个大规模的非线性方程组，将被测点在空间各测站中的图像坐标（$x_i^{(k)}$，$y_i^{(k)}$）作为已知条件，结合摄像机的内部参数初值、各测站的位置姿态初值和被测点的三维坐标迭代初值，利用光束平差优化算法将被测点在空间的精确三维坐标解算出来。

4.4.2 平差初值的获取

在具体的解算过程中，平差初值的选取十分重要，是光束平差测量能否实现的关键。平差初值主要分为3种：① 摄像机在各测站下的位置姿态初值；② 被测点三维坐标初值；③摄像机内部参数初值。在平差优化过程中将对摄像机的内部参数和位姿参数、测点坐标同时进行优化，并最终同时得到摄像机内部参数精确值，这个过程也称为摄像机自标定过程。如果摄像机在各测站下的位置姿态初值已知，则可以利用双目立体视觉模型将被测点在空间的三维坐标初值解算出来。因此，在光束平差的3种初值中，摄像机在各测站下的位置姿态初值的获取是最关键、最核心的问题。摄像机在各测站下的位置姿态初值的获取问题称为摄像机的初始定向问题。

解决摄像机的初始定向问题的方法之一是在被测场景中设置编码标志，利用相邻图像中的公共编码标志，结合对极几何约束解算出相邻图像间的基本矩阵。基本矩阵是摄像机内、外参数的综合反映，利用基本矩阵便可获得相邻测站间的转换关系。继而获得各测站间关系的转换链，将所有测站统一在某一全局坐标系下，得到各测站间的初始位置姿态，实现摄像机的初始定向。

图4.16所示的是一个10位的环形编码标志。编码标志中心的圆称为定位圆，用于提供编码标志的位置信息；周围的环形扇形区域称为编码段，用来提供编码标志的编码值信息。每个编码标志均对应唯一的一个编码值，在测量图像中，能够通过编码标志自身的编码值实现同名编码标志的匹配。

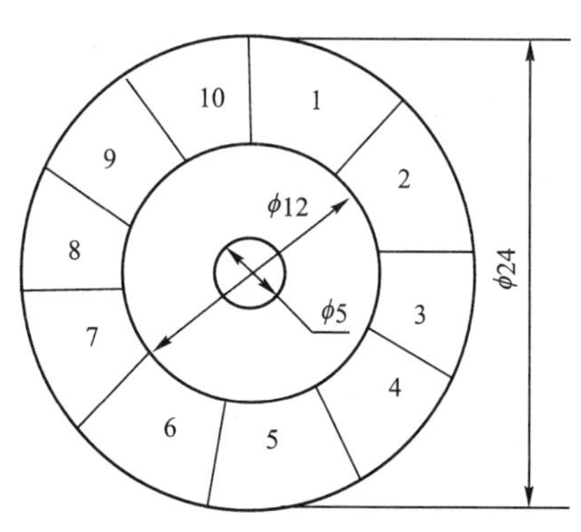

图4.16 10位的环形编码标志

在实现同名编码标志匹配的情况下，利用对极几何约束能够求解出匹配图像对间的基本矩阵，对极几何关系如图4.17所示。

物点S在空间两测站下成像为m和m'，光学中心O_l和O_r的连线与像面的交点e和

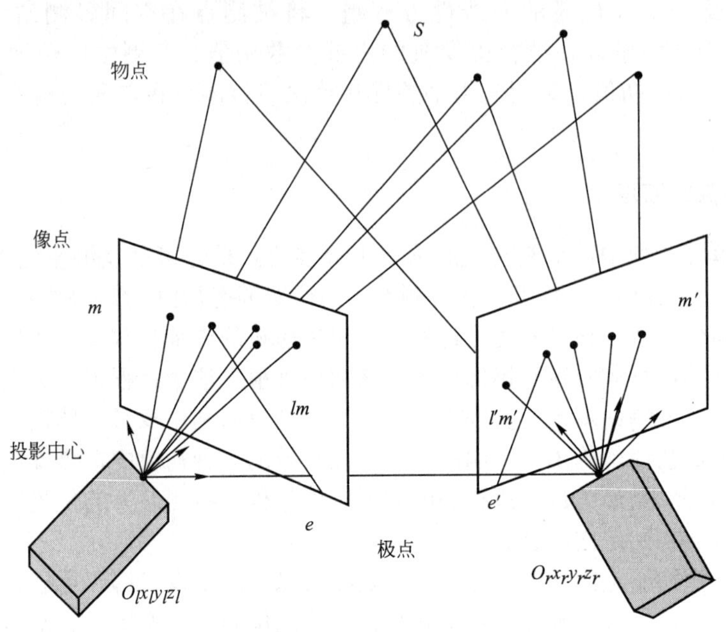

图 4.17　对极几何约束关系

e'称为极点，由极点和像点确定的直线 lm 和 $l'm$ 称为像点 m'和 m 的对极线。对极几何关系的数学表达式如式(4－30)所示。

$$m'^{\mathrm{T}}Fm=0 \tag{4-30}$$

式中：$\boldsymbol{F}$ 是一个 3×3 的奇异矩阵，称为基本矩阵；m 和 m'为像点的齐次坐标。

不妨设 $\boldsymbol{F}$ 为

$$\boldsymbol{F}=\begin{bmatrix} f_{11} & f_{12} & f_{13} \\ f_{21} & f_{22} & f_{23} \\ f_{31} & f_{32} & 1 \end{bmatrix} \tag{4-31}$$

编码标志的图像坐标能够通过图像处理方法获得，设编码标志的图像齐次坐标为

$$m=(x_1 \quad y_1 \quad 1)^{\mathrm{T}};\ m'=(x_1' \quad y_1' \quad 1)^{\mathrm{T}} \tag{4-32}$$

代入式(4－30)，得到下方程：

$$x_1(x_2f_{11}+y_2f_{21}+f_{31})+y_1(x_2f_{12}+y_2f_{22}+f_{32})+(f_{13}+f_{23})=-1 \tag{4-33}$$

方程含有 8 个未知数，因此需要保证相邻测量图像中至少含有 8 个公共的编码标志，建立线性方程组，求解该方程组，便可获得基本矩阵 $\boldsymbol{F}$ 的初始估计值。

理论上，匹配点应位于各自像面对应的极线上。以像点到各自像面对应极线的距离平方和最小作为约束条件，以 $\boldsymbol{F}$ 的初始估计值作为迭代初值，对基本矩阵进行非线性优化，能够得到基本矩阵优化估计值，优化方程如式(4－34)所示：

$$\sum_{i}^{n}[d(m_i,\ F^{\mathrm{T}}m_i')^2+d(m_i',\ F^{\mathrm{T}}m_i)^2]=\min \tag{4-34}$$

式中：$d(m_i,\ F^{\mathrm{T}}m_i')$、$d(m_i', F^{\mathrm{T}}m_i)$分别为像点 m_i、m'到其所在像面上对应极线的距离；$F^{\mathrm{T}}m_i'$、$F^{\mathrm{T}}m_i$ 为对应极线的解析表达式。

由基本矩阵可以分解得到两测站间的旋转矩阵和平移矩阵，由此得到所有相邻测站点

的位姿关系，进而得到各测站的位姿初值。同时，根据相邻测站点的位姿初值，也可以通过立体视觉模型解算出测点的坐标初值。

4.5 数字化视觉精密测量系统

随着数字成像技术及器件的快速进步、数据处理成本的降低和便携性提高，数字近景摄影测量方法获得了长足的发展。传统意义上，数字近景摄影测量的研究对象是数十米至数百米空间范围内三维空间位置信息的测量问题，主要作为一种精细化地理信息获取手段应用在工程勘察、建筑测绘、环境保护等工程测量领域。近年来数字成像器件性能的不断提升，大大促进了数字近景测量精度的提高，应用背景也大大拓展，基于数字近景摄影测量原理的视觉测量技术已经成为大尺度下三维空间的一种重要测量方法。

数字化视觉精度测量是数字近景摄影测量、数字化成像技术以及工业应用需求相互作用、相互促进的结果。该方法利用单台或多台高分辨率数字相机在不同的位置对已知空间坐标的控制点(Control Point/Ground Point)和被测点进行成像，利用控制点和被测点的成像特征定位信息，根据摄影测量中的共线方程，建立同名点对应光束的交会约束关系，经由优化算法求解出获取被测点的三维坐标信息和被测体的三维形貌。与常规的视觉测量不同，三维光学检测具有大视场、大景深、高精度(相对测量精度)、信息量大、算法复杂等特点。

4.5.1 测量系统的构成

数字化视觉精密测量系统一般由数字图像采集装置(数字相机及其附件)、外部方位装置(EO)、比例基准尺(Reference Scale Bar)、编码特征点(Coded Target)、控制点(Contrlo Target)、反射特征点(Reflection Target)、特征点光学投射器、特征量块、测量软件等构成，如图4.18所示。

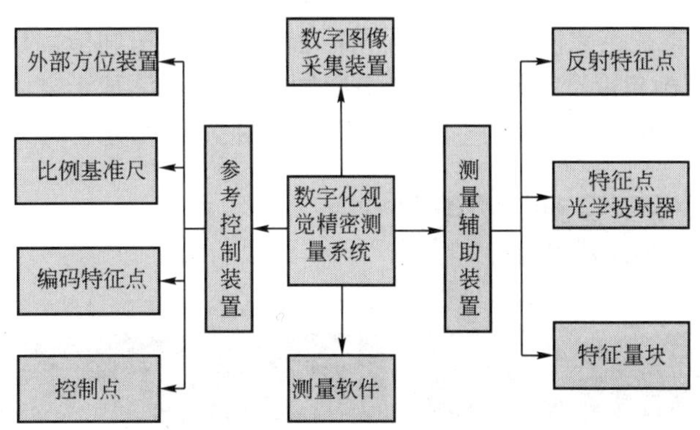

图4.18 数字化视觉精密测量系统构成框图

1. 数字图像采集装置

数字化视觉精密测量系统绝大多数场合采用手持式(便携式)图像采集装置在测量空间内(或周围)实施移动测量(采集)，对采集装置的便携性有很高要求，同时需要完成闪光控制、自动曝光光强优化、编码点识别、采集图像存储或无线传输以及必要的图像压缩等工作。图像采集装置通常包括高分辨率相机、同轴闪光灯、图像采集卡、板载计算机系统等。图 4.19 为一典型的数字图像采集装置 GSI(Geodetic Systems, Inc.)的 Nikon D200 测量相机。

2. 参考控制装置

参考控制装置提供数字化视觉精密测量中的辅助约束信息，实现空间三维坐标的自动化高精度测量。参考控制装置包含外部方位装置、比例基准尺、编码特征点和控制点等，在不同的测量场合或测量过程中可以同时使用或有选择部分使用。

外部方位装置(EO)是包含多于 3 个控制点(一般为 5 个点)，且控制点的空间坐标(相互位置关系)在其自身坐标系(EO 坐标系)下已知的参考装置，用于测量过程中初始空间坐标系的建立和测量基站(各图像采集时的相机位置，下称测量基站)外部方位的求解约束，图 4.20 中给出了多种 EO 装置实物图，为便于在众多空间特征点中实现唯一识别，多采用内(外)环或编码点编码方法。

图 4.19　Nikon D200 测量相机

图 4.20　外部方位装置

比例基准尺是提供基准长度量的比例尺，采用高稳定性材料(如殷钢)制作，尺上含有 2 个或多个特征点，特征点之间的距离经预先精密校准给出精确值，用于提供空间距离约束，将长度量值传递到角度交会测量(数字摄影测量本质上是基于空间方位角度测量的系统)系统中，得到空间被测特征点的三维坐标值，如图 4.21 所示。

(a)

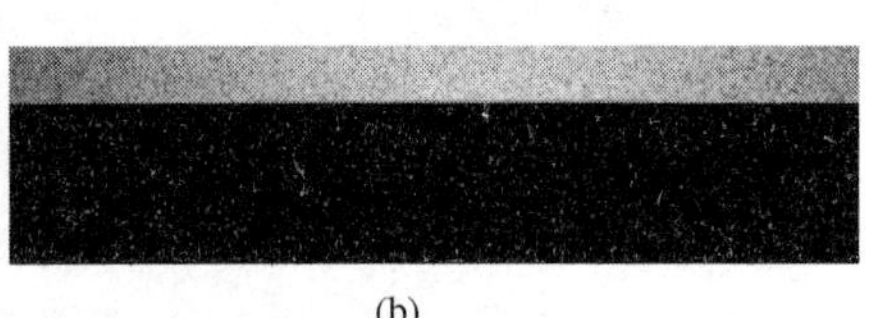

(b)

图 4.21　比例基准尺

编码特征点是为实现自动化测量和扩大测量空间而设置的辅助装置。根据编码方式不同，可提供测量基站外部方位和相对方位求解所需约束关系、空间特征点匹配、空间比例初始约束等辅助信息(作用)。具体编码点有多种不同形式，常用的编码点包括环形编码点和 GSI 编码点两类，如图 4.22 所示。

(a)

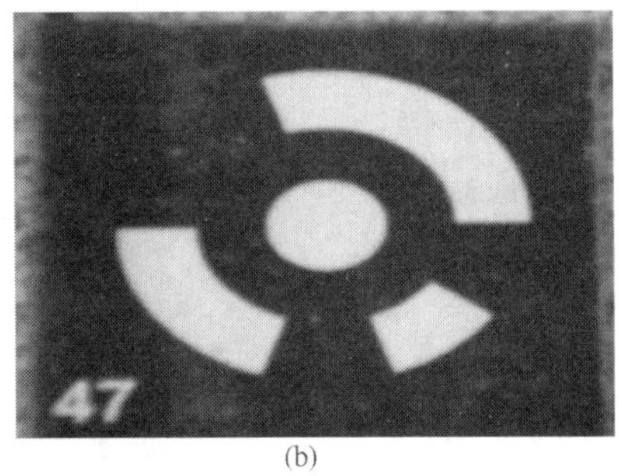

(b)

图 4.22 环形编码点

控制点是空间三维坐标已知的点，在数字化视觉精密测量中起到辅助约束作用和精度控制作用。控制点的空间三维坐标可以通过被测工件或空间的基准点已知坐标或其他测量装置(如激光跟踪仪、经纬仪等)测量获取。控制点的另一个作用是可以实现超大工件多次数字化视觉精密测量的数据拼接，实现测量结果的整体统一。

3. 测量辅助装置

对于采用非接触式三维坐标测量的数字化视觉精密测量方法，被测几何要素依赖于包括反射特征点、光学投射器投射光点和特征量块等内在测量辅助装置获取。

反射特征点利用高反射率反光材料制作，贴敷在被测体表面，通过测量反射点的坐标获取被测体的几何要素(点云)等。为保证良好的成像点质心定位精度，根据测量空间范围的大小和测量基站与被测物体距离的不同，一般采用不同尺寸的反射特征点，如图 4.23 所示。

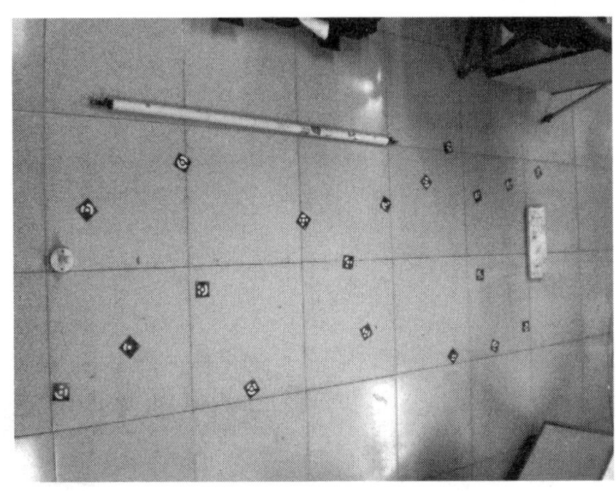

图 4.23 反射特征点

另一辅助装置为特征点光学投射器，如图 4.24 所示。光学投射器包含电源控制箱、照明/闪光光源、特征点模板和透射光路系统等，通过与图像采集测量装置同步的闪光控制，投射数千个光学特征点至被测物体表面，实现被测特征的光学非接触标记和测量。

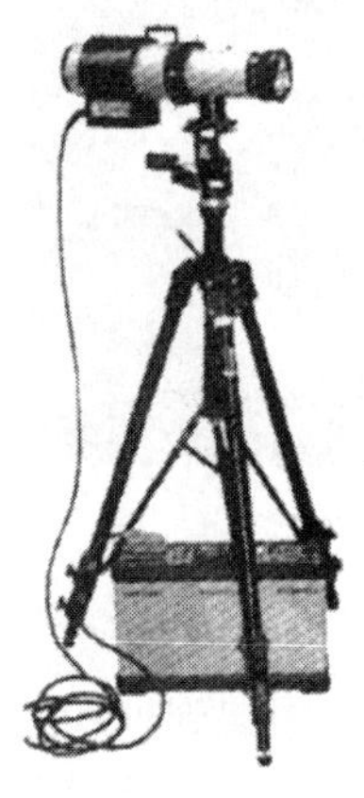

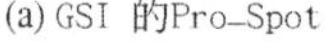
(a) GSI 的Pro_Spot

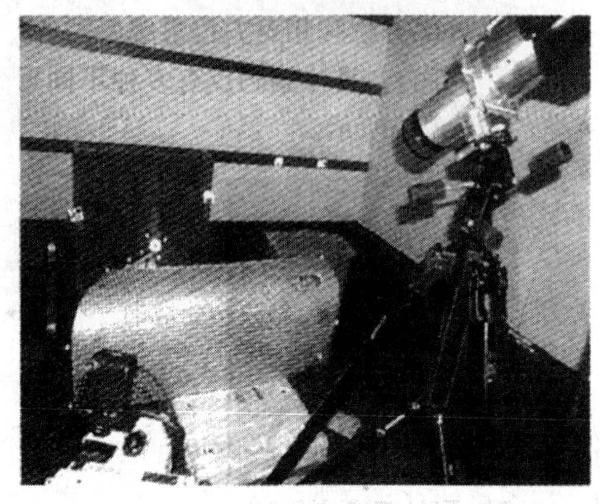

(b) 光学投射器工作状态

图 4.24　特征点光学投射器

特征量块是携带反射特征点或编码点的辅助测量装置，用于工件的几何校验和工装夹具校准等。特征量块主要包括两类：一类为销孔类特征量块，如图 4.25 示，其销(孔)的定位面与被测量孔(销)配合，特征量块上基准面与反射点中心之间的相对位置预先精确校准(或加工保证)，通过测量特征点的空间三维坐标来确定孔(销)的端面中心坐标等几何信息，进而获取几何校验结果或空间尺寸信息等；另一类为边角型特征量块，如图 4.26 所示，通过测量量块上特征点的三维坐标，根据量块预校准数据获取靠接点的坐标信息，该类量块主要用于工件外形尺寸、边缘直线度、工装夹具定位点(面)等的测量辅助。

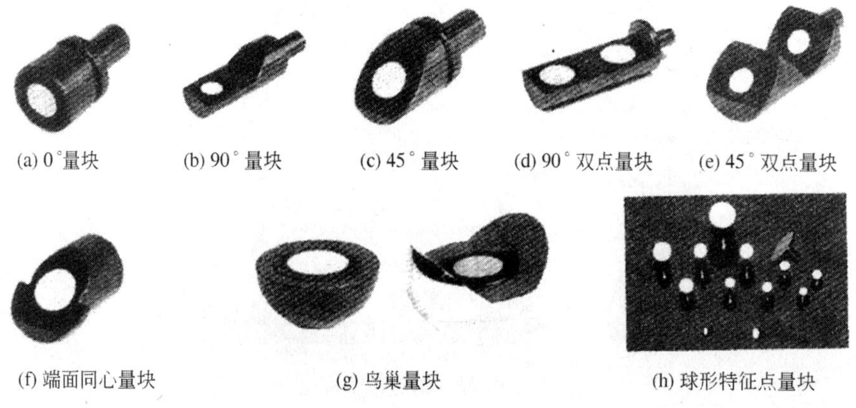

(a) 0°量块　(b) 90°量块　(c) 45°量块　(d) 90°双点量块　(e) 45°双点量块

(f) 端面同心量块　(g) 鸟巢量块　(h) 球形特征点量块

图 4.25　销孔类特征量块及其应用

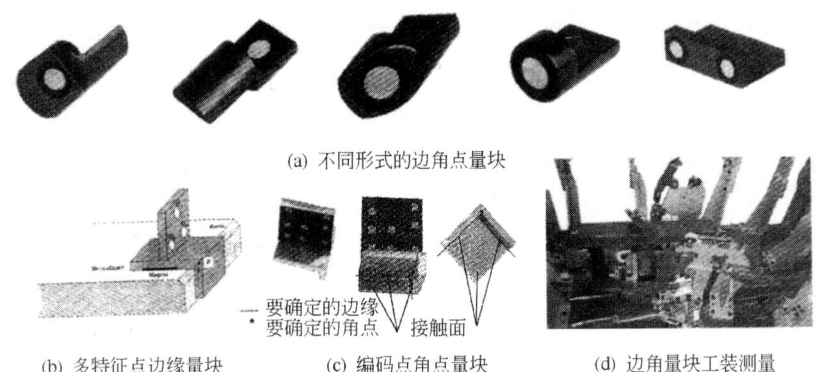

图 4.26 边角型特征量块及其应用

4. 测量软件

测量软件是数字化视觉精密测量系统的核心之一，完成图像采集与处理、特征点与编码点等识别与定位、相机基站外部方位(相对方位)求解、空间特征点三维坐标优化求解、数据处理及输出等任务。

4.5.2 测量原理及工作流程

1. 测量布局

数字化视觉精密测量系统的测量布局如图 4.27 所示。测量时，应根据被测对象的特点及测量要求，合理贴敷反射特征或利用特征点光学投射器透射光点至被测区域，按照系统测量处理要求将外部方位装置(EO)、编码特征点(Code Target)和比例基准尺(Scale Bar)放置或固定在适当的位置。一般地，外部方位装置在测量中用于确定(定义)世界坐标

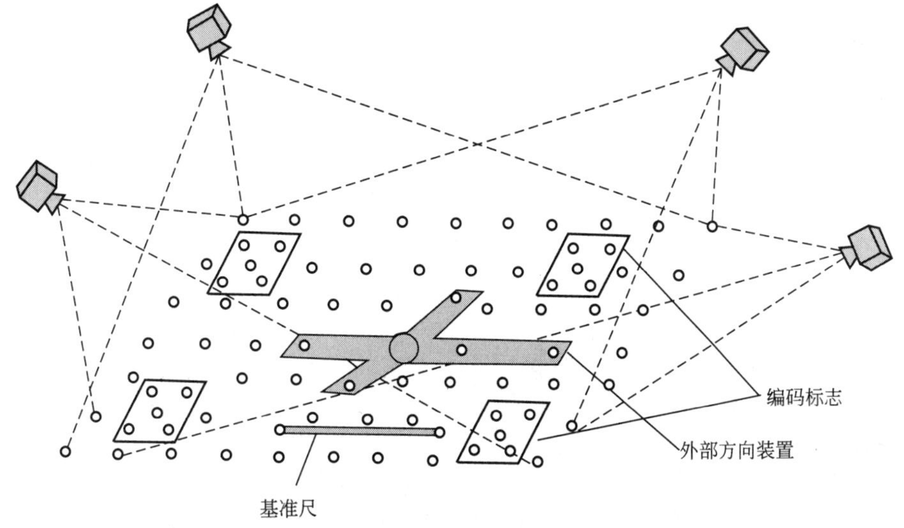

图 4.27 数字化视觉精密测量系统的测量布局

系，在每个测量工程和解算过程中只能固定在一个确定的位置；编码点用于特征点匹配(同名点匹配)和相机摄影基站方位求解，布局应当满足相邻基站图像中存在至少4个可识别公共编码点；比例基准尺用于现实空间三维坐标求解过程中的长度比例比约束，虽然这一比例约束可以利用单一位置放置的比例基准尺实现，但为了降低测量误差，增加可靠性，需要在测量空间的不同区域和方位放置多个位置。对于如GSI采用的普通特征点(非编码)比例基准尺，可将其随测量过程放置于不同的位置；而对于如Aicon采用的编码特征点比例基准尺，由于需要确保工程中编码的唯一性，需要同时放置多个不同编码的比例基准尺。

2. 测量优化网络建立与图像采集

数字化视觉精密测量是采用单相机多摄影基站成像的网络化优化测量方式，为获得高精度的测量结果，对摄影成像基站布局及成像数量方面有着明确要求，主要包括以下几个方面。

(1) 相机基站交会角处于35°～80°时可获得较高的测量精度，如图4.28所示，对于某些特殊测量场合由于受活动空间限制不能达到此最佳状态，也应保证不小于15°的极限交会角。

(2) 相机成像基站数量应当满足优化求解所需约束所需条件件数，即$2MN>3N+6M$，式中：M为摄像基站数；N为测量过程中所有测量点数。另外在上述条件满足前提条件下，为解算空间某一点特征坐标，至少需要通过两个基站中的两条成像射线交会，为了充分发挥数字化视觉精密测量方法的优势，一般应保证有效射线数不低于4，如图4.29所示。有效射线数由有效基站数(成像基站外部方位可求解确定)和有效图像观测数值数(空间特征点在基站成像中可提取并且解算过程中不会因超差而被拒绝)确定。

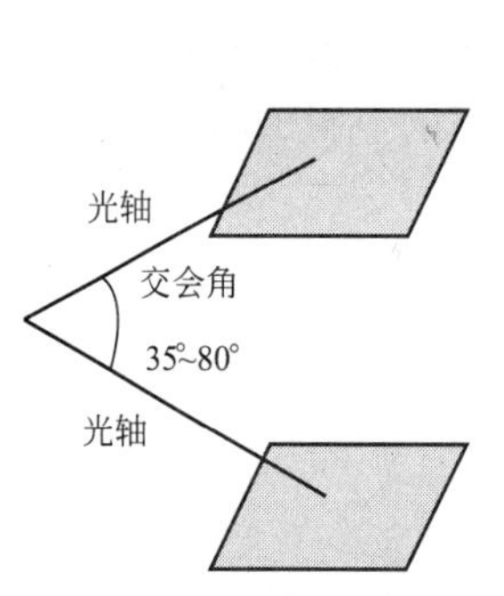

图4.28　相机基站交会角

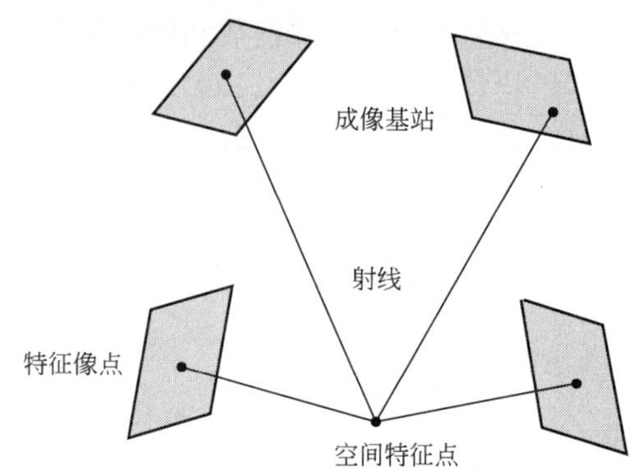

图4.29　空间特征点有效射线数

(3) 为消除相机行列之间的不对称性误差和确保相机定向参数的可优化求解，一般在同一基站附近采用相机正常和绕光轴旋转90°两次成像方式，增强约束条件。

(4) 相机基站与被测目标之间的距离应当根据被测体大小进行合理规划，同时根据该距离选择合适尺寸的反射特征点，在保证适当的特征像点像素数量(保证图像处理精度)的同时，也要避免由于特征像点过大造成质心与形心不重合，引起定位误差。

按上述要求完成测量布局及测量网络规划后即可进行测量图像采集工作，可以手持摄影测量集成装置，按照网络规划的成像基站位置对被测体进行成像并预处理和存储图像。

特定应用条件下，也可以运用(借助)自动化运动装置(如机器人)，实现全自动的测量图像采集。在图像采集过程中，需要根据测量现场环境条件，合理地设置光圈大小(一般采用小光圈以增大景深范围)、曝光时间和同轴闪光灯的闪光指数，以获得良好的成像灰度和图像对比度，提高特征点的识别率和质心定位精度，这一过程也可通过预成像由程序自动优化曝光时间和闪光指数完成。另外为提高图像存储、传输和后续解算的处理速度，图像采集过程中，需要采用硬件算法，根据测量图像有用信息集中在特征像点及其周围特点，对采集图像进行图像压缩(一般压缩比可达 1∶10)，图 4.30 为现场测量实例。

图 4.30　数字化视觉精密测量实例

3. 数字化视觉精密测量处理过程

采集到的测量图像经过特征点扫描(编码点识别)、相机成像基站外部方位确定(相对方位和初始绝对方位)、特征点匹配、优化平差求解等处理过程得到被测空间点的三维坐标，这一处理过程如图 4.31 所示。

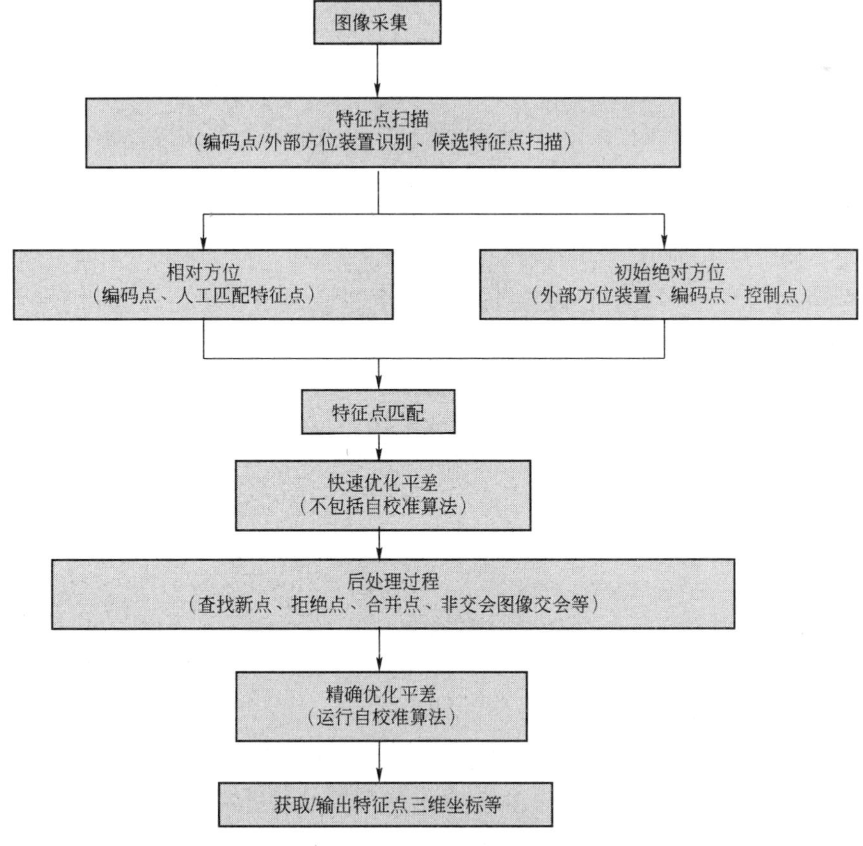

图 4.31　数字化视觉精密测量处理过程

(1) 特征点扫描。采集的测量图像按照扫描设置参数(灰度阈值、特征像点大小的上下限、闭合性及椭圆拟合检测等)进行扫描、候选特征点识别和质心定位,获取候选特征点像面二维坐标值,同时根据编码点的编码规律及约束关系实现编码点识别,根据外部方位装置特征及特征点分布约束规律实现外部方位装置识别。

(2) 相机成像基站外部方位确定。相机成像基站外部方位根据空间约束条件的不同分为初始绝对方位和相对方位两种。

对于基站成像中存在多于3点的空间三维坐标及其之间距离已知的外部方位装置,可以利用空间姿态估算法确定相机成像基站的初始绝对方位。

对于两个及以上成像基站存在一定数量的相互对应编码点或人工匹配特征点的成像基站,可以利用共面外极线约束方法确定相机成像基站的相对方位。

(3) 特征点匹配。一旦相机成像基站外部方位确定,即可利用外极线约束匹配方法对扫描获得的候选特征点进行匹配,确定特征点在各幅成像中的对应关系。

(4) 快速优化平差。对于相机内参数预校准、相机成像基站初始外部方位确定、特征点已匹配的境况,特征点空间三维坐标的求解过程就是基于共线性约束的优化平差求解过程。由于相机内参数、特征点定位等环节均存在不可避免的误差,且相机成像基站外部方位为误差较大的初始值,并有可能引起特征点的误匹配,而共线性约束的优化平差方法为高阶非线性求解过程,为确保算法高精度、快速收敛于迭代真值,在处理过程中一般需引入快速优化平差过程。在此过程中锁定相机内参数,只对特征点空间三维及相机成像基站外部方位进行优化,并且收敛极限设置在一个较宽的范围内。

(5) 后处理过程。经过快速优化平差过程,相机成像基站初始外部方位等参数的精度得到有效提高,前文提到的由于初始外部方位误差较大引起的特征点误匹配、不匹配等问题可以得到进一步修正解决。

(6) 精确优化平差。精确优化平差过程是建立在快速优化平差和后处理过程基础上的最终优化平差过程,在此过程中,特征点空间三维坐标、相机成像基站外部方位等参数得到进一步优化,同时对相机内参数进行自校准,进而提高特征点空间三维坐标的测量精度。

经精确优化平差后获取的特征点空间三维坐标及误差评价参数可以以多种格式输出,用于后续测量数据分析过程。

4.6 相机成像基站的外部方位

4.6.1 初始绝对方位

相机成像基站初始绝对方位是指利用外部方位装置、编码点、控制点等提供的已知空间约束条件,运用姿态估计算法求解获得的相机成像基站相对于初始世界坐标系(如外部方位装置坐标系)的方位关系,包括平移矢量和旋转矩阵。由于后续优化平差过程将进一步精确计算该方位关系,所以首先确定的是其初始绝对方位。

1. *参考装置及其识别*

用于相机成像基站初始绝对方位求解的装置包括外部方位装置、编码点和控制点,其中控制点为人工定义的空间三维坐标已知的点，无须识别。

(1) 外部方位装置的构成及坐标系定义。理论分析表明，利用多于3个(通常为5个)空间坐标已知的特征点，通过空间姿态估计方法，可以确定相机坐标系相对于世界坐标系(外部方位装置坐标系)的位姿，即相机成像基站的绝对方位。在发展初期，无一例外地使用外部方位装置，典型的外部方位装置及其坐标定义如图4.32所示。

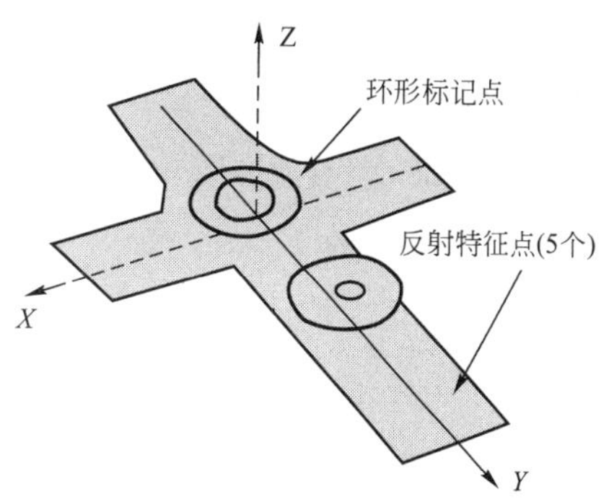

图4.32 外部方位装置及其坐标系

外部方位装置(EO)由5个反射特征点和1个环形标记点构成，其坐标系定义如图4.32所示，X、Y轴分别通过处于同一平面上的4个特征点，该坐标系在确定初始绝对方位的过程中定义为测量空间的世界坐标系。外部方位参考装置上的各特征点在世界坐标系中的坐标已知，其精度通过加工过程或精确校准保证，为已知量值。

(2) 外部方位装置的识别。图4.32所示外部方位装置的识别包含两个步骤：环形标记点的识别和特征点的识别。

① 环形标记点的识别：由于环形标记点的特殊形式及大小设计，在整个测量空间内确保不会出现多义性(对于极少出现的多义性问题可以采用算法予以验证剔除)。首先进行区域检测，当特征像点像素个数(面积)大于设定阈值时，可将其作为候选环形标记点，再利用边缘检测和椭圆拟合测试等精细图像处理算法精确识别。

区域检算法用于检测识别特征点(包含此处的环形标记点)，边缘搜索可采用递推填充算法(Recursive Fill Algorithm)，搜索过程如图4.33所示。框内为像素点灰度值，预先设置某一像素灰度阈值(如20)，框外数字为搜索顺序。搜索过程从最亮点开始，首先向右搜索，搜索到边缘后按逆时针搜索方向搜索。搜索算法采用试探性搜索策略，在像面某一行搜索直至像素灰度值小于设定的灰度阈值，原路返回并进入要搜索的下一行搜索，直至全部结束。对一幅图像搜索完毕后进行特征像点区域大小判断，得到环形标记候选成像点。

由于受到阳光、灯光、反射光等环境光的影响，不能确保环形标记候选成像点即为真实的环形标记候选成像点，需要进一步验证。如图4.34所示，由于环形标记点尺寸明显大于普通反射特征点，按行扫描时其灰度梯度变化较慢，且具有双边缘(外环边缘和内环边缘)，对环形标记点的进一步验证首先按上述特性搜索并判断内外边缘的存在与否。

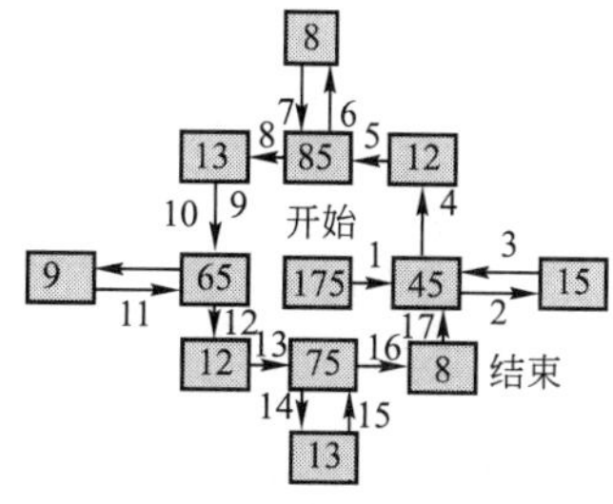

图4.33 区域检测特征像点的边缘搜索方法

图4.34 环形识别点边缘特性

一旦获得内外边缘，通过椭圆拟合检验方法对环形标记点进行最终验证。椭圆拟合方法通常采用式(4-35)参数方程为

$$\left(\frac{\cos\theta}{a^2}+\frac{\sin\theta}{b^2}\right)(x-x_0)^2+\left(\frac{\sin\theta}{a^2}+\frac{\cos\theta}{b^2}\right)(y-y_0)^2+\left(\frac{1}{a^2}-\frac{1}{b^2}\right)\sin2\theta(x-x_0)(y-y_0)-1=0 \tag{4-35}$$

式(4-35)中参数如图 4.35 所示。

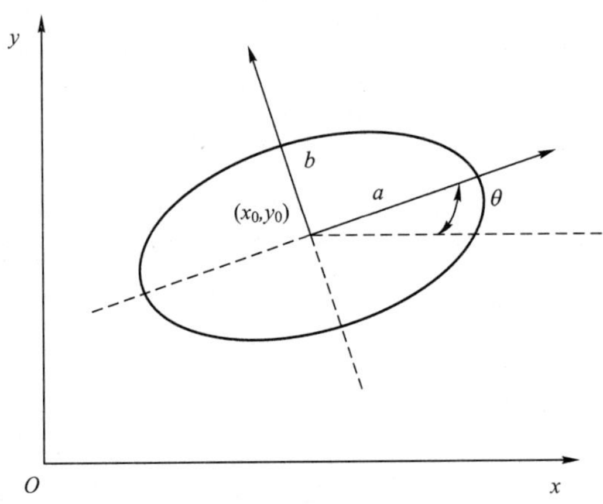

图 4.35 椭圆参数

椭圆拟合方程是给定 n 个边缘像素的图像观测值(x_i，y_i)，利用非线性最小二乘拟合方法求解最佳椭圆拟合参数及边缘像素的残差。

最小二乘拟合公式为

$$Av+B\Delta=f \tag{4-36}$$

式中：v 为残差；Δ 为参数。

对于每一个边缘像素点可以得到观测值方程

$$F_i(x_i, y_i)=\left(\frac{\cos\theta}{a^2}+\frac{\sin\theta}{b^2}\right)(x_i-x_0)^2+\left(\frac{\sin\theta}{a^2}+\frac{\cos\theta}{b^2}\right)(y_i-y_0)^2+\left(\frac{1}{a^2}-\frac{1}{b^2}\right)\sin2\theta(x_i-x_0)(y_i-y_0)-1=0 \tag{4-37}$$

则

$$f_i=F_i(x^0) \tag{4-38}$$

而矩阵 **A**、**B** 分别为

$$\mathbf{A}=\begin{pmatrix} \frac{\partial F_1}{\partial x_1}\frac{\partial F_1}{\partial y_1} & & & \\ & \frac{\partial F_2}{\partial x_2}\frac{\partial F_2}{\partial y_2} & & \\ & & \ddots & \\ & & & \frac{\partial F_n}{\partial x_n}\frac{\partial F_n}{\partial y_n} \end{pmatrix} \tag{4-39}$$

$$\boldsymbol{B}=\begin{bmatrix}\frac{\partial F_1}{\partial a} & \frac{\partial F_1}{\partial b} & \frac{\partial F_1}{\partial \theta} & \frac{\partial F_1}{\partial x_0} & \frac{\partial F_1}{\partial y_0}\\ \frac{\partial F_2}{\partial a} & \frac{\partial F_2}{\partial b} & \frac{\partial F_2}{\partial \theta} & \frac{\partial F_2}{\partial x_0} & \frac{\partial F_2}{\partial y_0}\\ \frac{\partial F_n}{\partial a} & \frac{\partial F_n}{\partial b} & \frac{\partial F_n}{\partial \theta} & \frac{\partial F_n}{\partial x_0} & \frac{\partial F_n}{\partial y_0}\end{bmatrix} \tag{4-40}$$

可得

$$\Delta=\boldsymbol{B}^{\mathrm{T}}(\boldsymbol{AA}^{\mathrm{T}})^{-1}\boldsymbol{BB}^{\mathrm{T}}(\boldsymbol{AA}^{\mathrm{T}})^{-1}f \tag{4-41}$$

$$x=x^0+\Delta \tag{4-42}$$

$$v=\boldsymbol{A}^{\mathrm{T}}(-\boldsymbol{B}\Delta+f) \tag{4-43}$$

$$\sigma_0=\sqrt{\frac{v^{\mathrm{T}}v}{n-5}} \tag{4-44}$$

环形标记点内外边缘的判断基于椭圆拟合的结果实现，需要判断椭圆长短轴的比值，必须低于给定的阈值(避免成像角过大引起的误差)。此外，为了进行图像投影校正以确定外部方位装置特征点，需要精确确定内外环包含的边缘点。根据椭圆拟合参数计算边缘拟合点至拟合椭圆中心的距离，即

$$d_i=\sqrt{v_{xi}^2+v_{yi}^2} \tag{4-45}$$

如果 d_i 大于一定阈值，将该点从边缘点中剔除。

通过内外环边缘搜索、椭圆拟合、大小及长短轴比值判断、内外环椭圆中心距离差等一系列判断，可以确定所搜索的特征像点是否为环形标记点。

② 外部方位装置特征点检验：考虑到外部方位装置形式各异，对其特征点的检验与判断应不依赖于特征点的数量及排列形式。外部方位装置成像后的已知量包含 n 个特征点的空间三维坐标值，m 个特征像点的二维图像坐标观测值(且 $m\geqslant n$)，以及经椭圆拟合判断得到的环形标记点图像坐标。

外部方位装置特征像点的选取是选择在环形标记像点一定半径范围内的成像特征点，搜索半径的选取依据外部方位装置设计时最远特征点到环形标记点中心的距离与环形标记点半径的比值，以及环形标记点成像尺寸的大小，按比例关系及适当的余量确定。

图 4.36 为外部方位装置正投影的成像，实线为外部方位装置特征像点搜索范围，可以看出，除外部方位装置特征像点外，还包含不属于外部方位装置的 1 号常规特征点。更为普遍的是，如图 4.37 所示的外部方位装置任意位姿的成像结果，实线同样为外部方位装置特征像点的搜索范围，此时不属于外部方位装置的常规特征点 1、2 号点均被包含在候选点列中。

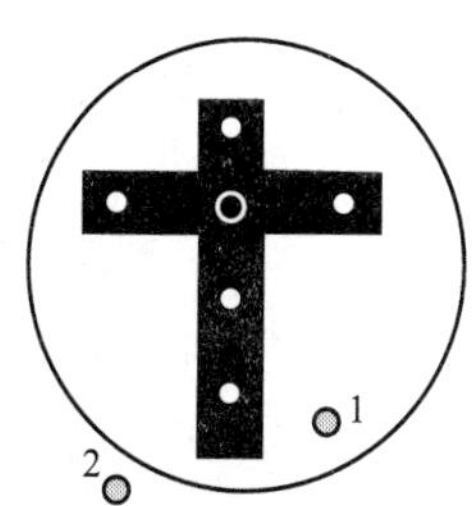

图 4.36　外部方位装置正投影成像

图 4.37　外部方位装置实际成像

避免或剔除错误点的方法包括外部方位装置设计优化、图像投影校正和后方交会验证。

a. 外部方位装置设计优化：对于图 4.36 和图 4.37 所示的在搜索范围内始终包含着错误候选点的情况，可以将外部方位装置设计成安装背板形式，保证其他特征点不会出现在该范围之类。

b. 图像投影校正：图 4.37 中，由于搜索范围的设定没有考虑任意位姿成像外部方位装置特征点范围的影响，常规 2 号点也被包含在实线所示的搜索范围内造成误选取。为避免该情况出现，需对图像进行投影校正，使图像接近于正投影方式，再在设定范围内搜索，减少出错概率。

近似投影校正是利用外部方位参考装置的环形标记点成像椭圆仿射变换实现。如图 4.38 所示，对于像面二维空间上的任一点 P，设其投影校正点为 P'，根据向量几何有

$$|v'|=\sqrt{(r_a\cdot v)^2+\frac{a}{b}(r_b\cdot v)^2} \tag{4-46}$$

式中：v 和 v' 分别为椭圆中心到点 P 和其校正点 P' 的向量：

$$r_a=\begin{pmatrix}\cos\theta\\ \sin\theta\end{pmatrix},\quad r_b=\begin{pmatrix}-\sin\theta\\ \cos\theta\end{pmatrix}$$

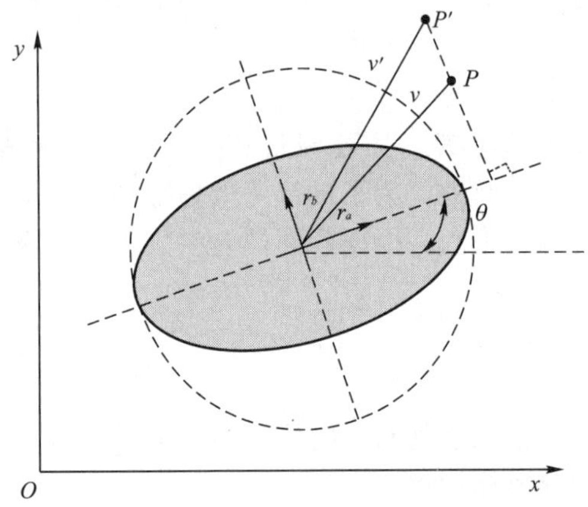

图 4.38　环形标记点椭圆至圆的仿射变换

图 4.38 中，实线像椭圆为环形标记点实际成像，虚线圆为环形标记点正投影变换之后的位置，实际成像中的任一特征点 P 经图像校正后在正投影中的位置为 P' 点。如果 P 点处于搜索范围之内，且转换之后 P' 也处于搜索范围之内，则该点确定为外部方位装置特征点(如图 4.37 中虚线椭圆之内的外部方位装置特征点和 1 号常规特征点)；如果 P' 点处于搜索范围之外，则该点被剔除(如图 4.37 中的 2 号点)。

图像投射校正的物理意义是正投影中的圆形搜索范围对应实际成像中的椭圆(图 4.37 中虚线)选择范围，能够有效剔除任意成像位姿中对应正投影(图 4.36 中)在搜索范围之外的特征点。

c. 外部方位装置特征点验证：对于 GSI 类型的外部方位装置，包含在搜索范围内的常规特征点无法剔除(如图 4.36 和图 4.37 中 1 号点)，只能在初始绝对方位求解过程中进行验证剔除。

如图 4.39 所示，根据各点与环形标记点的相对位置关系，存在一个多余点时，可能的外部方位装置候选点组合有 3 种可能：(EO1，EO2，EO3，EO4，EO5)、(EO1，EO2，EO3，EO4，1)和(EO1，EO2，EO3，1，

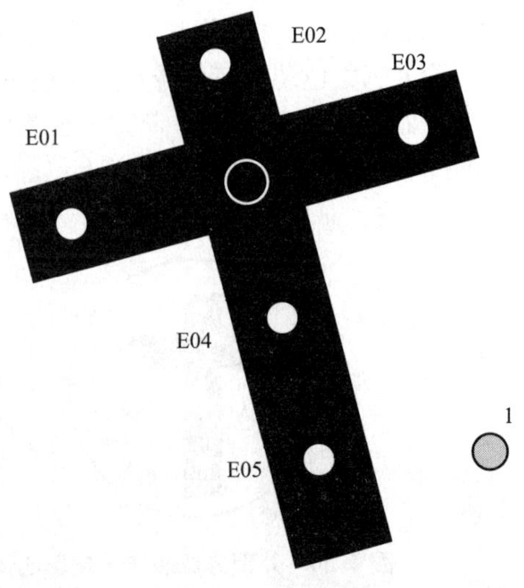

图 4.39　外部方位参考装置候选点组合

EO5)，存在多个多余点时，组合数量将按级数增加。对于每种可能存在的组合，利用姿态估计绝对定位算法(下文中将提到)进行求解，根据残余误差大小判断正确的外部方位装置特征点并进一步判断是否外部方位装置。

2. 初始绝对定向求解算法

初始绝对定向求解算法是基于视觉测量共角约束空间姿态估计算法完成的。如图4.40所示，利用空间多余3个相互之间空间距离(或坐标)已知的特征点和相应成像点之间的关系，可以确定相机坐标系相对于外部方位装置坐标系(世界坐标系)的方位关系。

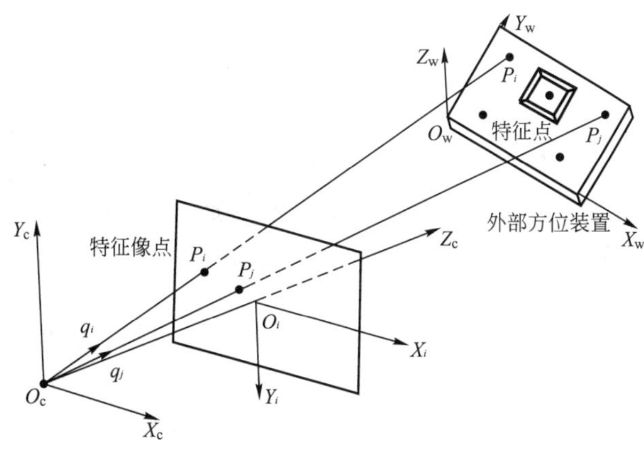

图4.40 相机初始绝对定向原理图

假设 P_i 是外部方位装置上第 i 个特征点，像点为 p_i。q_i 是从相机原点出发指向像点 p_i 的单位向量，与三维点 P_i 处于相同方向，若已知比例因子 r_i，可以通过像点 p_i 求得空间点 P_i 在相机坐标系下的三维坐标

$$P_i=r_iq_i \tag{4-47}$$

外部方位装置上的特征点在自身坐标系(世界坐标系)中的坐标预先校准并精确已知，可以确定特征点之间的空间距离 d_{ij}：

$$\begin{aligned}d_{ij}^2&=\| P_i-P_j \| = \| r_iP_i-r_jP_j \|^2=(r_iP_i-r_jP_j)\cdot(r_iq_i-r_jq_j)\\&=r_i^2-2r_ir_j(q_iq_j)+r_j^2=r_i^2-2r_ir_j\cos\theta_{ij}+r_j^2\end{aligned} \tag{4-48}$$

式(4-48)可改写为

$$f(r_i,\ r_j)=r_i^2+r_j^2-2r_ir_j\cos\theta_{ij}-d_{ij}^2=0 \tag{4-49}$$

对于空间 n 个特征点，可以得到 n 个未知数的 $n(n-1)/2$ 维二次方程组，其中，d_{ij}^2 是已知量，由外部方位装置上的特征点的三维坐标确定；θ_{ij} 是已知量，由特征点 p_i、p_j 及相机有效焦距 c 确定。通过求解方程组可以得到未知比例系数 r_i，进而能够确定空间特征点 P_i 在相机坐标系下的三维坐标。利用求解得到的多点三维坐标，可以确定相机相对于外部方位装置的初始方位。此问题为典型的投影点 n 点姿态估计问题(PnP问题)，求解算法如下。

(1) 三点算法(P3P问题)及初值确定。对于空间3点，由式(4-49)得到3个方程组成的方程组：

$$\begin{cases} f(r_1,\ r_2)=r_1^2+r_2^2-2r_1r_2\cos\theta_{12}-d_{12}^2=0 \\ f(r_1,\ r_3)=r_1^2+r_3^2-2r_1r_3\cos\theta_{13}-d_{13}^2=0 \\ f(r_2,\ r_3)=r_2^2+r_3^2-2r_2r_3\cos\theta_{23}-d_{23}^2=0 \end{cases} \tag{4-50}$$

用 r_1 替代 r_2、r_3，并设 $r=r_1^2$，可以得到四次多项式方程：

$$g(r)=a_5r^4+a_4r^3+a_3r^2+a_2r+a_1=0 \tag{4-51}$$

方程最多有 4 个解，为了得到唯一解，还必须加入其他限制条件。已经证明在一般场合 3 点问题只有两种解，为了获得唯一解，需要增加多于一个的特征点，由此形成了 4 点、5 点以至 n 点的姿态估计算法。为了加快求解速度，通常应用线性求解算法确定可能解的迭代初值，为后续非线性迭代过程做准备。

(2) 四点算法(P4P 问题)。对于空间 4 点，由式(4-49)得到 6 个方程组成的方程组。求解方法之一是利用每 3 个点得到的方程建立方程组，求解并寻找 4 个点的公共解。这种方法存在如下缺陷：一是必须求解几个四阶多项式方程，运算量较大；二是必须找到公共解，由于实际得到的数据往往存在噪声，无法得到精确解，导致结果不存在公共解；三是数据的冗余没有增强系统求解的稳定性。鉴于上述原因，一般采用非线性方法对超定方程组进行求解。

用 r_1 替代 r_2、r_3 和 r_4，得到 3 个关于 $r=r_1^2$ 的四次多项式方程：

$$\begin{cases} g^{(1)}(r)=a_5^{(1)}r^4+a_4^{(1)}r^3+a_3^{(1)}r^2+a_2^{(1)}r+a_1^{(1)}=0 \\ g^{(2)}(r)=a_5^{(2)}r^4+a_4^{(2)}r^3+a_3^{(2)}r^2+a_2^{(2)}r+a_1^{(2)}=0 \\ g^{(3)}(r)=a_5^{(3)}r^4+a_4^{(3)}r^3+a_3^{(3)}r^2+a_2^{(3)}r+a_1^{(3)}=0 \end{cases} \tag{4-52}$$

用矩阵形式表示为

$$\begin{pmatrix} a_1^{(1)} & a_2^{(1)} & a_3^{(1)} & a_4^{(1)} & a_5^{(1)} \\ a_1^{(2)} & a_2^{(2)} & a_3^{(2)} & a_4^{(2)} & a_5^{(2)} \\ a_1^{(3)} & a_2^{(3)} & a_3^{(3)} & a_4^{(3)} & a_5^{(3)} \end{pmatrix} \begin{pmatrix} 1 \\ r \\ r^2 \\ r^3 \\ r^4 \end{pmatrix}=A_{3\times5}t_5=0 \tag{4-53}$$

通过奇异值分解可以得到 t_5，r 可取 t_1/t_0、t_2/t_1、t_3/t_2 或 t_4/t_3 中的任意一个值。由于 r_1 始终为正，故 $r_1=r^{1/2}$，r_2、r_3、r_4 可由 r_1 唯一确定。

虽然 P4P 问题有可能得到唯一解，但 Fischler 和 Bolles 证明：在几种特殊情况下存在多解的可能性，即当空间参考点与相机的投影中心位于一个特殊的二次空间曲面(以下简称为临界面)上时，有可能存在多解。主要表现为：①所有的空间参考点都在无穷远处时，无法估计相机的位置；②投影中心与 4 个空间特征点中的任意 3 个共面；③存在一条空间直线和与此直线正交的一个平面，在这个平面中的一个圆与这条直线相交，对于这种情况，当相机在空间点的正上方时，对于任意 3 个点或一个矩形上的 4 个共面点，都可能会出现多解的情况，得不到唯一解。

(3) 5 点及多点算法(PnP 问题，$n\geqslant5$)。鉴于上述分析，为了避免多解，并简化方程的求解过程，相机初始绝对定位问题多采用 5 点算法。对于外部方位装置、编码特征点或空间控制点中的空间三维坐标精确已知的 5 个特征点(可以多于 5 个，此处以 5 个为例)，可以得到 10 个关于 $r_1\sim r_5$ 的方程，用 r_1 替代和 r_2、r_3、r_4 和 r_5，可以得到 6 个关于 $r=r_1{}^2$ 的四次多项式。这些方程可以用矩阵形式表示为

$$
\begin{pmatrix}
a_1^{(1)} & a_2^{(1)} & a_3^{(1)} & a_4^{(1)} & a_5^{(1)} \\
a_1^{(2)} & a_2^{(2)} & a_3^{(2)} & a_4^{(2)} & a_5^{(2)} \\
a_1^{(3)} & a_2^{(3)} & a_3^{(3)} & a_4^{(3)} & a_5^{(3)} \\
a_1^{(4)} & a_2^{(4)} & a_3^{(4)} & a_4^{(4)} & a_5^{(4)} \\
a_1^{(5)} & a_2^{(5)} & a_3^{(5)} & a_4^{(5)} & a_5^{(5)} \\
a_1^{(6)} & a_2^{(6)} & a_3^{(6)} & a_4^{(6)} & a_5^{(6)}
\end{pmatrix}
\begin{pmatrix} 1 \\ r \\ r^2 \\ r^3 \\ r^4 \end{pmatrix} = A_{6\times5} t_5 = 0 \tag{4-54}
$$

用奇异值分解法求解 $A_{6\times5}$，可以得到 $A_{6\times5}=U_{6\times6}\sum_{6\times5}V_{5\times5}^{\mathrm{T}}$，$t_5$ 是 $A_{6\times5}$ 的最小特征值对应的单位特征向量，即 $V_{5\times5}$ 的最后一个单位特征向量 V_5，r 为 t_1/t_0、t_2/t_1、t_3/t_2 或 t_4/t_3。由于 r_1 始终为正，故 $r_1=r^{1/2}$，r_2、r_3、r_4、r_5 可以由 r_1 唯一确定。最后可由比例因子 r_i 确定相机的绝对方位。当空间参考点多于 5 个，即当 $n\geqslant5$ 时，只要空间点与相机的投影中心不在临界面上，均可以用此算法求解相机的初始绝对方位。

4.6.2 相机成像基站的相对方位

利用外部方位装置确定的相机成像基站初始绝对方位(图 4.41 中相机成像基站相对于世界坐标系的方位关系)用于后续的空间特征点三维坐标优化平差求解，但外部方位装置在一次测量过程中只能放置在唯一确定的位置，且参与求解的相机成像基站必须包含外部方位装置，测量空间范围受到很大限制。

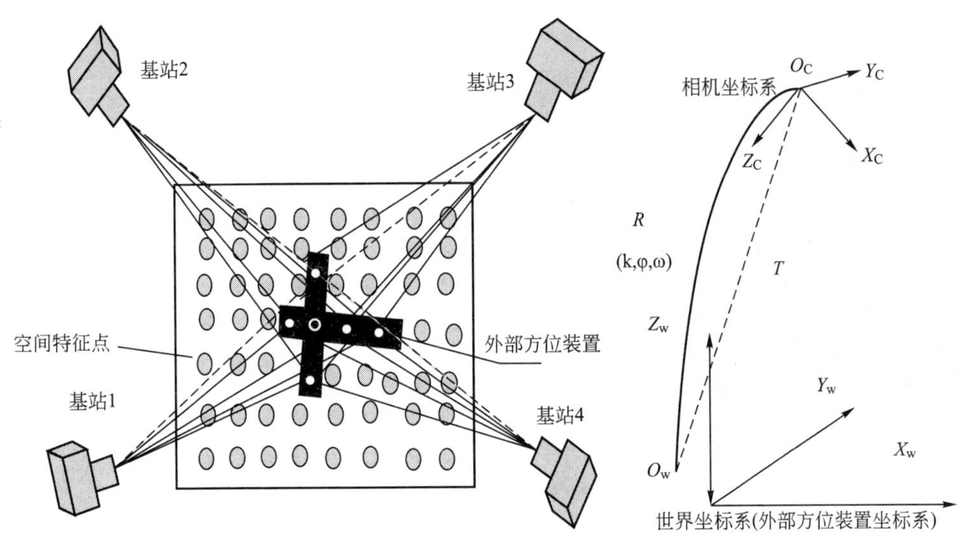

图 4.41 基于外部方位装置的绝对方位确定及其坐标系转换关系

为了克服单纯依赖外部方位装置进行相机外部方位定向的缺陷，扩展测量范围和测量灵活性，逐步发展和完善了基于外部方位装置和编码特征点的组合定向方式，以及单纯使用编码特征点的定向方式。与基于外部方位参考装置实现的绝对定向方式不同，基于编码特征点的定向方式确定的是相机各成像基站之间的相对方位，如图 4.42 所示。

相机成像基站 1 同时对外部方位装置和编码特征点成像，通过前述姿态估计算法确定基站 1 相对于世界坐标系(外部方位装置坐标系)的绝对方为(T_{c1w}, R_{c1w})，基站 1 与基站 2 同时对编码特征点成像，利用匹配编码特征点(两基站均可见的公共编码特征点)和共面外

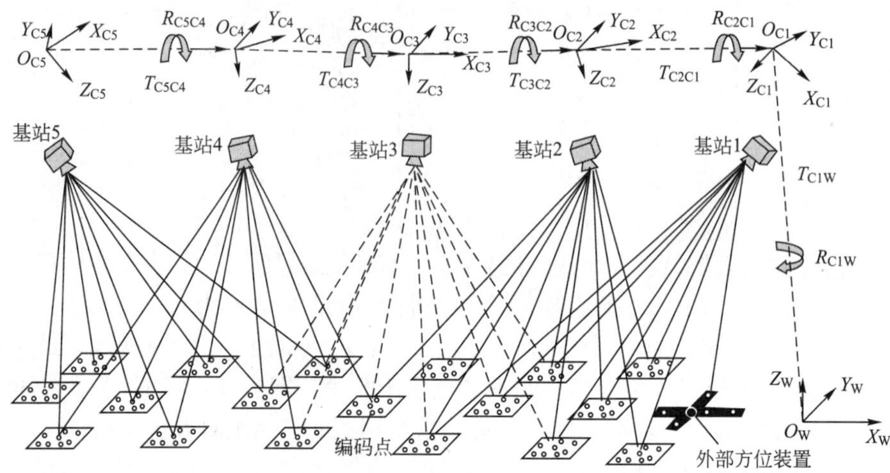

图 4.42　相机成像基站相对方位

极限约束求解方法确定基站 2 相对于基站 1 的方位(T_{c2c1}, R_{c2c1})，依此类推，建立所有基站的相对方位转换链，将所有基站统一到世界坐标系下。

可以看出：利用具有确定对应关系的编码特征点和部分重叠成像，通过求解各基站的相对方位，建立所有基站方位转换链，可以确定无限延伸的空间内各基站的外部方位，大大扩展了数字视觉精密测量系统的测量范围。

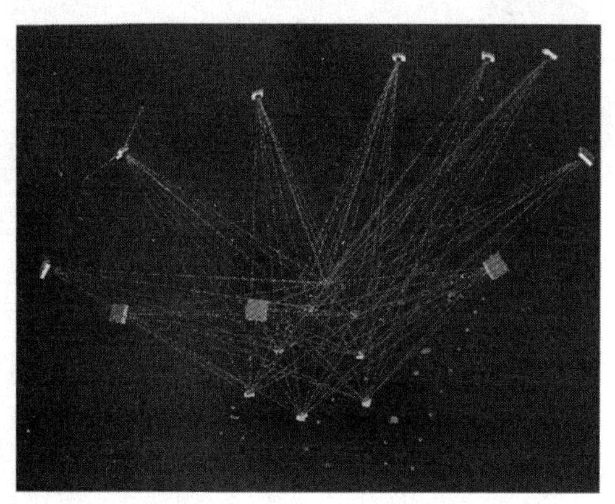

图 4.43　不使用外部方位参考装置的方位确定

在相机成像基站外部方位确定过程中，需要考虑几种特殊情况：

(1) 可以不进行初始绝对定向。可以只通过相对定向来确定基站外部方位，在特殊测量条件下提高了测量的灵活性和简便性。但外部方位装置具有确定的约束关系和良好的成像条件，利用外部方位装置可以获得稳定的基站外部方位，在条件许可的情况下，建议使用外部方位装置。图 4.43 是一个不使用外部方位装置进行定向的实例。

(2) 编码特征点。可以选择 GSI 编码点、环形编码点或可识别的其他任意编码方式的编码点，同一编码点在不同基站中具有相同标号，实现个图像中编码点(特征位及编码位)的自动匹配，用于求解相对方位。其中，GSI 编码点的特征位间具有特定的空间约束关系，可用于空间比例的初始约束。另外，在相对方位求解约束不足的情况下，可以将特征位和编码拆分，单独作为匹配特征点来增加约束。

(3) 交联测量网络。除基站级联方式(见图 4.42)外，常常构成交联测量网络形式。为保证空间特征点三维坐标的测量稳定性和测量精度，同一空间点的成像射线至少应为 4 条，同一测量区域基站数应保证大于 4 个，构成交联测量网络。此时基站相对方位的求解目标变成多基站的相对方位，常采用外极线约束三张量(外极线约束的扩展)方法求解。

1. 外极线几何与基础矩阵

外极线几何描述了三维特征点与两相机中对应成像点之间的几何关系，三点位于两相机原点与空间特征点构成的平面上(即计算机视觉中的共面条件)，是视觉测量中常用的3个重要约束之一。

如图4.44所示，空间中一点M和两相机像面上对应m和m'，与两相机的原点O_c和O_c'位于同一平面上，构成共面约束。以O_c为端点通过空间点M的射线在第二像平面上的投影为e'为端点通过像点m'的射线，同理，在第一像面中存在类似的射线em。它们分别是平面O_cMO_c'与两像面的交线，称为图像点在对应像面内的外极线，e和e'点称为外极点。共面约束转化为外极线约束形式描述，可用于双相机相互方位确定、立体视觉空间特征点坐标确定以及特征点匹配等。

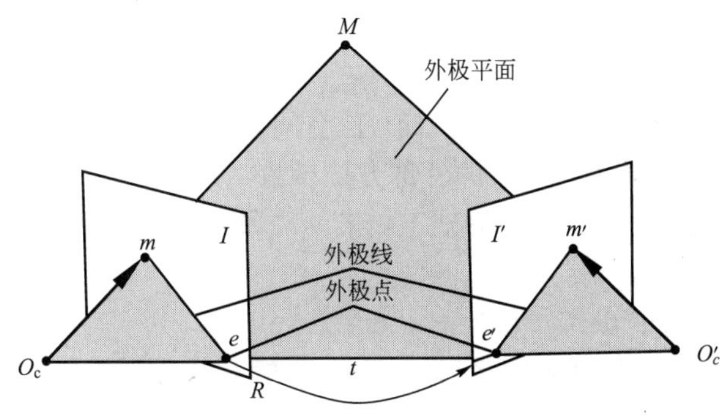

图4.44 外极线几何原理

当相机内参数已知时，外极线几何由本质矩阵描述。一幅图像中的一个特征点，在另一幅图像上的对应点处于该点对应的外极线上。由于$m'\perp t\times m'$，即$0=m'^{\mathrm{T}}t\times m'=m'^{\mathrm{T}}t\times(Rm+t)=m'^{\mathrm{T}}t\times(Rm)$，简化为$m'^{\mathrm{T}}t\times(Rm)=0$，对于形如$a\times b$的叉积形式可以写为$a\times b=(a)\times b$，此处

$$(a)_{\times}=\begin{pmatrix} x \\ y \\ z \end{pmatrix}_{\times}=\begin{pmatrix} 0 & -z & y \\ z & 0 & -x \\ -y & x & 0 \end{pmatrix}$$

因此$m'^{\mathrm{T}}t\times(Rm)=0$可改为$m'^{\mathrm{T}}[t]\times Rm=0$，式中，$[t]\times R=E$称为本质矩阵。

数学描述如下

$$x'^{\mathrm{T}}Ex=0 \tag{4-55}$$

式中：$x\,(x,\ y,\ c)^{\mathrm{T}}$和$x'(x',\ y',\ c')^{\mathrm{T}}$分别为空间特征点在两幅图像中对应像点在相机坐标系下的坐标；E是表征两相机外部方位参数的本质矩阵，可表示为

$$\boldsymbol{E}=\boldsymbol{t}\times\boldsymbol{R}=[t]_{\times}\boldsymbol{R}=\begin{pmatrix} 0 & -t_z & t_y \\ t_z & 0 & -t_x \\ -t_y & t_x & 0 \end{pmatrix}\boldsymbol{R} \tag{4-56}$$

式中：$\boldsymbol{R}$和$\boldsymbol{t}$为第二基站坐标系到第一基站坐标系的旋转矩阵和平移矢量；$[t]$为由t确定的反矩阵。

当相机的内参数经过精确校准时，本质矩阵可以通过一系列三维点对应像点求出，根

据外极线约束对本质矩阵分解，可以得到旋转矩阵 $\boldsymbol{R}$ 和平移矢量 $\boldsymbol{t}$。

当相机的内参数未知时，采用基础矩阵来表示外极线约束。相机内参数矩阵为

$$\boldsymbol{A}=\begin{pmatrix}-ck_u & ck_u\cot\theta & u_0\\ 0 & -\dfrac{ck_v}{\sin\theta} & v_0\\ 0 & 0 & 1\end{pmatrix},\ \boldsymbol{A}'=\begin{pmatrix}-c'k_u' & c'k_u'\cot\theta' & u_0'\\ 0 & -\dfrac{c'k_v'}{\sin\theta'} & v_0'\\ 0 & 0 & 1\end{pmatrix} \tag{4-57}$$

式中：c 为有效焦距；k_u 和 k_v 为像元的水平尺寸和垂直尺寸；θ 为两图像坐标轴之间的夹角，反映像元的水平和垂直排列的非正交性，通常非常接近 $\pi/2$；(u_0, v_0) 为相机原点坐标。

根据透视投影方程，外极限约束表示为

$$u'^{\mathrm{T}}A'^{-\mathrm{T}}EA^{-1}u=0 \tag{4-58}$$

设 $F=A'^{-\mathrm{T}}EA^{-1}$，则

$$u'^{\mathrm{T}}Fu=0 \tag{4-59}$$

式中：$u=(u，v，1)^{\mathrm{T}}$ 和 $u'=(u'，v'，1)^{\mathrm{T}}$ 是空间点对应像点的齐次像素坐标；$\boldsymbol{F}$ 为基础矩阵，包含相机的内参数和两相机的外部方位参数，具有下列特性。

(1) $\boldsymbol{F}$ 定义在一个比例因子的基础上，若 $u'^{\mathrm{T}}Fu=0$，对于任意的比例因子 s，有 $u'^{\mathrm{T}}(sF)u=0$。

(2) $\boldsymbol{F}$ 的秩为 2，由于 $\det([t]_\times)=0$，$\det(F)=0$。

(3) 由于 $\boldsymbol{F}$ 定义在比例因子的基础上，3×3 的基础矩阵自由度为 8，由于 $\boldsymbol{F}$ 满足 $\det(\boldsymbol{F})=0.$，$\boldsymbol{F}$ 的自由度为 7。

2. 基础矩阵估计方法

式(4-59)可改写为

$$(u_i'u_i，v_iu_i'，u_i'，u_iv_i'，v_iv_i'，v_i'，u_i，v_i，1)f=0 \tag{4-60}$$

式中：$f=(F_{11}，F_{12}，F_{13}，F_{21}，F_{22}，F_{23}，F_{31}，F_{32}，F_{33})^{\mathrm{T}}$ 为基础矩阵 $\boldsymbol{F}$ 的 9 个未知参数。

已知 n 个对应点 $u_i\leftrightarrow u_i'$，由式(4-60)得到 n 个方程的线性方程组：

$$\boldsymbol{A}f=0 \tag{4-61}$$

$$\boldsymbol{A}=\begin{pmatrix}u_1'u_1 & v_1u_1' & u_1' & u_1v_1' & v_1'v_1 & v_1' & u_1 & v_1 & 1\\ \vdots & \vdots & \vdots & \vdots & \vdots & \vdots & \vdots & \vdots & \vdots\\ u_n'u_n & v_nu_n' & u_n' & u_nv_n' & v_nv_n' & v_n' & u_n & v_n & 1\end{pmatrix}$$

由于 $f=0$ 没有实际意义，要求 $\|\mathrm{f}\|=1$。忽略 $\boldsymbol{F}$ 秩为 2 的约束，求解方程组的唯一解至少需要 8 个点。

由于实际图像观测之中存在误差，必然存在误差矩阵 $\boldsymbol{D}\neq0$，使

$$\boldsymbol{A}f=(\boldsymbol{A}_0+\boldsymbol{D})f=\boldsymbol{A}_0f+\boldsymbol{D}f=\boldsymbol{D}f\neq0 \tag{4-62}$$

基础矩阵的求解问题转化成最小误差优化问题。

基础矩阵估计存在的关键问题是：选择最小化误差函数和对基础矩阵加入约束的参数化方法及估计方法。基础矩阵的估计存在线性化方法、非线性化方法和鲁棒方法等多种处理方法。

1) 线性算法

基础矩阵 $\boldsymbol{F}$ 是定义在一个比例因子的基础上的正交矩阵，有 7 个自由度，求解至少需

要 7 个匹配点。利用 7 点求解时可能存在 3 个解，典型的线性算法为 8 点算法。给定 8 个或以上的匹配点，利用式(4-61)确定解向量 $\boldsymbol{f}$，即求解 $\min_f=\|\boldsymbol{Af}\|^2$。由于平凡解 $f=0$ 没有实际意义，在最小化求解过程中需要加入某些约束避免平凡解的出现，常用方法是线性最小二乘法和奇异值分解法。

(1) 线性最小二乘法：对基础矩阵加入约束的一种方法是令 $\boldsymbol{F}$ 中的一个元素为 1，利用线性最小二乘法求解。不妨令向量 f 的最后一个元素 $f_9=F_{33}=1$，即 $\boldsymbol{f}'=(f_1,f_2,\cdots,f_8,1)$，求解方程为

$$\min_f\|\boldsymbol{Af}\|^2=\min_f\|\boldsymbol{A}'\boldsymbol{f}'-\boldsymbol{A}_9\|^2=\min_f(\boldsymbol{f}'^{\mathrm{T}}\boldsymbol{A}'^{\mathrm{T}}\boldsymbol{A}'\boldsymbol{f}'-2\boldsymbol{A}_9^{\mathrm{T}}\boldsymbol{A}'\boldsymbol{f}'+\boldsymbol{A}_9^{\mathrm{T}}\boldsymbol{A}_9) \tag{4-63}$$

式中：$\boldsymbol{A}'$ 为 $\boldsymbol{A}$ 中前 8 列构成的 $n\times 8$ 矩阵；A_9 为 A 的第 9 列(n 维单位向量)。方程满足一阶导数为零：

$$\frac{\partial\|\boldsymbol{Af}\|^2}{\partial f'}=0 \tag{4-64}$$

由向量导数的定义，对于任意的向量 $\boldsymbol{a}$，有

$$\partial(\boldsymbol{a}^{\mathrm{T}}x)/\partial x=a$$

则有

$$2\boldsymbol{A}'^{\mathrm{T}}\boldsymbol{A}'\boldsymbol{f}'-2\boldsymbol{A}'^{\mathrm{T}}\boldsymbol{A}_9=0 \tag{4-65}$$

仅当基础矩阵中设置为 1 的项(f_9)的真解不为零且其他元素不是非常小时，才能获得良好解。实际求解过程中为保证获得良好解，一般将 $\boldsymbol{F}$ 矩阵的 9 个元素分别置 1 进行求解，最后保留最好的解。

(2) 奇异值分解法：对基础矩阵加入约束的另一种方法是加入 $\|\boldsymbol{f}\|^2=\boldsymbol{f}^{\mathrm{T}}\boldsymbol{f}=1$ 约束，进行最优化求解

$$\min_f\|\boldsymbol{Af}\|^2 \quad 对应 \quad \|\boldsymbol{f}\|^2=\boldsymbol{f}^{\mathrm{T}}\boldsymbol{f}=1 \tag{4-66}$$

可通过拉格朗日乘子转换成无约束最优化问题：

$$\frac{\partial\|\boldsymbol{Af}\|^2}{\partial f}-\lambda\frac{\partial\|\boldsymbol{f}\|^2}{\partial\boldsymbol{f}}=0 \quad 且 \quad \|\boldsymbol{f}\|^2=1 \tag{4-67}$$

式中：λ 为拉格朗日乘子。

将 $\|\boldsymbol{Af}\|^2=(\boldsymbol{Af})^{\mathrm{T}}\boldsymbol{Af}=\boldsymbol{f}^{\mathrm{T}}\boldsymbol{A}^{\mathrm{T}}\boldsymbol{Af}$ 和 $\|\boldsymbol{f}\|^2=\boldsymbol{f}^{\mathrm{T}}\boldsymbol{f}$ 代入

$$\frac{\partial\|\boldsymbol{Af}\|^2}{\partial\boldsymbol{f}}-\lambda\frac{\partial\|\boldsymbol{f}\|^2}{\partial\boldsymbol{f}}\boldsymbol{A}^{\mathrm{T}}\boldsymbol{Af}-\lambda\boldsymbol{f}=0 \tag{4-68}$$

方程转化成求解 $\hat{f}$ 和 $\hat{\lambda}$ 以满足

$$\boldsymbol{A}^{\mathrm{T}}\boldsymbol{A}\hat{\boldsymbol{f}}=\hat{\lambda}\,\hat{\boldsymbol{f}} \tag{4-69}$$

式中：$\hat{\boldsymbol{f}}$ 是矩阵 $\boldsymbol{A}^{\mathrm{T}}\boldsymbol{A}$ 的特征值 $\hat{\lambda}$ 对应的特征向量。由于矩阵 $\boldsymbol{A}^{\mathrm{T}}\boldsymbol{A}$ 是半正定对称矩阵，所有特征值均是大于等于零的实数。$\boldsymbol{A}^{\mathrm{T}}\boldsymbol{A}$ 的 9 个特征值按降序排列满足

$$\hat{\lambda}_1\geqslant\cdots\geqslant\hat{\lambda}_i\geqslant\cdots\geqslant\hat{\lambda}_9\geqslant 0$$

利用 $\|\boldsymbol{f}\|^2=\boldsymbol{f}^{\mathrm{T}}\boldsymbol{f}=1$ 的性质，由式(4-68)可以得到

$$\|\boldsymbol{A}\hat{\boldsymbol{f}}\|^2=\hat{\boldsymbol{f}}^{\mathrm{T}}\boldsymbol{A}^{\mathrm{T}}\boldsymbol{A}\hat{\boldsymbol{f}}=\hat{\lambda}_i \tag{4-70}$$

式(4-66)极小最优化问题的解是最小特征值 λ_9 对应的特征向量。

线性算法能够产生解析解，但对噪声非常敏感，原因有两个：一是输入的观测值数据

没有归一化；二是没有加入秩为 2 的约束。

(3) 图像观测值数据归一化：由于特征像点像素坐标的变化范围相当大，导致基础矩阵的求解过程十分不稳定，对噪声非常敏感。以分辨率为 1316 像素×1035 像素的相机为例，像点坐标变化达到±400 以上，由式(4－60)可以看出：像素坐标乘积项 $u_i'u_i$ 的变化达到800^2，一次项的变化为 800，而最后项为 1。A 中所有项的变化范围为800^2，A^TA 中所有项的变化范围为800^4，即 4×10^{11}。如此大的量级导致任何一个微小噪声均能产生很大的影响，产生病态问题，使求解过程相当不稳定，有必要对图像观测值进行归一化处理。

归一化通过对图像观测值序列进行平移和比例缩放实现。将像素坐标移动到特征像点序列的中心，通过比例缩放使图像观测值在较小的取值范围内，增加算法的稳定些。归一化操作对两幅图像同时进行，这里只考虑第一幅图像的归一化问题，形同的运算过程可应用于第二幅图像。设变换因子矩阵为 $\boldsymbol{T}$，经变换之后的图像观测值为 $\tilde{u}_i=Tu_i$，其中 $\boldsymbol{T}$ 表示为

$$\boldsymbol{T}=\begin{pmatrix}a_1 & 0 & 0\\ 0 & a_2 & 0\\ 0 & 0 & 1\end{pmatrix}\begin{pmatrix}\cos\phi & \sin\phi & 0\\ -\sin\phi & \cos\phi & 0\\ 0 & 0 & 1\end{pmatrix}\begin{pmatrix}1 & 0 & \frac{1}{n}\sum_{i}^{n}=_1 u_i\\ 0 & 1 & \frac{1}{n}\sum_{i}^{n}=_1 v_i\\ 0 & 0 & 1\end{pmatrix} \tag{4-71}$$

式(4－71)中，右矩阵将像素坐标系平移到图像观测值序列的中心，中间矩阵实现旋转，左矩阵完成图像观测值的比例缩放(以平移后的像素坐标系为中心)。

图像观测值归一化主要有各向同性和各向异性两种。各向同性归一化是指图像 u 和 v 方向采用相同的比例因子，即

$$\alpha_1=\alpha_2=\frac{\sqrt{2}}{\dfrac{\sum_{i=1}^{n}(\Delta u_i^2+\Delta v_i^2)^{1/2}}{n}}=\frac{\sqrt{2}}{d_1} \tag{4-72}$$

式中：$\Delta u_i=u_i-\frac{1}{n}\sum_{i=1}^{n}u_i$，$\Delta v_i=v_i-\frac{1}{n}\sum_{i=1}^{n}v_i$，分别为特征像点到平移后像素坐标系原点的水平距离和垂直距离。归一化后，特征像点到原点的平均距离为$\sqrt{2}$，即“平均”特征像点的齐次坐标向量为$(1,1,1)^T$，称为 $[\sqrt{2},\sqrt{2}]$ 归一化。

各向异性归一化是对图像观测值的水平和垂直方向分别采用不同的比例因子。Richard Hartley 提出的方法是：像素坐标原点平移到图像观测值序列的中心，比例缩放后图像观测序列的两个主矩均等于 1，使图像观测值序列相对于平移后的像素坐标系原点构成近似半径为 1 的对称圆形分布，称为 [－1，－1] 归一化。

设特征像点坐标为 $u_i=(u_i,v_i,1)(i=1,\cdots,n)$，构成矩阵 $\sum_{i=1}^{n}u_iu_i^T$。该矩阵是对称半正定矩阵，对其进行 Choleski 分解：

$$\sum_{i=1}^{n}u_iu_i^T=nKK^T \tag{4-73}$$

式中：$\boldsymbol{K}$ 为上三角阵矩形。进一步推导，得

$$\sum_{i=1}^{n} K^{-1} u_i u_i^{\mathrm{T}} K^{-\mathrm{T}} = nI \tag{4-74}$$

式中：$\boldsymbol{I}$ 为单位矩阵。设 $\hat{u}_i = K^{-1} u_i$，有

$$\sum_{i=1}^{n} \hat{u}_i \hat{u}_i^{\mathrm{T}} = nI \tag{4-75}$$

归一化后，$\hat{u}_i$ 转化为中心在原点，两个主矩均等于1的图像观测值序列。

另一种各向异性归一化方法是由 Boufama 和 Mohr 提出的，选择相互具有最大距离的4个点，通过归一化使图像观测值序列处于［−1，1］区间之内。归一化变换因子矩阵 $\boldsymbol{T}$ 为

$$\boldsymbol{T} = \begin{pmatrix} \dfrac{2}{u_{\max} - u_{\min}} & 0 & -\dfrac{2}{u_{\max} - u_{\min}} u_{\min} + 1 \\ 0 & \dfrac{2}{v_{\max} - v_{\min}} & -\dfrac{2}{v_{\max} - v_{\min}} v_{\min} + 1 \\ 0 & 0 & 1 \end{pmatrix} \tag{4-76}$$

实验证明，各向同性或各向异性归一化的结果差别很小。处理过程归结如下。

① 利用各向同性或各向异性变换因子矩阵 $\boldsymbol{T}$ 和 T' 对图像坐标进行变换：$\tilde{u}_i = Tu_i$ 和 $\tilde{u}_i' = T'u_i'$，对特征像点序列进行质心平移和坐标比例缩放。

② 求解对应点 $\tilde{u}_i \leftrightarrow \tilde{u}_i'$ 的基础矩阵 $\tilde{\boldsymbol{F}}$。

③ 恢复基础矩阵 $\boldsymbol{F} = \boldsymbol{T}'^{\mathrm{T}} \tilde{\boldsymbol{F}} \boldsymbol{T}$。

(4) 秩2约束的加入：为了加入秩2约束，用秩为2的矩阵代替被估计矩阵，设矩阵 $\boldsymbol{F}$ 的奇异值分解为

$$\boldsymbol{F} = \boldsymbol{UDV}^{\mathrm{T}} \tag{4-77}$$

用 $\hat{D} = diag(\sigma_1, \sigma_2, 0)$ 代替 $D = diag(\sigma_1, \sigma_2, \sigma_3)$，基础矩阵的降秩近似为

$$\hat{\boldsymbol{F}} = \boldsymbol{U}\hat{\boldsymbol{D}}\boldsymbol{V}^{\mathrm{T}} \tag{4-78}$$

经过对图像坐标归一化和秩2约束的加入，线性化算法可以相对稳定和精确地实现对基础矩阵的估计。

2) 非线性算法

由于图像观测值存在误差，基础矩阵的求解变成极小最优化为题，选取合适的优化误差函数是关键因素之一。线性算法的优化函数没有直接的物理意义，求解的精度受到一定影响。提高解算精度的方法是选择某些具有物理意义的几何误差，采用非线性算法求解。选取的优化误差函数主要包括以下几种。

(1) 对称变换误差法：对称变换误差法利用特征像点到对应匹配点的外极线间距离 $d^2(ui, F_{ui}')$ 作为优化函数。为了避免两成像之间的外极几何相互矛盾，通常对两幅图像中的特征像点到对应外极线的距离误差同时最小化(图4.45)，目标函数为

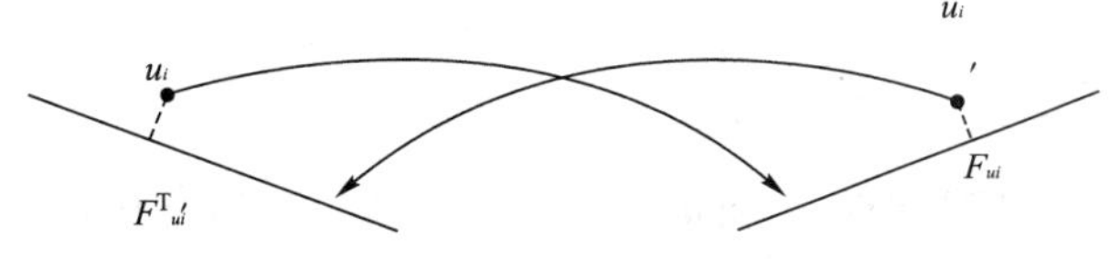

图4.45　对称变换误差

$$\min_F \sum_{i=1}^{n} [d^2(u_i', Fu_i) + d^2(u_i, F^T u_i')] \tag{4-79}$$

设 $l_i = F^T u_i' = (l_1, l_2, l_3)^T$，$l_i' = Fu_i = (l_1', l_2', l_3')^T$ 分别为第一符合第二幅图像的外极线描述。两幅图像点到中外极线的距离分别为

$$d(u_i, F^T u_i') = \frac{u_i l_i}{\sqrt{l_1^2 + l_1^2}} = \frac{u_i^T F^T u_i'}{\sqrt{l_1^2 + l_2^2}}$$

$$d(u_i', Fu_i) = \frac{u_i' l_i'}{\sqrt{l_1'^2 + l_2'^2}} = \frac{u_i'^T F u_i}{\sqrt{l_1'^2 + l_2'^2}}$$

由于$u_i^T F^T u_i'^T = u_i'^T F u_i$，则式(4-79)可改写为

$$\min_F \sum_{i=1}^{n} \left(\frac{1}{l_1^2 + l_2^2} + \frac{1}{l_1'^2 + l_2'^2} \right) (u_i'^T F u_i)^2 \tag{4-80}$$

(2) 反推投影误差法：反推投影误差法是在满足 $\det(\boldsymbol{F}) = 0$ 的约束下，寻找满足 $\hat{u}_i^T F \hat{u}_i = 0$ 的基础矩阵 $\boldsymbol{F}$ 和反推投影点 $\hat{u}_i$ 和 u_i'，使特征像点观测值与对应反推投影之间的距离平方和最小，如图 4.46 所示，目标函数为

$$\min_{F, \hat{u}_i \hat{u}_i'} \sum_{i=1}^{n} [d^2(u_i + \hat{u}_i) + d^2(u_i', \hat{u}_i')] \tag{4-81}$$

同样为了保证对称性，最小化在两幅图像中同时完成。

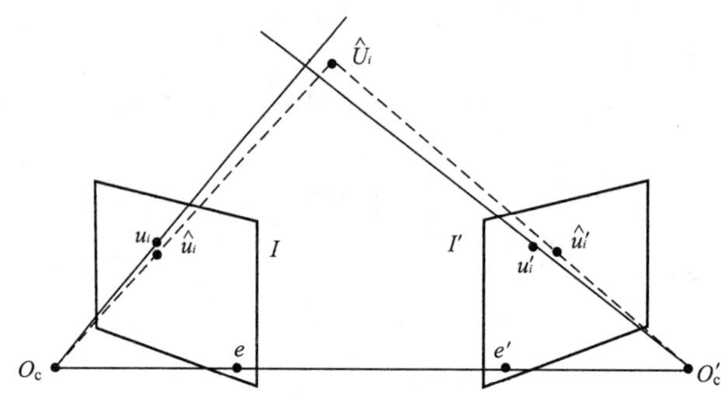

图 4.46　反推投影误差

(3) 梯度法：梯度法利用 J. Weng 等提出的最小化 Weng 距离来构建优化误差函数。在优化 $\min_F \sum_{i=1}^{n} (u_i'^T F u_i)^2$ 时，求和项 $e_i = u_i'^T F u_i$ 对应的不同特征像点对应具有不同的方差，无法得到基础矩阵的良好估计。采用加权平方和最小的目标函数为

$$\min_F \sum_{i=1}^{n} (e_i^2 / \sigma_{ei}^2) \tag{4-82}$$

式中：σ_{ei}^2 和 e_i 的方差，是关于特征像点 u_i 和 u_i' 方差的函数。

$$\sigma_{ei}^2 = \frac{\partial e_i^T}{\partial u_i} C_{u_i} \frac{\partial e_i}{\partial u_i} + \frac{\partial e_i^T}{\partial u_i'} C_{u_i}' \frac{\partial e_i}{\partial u_i'} \tag{4-83}$$

式中：C_{u_i} 和 $C_{u_i'}$ 分别为特征像点 u_i 和 u_i' 的协方差矩阵，当特征像点得噪声服从独立均匀的高斯分布时，协方差矩阵描述为

$$C_{u_i}=C_{u_i'}=\begin{pmatrix}\sigma^2 & 0\\ 0 & \sigma^2\end{pmatrix}$$

因此有

$$\sigma_{e_i}^2=\sigma^2(l_1^2+l_2^2+l'^2_1+l'^2_2)$$

对式(4-82)的每一项同乘以常 σ^2 不会影响最终优化结果，目标函数变为

$$\min_F\sum_{i=1}^n(u_i'^{\mathrm{T}}Fu_i)^2/g_i^2 \tag{4-84}$$

式中：g_i 为 e_i 的梯度；$g_i=(l_1^2+l_2^2+l'^2_1+l'^2_2)^{1/2}$。

梯度法具有理想的特性：在一阶近似下，e_i/σ_{e_i} 各项服从方差相同(等于1)的高斯分布。比较式(4-84)和式(4-80)可以看出，两式具有相似的形式，只是罚函数的选取不同。

(4) 基础矩阵参数化方法：由于基础矩阵为正交矩阵($\det(\boldsymbol{F})=0$)，为了在基础矩阵估计中加入秩2约束，需要对基础矩阵进行参数化。

① 直接将基础矩阵的一行(或一列)表示成矩阵元素的线性组合：

$$\boldsymbol{F}=\begin{pmatrix}\omega_1 & \omega_2 & \omega_3\\ \omega_4 & \omega_5 & \omega_6\\ \omega_7\omega_1+\omega_8\omega_4 & \omega_7\omega_2+\omega_8\omega_5 & \omega_7\omega_3+\omega_8\omega_6\end{pmatrix} \tag{4-85}$$

② 直接进行外级变换：设两个外极点的像素坐标为 $e=(e_1, e_2)$和 $e'=(e_1', e_2')$，a、b、c、d 表示对应外极线的参数。

$$F=\begin{pmatrix}b & a & -ae_2-be_1\\ -d & -c & ce_2+de_1\\ de_2'-be_1' & ce_2'-ae_1' & ae_2e_1'+be_1e_1'-ce_2e_2'-de_2'e_1\end{pmatrix} \tag{4-86}$$

由于基础矩阵定义在一个比例因子的基础上，将 a、b、c、d 这4个参数中的一个用其他3个表示，使基础矩阵的自由度降为7。参数化之后基础矩阵各项与原基础矩阵项之间的关系如下

$$\begin{cases}a=F_{12}\\ b=F_{11}\\ c=-F_{22}\\ d=\dfrac{1+bc}{a}\\ e_1=\dfrac{F_{23}F_{12}-F_{22}F_{13}}{F_{22}F_{11}-F_{12}F_{21}}\\ e_2=\dfrac{F_{13}F_{21}-F_{11}F_{23}}{F_{22}F_{11}-F_{12}F_{21}}\\ e_1'=\dfrac{F_{32}F_{21}-F_{22}F_{31}}{F_{22}F_{11}-F_{12}F_{21}}\\ e_2'=\dfrac{F_{31}F_{12}-F_{11}F_{32}}{F_{22}F_{11}-F_{12}F_{21}}\end{cases} \tag{4-87}$$

参数化后利用非线性方法求解，得到7个独立参数并恢复原基础矩阵。

3）鲁棒算法

为了剔除错误定位或错误匹配，需要估计误差项的标准偏差，由此提出鲁棒算法(Robust Algorithm)。常用的鲁棒算法包括M估计法、最小中值二乘法(LMedS)、随机一致性采样法(RANSAC)和最大似然估计采样法(简称M估计法)等，这里主要讨论M估计法。

设 $r_i = u'^{\mathrm{T}}_i F u_i$ 为第 i 个成像点对的残余误差，M估计为

$$\min \sum_i \omega_i (r_i^{(k-1)}) r_i^2 \tag{4-88}$$

式中：上标 k 表示迭代次数；权重项 $\omega_i(r_i^{(k-1)})$ 在每次迭代后需要重新计算，公式如下：

$$\omega_i = \begin{cases} 1, & |r_i| \leqslant \sigma \\ \sigma/|r_i|, & \sigma < |r_i| \leqslant 3\sigma \\ 0, & 3\sigma < |r_i| \end{cases} \tag{4-89}$$

σ 为

$$\hat{\sigma} = 1.4826[1 + 5/(n-p)]median|r_i| \tag{4-90}$$

式中：n 为数据量大小；p 为参数向量的维数。

3．基础矩阵求解算法对比分析

为了分析基础矩阵求解算法的性能，利用各算法求解的基础矩阵计算各特征像点的外极线及对应匹配点到外极线的距离，以距离的统计结果作为评价依据。

当基础矩阵已知时，相应的特征像点到外极线的绝对距离为

$$d(u_i, Fu'_i) = \left| \frac{u_i^{\mathrm{T}} l_i}{\sqrt{l_1^2 + l_2^2}} \right| = \left| \frac{u_i^{\mathrm{T}} F u'_i}{\sqrt{l_1^2 + l_2^2}} \right| \tag{4-91}$$

$$d(u'_i, F^{\mathrm{T}} u_i) = \left| \frac{u'^{\mathrm{T}}_i l'_i}{\sqrt{l'^2_1 + l'^2_2}} \right| = \left| \frac{u'^{\mathrm{T}}_i F^{\mathrm{T}} u_i}{\sqrt{l'^2_1 + l'^2_2}} \right| \tag{4-92}$$

为了保证对称性，距离计算在两幅图像中同时进行，平均距离为

$$\bar{d} = \frac{\sum_{i=1}^{n} [d(u_i, Fu'_i) + d(u'_i, F^{\mathrm{T}} u_i)]}{2n} \tag{4-93}$$

根据贝塞尔(Bessel)公式，测量标准差的估计值为

$$\sigma = \sqrt{\frac{\sum_{i=1}^{n} \{[d(u_i, Fu'_i) - \bar{d}]^2 + [d(u'_i, F^{\mathrm{T}} u_i) - \bar{d}]^2\}}{2n-1}} \tag{4-94}$$

4．基于编码点的相机相对方位求解

由上述讨论可知：已知至少8个空间特征点在两幅图像中的对应关系，便可确定两成像基站之间的相对方位，可以利用8个以上具有唯一确定标号的编码特征点在基站中成像，实现基础矩阵和各成像基站相对方位的求解。如图4.47所示，在两基站的图像中存在若干特征点对(如环形编码点、GSI编码点的中心特征位或GSI编码点拆分后的任一特征位及编码位等)，利用这些点对可以计算矩阵 F。

基础矩阵求解存在多种算法，采用基于M估计的鲁棒算法解算基础矩阵，能够消除由于噪声干扰产生的图像观测值误差和误匹配，与其他非线性迭代算法相比，计算简单，

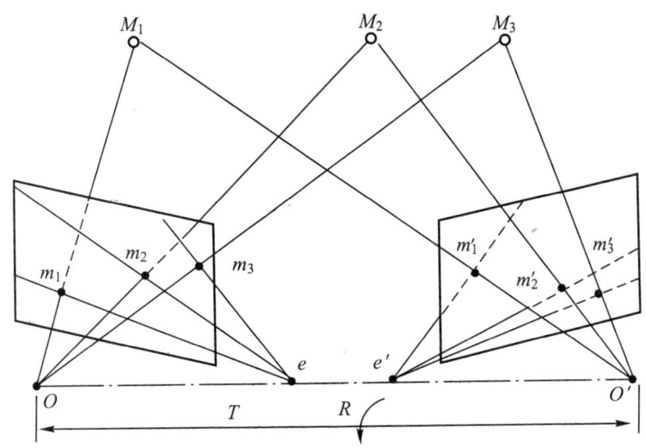

图 4.47　编码特征点成像匹配示意图

运算速度较快。

采用非线性迭代方法，要求具有良好的迭代初值，可利用归一化 8 点线性算法确定。基础矩阵的估计方法归结如下。

(1) 在两幅图像中计算图像点序列。

(2) 进行图像坐标归一化。

(3) 加入秩 2 约束。

(4) 利用奇异值分解 8 点算法求解基础矩阵的初值。

(5) 利用 M 估计鲁棒算法优化基础矩阵。

设相机内参数已知，根据式 $\boldsymbol{F}=\boldsymbol{A}'^{-\mathrm{T}}\boldsymbol{E}\boldsymbol{A}^{-1}$ 求解本质矩阵 $\boldsymbol{E}$(包含比例因子)，通过分解 $\boldsymbol{E}$ 得到旋转矩阵 $\boldsymbol{R}$ 和平移矩阵 $\boldsymbol{T}$

$$\boldsymbol{E}=\boldsymbol{VWU}^{\mathrm{T}} \tag{4-95}$$

分解得到

$$\boldsymbol{R}=\boldsymbol{V}\begin{pmatrix}0 & 1 & 0\\ -1 & 0 & 0\\ 0 & 0 & t\end{pmatrix}\boldsymbol{U}^{\mathrm{T}}$$

$$\boldsymbol{T}=s\begin{pmatrix}e_1\cdot e_2/e_2\cdot e_3\\ e_1\cdot e_2/e_1\cdot e_3\\ 1\end{pmatrix} \tag{4-96}$$

式中：s 为比例因子；e_i 为本质矩阵的第 i 行。

式(4-96)确定的平移矢量是包含比例因子 s 的不确定量，在相机光轴反向延伸线上的任意两成像基站均满足基础矩阵求解条件，使物体空间特征点之间的距离与两基站之间的基线距离存在比例缩放关系。为了唯一确定基站的相对方位，必须在物体空间中设置尺度基准。

理论上，测量空间中设置一个尺度基准便可确定比例因子。由于测量存在误差，为了得到整个测量空间中的全局优化结果，通常需要在不同方向和位置设置多个尺度基准。在数字化视觉精密测量系统中，同时测量物体空间内不同位置的比例基准尺，获得比例因子：

$$s=\frac{1}{n}\frac{\sum_{i=1}^{n}d_i}{d_0} \tag{4-97}$$

式中：n 为比例基准尺采样次数；d_0 为比例基准尺上两特征点之间的距离(经过精密校准)；d_i 为在 $\|T\|=1$ 情况下的重构长度。得到比例因子后，可以确定两基站之间的相对方位。

4.7 空间特征点匹配

空间特征点匹配是指建立各成像基站中同名像点对应关系的过程，是数字化视觉精密测量不可缺少的关键步骤之一。

利用空间光束交会约束求解待测特征点三维坐标需要建立同名像点的对应关系，将对应的图像坐标观测值代入数学模型进行优化求解。除外部方位装置和编码点具有确定的标号和匹配关系外，空间待测特征点的像点在各成像基站中的对应关系未知，需要进行匹配。

4.7.1 基于外极线约束的特征点匹配法

由外极线约束可知：图 4.48 中，像面 I 上的像点 m 在像面 I' 上的匹配点 m' 必定在 m 对应的外极线 $e'm'$ 上。外极线约束将匹配点的搜索范围从二维像面空间缩小到一维极线空间。

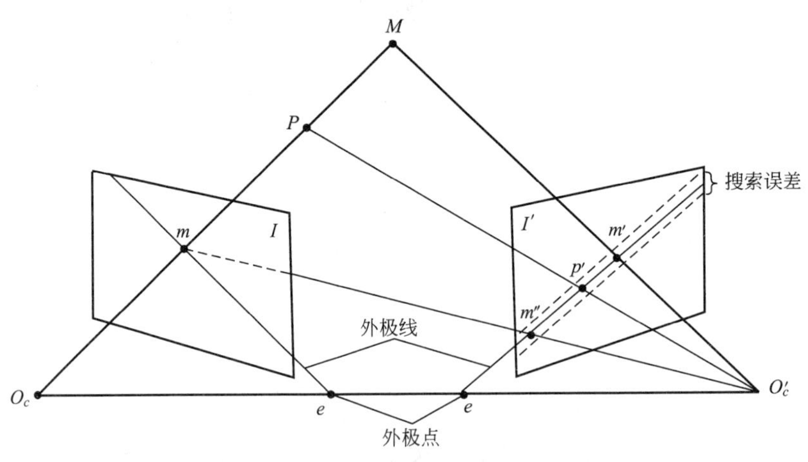

图 4.48 基于外极线约束的特征点匹配搜索

若两成像基站点相对方位确定，像面 I 上像点 m 在像面 I' 上的外极线可以利用透视投影方程得到。例如，对应特征像点 m 的空间直线 O_cm 在像面 I' 的投影 $e'm''$ 即是 m 的外极线。考虑到成像基站相对方位求解误差和特征像点定位误差的影响，匹配特征像点的搜索范围变成外极线周围的一个误差带，如图 4.48 像面 I' 中虚线区域。外极线几何确定的是“点—直线”映射关系，且外极线周围存在误差带，匹配特征像点的搜索存在多义性，既满足搜索条件的像点不一定是正确匹配点。例如图 4.48 中，空间中处于同一射线 O_cM 上的点M和P，在像面I上的投影都是m，在像面I'上的投影是位于同一外极线$e'm''$上的点m'和p'，均符合匹配搜索条件，出现特征点匹配的多义性，导致空间特征点三维坐标计算错误。

为了避免匹配的多义性，实现精确匹配，通常采用三成像基站特征点匹配法，即外极限约束的三张量方法。

如图4.49所示，空间点M和P在像面I上的投影都是m，在像面I'和I''上的匹配像点分别为m'、p'和m''、p''，分别位于外极线l'和l'''(像面I''中的虚线)上，像面I'上特征像点m'和p'在像面I''上对应的外极线分别为h'和h''。由外极线约束可知，m''位于外极线h'和l'''上，p''位于外极线h''和l'''上，即m''、p''分别是l'''与h''、l'''与h''的交点，M和P在各像面上像点的匹配关系能够唯一确定。外极限约束三张量法将匹配点的搜索范围由一维极限空间进一步缩小到两条直线的交点，避免了特征点匹配的多义性。

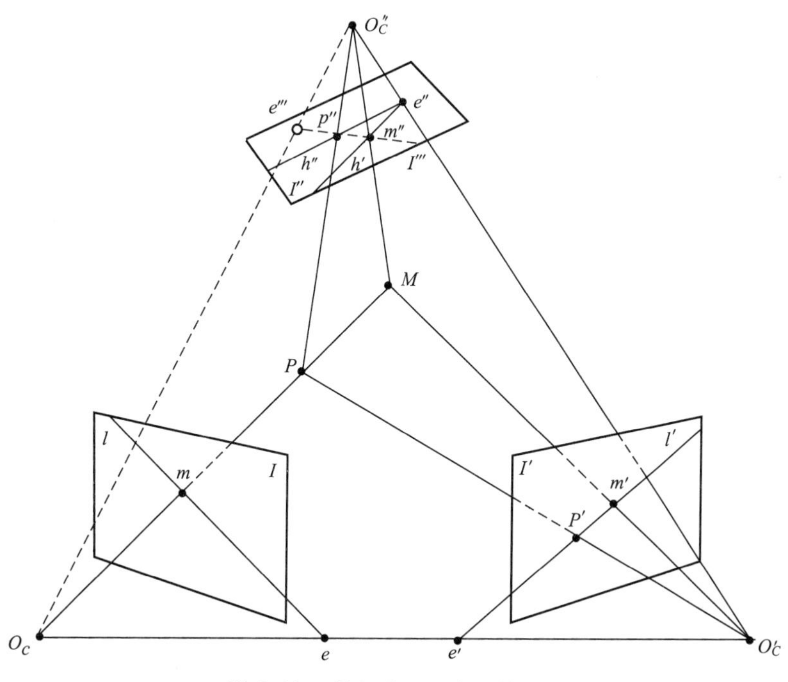

图4.49 特征点匹配多义性消除

4.7.2 基于外极平面角的特征点匹配方法

数字化视觉精密测量中，另一种常用的特征点匹配方法是Sabel和Furnee提出的外极平面角法。

外极平面角几何关系如图4.50所示：两相机基线矢量$\boldsymbol{c}_{12}$(原点C_1到C_2的矢量)与相机1光轴矢量$\boldsymbol{a}_1$确定的平面称为外极平面；空间点M与基线矢量确定片面称为投影平面；投影平面与外极平面的夹角称为外极角。数学描述为：

$$\boldsymbol{a}_1=\boldsymbol{R}_1\begin{pmatrix}0\\0\\-1\end{pmatrix} \tag{4-98}$$

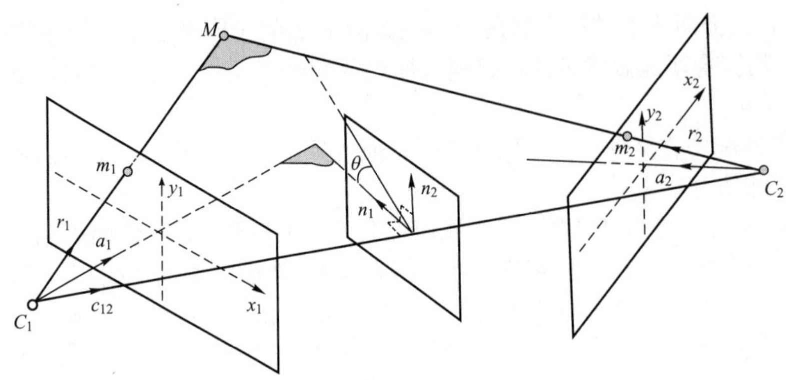

图 4.50　外极平面角几何关系

式中：$\boldsymbol{R}_1$ 为第一相机成像基站相对于世界坐标系的旋转矩阵。

由于 $\boldsymbol{c}_{12}$、$\boldsymbol{a}_1$ 和 $\boldsymbol{n}_1$ 同处于外极平面上，$\boldsymbol{n}_2$ 为外极平面的法向量，有式(4-99)。

$$\boldsymbol{n}_2=\boldsymbol{c}_{12}\times\boldsymbol{a}_1 \tag{4-99}$$

式中：c_{12}为基线向量

$$\boldsymbol{c}_{12}=\frac{c_2-c_1}{|c_2-c_1|}$$

则

$$\boldsymbol{n}_1=\boldsymbol{n}_2\times\boldsymbol{c}_{12} \tag{4-100}$$

已知特征点的图像观测坐标，结合相机内参数和基站外部方位可以确定特征点的外极角。特征像点向量为：

$$\boldsymbol{r}_j^i=\boldsymbol{R}_j\begin{pmatrix}x_i\\y_i\\c\end{pmatrix} \tag{4-101}$$

式中：R_j 为第 j 个成像基站相对于世界坐标系的旋转矩阵；$(x_i,\ y_i)$为畸变校正的特征点像面坐标(即理想图像坐标)；c 为相机的有效焦距。

对应外极平面角为

$$\theta_{ij}=\arctan(n_2\cdot r_j^i,\ n_1\cdot r_j^i) \tag{4-102}$$

式中：θ_{ij}为第 j 个成像基站中第 i 个特征像点的外极平面角。在各成像基站中，外极角在一定阀值内的特征像点是匹配候选点。

单纯依赖两基站的特征点匹配存在多义性，需引入第三或更多基站实现精确匹配。实际工程应用中通过反推验证完成：当两幅图像中存在匹配候选点时，通过空间交会测量方法计算对应的空间特征点，将得到的空间特征点投影到第三幅图像中，如果第三幅图像中存在特征像点与之匹配(在允许的阀值范围内)，证明该像点及前两幅图像中的匹配候选点是匹配点。

4.8　三角测量与反推投影

三角测量与反推投影是好视觉精密测量中常用的基本方法，应用十分广泛，如特征点匹配的验证及多义性消除、空间特征点三维坐标初值计算、迭代过程中特征像点像面误差评价等。

4.8.1 空间特征点三角测量原理

三角测量是指已知左图像点坐标(x_l, y_l)、右图像匹配点坐标(x_r, y_r)及两成像基站的相对方位，确定空间特征点三维坐标(X, Y, Z)的过程，双目立体视觉测量方法就是一种典型的三角测量。

1. 理想情况下的三角测量模型

三角测量根据视差原理实现空间三维点坐标测量，是典型的空间交会(Intersection)问题。通过内参数校准和相对方位求解预先得到两相机的内部方位参数，对于空间一点在两幅图像中的特征点对，得到关于3个未知坐标的4个观测值方程，求解方程组即可确定特征点的空间坐标，如图4.51所示。

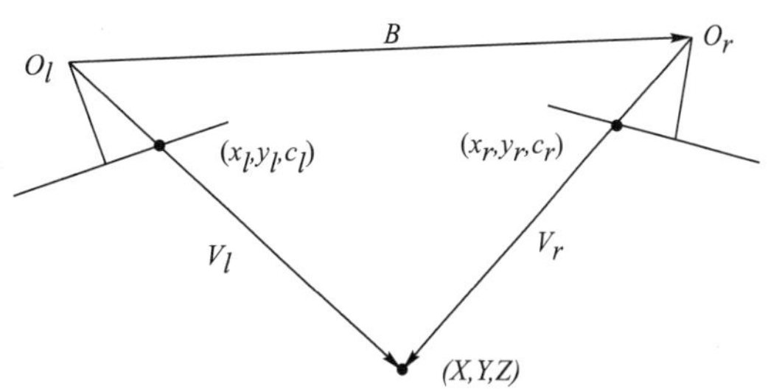

图4.51 三角测量理想成像模型

理想情况下，相机成像抽象为针孔模型，特征像点无噪声干扰，左右图像中对应特征像点的投影线(成像光束)在空间中交于一点，是待求解的空间特征点。设基线矢量，左相机投影矢量、右相机投影矢量分别为$\boldsymbol{B}$、$\mathbf{V}_l$和$\mathbf{V}_r$，根据矢量代数有：

$$\mathbf{V}_l=\boldsymbol{B}+\mathbf{V}_r \tag{4-103}$$

式中：各矢量表示为

$$\boldsymbol{B}=\begin{pmatrix}X_{or}-X_{ol}\\Y_{or}-Y_{ol}\\Z_{or}-Z_{ol}\end{pmatrix} \tag{4-104}$$

$$\mathbf{V}_l=s_l\boldsymbol{R}_l\begin{pmatrix}x_l-x_{or}\\y_l-y_{or}\\-c_l\end{pmatrix} \tag{4-105}$$

$$\mathbf{V}_r=s_r\boldsymbol{R}_r\begin{pmatrix}x_r-x_{or}\\y_r-y_{or}\\-c_r\end{pmatrix} \tag{4-106}$$

式(4-104)～式(4-106)中，(x_l, y_l)、(x_r, y_r)为左、右像面特征点的图像坐标；(x_{ol}, y_{ol})、(x_{or}, y_{or})为左、右像面坐标系的原点坐标，c_l、c_r为左、右相机的有效焦距；s_l、s_r为左、右相机投影矢量的比例因子；(X_{ol}, Y_{ol}, Z_{ol})和R_l、(X_{or}, Y_{or}, Z_{or})和R_r分别为左、右相机坐标系相对于世界坐标系(公共坐标系)的平移矢量和旋转矩阵。

将式(4-104)～式(4-105)代入式(4-103)中得

$$\begin{pmatrix}X_{or}-X_{ol}\\Y_{or}-Y_{ol}\\Z_{or}-Z_{ol}\end{pmatrix}=s_lR_l\begin{pmatrix}x_l-x_{or}\\y_l-y_{or}\\-c_l\end{pmatrix}-s_rR_r\begin{pmatrix}x_r-x_{or}\\y_r-y_{or}\\-c_r\end{pmatrix} \tag{4-107}$$

式(4-107)是含有两个未知数参数(s_l, s_r)的方程组，求解方程组获得比例因子s_l和s_r，根据下述两方程之一即可得到空间特征点的三维坐标。

$$\begin{pmatrix} X \\ Y \\ Z \end{pmatrix} = \begin{pmatrix} X_{ol} \\ Y_{ol} \\ Z_{ol} \end{pmatrix} + slR_l \begin{pmatrix} x_l - x_{or} \\ y_l - y_{or} \\ -c_l \end{pmatrix} \tag{4-108}$$

$$\begin{pmatrix} X \\ Y \\ Z \end{pmatrix} = \begin{pmatrix} X_{or} \\ Y_{or} \\ Z_{or} \end{pmatrix} + s_r R_r \begin{pmatrix} x_r - x_{or} \\ y_r - y_{or} \\ -c_r \end{pmatrix} \tag{4-109}$$

2. 非理想情况下的三角测量模型

理想情况下，两幅(或以上)图像中对影像店的投影射线应交于一点(空间特征点)。由于相机内参数、特征点图像坐标及两相机间相对方位的确定都是非理想的，存在误差，像点投影射线不能在空间中精确相交(严格交于一点)，如图 4.52 所示，空间点坐标的求解转变成最优化问题。

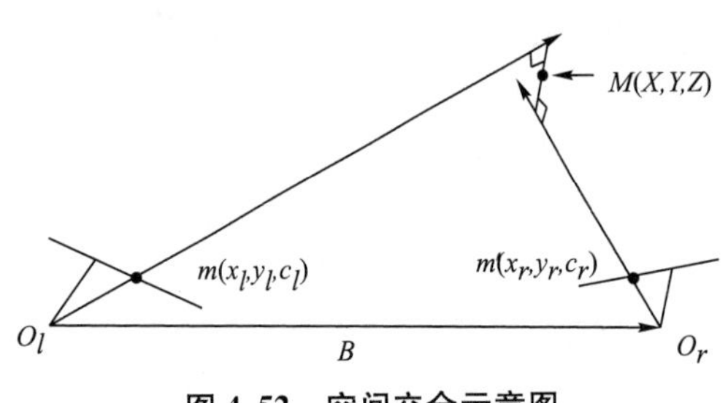

图 4.52　空间交会示意图

求解方法通常有线性方法和非线性方法两种。Richard Hartley 提出线性三角测量算法：已知两相机相对于世界坐标系的投影矩阵(P，P')及空间特征点在两幅图像中的对应像点坐标($u=(u, v, 1)^{\mathrm{T}}$，$u'=(u', v', 1)^{\mathrm{T}}$)，根据透视投影关系可以得到管与空间特征点($X=(X, Y, Z)^{\mathrm{T}}$)的 4 个线性方程 $AX=0$，利用奇异值分解法或最小二乘法求解。

线性算法中由于优化目标函数 $\|AX\|$ 没有几何意义，求解精度不高，通常选择具有几何意义的目标函数，采用迭代算法求解。一种方法是将图像观测值与空间特征点反推投影之间的距离作为最优化误差函数，利用奇异值分解法或最小二乘法等迭代方法求解。迭代方法需要选择合适的初值，由于特征点的空间坐标未知，需要利用理想三角测量方法确定。张正友等提出直接利用基础矩阵自校正过程中获得的双相机相互方位(R，T)和特征像点对(u，u')确定初值 X。

另一种方法是将图像观测值到外极线的距离作为优化误差函数。有 Richard Hartley 提出：三角测量中两投影射线在空间中不相交是由量化误差和图像特征点定位误差等引起，解决问题的关键是如何修正特征点图像观测值的误差。

根据外极线理论，特征像点应位于对应的外极线上，目标时寻找满足 $u'^{\mathrm{T}}F\hat{u}=0$ 且最接近图像观测值($u \leftrightarrow u'$)的图像对点。优化误差函数为

$$d(u, \hat{u})^2 + d(u', \hat{u}')^2 \text{ 对应 } \hat{u}'^{\mathrm{T}}F\hat{u}=0 \tag{4-110}$$

式(4-110)中图像观测值与估计值之间的最小距离是图像观测值到外极线(分别用 λ 和 λ' 表示)的垂直距离，垂直线与外极线的相交点就是求解的点。将式(4-110)改写为

$$d(u, \lambda)^2 + d(u', \lambda')^2 \tag{4-111}$$

利用解得的点对 $\hat{u} \leftrightarrow \hat{u}'$，根据常规三角测量方法计算特征点的三维空间坐标。

3. 空间特征点到投影射线距离平方和优化方法

空间特征点三维坐标求解的另一种常用方法是利用估计点到投影射线的距离平方和最小作为优化目标。

(1) 空间特征点到投影射线之间的距离。如图 4.53 所示，端点在左相机原点 $O_l(X_{ol}$，Y_{ol}，$Z_{ol})$且过特征像点 $m(x_l$，$y_l)$的射线的归一化矢量为 $\hat{v}_l=\alpha_l\hat{x}+\beta_l\hat{y}+\gamma_l\hat{z}$($\hat{x}$，$\hat{y}$，$\hat{z}$ 为单位矢量)，可由特征像点的观测值及相机内参数确定

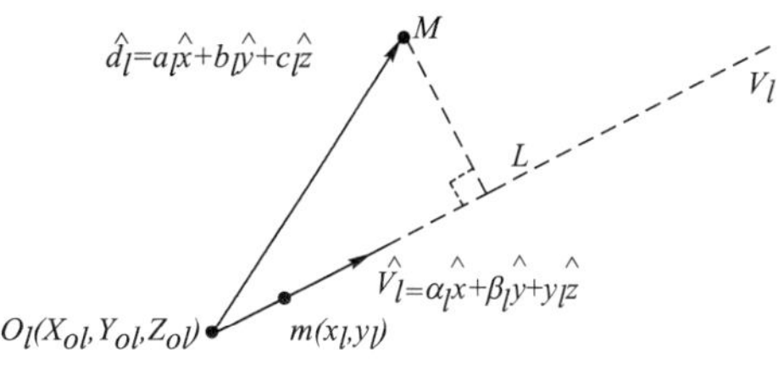

图 4.53 点到射线的距离

$$\begin{pmatrix}\alpha_l\\\beta_l\\\gamma_l\end{pmatrix}=R\begin{pmatrix}x_l-x_{ol}\\y_l-y_{ol}\\-c_l\end{pmatrix}\tag{4-112}$$

同理，右相机对应的归一化矢量 $\hat{v}_r=\alpha_r\hat{x}+\beta_r\hat{y}+\gamma_r\hat{z}$

$$\begin{pmatrix}\alpha_l\\\beta_l\\\gamma_l\end{pmatrix}=R\begin{pmatrix}x_l-x_{ol}\\y_l-y_{ol}\\-c_l\end{pmatrix}\tag{4-113}$$

过 M 点做垂直射线 V_l 的线段 ML，空间特征点 $M(X，Y，Z)$到射线 V_l 的距离为向量$\overrightarrow{ML}$的长度。

向量$\overrightarrow{O_lM}$可表示为

$$\overrightarrow{O_lM}=(X-X_{ol})\hat{x}+(Y-Y_{ol})\hat{y}+(Z-Z_{ol})\hat{z}\tag{4-114}$$

向量长度为

$$\|\overrightarrow{O_lM}\|=\sqrt{(X-X_{ol})^2+(Y-Y_{ol})^2+(Z-Z_{ol})^2}\tag{4-115}$$

向量$\overrightarrow{O_lL}$是$\overrightarrow{O_lM}$在射线 V_l 上的投影

$$\begin{aligned}\overrightarrow{O_lL}&=(\overrightarrow{O_lM}\hat{v}_l)\hat{v}_l\\&=[\alpha_l(X-X_{ol})+\beta_l(Y-Y_{ol})+\gamma_l(Z-Z_{ol})]\hat{v}_l\end{aligned}\tag{4-116}$$

由于 $\hat{v}_l$ 是归一化矢量，$\overrightarrow{O_lL}$的长度为

$$\|\overrightarrow{O_lL}\|=\alpha_l(X-X_{ol})+\beta_l(Y-Y_{ol})+\gamma_l(Z-Z_{ol})\tag{4-117}$$

点 O_l，M，L 构成直角三角形，根据勾股定理，可得

$$\|\overrightarrow{ML}\|^2=\|\overrightarrow{O_lM}\|^2-\|\overrightarrow{O_lL}\|^2\tag{4-118}$$

将式(4-115)和式(4-117)代入式(4-118)：

$$\begin{aligned}\|\overrightarrow{ML}\|^2=&(X-X_{ol})^2+(Y-Y_{ol})^2+(Z-Z_{ol})^2\\&[\alpha_l(X-X_{ol})+\beta_l(Y-Y_{ol})+\gamma_l(Z-Z_{ol})]^2\end{aligned}\tag{4-119}$$

有

$$\begin{aligned}\|\overrightarrow{ML}\|^2=&\{(X-X_{ol})^2+(Y-Y_{ol})^2+(Z-Z_{ol})^2\\&[\alpha_l(X-X_{ol})+\beta_l(Y-Y_{ol})+\gamma_l(Z-Z_{ol})]^2\}^{1/2}\end{aligned}\tag{4-120}$$

式(4-120)描述的是空间点 M 到左相机下端点为 O_l，指向为 $\hat{v}_l$ 的投影射线的距离。同理，空间点 M 到右相机下端点为 O_r、指向为 $\hat{v}_r$ 的投影射线的距离为：

$$\begin{aligned}\|\overrightarrow{MR}\|^2=&\{(X-X_{or})^2+(Y-Y_{or})^2+(Z-Z_{or})^2\\&[\alpha_r(X-X_{or})+\beta_r(Y-Y_{or})+\gamma_r(Z-Z_{or})]^2\}^{\frac{1}{2}}\end{aligned}\tag{4-121}$$

(2) 距离平方和最小化。考虑空间点到两条射线的总距离 D，对式(4-120)和式(4-121)求和。

$$D=\| \overrightarrow{ML} \| + \| \overrightarrow{MR} \| \tag{4-122}$$

式(4-122)是非线性方程组，采用非线性优化方法，目标函数为

$$\begin{aligned} \min D = \min\{ & (X-X_{ol})^2+(Y-Y_{ol})^2+(Z-Z_{ol})^2- \\ & [\alpha_l(X-X_{ol})+\beta_l(Y-Y_{ol})+\gamma_l(Z-Z_{ol})]^2+(X-X_{or})^2+(Y-Y_{or})^2+(Z-Z_{ol})^2- \\ & [\alpha_r(X-X_{or})+\beta_r(Y-Y_{or})+r_r(Z-Z_{or})^2]\} \end{aligned} \tag{4-123}$$

(3) 优化点求解。为了求解优化的空间三维坐标，对 D 求导并使偏微分等于零。

$$\begin{aligned} \frac{\partial D}{\partial X} = & 2(X-X_{ol})^2-2\alpha_l[\alpha_l(X-X_{ol})+\beta_l(Y-Y_{ol})+\gamma_l(Z-Z_{ol})]+ \\ & 2(X-X_{or})^2-2\alpha_r[\alpha_r(X-X_{or})+\beta_r(Y-Y_{or})+\gamma_r(Z-Z_{or})] \\ = & 0 \end{aligned} \tag{4-124}$$

$$\begin{aligned} \frac{\partial D}{\partial Y} = & 2(Y-Y_{ol})^2-2\alpha_l[\alpha_l(X-X_{ol})+\beta_l(Y-Y_{ol})+\gamma_l(Z-Z_{ol})]+ \\ & 2(Y-Y_{or})^2-2\alpha_r[\alpha_r(X-X_{or})+\beta_r(Y-Y_{or})+\gamma_r(Z-Z_{or})] \\ = & 0 \end{aligned} \tag{4-125}$$

$$\begin{aligned} \frac{\partial D}{\partial Z} = & 2(Z-Z_{ol})^2-2\alpha_l[\alpha_l(X-X_{ol})+\beta_l(Y-Y_{ol})+\gamma_l(Z-Z_{ol})]+ \\ & 2(Z-Z_{or})^2-2\alpha_r[\alpha_r(X-X_{or})+\beta_r(Y-Y_{or})+\gamma_r(Z-Z_{or})] \\ = & 0 \end{aligned} \tag{4-126}$$

整理得

$$\begin{aligned} & \begin{pmatrix} (1-\alpha_l^2)+(1-\alpha_r^2) & -\alpha_l\beta_l-\alpha_r\beta_r & -\alpha_l r_l-\alpha_r\gamma_r \\ -\alpha_l\beta_l-\alpha_r\beta_r & (1-\beta_l^2)+(1-\beta_r^2) & -\beta_l r_l-\beta_r\gamma_r \\ -\alpha_l r_l-\alpha_r\gamma_r & -\beta_l r_l-\beta_r\gamma_r & (1-\gamma_l^2)+(1-\gamma_r^2) \end{pmatrix} \begin{pmatrix} X \\ Y \\ Z \end{pmatrix} \\ = & \begin{pmatrix} [(1-\alpha_l^2)X_{ol}+(1-\alpha_r^2)X_{or}]-[\alpha_l\beta_l Y_{ol}+\alpha_r\beta_r Y_{or}]-[\alpha_l r_l Z_{ol}+\alpha_r\gamma_r Z_{or}] \\ -[\alpha_l\beta_l Y_{ol}+\alpha_r\beta_r Y_{or}]+[(1-\beta_l^2)Y_{ol}+(1-\beta_r^2)Y_{or}]-[\beta_l r_l Z_{ol}+\beta_r\gamma_r Z_{or}] \\ -[\alpha_l\beta_l Y_{ol}+\alpha_r\beta_r Y_{or}]-[\alpha_l\beta_l Y_{ol}+\alpha_r\beta_r Y_{or}]+[(1-\gamma_l^2)Z_{ol}+(1-\gamma_r^2)Z_{or}] \end{pmatrix} \end{aligned} \tag{4-127}$$

写成矩形形式为

$$Ax=b \tag{4-128}$$

式(4-127)中，(X_{ol}, Y_{ol}, Z_{ol})和(X_{or}, Y_{or}, Z_{or})已知，$(\alpha_l, \beta_l, \gamma_l)$和$(\alpha_r, \beta_r, \gamma_r)$可由式(4-112)和式(4-113)求得。线性求解得

$$x=A^{-1}b \tag{4-129}$$

式中：点 x 是满足到投影射线距离平方和最小的空间特征点。

4.8.2 空间特征点反推投影

反推投影是指已知空间特征点的三维坐标，根据相机内、外参数解算特征点在像面上投影点坐标的过程，是特征点三维坐标求解的逆过程。数字视觉精密测量中，优化平差算法的非线性迭代过程选择特征像点像面坐标误差作为目标函数，需要反复应用反推投影。

反推投影的数学描述是具有外部方位(原点坐标(X_0, Y_0, Z_0)和旋转矩阵 R)的透视

投影方程，空间点(X, Y, Z)的投影射线在相机空间的向量为

$$\boldsymbol{r}=\boldsymbol{R}^{\mathrm{T}}\begin{pmatrix}X-X_0\\Y-Y_0\\Z-Z_0\end{pmatrix} \tag{4-130}$$

$\boldsymbol{R}$ 为正交矩阵，逆矩阵等于转置矩阵。向量 r 乘以比例因子变换为

$$\boldsymbol{r}=\begin{pmatrix}r_x\\r_y\\r_z\end{pmatrix}\Rightarrow\boldsymbol{v}\begin{pmatrix}x\\y\\-c\end{pmatrix} \tag{4-131}$$

即空间点在相机空间内的向量。

由成像原理可知，空间特征点处于相机的正半空间内，r_z 始终为正，则投影像点像面坐标为

$$\begin{pmatrix}x\\y\end{pmatrix}=\frac{-c}{\gamma_z}\begin{pmatrix}\gamma_x\\\gamma_y\end{pmatrix} \tag{4-132}$$

上述计算中没有考虑到透镜畸变因素，投影像点与测量像点进行比较时，必须进行畸变校正。

4.9 空间优化平差及后处理

空间优化平差是数字视觉精密测量的核心算法之一，通过多基站成像，图像特征扫描、识别、匹配，成像基站外部方位求解等基础条件准备，最终通过光束优化平差进行求解。光束平差的实质是依据共线性约束建立多参数超定方程组，利用非线性优化方法求解。由于相机内参数、特征点匹配、外部方位的解算误差及其他不确定因素的存在，空间优化平差过程一般分为快速优化平差、后处理和精确优化平差三步，最终实现相机内参数自校准优化、成像基站外部方位校正补偿及被测空间特征点精确三维坐标求解。

4.9.1 基于共线方程的光束优化平差

1. 光束优化平差组的建立

共线方程的数学描述为

$$\begin{cases}x_m=x_0+\Delta x-c\dfrac{m_{11}(X_M-X_0)+m_{12}(Y_M-Y_0)+m_{13}(Z_M-Z_0)}{m_{31}(X_M-X_0)+m_{32}(Y_M-Y_0)+m_{33}(Z_M-Z_0)}\\y_m=y_0+\Delta y-c\dfrac{m_{21}(X_M-X_0)+m_{22}(Y_M-Y_0)+m_{23}(Z_M-Z_0)}{m_{31}(X_M-X_0)+m_{32}(Y_M-Y_0)+m_{33}(Z_M-Z_0)}\end{cases} \tag{4-133}$$

式中：镜头畸变误差改正值$(\Delta x, \Delta y)$描述为

$$\begin{cases}\Delta x=\bar{x}\gamma^2k_1+\bar{x}\gamma^4k_2+\bar{x}\gamma^6k_3+(2\bar{x}^2+\gamma^2)P_1+P_2\,\overline{xy}+b_1\bar{x}+b_2\bar{y}\\\Delta y=\bar{y}\gamma^2k_1+\bar{y}\gamma^4k_2+\bar{y}\gamma^6k_3+2P_1\,\overline{xy}+(2\bar{y}^2+\gamma^2)P\end{cases}$$

式中：$\gamma=\sqrt{\bar{x}^2+\bar{y}^2}$，$\begin{cases}\bar{x}=x-x_0\\\bar{y}=y-y_0\end{cases}$

设测量空间分布 n 个成像基站，m 个空间特征点，每个基站下成像的特征点有 $m_i=$

$(i=1, 2, \cdots, n)$个，由 $\sum_{i=1}^{n} 2m_i (i=1, 2, \cdots, n)$ 个方程建立光束平差方程组。

光束优化平差中待求解未知数包括以下几个。

(1) 空间特征点坐标$(X_j, Y_j, Z_j)(j=1, 2, \cdots, m)$。

(2) 相机内参数$(x_{oi}, y_{oi}, c_i, \Delta x_i, \Delta y_i)$，如果是单及移动测量，各基站内参数相同。

(3) 成像基站外部方位$(X_{oi}, Y_{oi}, Z_{oi}, \omega_i, \varphi_i, \kappa_i)(i=1, 2, \cdots, n)$。

2. 光束平差方程组的线性化

求解光束平差方程的目的是获得空间特征点三维坐标的最优解，相机内参数是已知初值需在优化过程中进一步修正的参数。因此，除相机内参数和外部方位参数外，共线方程需空间特征点三维坐标(X, Y, Z)求偏导数。

$$\begin{cases} \dot{X}_{10} = \dfrac{\partial F_x}{\partial X_M} = \dfrac{-c(m_{11}D - m_{31}N_x)}{D^2} \\ \dot{X}_{20} = \dfrac{\partial F_y}{\partial X_M} = \dfrac{-c(m_{21}D - m_{31}N_y)}{D^2} \end{cases}$$

$$\begin{cases} \dot{X}_{11} = \dfrac{\partial F_x}{\partial Y_M} = \dfrac{-c(m_{12}D - m_{32}N_x)}{D^2} \\ \dot{X}_{21} = \dfrac{\partial F_y}{\partial Y_M} = \dfrac{-c(m_{22}D - m_{32}N_y)}{D^2} \end{cases}$$

$$\begin{cases} \dot{X}_{12} = \dfrac{\partial F_x}{\partial Z_M} = \dfrac{-c(m_{13}D - m_{33}N_x)}{D^2} \\ \dot{X}_{22} = \dfrac{\partial F_y}{\partial X_M} = \dfrac{-c(m_{23}D - m_{33}N_y)}{D^2} \end{cases}$$

应用 Taylor 级数对共线性方程线性化，有

$$\begin{pmatrix} \dot{I}_{10} & \dot{I}_{11} & \dot{I}_{12} & \dot{I}_{13} & \dot{I}_{14} & \dot{I}_{15} & \dot{I}_{16} & \dot{I}_{17} & \dot{I}_{18} & \dot{I}_{19} \\ \dot{I}_{20} & \dot{I}_{21} & \dot{I}_{22} & \dot{I}_{23} & \dot{I}_{24} & \dot{I}_{25} & \dot{I}_{26} & \dot{I}_{27} & \dot{I}_{28} & \dot{I}_{29} \end{pmatrix} \begin{pmatrix} \Delta c \\ \Delta x_0 \\ \Delta y_0 \\ \Delta k_1 \\ \Delta k_2 \\ \Delta k_3 \\ \Delta p_1 \\ \Delta p_2 \\ \Delta b_1 \\ \Delta b_2 \end{pmatrix} \tag{4-134}$$

$$\begin{pmatrix} \dot{O}_{10} & \dot{O}_{11} & \dot{O}_{12} & \dot{O}_{13} & \dot{O}_{14} & \dot{O}_{15} \\ \dot{O}_{20} & \dot{O}_{21} & \dot{O}_{22} & \dot{O}_{23} & \dot{O}_{24} & \dot{O}_{25} \end{pmatrix} \begin{pmatrix} \Delta X_0 \\ \Delta Y_0 \\ \Delta Z_0 \\ \Delta\omega \\ \Delta\phi \\ \Delta k \end{pmatrix} + \begin{pmatrix} \dot{X}_{10} & \dot{X}_{11} & \dot{X}_{12} \\ \dot{X}_{20} & \dot{X}_{21} & \dot{X}_{22} \end{pmatrix} \begin{pmatrix} \Delta X \\ \Delta Y \\ \Delta Z \end{pmatrix}$$

$$= \begin{pmatrix} x_m - (F_x)_0 \\ y_m - (F_y)_0 \end{pmatrix}$$

用 A_1、A_2、A_3 表示相机内参数、外部方位参数、空间特征点三维坐标的偏导数系数矩阵，用 δ_1、δ_2、δ_3 表示对应未知参数的变化量，将式(4－134)写成矩阵形式，即为

$$A_1\delta_1 + A_2\delta_2 + A_3\delta_3 - w = 0 \tag{4-135}$$

式中：w 是特征像点像面坐标的计算值与观测之间的偏差向量。三类未知参量的法方程为

$$\begin{pmatrix} A_1^T P A_1 & A_1^T P A_2 & A_1^T P A_3 \\ A_2^T P A_1 & A_2^T P A_2 & A_2^T P A_3 \\ A_3^T P A_1 & A_3^T P A_2 & A_3^T P A_3 \end{pmatrix} \begin{pmatrix} \delta_1 \\ \delta_2 \\ \delta_3 \end{pmatrix} + \begin{pmatrix} A_1^T P w \\ A_2^T P w \\ A_3^T P w \end{pmatrix} = 0 \tag{4-136}$$

式中：δ_1 对应相机的内参数；δ_2 对应成像基站的外部方位参数；δ_3 对应空间特征点的三维坐标。

式(4－136)是光束平差的法方程的完整描述，针对不同应用，求解的未知参量不同，可以进行相应的简化。如其他章中讨论的相机内参数校准中，靶标上的空间特征点作为约束条件，三维坐标已知，对应的变化量 δ_3 为零，法方程简化为

$$\begin{pmatrix} A_1^T P A_1 & A_1^T P A_2 \\ A_2^T P A_1 & A_2^T P A_2 \end{pmatrix} \begin{pmatrix} \delta_1 \\ \delta_2 \end{pmatrix} + \begin{pmatrix} A_1^T P w \\ A_2^T P w \end{pmatrix} = 0$$

同理，优化平差过程中的不同阶段，需要根据不同的优化目的和已知约束条件，将法方程简化成不同的形式。

4.9.2 快速优化平差和后处理

快速优化平差和后处理是光束平差的重要组成部分。在预先标定相机内参数的前提下，经过图像特征点特征点扫描、定位、匹配、成像基站外部方位确定、空间特征点三维坐标初值求解等一系列过程，完成光束优化平差迭代初值的准备，可以进行优化平差求解过程。但由于特征像点定位误差、基站外部方位误差、相机内参数定值与测量过程中实际观察值的偏差以及误匹配的存在，直接进行精确优化平差是不合理的，可能无法得到精确解。需要进行快速优化平差和后处理过程，对初值进行修正，剔除误匹配点对，解算未确定的参数初值及已确定参数初值的估计精度，为精确优化平差提供良好的结算基础和条件。

1. 快速优化平差

经过一系列初值准备，获得的各项参数存在较大误差，包括像点定位误差、基站外部方位误差、相机内参数偏差以及误匹配，直接进入严格的非线性优化迭代可能造成不收敛或错误收敛。为了减少初值估计误差和消除误匹配，在最终精确优化平差之前快速优化平

差环节。快速优化平差是指不考虑相机内参数的修正(内参数作为真值出现：$\delta_1=0$)，减少未知参数数量，设置较大的收敛阀值，避免粗大误差引起误收敛，使初值更接近最优解的优化过程。共线性方程简化为

$$A_2\delta_2+A_3\delta_3-w=0 \tag{4-137}$$

法方程为：

$$\begin{bmatrix}A_2^{\mathrm{T}}PA_2 & A_2^{\mathrm{T}}PA_3\\ A_3^{\mathrm{T}}PA_2 & A_3^{\mathrm{T}}PA_3\end{bmatrix}\begin{pmatrix}\delta_2\\ \delta_3\end{pmatrix}+\begin{bmatrix}A_2^{\mathrm{T}}Pw\\ A_3^{\mathrm{T}}Pw\end{bmatrix}=0 \tag{4-138}$$

外部方位参数和空间特征点三维坐标增量为：

$$\begin{pmatrix}\delta_2\\ \delta_3\end{pmatrix}=-\begin{bmatrix}A_2^{\mathrm{T}}PA_2 & A_2^{\mathrm{T}}PA_3\\ A_3^{\mathrm{T}}PA_2 & A_3^{\mathrm{T}}PA_3\end{bmatrix}^{-1}\begin{bmatrix}A_2^{\mathrm{T}}Pw\\ A_3^{\mathrm{T}}Pw\end{bmatrix} \tag{4-139}$$

外部方位参数 $O=O_0+\delta_2$，空间按特征点三维坐标 $X=X_0+\delta_3$。方程可解条件为：

$$2mn\geqslant 6m+3n-7$$

式中：m 为成像基站数，n 为空间特征点数，7 对应预先确定的某个成像基站的外部方位参数(3 个平移矢量及 3 个旋转角)和空间比例因子。数字化精密测量中，如果应用外部方位装置，必可确定一个成像基站外部方位，比例因子可通过比例基准尺或外部方位参考装置上特征点间距离确定；对于基于编码点确定对应匹配关系的相对方位情况，一般选取一个成像基站坐标作为世界坐标系(即外部方位参数为零)，空间比例因子由比例基准尺确定。

2. 快速优化平差特例

快速优化平差通常对成像基站外部方位和空间特征点三维坐标同时进行优化求解，在某些特定条件下，可以转化为对单一类参数进行求解。

(1) 空间后方交会：数字化视觉精密测量中存在下列情况。

① 引入测量空间中已知的或由其他测量手段(如激光跟踪仪、经纬仪等)得到的基准点作为控制点，增加测量约束，提高测量精度。

② 对于无法一次完成的超大空间或复杂空间测量，设置由其他测量手段或前一次测量得到的相邻空间点作为转接点实现三维数据拼接。

③ 利用空间优化布局网络和高质量成像，进行预先测量，得到相对常规测量精度高的结果，作为已知控制点再进行常规测量，提高测量的稳定性和精度。

在上述特定条件下，空间特征点三维坐标已知，即 $\delta_3=0$。共线方程简化为

$$A_2\delta_2-\omega=0 \tag{4-140}$$

平差优化简化为确定成像基站外部方位空间后方交会问题，可以确定每一个成像基站的外部方位：

$$\begin{aligned}(A_2^{\mathrm{T}}PA_2)_i&=\sum_{j=1}^{n}(A_2^{\mathrm{T}}PA_2)_{i,j}\\ (A_2^{\mathrm{T}}Pw)_i&=\sum_{j=1}^{n}(A_2^{\mathrm{T}}Pw)_{i,j}\\ \delta_{2i}&=-(A_2^{\mathrm{T}}P\underset{6\times 6}{A_2})_i^{-1}(A_2^{\mathrm{T}}Pw)_i\end{aligned} \tag{4-141}$$

式中：δ_{2i} 为第 i 个成像基站外部方位的增量解。

(2) 空间前方交会：空间前方交会是指两个或两个以上成像基站外部方位已知的特定条件下求解空间特征点三维坐标的过程。与三角测量目的相同，可以实现三维坐标快速求解。此特定条件下，外部方位增量 $\delta_2=0$。共线方程简化为

$$A_3\delta_3-w=0 \tag{4-142}$$

平差优化简化成为已知成像基站外部方位的条件下确定空间特征点三维坐标的空间前方交会问题，可以确定每一个特征点的三维坐标：

$$\begin{aligned}(A_3^{\mathrm{T}}PA_3)_j&=\sum_{i=1}^{n}(A_3^{\mathrm{T}}PA_3)_{i,j}\\(A_3^{\mathrm{T}}Pw)_j&=\sum_{i=1}^{n}(A_3^{\mathrm{T}}Pw)_{i,j}\\\delta_{3j}&=-(A_3^{\mathrm{T}}P\underset{6\times 6}{A_3})_j^{-1}\ (A_3^{\mathrm{T}}Pw)_i\end{aligned} \tag{4-143}$$

式中：δ_{3j} 为第 j 个空间按特征点三维坐标的增量解。

3. 后处理过程

针对不同的系统配置条件和测量要求，后处理方法不同、且快速优化平差和后处理过程的各环节需要反复执行。不同系统配置条件的处理环节如图 4.54 所示，图 4.54(a)、图 4.54(b)是常用形式，图 4.54(c)是数字测量的简化应用(如古建筑、文物等的测量)。

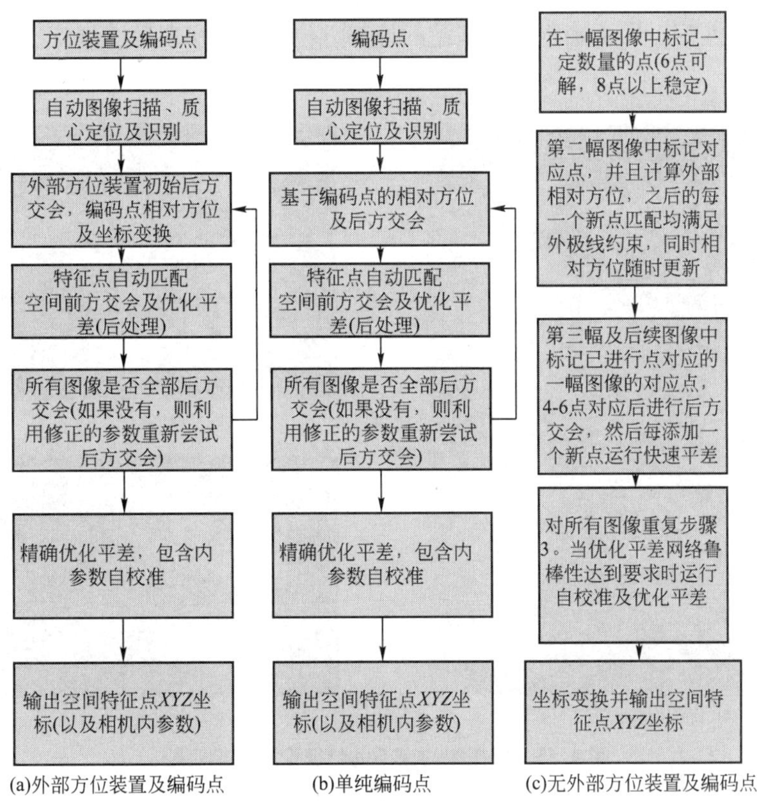

图 4.54　不同测量系统配置的处理过程

后处理是指快速优化平差后参数修正、未求解参数再次尝试求解及人工干预求解过程，主要包括：匹配特征点修正、未交会图像重新交会、人工干预特征点匹配及外部方位确定等。

(1) 特征点匹配修正。特征点匹配修正的主要任务包括以下几点。

① 由于初始外部方位存在误差，同名特征像点间的外极平面角超出设定阈值而不能匹配。经过快速优化平差后，外部方位得以修正，需要对未匹配点重新匹配。

② 由于初始外部方位存在误差，空间相邻点的像点出现误匹配。经快速优化平差后，外部方位得以修正，需要重新验证匹配点的真伪，剔除误匹配点。

③ 由于初始外部方位存在误差，且利用匹配点求解空间三维坐标的过程具有相对独立性，通过不同匹配图像对得到的对应同一空间点的三维坐标间存在偏差，无法严格重合，需要通过空间距离阈值实现空间特征点的合并。

④ 重新交会的图像与原交会图像间的特征点匹配。

(2) 未交会图像重新交会。由于特征点的误匹配、相对方位计算误差、有效编码点少等因素造成某些基站外部方位参数无法确定或在优化过程中被拒绝。经过快速优化平差和特征像点匹配，需要对未交会图像进行重新交会。

(3) 人工干预特征点匹配及外部方位确定。图 4.54(c)是外部方位装置和编码点的简化测量配置方式，是在被测体本身或周围无法设置辅助测量装置的情况下实现的测量过程。根据外极线约束和外极平面角特征点匹配原理，若通过人工干预的方式实现足够数量的对应特征像点匹配，即可确定成像基站的外部方位，进而实现后续解算过程，如图 4.55 所示。

(a) 右图像匹配点及外极线

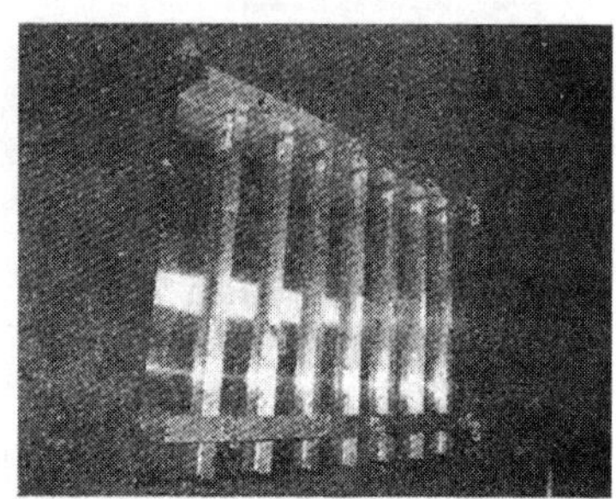

(b) 左图像

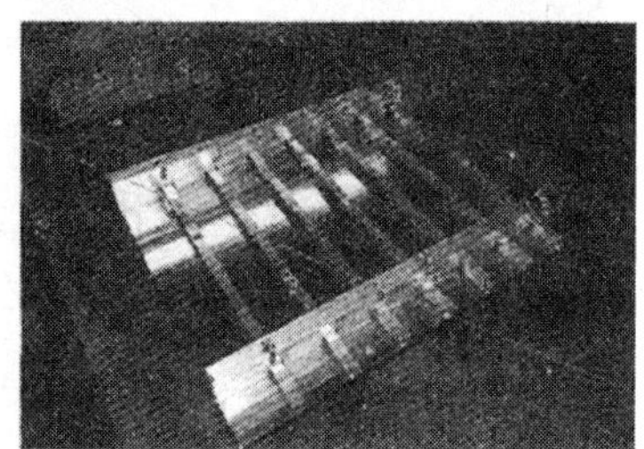

(c) 右图像

图 4.55　外极线约束下的特征像点人工匹配

人工干预特征点匹配及外部方位确定作为数字精密测量中特殊情况下的补偿与补救措施是非常实用的。大型空间视觉测量中，由于现场测量环境的影响或构件造型复杂(如曲率变化较大的面型），基站成像有效编码特征点数量不足，无法满足解算条件，导致基站外部方位无法确定，整体测量及解算难以进行。此情况下通过人工干预方式半自动匹配特征点或未识别编码点，确定基站外部方位，将整个测量空间内的基站相对方位连接在一起，实现整体解算。

4. 精确优化平差及内参数自校准

精确优化平差与快速优化平差不同，是在相对精确的成像基站外部方位和特征点精确匹配的基础上，求解空间特征点三维坐标的过程，同步完成部分或全部相机内参数的自校准优化。精确优化平差中，根据测量环境、质量和精度的要求设置严格的三角测量收敛极限、优化平差收敛极限和空间特征点粗大误差拒绝极限，得到满足精度要求的测量结果。

对应的共线性方程为

$$A_1\delta_1+A_2\delta_2+A_3\delta_3-\omega=0 \tag{4-144}$$

法方程为

$$\begin{pmatrix} A_1^{\mathrm{T}}PA_1 & A_1^{\mathrm{T}}PA_2 & A_1^{\mathrm{T}}PA_3 \\ A_2^{\mathrm{T}}PA_1 & A_2^{\mathrm{T}}PA_2 & A_2^{\mathrm{T}}PA_3 \\ A_3^{\mathrm{T}}PA_1 & A_3^{\mathrm{T}}PA_2 & A_3^{\mathrm{T}}PA_3 \end{pmatrix}\begin{pmatrix}\delta_1\\ \delta_2\\ \delta_3\end{pmatrix}+\begin{pmatrix}A_1^{\mathrm{T}}Pw\\ A_2^{\mathrm{T}}Pw\\ A_3^{\mathrm{T}}Pw\end{pmatrix}=0 \tag{4-145}$$

求解方程为

$$\begin{pmatrix}\delta_1\\ \delta_2\\ \delta_3\end{pmatrix}=\begin{pmatrix} A_1^{\mathrm{T}}PA_1 & A_1^{\mathrm{T}}PA_2 & A_1^{\mathrm{T}}PA_3 \\ A_2^{\mathrm{T}}PA_1 & A_2^{\mathrm{T}}PA_2 & A_2^{\mathrm{T}}PA_3 \\ A_3^{\mathrm{T}}PA_1 & A_3^{\mathrm{T}}PA_2 & A_3^{\mathrm{T}}PA_3 \end{pmatrix}^{-1}\begin{pmatrix}A_1^{\mathrm{T}}Pw\\ A_2^{\mathrm{T}}Pw\\ A_3^{\mathrm{T}}Pw\end{pmatrix} \tag{4-146}$$

相机内参数 $I=I_0+\delta_1$，外部方位参数 $O=O_0+\delta_2$，空间特征点三维坐标 $X=X_0+\delta_3$。精确优化平差中，相机内参数自校准根据不同的要求确定需要校准的参数，主要包括以下几个。

(1) 包含 x_p、y_p、c、k 的简单校准。

(2) 包含 x_p、y_p、c、k、p 的基本校正。

(3) 包含 x_p、y_p、c、k、p 和 b_1、b_2 的全参数校准。

若非相机内参数未经过严格的实验室校准，一般不进行第三类自校准。对应不同的自校准要求，δ_1 包含的参数不同，但解算过程基本不同。

经过精确优化平差，获得空间特征点三点坐标的最优解，在此基础上可以进行相应的评价、建模等后续处理。

小　结

本章着重研究结构光测量的原理。首先，对结构光测量技术的组成和分类进行了研究，针对点结构光视觉原理，从点、线、多线、光栅投影的角度进行研究；其次，对单相机测量、双目立体视觉和光束平差技术进行了研究；最后，重点对数字化视觉测量系统的构成、工作原理，相机的内部方位、外部方位进行了研究，对基于编码点的相机相对方位，空间点特征匹配，三角测量与反推投影，空间优化平差和基于共线方程的光束优化平差，快速优化平差后处理技术进行了深入分析。

习　题

4－1　三维光学检测技术的主要应用有哪些？

4－2　结合图4.15分析光束平差算法的计算过程及影响因素。

4－3　三维光学检测系统的基本流程及测量精度有哪些？

4－4　简述结构光测量的发展趋势。

4－5　双目立体视觉测量模型的工作原理是什么？核心算法主要有哪些？

4－6　空间特征点匹配的方法主要有哪几种？它们之间有哪些差异？

第 5 章 点云处理关键技术

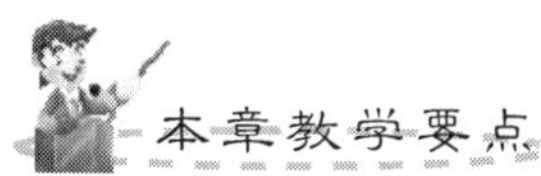

知识要点	掌握程度	相关知识
点云预处理技术的流程	掌握点云预处理技术的流程组成，流程点的概念	点云采样和预处理技术的关系，噪声剔除技术
测量技术多视配准技术	掌握多视配准技术的概念、分类，采用的主要技术、主要的三维测量方法	其他新型的测量方法(如电磁量、激光测量、射线检测、核共振技术等)
测量数据前期修补技术，可视化分析技术	(1) 熟悉曲率分析技术，散乱点云自动分割技术 (2) 了解光学检测获取点云数据的精度及处理方式	(1) 复杂工件的全场应变测量变形 (2) 典型超大构件变形中关键特征点的应用

导入案例

我国首台大型龙门式三坐标测量机系统 LM402015 研制成功

三坐标测量机广泛应用于机械制造、航空、航天、船舶等工业各部门，用来测量各类机械加工零部件、模具、精密铸件、各类汽车及发动机零部件，对各种空间自由曲面等复杂形面的检测尤为适用。北京航空精密机械研究所根据我国测量机市场需求，以及目前国内大型三坐标测量机长期依赖进口的现状，组织了以魏国强博士为项目总负责人的强有力的科研开发队伍，自筹资金，设计开发出了 LM 系列大型三坐标测量机系统。

据悉，该机型的研制成功，不仅满足了汽车工业、航空航天及其他重工业对大型、超大型检测设备的需求，而且填补了国内生产大型测量机的空白，打破了国外测量机生产厂商对该机型的市场垄断，同时它也标志着国产三坐标测量机生产技术已经达到当代国际先进水平。

资料来源：http：//finance. sina. com. cn/roll/20050124/08571316084. shtml，2005

随着现代工业制造水平的发展，军用、民用等各行各业出现了越来越多的复杂产品，这些产品的零件大量采用不规则复杂曲面，其设计、生产、检测、试验等环节需要进行大量的实体数字化操作和三维测量，迫切需要快速、高效、准确、移动式的三维测量方法和逆向设计技术。尤其是针对大型复杂曲面产品的曲面检测，一直是生产中的关键技术难题，该类工件在车间条件下一般采用靠模法测量，存在可测截面少、测量精度低等问题，采用三坐标测量机等接触式测量虽然精度较高，但存在数据采集速度缓慢、测量成本高、难以实现在线检测、测量数据不连续、仅限于关键点检测等缺点。鉴于传统接触式测量方法的局限性，用非接触光学方法来测量物体表面轮廓形状，例如激光三角法、莫尔投影法等工业视觉测量法具有灵敏度高、测量速度快、获取数据多等特点，但由于工作原理上的限制，它的测量精度和测量分辨率都比较低。

为克服上述测量方法存在的局限性，实现对大型复杂曲面产品工件的快速精确测量，三维光学面结构光扫描技术(面扫描技术)被广泛应用。该技术以多幅点云的形式快速获取曲面的几何特征，运用逆向设计方法中的点云处理技术来获取物体的数字化模型。其显著的特点在于和工业近景摄影测量技术(摄影测量技术)配套使用。摄影测量技术用以获取被测量物体的全局标志点，为后续扫描获得的点云拼接提供基础；面扫描技术基于摄影测量技术获得的工件全局标志点，实现扫描工件的点云自动拼接，快速再现物体表面的几何信息，构建物体的 CAD 数模。

在逆向工程中，数据获取是点云处理的基础。高效率、高精度地采集样件的几何特征数据是逆向工程中的一个重要研究内容。面扫描技术不同于传统的测量手段，它是光学的非接触式测量，不受工件表面复杂度影响，短时间内能获取大量的数据信息，快速为逆向设计和三维质量检测提供原始数据。其优势使得三维光学测量技术在众多领域得到广泛应用。但是，这些设备获取的数据密度很大，在测量时受工作范围和被测件复杂度的影响较大，将多视图下的数据转化为同一坐标系后往往存在大量的冗余点。海量数据点对于曲面重建和质量检测来说是多余的，也为数据存储和后续处理带来了很大不便。因此在满足精度的前提下，对扫描数据进行采样是逆向处理和三维检测的重要工作。

本章以逆向建模思路为主线，逐次介绍数据预处理技术。首先是对原始的测量数据进行修补，包括噪声识别与去除，数据压缩与精简，数据补全与数据平滑，然后将修补后的测量数据进行匹配，匹配后的点云数据即为完整的点云模型。由于点云模型是由离散的数据组成的，所以难以看出点云所构成的几何形状及拓扑结构，通过点云数据的可视化分析，可以在视觉上更好地了解实物原型的形状结构，并在此基础上进行数据分割，将点云数据分割为具有单一特征的点云数据块。后续只需根据这些点云数据块构建曲面，各曲面间经过求交、裁剪、过渡即可获得完整的CAD模型。然而这些数据预处理过程的顺序并不是一成不变的，可以根据需要，适当地调整数据处理顺序。

5.1 测量数据前期修补技术

5.1.1 点云预处理流程

结合图5.1，点云预处理技术的流程包括获得海量点云数据、点云预处理和曲面重构。预处理技术是研究的核心和难点，主要包括以下几点。

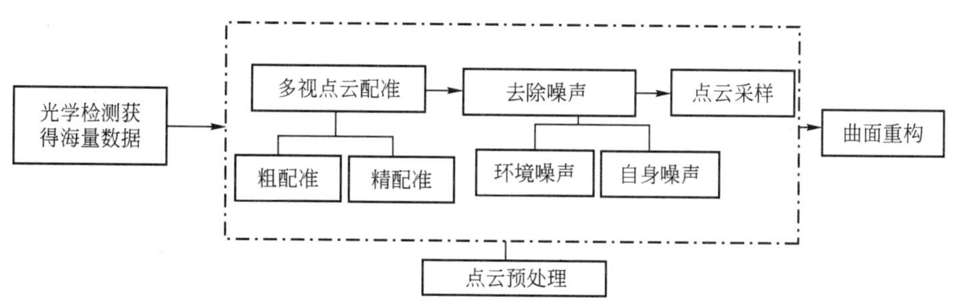

图5.1 点云预处理流程

1. *多视点云配准*

三维光学面扫描设备采集数据时，由于扫描范围和方位的限制，需要从多个角度对物体进行测量，不同的角度对应不同的局部坐标，最终结果需要统一到世界坐标系下。多视点云配准分为粗配准和精配准，粗配准利用标志点之间的空间几何关系，在不同视图中保持恒定性的原则进行粗略定位。

精配准采用ICP算法，不同视角下测得的数据具有重合部分。根据这些重合部分，建立相应点对的映射，基于最小二乘算法求解变换矩阵，迭代计算至给定精度，从而实现将不同视角下的数据转换到同一坐标系下。

2. 去除噪声

对于光学非接触式测量设备，噪声主要有以下两个来源。

(1) 由于受到被测工件几何形状、结构、表面颜色的单一性、条纹的排列、粗糙度、环境光照等影响。

(2) 测量系统本身存在的误差，如 CCD 相机的分辨率、畸变误差、计算机处理误差、机械设备的制造精度、标定误差、标尺的精度等。

这些噪声点干扰模型的重建，影响最终 CAD 数模的几何精度，需要对其进行光顺降噪处理。图 5.2 中虚线所连的点代表激光扫描测得的点，直线所连的点代表平滑后的点。针对散乱点云采用高斯滤波法(图 5.2(b))。高斯滤波是利用高斯函数的线性平滑滤波器，能有效去除服从正态分布的噪声，在滤波的同时能很好保持原始数据特征。

此外点云的滤波还有中值滤波法和平均值滤波法，平均值滤波法(图 5.2(c))将采样点的值取滤波窗口内各数据点的统计平均值来取代原始点，改变点云的位置，使点云平滑。中值滤波法(图 5.2(d))是将相邻的 3 个点取平均值来取代原始点，以实现滤波。这种方法在消除数据毛刺方面效果较好。

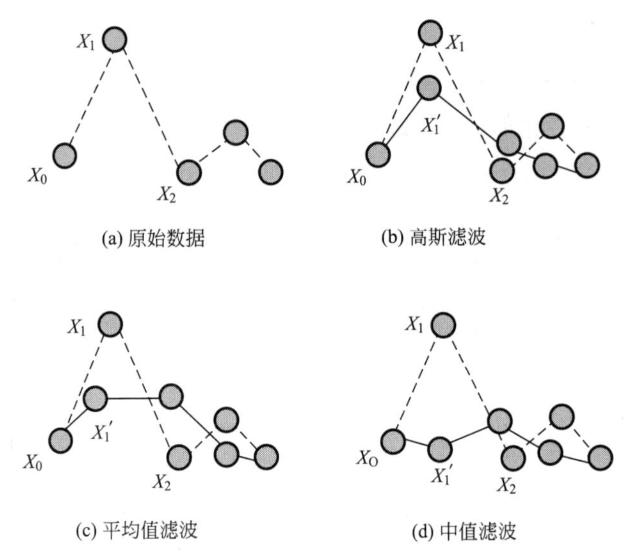

图 5.2　常用的滤波方法

3. 点云采样

由于扫描设备的不同，点云主要分为白光扫描得到的散乱点云和激光扫描得到的扫描线点云。按扫描线存储的结构化测量数据，为有效利用已知信息一般采用专用的简化算法。本文主要研究基于点的散乱点云采样。

散乱点云由于没有给定要求重建曲面的几何信息，一般先对点云建立几何关系。根据拓扑关系方式的不同，点云简化的分类如图 5.3 所示。

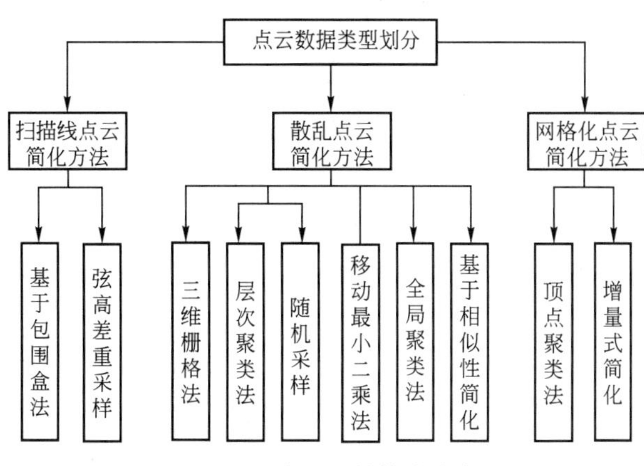

图 5.3　点云采样算法分类

5.1.2　点云采样

1. 点云采样的设计原则

点云采样技术是逆向工程中点云预处理中重要的一步，必须满足以下4点原则。

(1) 能够处理大数据。扫描获得的大数据一般含有上千万个点或上百副点云，需要系统有能力进行处理。

(2) 速度要快。当今市场的竞争日益激烈，新产品的开发周期要短，用户对逆向建模的处理时间要尽可能短。

(3) 模型精度要高。采样后点云拟合获得的数模精度要尽可能高，以满足给定精度的要求。

(4) 系统鲁棒性要好。良好的鲁棒性以能够处理各种复杂情况下的点云，处理大数据时程序不能崩溃或死机为前提。

2. 点云采样的最终目标

衡量点云采样算法良好的最终目标不是保留原有点越多、处理速度越快、数据点越少越好，而是能够用最少的点数来表示最多的几何特征信息并在此基础上追求最快的处理速度和最短的计算时间。

假设 P 为原始点云，对应曲面 S，P'为采样后点云由 n 个点组成，拟合的曲面定义为 S'，则有

$$\Delta(S, S')=S'-S \tag{5-1}$$

式中：$\Delta(S, S')$为两曲面的法向偏差；S'为拟合的曲面；S 为已有产品的CAD数模。

$\Delta(S, S')$需满足式(5-2)

$$\Delta(S, S')\leqslant E \tag{5-2}$$

式中：E 为根据用户需求设定的点云法向偏差。

采样的最终目标是满足式(5-2)的前提下 n 尽可能的小，而且采样后获得的点云不完全是原始点云的子集。

点云采样算法优劣的衡量指标如下所述。

(1) 高精度。采样后点云的拟合曲面与理想曲面之间的偏差，必须保证在精度允许的范围内，尽可能多的保留原始点云的特征信息。

(2) 快速度。采样算法速度要尽可能快，现代设计产品推陈出新速度在加快，逆向工程中若花费时间过多，势必给科研、企事业单位等带来诸多不便。即便是优秀的算法如果计算时间过长，则市场应用前景渺茫。

(3) 适简度。采样后点云的数据量。采样的目的就是减少点云的数据点数，在保证精度的前提下尽可能地减少数据点数。但点数太少给后续建模带来困难，因此应根据实际需要选择合适的简度。

在实际应用中，算法很难同时满足以上 3 个指标，需要用户在使用时综合考虑。根据应用目的的不同选取合适的算法是必需的。采样终结的判据是达到给定的最大容许误差或者指定点的数目，该判据尤其适用于对重建几何精度要求较高的场合。

5.1.3 噪声识别与去除

通过测量设备来获取产品外形数据，无论是接触式测量还是非接触式测量，不可避免地会引入数据误差。通常由于测量设备的标定参数发生改变和测量环境突然变化产生噪声点，对于人工手动测量，还会由于操作误差如探头接触部位错误使得数据失真。另外，在对目标样件的测量过程中设备很可能错误地对其他物体的表面进行了采样并将获取的采样点混入了样件的测量数据。这些噪声点对后续的建模都是非常不利的，因此有必要在建模前有效地去除噪声。

不同的测量方式得到的点云数据呈现方式各不相同。根据点云的分布特征，点云分为：扫面线点云、散乱点云、网格化点云等。其各自的特征见表 5 - 1。

表 5 - 1　点云分类及其特征

点云数据	点云特征	点云获取方法
散乱点云	点云没有明显的几何分布特征，呈散乱无需状态	CMM、激光测量随机扫描、立体视觉测量法
扫描线点云	点云由一组扫描线组成，扫描线上的所有点位于扫描平面内	CMM、激光点光源测量系统沿直线扫描和线光源测量系统扫描
网络化点云	点云分布在一系列平行平面内，用线段将同一平面内距离最小的若干相邻点一次连接，形成一组平面三角形	莫尔等高线测量、工业 CT、切层法、核磁共振成像

1. 扫描线点云

对于扫描线点云，常用的检查方法是将这些数据点显示在图形终端上，或者生成曲线曲面，采用半交互、半自动的光顺方法对数据进行检查、调整。

扫描线点云通常是根据被测量对象的几何形状，锁定一个坐标轴进行数据扫描得到的，它是一个平面数据点集。由于数据量大，测量时不可能对数据点重复测量(基准点除外)，这容易产生测量误差。在曲面造型中，数据中的“跳点”和“坏点”对曲线的光顺性影响较大。“跳点”也称失真点，通常由于测量设备的标定参数发生改变和测量环境突然变化造成；对人工手动测量，还会由于操作误差，如探头接触部位错误使数据失真。因此，测量数据的预处理首先是从数据点集中找出可能存在的“跳点”，如果在同一截面的数据扫描中，存在一个点与其相邻的点偏距较大，可以认为这样的点是“跳点”，判断“跳点”的方法有以下 3 种。

1）直观检查法

通过图形终端，用肉眼直接将与截面数据点集偏离较大的点，或存在于屏幕上的孤点剔除。这种方法适合于数据的初步检查，可从数据点集中筛选出一些偏差比较大的异常点。

2）曲线检查法

通过截面数据的首末数据点，用最小二乘法拟合得到一条样条曲线，曲线的阶次可根据曲面截面的形状设定，通常为 3～4 阶，然后分别计算中间数据点到样条曲线的欧氏距离，如果 $\|e\| \geqslant [\varepsilon]$（$[\varepsilon]$为给定的允差），则认为 p_i 点是坏点，应予以剔除，如图 5.4 所示。

3）弦高差方法

连接检查点前后两点，计算检查点 p_i 到弦的距离，同样，如果 $\|e\| \geqslant [\varepsilon]$，认为 p_i 是坏点，应剔除。这种方法适合于测量点均匀分布且点较密集的场合，特别是在曲率变化较大的位置，如图 5.5 所示。

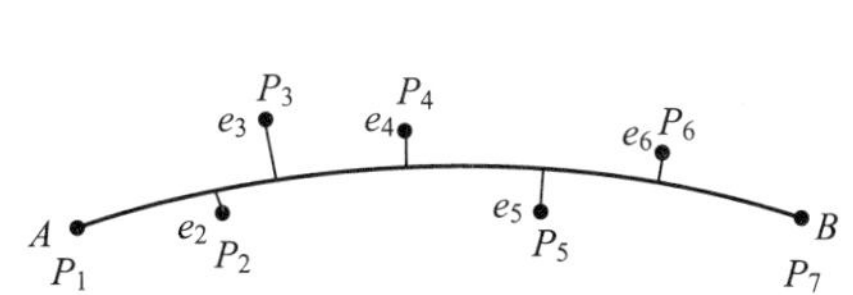

图 5.4　曲线检查法剔除坏点

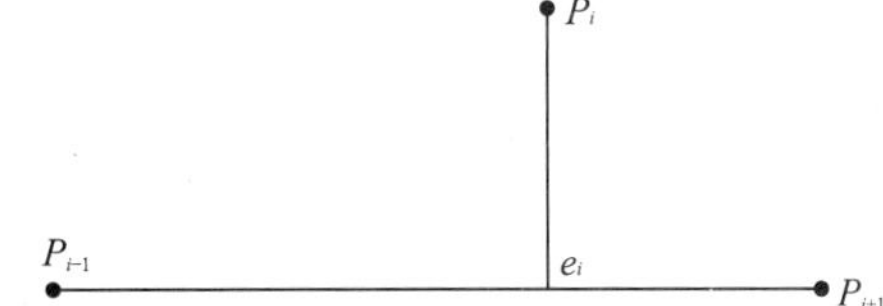

图 5.5　弦高差方法剔除坏点

2. 散乱点云

对于散乱点云，点与点之间不存在拓扑关系，必须首先在点与点间建立拓扑关系。这里借助于三角网格模型来建立散乱点云数据的拓扑关系。

考虑到误差点具有较高的局部特性和极端特性，可根据以下两个简单的判断法则来识别：三角面片的纵横比和局部顶点方向曲率。其中，三角面片的纵横比定义为最长边和最短边的长度的比值。

假定点云所描述的是光顺曲面，方向曲率定义为与该顶点相交的三角面片的单位法矢沿 x、y 方向的投影变化，每个顶点的方向曲率可由三角网格曲面片直接估计得到。图 5.6 所示的是一个对两个顶点 V_i 和 V_j 的 y 方向曲率估计的例子。

图中，f_1 和 f_2 为顶点 V_i 附近的两个面片，面片 f_1 的单位法矢 n_1 和面片 f_2 的单位法矢 n_2 的差值为(n_2-n_1)，恰为顶点 V_i 附近的法矢方向的变化。假定 j 为 y 方向法矢，(n_2-n_1)在 y 方向的投影$(n_2-n_1)\cdot j$ 等于顶点 V_i 在 y 方向的曲率估计值。同理，$(n_4-n_3)\cdot j$ 可认为是顶点 V_j 在 y 方向的曲率估计值。很明显，对于外部顶点 V_j，其$(n_4-n_3)\cdot j \geqslant (n_2-n_1)\cdot j$。

把点云中每一点的纵横比和曲率估计与整体点云的平均值相比较，对点云进行判断、

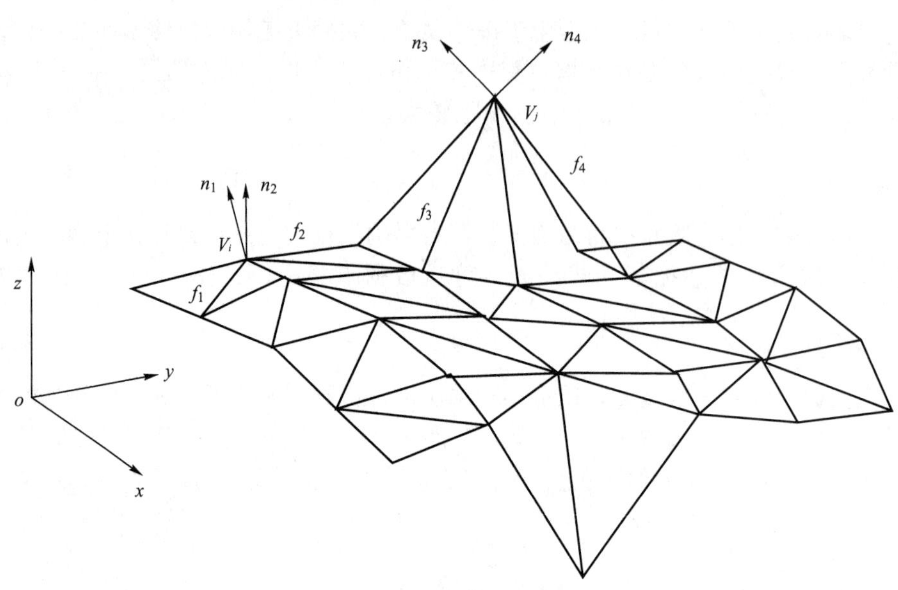

图 5.6　曲率估计剔除坏点

筛选。具有极大曲率估计的点和大纵横比的三角面片的顶点即为误差点。一旦找到了误差点，就可以把误差点和与其相连的三角面片从三角网格中去除，当点在曲面中间时，就在三角网格中留下一个孔。这里可以通过孔洞的修补来保持三角网格的拓扑，以根据其相邻几何特性生成误差点的新位置。

3）网格化点云

光达点云数据三维网格化的概念是，将每笔点云数据的集合看成是一张三维的影像，而为了利用影像处理的技术，则必须在点云所处的坐标系内进行规则的三维网格切割，且网格切割的坐标系三轴与物空间坐标系的三轴一样同为右旋坐标系统。

5.1.4　数据压缩，精简

目前，激光扫描技术在精确、快速地获得测量数据方面，有了很大的进展，激光扫描机在逆向工程数据测量方面有可能取代接触式三坐标测量机。但激光扫描测量每分钟会产生成千上万个数据点，如何处理这样大批量的数据(点云)成为基于激光扫描测量造型的主要问题。如果直接对点云进行造型处理，大量的数据的存储和处理将成为不可突破的瓶颈，从数据点生成模型表面要花很长一段时间，整个过程也会变得难以控制。实际上，并不是所有的数据对模型的重建都有用，因此有必要在保证一定精度的前提下减少数据量。

在数据精简的研究中，提出了各种处理方法。用均匀网格(Uniform Grid)减少数据，选择广泛用于图像处理过程的中值滤波方法。首先是构建网格，然后将输入的数据点分配至对应的网格中，从同一网格的所有点中，选出一个中值点来代表其他数据点，以实现数据精简。这种方法克服了均值和样条曲线简化的阻滞，但是它有一个缺点，就是所用的均匀化网格对捕捉产品的外形形状不敏感。用三角形减少数据，通过减少多边形三角形，从而达到减少数据点的方法。这种方法先直接将测得的数据转换生成 STL 文件，然后通过减少 STL 文件的三角形数量，以实现减少数据量。

以上方法存在一个共同的缺点，就是在考虑数据精简时，都没有考虑扫描设备的特性。不同类型的点云可采用不同的精简方式，散乱点云可通过随机采样的方法来精简；对于扫描线点云和多边形点云可采用等间距缩减、倍率缩减、等量缩减、弦偏差等方法；网格化点云可采用等分布密度法和最小包围区域法进行数据缩减。数据精简操作只是简单地对原始点云中的点进行删减，不产生新点。

下面介绍一种由韩国 K. H. Lee 等于 2001 年提出的，用于激光扫描测量的数据精简方法。

1. 三坐标激光扫描仪

三坐标激光扫描仪的激光束可以分为点状和条纹状，条纹状激光束成线形。所谓条纹，指在物体表面的几个点可以被同时测量。激光扫描设备可以按机构的不同配置分类，设备的选择主要根据被扫描零件的特性来作决定。当激光头扫描物体时，射线被 CCD 相机感应并以大密度的像素存储起来，这些信息通过图像处理和三角化转变成三维坐标点集合。

2. 噪声点的剔除

原始数据的获取是整个工程中最为重要的一个环节，原始数据质量决定着曲面质量。一旦获得原始数据点，噪声数据也跟着产生，即所谓的“瑕点”，以下是清楚瑕点的几种方法。

(1) 以两个连续点之间的夹角为判断依据，如果一个点与前一个点之间的夹角大于给定值，则这点被剔除。

(2) 那些可移向中值的点被剔除。

(3) 那些可以沿指定的轴，并且在允许距离范围内进行上下移动，接近给定的水平的点被易剔除。

数据精简工作一般在清除瑕点后进行，除此之外，整个过程还得考虑扫描设备的特性。

3. 数据点精简的均匀网格化

采用均匀网格化方法可以去除大量的数据点，其原理是首先把所得的数据点进行均匀网格划分，然后从每个网格中提取样本点，网格中的其余点将被去除掉。网格通常垂直于扫描方向(z 向)构建，由于激光扫描的特点，z 值对误差更加敏感。因此选择中值滤波网格点筛选，数据减小率由网格大小决定，网格尺寸越小，从点云中采集的数据点越多，而网格尺寸通常由用户指定。具体步骤为：先在垂直于扫描方向建立一个包含尺寸大小相同的网格平面，将所有点投影至网格平面上，每个网格与对应的数据点匹配；然后，基于中值滤波的方法将网格中的某个点提取出来，如图 5.7 所示。

每个网格中的点按照点到网格平面距离的远近排序，如果某个点位于各个点的中间，那么这个点就被选中保留。这样当网格内有 n 个数据点，并且 n 为奇数时，将有$(n+1)/2$ 个数据点被选择；而 n 为偶数时，被选择的数据点数为 $n/2$ 或$(n+2)/2$。

通过均匀网格中值滤波方法，可以有效地去除那些被认为是噪声的点。当被处理的扫描平面垂直于测量方向时，这种方法显示出非常良好的操作性。另外，这种方法只是选用其中的某些点，而非改变点的位置，并且可以很好地保留原始数据。均匀网格方法特别适合于简单零件表面瑕点的快速去除。

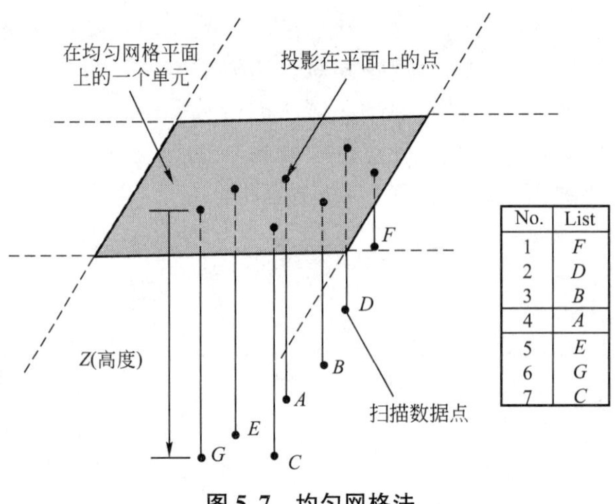

图 5.7　均匀网格法

4. 非均匀网格减少数据方法

当应用均匀网格方法的时候，某些表示零件形状的点(比如边界处)也许没有考虑所提供零件的形状会丢失，但它对零件的成形却尤为重要。在逆向工程技术中，精确地重现零件形状至关重要，而均匀网格方法在这方面却受到限制，因此网格尺寸能根据零件形状变化的非均匀网格方法应运而生。非均匀网格方法分为两种：单方向非均匀网格和双方向非均匀网格。应用时，可根据测量数据的特征来选择。

当用激光条纹测量零件时，扫描路径和条纹间隔都是由用户自己定义的，扫描路径控制着激光头的移动方向，条纹间的距离控制着扫描点的密度。当测量简单曲面时，扫描机不需要在每个方向上都进行高密度的扫描。如果点数据在沿着 V 方向的点多于沿着 U 方向的点，在这种情况下，单方向非均匀网格更适合于捕获零件的外表面。另外，当被测零件是复杂的自由曲面时，点数据在 U 方向和 V 方向的密度都需要增大，在这种情况下，双方向非均匀网格方法比单方向非均匀网格方法更加有效。

1) 单方向非均匀网格方法

在单方向非均匀网格方法中，可以由角偏差的方法从零件表面的点云数据中获取数据样本，如图 5.8 所示。

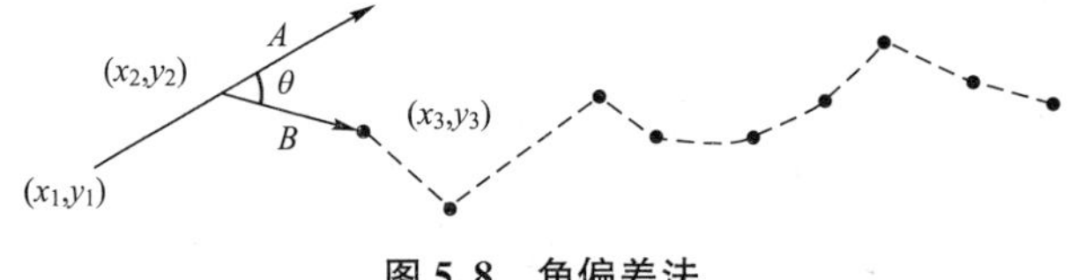

图 5.8　角偏差法

角度的计算是由 3 个连续点的方向矢量计算而得的，如 (x_1, x_2)、(x_2, y_2)、(x_3, y_3) 3 点。角度代表曲率信息，角度小，曲率就小；反之，角度大，曲率也大。根据角度大小，可以将高曲率的点提取出来。沿着 U 方向的网格尺寸是由激光条纹的间隔所固定的，这一般由用户自己决定。在 V 方向上，网格尺寸主要由零件外形的集合信息决定。通过角偏差抽取的点代表高曲率区域，为精确地表示零件外形，进行数据减少时，这些点必须保留下来。这样，使用角度偏移法进行点抽取后，沿 V 方向的网格基于抽取点被分割，如图 5.9(a)所示。分割过程中，如果网格尺寸大于最大网格尺寸，它通常由用户提前设置，网格被进一步分割，直到小于最大网格尺寸为止，如图 5.9 (b)所示。当对网格中点应用中值滤波时，和均匀网格法相同，将产生一个代表样点，最后保留点是由每个网格的中值滤波点和角度偏移提取的点组成的。与均匀网格法相比，这种方法可以在精确地保证零件外形的前提下，更有效地减少数据。

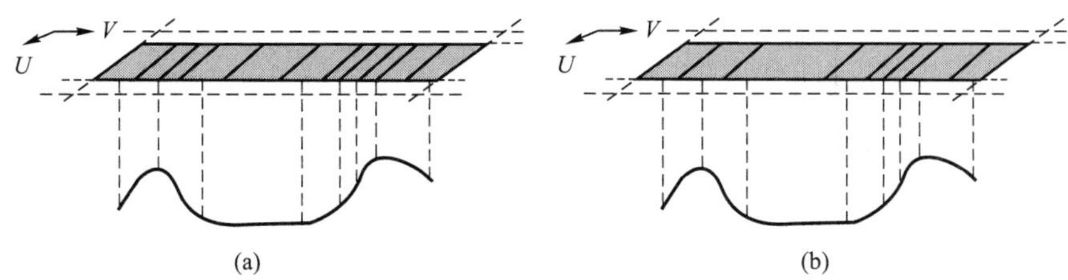

图 5.9　单方向均匀网格法

2）双方向非均匀化网格方法

在双方向非均匀化网格方法中，应分别求得各个点的法矢，根据法矢信息再进行数据减少。法矢计算首先将点数据实行三角形多边化。当计算一个点的法矢时，需要利用相邻三角形的法矢信息。存需计算的点周围存在 6 个相邻的三角形，点的法矢 N 可以由式(5-3)计算：

$$N=\frac{\sum_{i=1}^{6} n_i}{\left|\sum_{i=1}^{6} n_i\right|} \tag{5-3}$$

所有点的法矢都得到后，网格平面就产生了，网格尺寸由用户自己定义，主要取决于所给零件形状的计划数据减少率。如果需要大量地减少数据点，应增大网格。通过投影使点落在网格平面上，对应于每个网格的数据点被分成组，求出这些点的平均法矢。选择点法矢的标准偏差作为网格细分准则，标准偏差通常根据零件形状和数据减少率提前设定。如果网格的偏差大，那么就暗示被测量件的几何形状是复杂的，为获得更多的采样点，网格就需要进一步细分。图 5.10 给出了细分过程，称为网格细分的四叉树方法，在 20 世纪

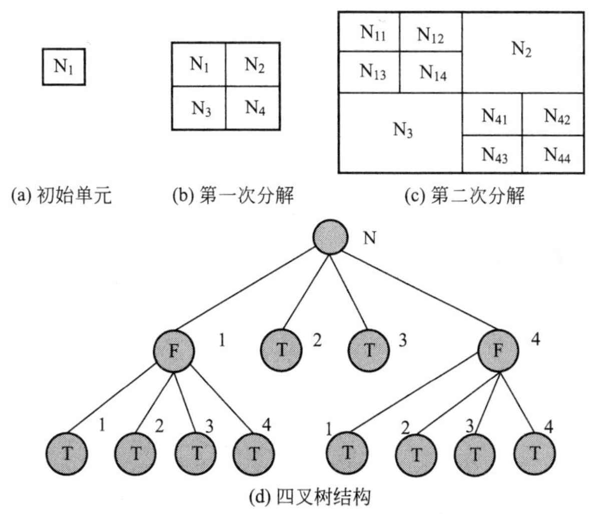

图 5.10　双方向非均匀化网格方法

70年代初就开始广泛应用于计算机图像处理。如果标准的网格偏差大于给定值，网格桩就被分成4个子元，这个过程反复进行，直到网格的标准偏差小于给定值，或者网格尺寸达到用户设定的限制值，网格的最小尺寸根据零件的复杂程度选定。在网格建立完成之后，用中值滤波选出每个网格代表点。与单方向非均匀化网格办法相比，双方向非均匀化网格方法可以提取更多的数据点，所得的零件形状也就更加精确，特别是在处理具有变化尺寸的自由形状物体方面更加有效。

5.1.5 数据补全

由于实物拓扑结构以及测量机的限制，一种情况是在实物数字化时会存在一些探头无法测到的区域，另一种情况则是实物零件中经常存在经剪裁或“布尔减”运算等生成的外形特征，如表面凹边、孔及槽等，使曲面出现缺口，这样在造型时就会出现数据“空白”现象。这样的情况使逆向建模变得困难，一种可选的解决办法是通过数据插补的方法来补齐“空白”处的数据，最大限度地获得实物剪裁前的信息，这将有助于模型重建工作，并使恢复的模型更加准确。目前应用于逆向工程的数据插补方法或技术主要有实物填充法、造型设计法和曲线、曲面插值补充法。

1. 实物填充法

在测量之前，将凹边、孔及槽等区域用一种填充物填充好，要求填充表面尽量平滑、与周围区域光滑连接。填充物要求有一定的可塑性，在常温下则要求有一定的刚度特性(支持接触探头)。实践中，可以采用生石膏加水后将孔或槽的缺口补好，在短时间内固化，等其表面较硬时就可以开始测量。测量完毕后，将填充物去除，再测出孔或槽的边界，以用来确定剪裁边界。实物填充法虽然原始，但也是一种简单、方便并且行之有效的方法。

2. 造型设计法

在实践中，如果实物中的缺口区域难以用实物填充，可以在模型重建过程中运用CAD软件或逆向造型软件的曲面编辑功能，如延伸(Extend)、连接(Connect)和插入(Insert)等功能，根据实物外形曲面的几何特征，设计出相应的曲面，再通过剪裁，离散出须插补的曲面，得到测量点。

3. 曲线、曲面插值补充法

曲线、曲面插值补充法主要用于插补区域面积不大，周围数据信息完善的场合。其中曲线插补主要适用于具有规则数据点或采用截面扫描测量的曲面；而曲面插补既适用于规则数据点也适用于散乱点，曲面类型包括参数曲面、B样条曲面和三角曲面等。

1) 曲线拟合插补

首先利用已得到的测量数据拟合得到截面曲线，根据曲面的几何形状，利用曲线的编辑功能，选择曲线切向延拓、抛物线延拓和弦向延拓等不同的方式，将曲线延拓通过需插补的区域，然后再离散曲线形成点列，补充到空白区域，对特征边界处数据不整齐的情况也可以采用此方法进行数据的整形处理。

2) 曲面拟合插补

曲面拟合插补的方法和曲线相同，也是首先根据曲面特征，拟合出覆盖缺口或空洞区域的一张曲面，再离散曲面形成点阵补充测量数据，如空白区域处于拟合曲面之外，相应地，也是利用曲面编辑功能，将曲面延拓通过需插补的区域，进行数据补充。

无论是基于曲线还是曲面插补，这两种情况得到的数据点都需在生成曲而后，根据曲面的光顺和边界情况反复调整，以达到最佳的插补效果。

5.1.6 数据平滑

数据平滑的目的是消除测量噪声，以得到精确的模型和好的特征提取效果。采用平滑法处理方法，应力求保持待求参数所能提供的信息不变。考虑无限个节点处型值的平滑问题，平滑后的型值由原型值线性叠加而成，即

$$P_n=\sum_{v=-\infty}^{\infty}P_vL_{n-v}，\{P_v\}(v=\cdots，-1，0，1，\cdots) \tag{5-4}$$

式中：$\{L_v\}$是权因子，是偶系列 $L_{-v}=L_v$。

所谓数据 $\{P_n\}$ 比 $\{P_v\}$“平滑”，直观上就是新数据 $\{P_n\}$ 的“波动”不超过原数据的“波动”，这种“波动”可用各阶差分度量。实际应用时不但要求处理后的数据要较前平滑，同时要求前后两组数据的“偏离”也不能过大。但对同一平滑公式，这两个要求往往是相互矛盾的。

平滑处理方法有平均法、5点3次平滑法和样条函数法。比较常用的是平均法，包括简单平均法、加权平均法和线滑动平均法。

1. 简单平均法

简单平均法的计算公式为

$$P_i=\frac{1}{2N+1}\sum_{n=-N}^{N}h(n)p(i-n) \tag{5-5}$$

式(5-5)又称为$(2N+1)$点的简单平均。当$N=1$时为3点简单平均，当$N=2$时为5点简单平均。如果将式(5-5)看作一个滤波公式，则滤波因子为

$$\begin{aligned}h_i&=[h(-N)，\cdots，h(0)，\cdots h(N)]\\&=\left(\frac{1}{2N+1}，\cdots，\frac{1}{2N+1}，\cdots，\frac{1}{2N+1}\right)=\frac{1}{2N+1}(1，\cdots，1，\cdots，1)\end{aligned} \tag{5-6}$$

2. 加权平均法

取滤波因子 $h_i=[h(-N)，\cdots，h(0)，\cdots，h(N)]$，要求

$$\sum_{n=-N}^{N}h(n)=1 \tag{5-7}$$

3. 线滑动平均法

利用最小二乘法原理对离散数据进行线性平滑的方法即为线滑动平均法。其3点滑动平均的计算公式为$(N=1)$

$$\begin{cases}P_i=\dfrac{1}{3}(p_{i-1}+p_i+p_{i+1})，(i=1，2，\cdots，m-1)\\P_0=\dfrac{1}{6}(5p_0+2p_1-p_2)\\P_m=\dfrac{1}{6}(p_{m-2}+2p_{m-1}+5p_m)\end{cases} \tag{5-8}$$

式(5-8)中 P_i 的滤波因子为

$$h_i=[h(-1), h(0), h(1)]=(0.333, 0.333, 0.333) \tag{5-9}$$

5.2 测量数据的多视配准技术

随着测量技术以及反求工程技术的日益发展，实物模型的数字化已成为可能。首先采用测量技术将实物模型转化为计算机能够识别的点云数据，然后依据点云数据重构出实物的CAD模型。但在实际的测量过程中，由于各种原因，往往不能一次测量出实物的所有表面，需要从不同的视角多次测量，然后采用匹配的方法将从不同视角得到的点云数据统一起来表达一个完整的实物点云模型。重构模型的精度在很大程度上依赖于点云模型的匹配精度。

国内外学者对匹配问题做了大量研究，其中Besl和McKay提出的ICP算法已成为经典的算法，其思想是寻找两个匹配模型的对应点，通过最小化所有对应点距离的平方和以寻找合适的刚性变换使其匹配或重合。由于ICP算法是一个迭代下降的算法，因此需要一个好的初值以使其收敛到全局最优解。搜索正确的对应元素，进而获取好的初值是算法收敛到全局最优解的关键。下面就对ICP算法以及初值的获取作以下具体的介绍。

5.2.1 ICP匹配技术

1. ICP匹配问题描述

采用ICP算法匹配模型 P 与 Q，其过程可描述如下。记点集 $P_1=\{p_i\}_{i=1}^N$，$P_1\subseteq P$，p_i 与模型 Q 的距离 $d(p_i, Q)=\min\limits_{q_x\in Q}||q_x-p_i||$，令 q_i 为 Q 中与 p_i 距离最近的点，即 $d(p_i, q_i)=d(p_i, Q)$，称 q_i 为 p_i 在 Q 中的对应点，那么 P 的对应点集 $Q_1=\{q_i\}_{i=1}^N$，$Q_1\subseteq Q$，对应点集 $P_1=\{p_i\}_{i=1}^N$ 和 $Q_1=\{q_i\}_{i=1}^N$ 具有如下关系

$$p_i'=Rp_i+T+V_i \tag{5-10}$$

式(5-10)中，R 为3×3旋转矩阵；T 为三维平移矢量；V_i 为噪声矢量。模型 P 与 Q 匹配即是求解最优刚性变换$[\tilde{R}, \tilde{T}]$，使得目标函数 E 最小：

$$E=\sum_{i=1}^{N}\| p_i'-\hat{R}p_i-\hat{T}\|^2\rightarrow \min \tag{5-11}$$

ICP算法的具体实现过程主要分为如下几个步骤。

(1) 计算对应点集，即计算模型 P 中每一点 p_i 在模型 Q 中的对应点 q_i。

(2) 计算刚性变换$[\tilde{R}, \tilde{T}]$。

(3) 将刚性变换作用于模型 P。

(4) 反复迭代上述操作，直到满足终止条件。

2. 对压点的搜索方法

对应点的搜索复杂度为 $O(N_P, N_Q)$，N_P 为模型 P 中的点数，N_Q 为模型 Q 中的点数，当待匹配模型的规模较大时其匹配效率较低，有几种方法可以大大加速对应点的搜索效率，如bucketing技术、K-D树以及八叉树，对应点的搜索也可以通过由粗及精的方

式提高效率，即在ICP算法开始的几次迭代过程中粗略地选择一些采样点以搜索最近点，然后逐渐增加采样点以搜索最近点。

3. 刚性变换求解

基于特征三维刚性变换的求解方法一般分为迭代求解和封闭求解。从效率和鲁棒性方面考虑，封闭解一般优于迭代解，因为封闭求解不必考虑问题的收敛性，不必担心问题可能会收敛于局部最优解，也不必考虑一定要给定一个好的初值。目前广泛而有效的封闭解求解算法有：奇异值分解(Singular Value Decomposition，SVD)、正交矩阵(Orthonormal Matrices)、单位四元数(Unit Quatermions)和双重四元数(Dual Number Quatermions)。

在精度和鲁棒性方面，无论是对于非退化的三维点集还是具有一定噪声的点集，这几种算法基本相同。在稳定性方面，SVD和单位四元数是相似的。对于平面数据集，正交矩阵算法是不稳定的；但是对于大尺寸的退化数据集，正交矩阵算法则表现出一定的优越性。与前3个算法相比，双重四元数算法是最不稳定的。在效率方面，对于小尺寸数据集，正交矩阵算法是最快的；对于大的数据集，双重四元数算法最快；其他3个算法效率虽然不同但差别不大。总之，这几种算法的精度和稳定性只有在理想的情况下才有可能表现出不同。在实际的应用环境中甚至在很低的噪声水平下，这几种算法除了运行时间没有任何差别。

5.2.2 基于统计特征的模型匹配初值获取技术

统计学是研究大量随机现象统计规律性的学科。从大量随机现象中提取出其内在的规律性，并以某种特征对象表达这种内在的规律性，将这种特征对象称为统计特征。点云模型中包含大量的随机点，这些随机点并不是孤立存在的，它们之间具有某种内在的联系和规律性。点云模型的统计特征是指能够表达点云模型中大量随机点的内在联系和规律性的特征对象。

1. 点云模型统计特征分类

三维欧氏空间中刚体的位姿由6个参数确定，包括3个定位参数和3个定向参数，由此将点云模型的统计特征分为两类：定位特征(点特征 p_s)和定向特征(矢量特征 v_s)。这里的点特征和矢量特征表达的是点云中大量点集内在的规律性，不同于一般意义上的点和矢量。点特征由3个坐标分量组成，在实际的统计特征提取过程中，有时3个坐标分量并不能完全确定点特征，将不能确定的坐标分量称为点特征的一个自由度。根据点特征包含的自由度数目又可将点特征细分为3类：第一类点特征(0个自由度)，第二类点特征(1个自由度)和第三类点特征(2个自由度)。统计特征的分类见表5-2。

表5-2 统计特征的分类

统计特征	符号	自由度
第一类点特征	P_{SI}	0
第二类点特征	P_{SII}	1
第三类点特征	P_{SIII}	2
矢量特征	v_s	

2. 点云模型统计特征提取

点云模型统计特征的提取依赖于点云模型中所对应的形状特征。形状特征可简单地分为3类：二次曲面，包括平面、球面、柱面和锥面；规则扫掠面，包括拉伸面和旋转面；自由曲面。二次曲面和规则扫掠面又统称为规则形状特征。

由于自由曲面不具有明显的统计特征，故本节只描述规则形状特征的统计特征。对于点云模型中对应单一形状特征的一块点集 $P=\{p_i \mid p_i \in R^3, i=0, 1, \cdots, N\}$，根据其所对应的形状特征的不同，统计特征不尽相同，具体见表5-3。具体可根据规则形状特征的提取技术来提取其对应的统计特征。

表5-3　形状特征数据对应的统计特征

形状特征	统计特征(定位)	统计特征(定向)
平面数据	p_{SIII}	v_S
球面数据	p_{SI}	—
柱面数据	p_{SII}	v_S
锥面数据	p_{SI}	v_S
旋转面数据	p_{SII}	v_S
拉伸面数据	—	v_S

3. 基于统计特征的模型匹配

实物对象从两个不同视角得到的点云模型分别为 P 和 Q，P 与 Q 匹配，是指固定模型 Q（固定模型）调整并约束模型 P（自由模型）的6个自由度，使其与 Q 位姿一致的过程。依据统计特征匹配模型 P 与 Q，是指调整模型 P 中的统计特征与模型 Q 中对应的统计特征重合或一致，使得模型 P 的6个自由度部分或全部被约束。

依据统计特征匹配模型 P 与 Q，依据模型 P 未被约束的自由度的数目，可将匹配分为完全匹配和部分匹配。令匹配后模型 P 的自由度数为 N_P。如果 $N_P=0$，则将匹配称为完全匹配；如果 $N_P>0$，则将匹配称为部分匹配。

1）完全匹配问题

依据统计特征完全匹配模型 P 与 Q，即在模型 P 中寻找一组能够完全确定刚体位姿的统计特征，调整这组统计特征与模型 Q 中对应的统计特征重合或一致。

下面给出能够完全确定刚体位姿的统计特征组合，并阐述完全匹配的具体实现过程。

由空间刚体表面的形状特征产生，且不位于空间刚体之上的点或矢量，如圆柱轴线方向、球面中心等，称为空间刚体的衍生点或衍生矢量。如果点或矢量属于刚体，则认为点或矢量要么位于刚体表面上，要么为刚体的衍生点或衍生矢量。固定“$3p$”“$2p+v$”、“$p+2v$”这3种组合中的一种(其中 p 为具有0自由度的点特征，v 为矢量特征)，即可完全确定空间刚体的位姿。这里的点是指具有3个独立参数的点。

在实际的操作过程中，无法直接操作统计特征，而是根据形状特征数据而间接获取统计特征。表5-4给出了组合形状特征分类，这些组合形状特征具有如下特点：满足从其中提取出来的统计特征能够构成“$3p$”“$2p+v$”“$p+2v$”组合的同时，形状特征数目最少。由于圆柱面与旋转面数据具有相同的统计特征类型，这里仅以旋转面数据为例作介绍。模型 P 与 Q 匹配，即完全匹配的具体过程可描述如下：采用区域增长法交互从模型 P 的点云数据中分割出一组形状特征数据(为表 5-4 中所列组合的任一种)，同样从模型 Q 的点云数据中顺次分割出对应的形状特征数据，提取这些形状特征数据的统计特征，根据这些统计特征分别建立模型 P 与 Q 的局部坐标系 $OXYZ$ 和 $O'X'Y'Z'$，调整两坐标系重合即可实现模型 P 与 Q 的匹配。

表 5-4　完全匹配的形状特征组合

形状特征组合	包含的统计特征组合
锥面+锥面	$p+2v$ 或 $2p+v$
锥面+旋转面	$p+2v$
锥面+球面	$2p+v$
锥面+平面	$p+2v$
锥面+拉伸面	$p+2v$
旋转面+旋转面	$p+2v$
旋转面+球面	$2p+v$
旋转面+平面	$p+2v$
球面+球面+球面	$3p$
球面+球面+平面	$2p+v$
球面+球面+拉伸面	$2p+v$
球面+平面+拉伸面	$p+2v$
球面+平面+平面	$p+2v$
球面+拉伸面+拉伸面	$p+2v$
平面+平面+平面	$p+2v$

由于统计特征组合“$3p$”“$p+2v$”和“$2p+v$”可归结为同一种情况：“$p+2v$”组合，所以这里仅以“$p+2v$”组合为例介绍局部坐标系的建立方法。记模型 P 的“$p+2v$”组合特征为 p_S^p，v_{S1}^p，v_{S2}^p，根据组合特征建立局部坐标系 $OXYZ$：坐标原点 O 为 p_S^p，X 轴方向为 v_{S1}^p，Z 轴方向为 $v_{S1}^p \times v_{S2}^p$，Y 轴方向为 $(v_{S1}^p \times v_{S2}^p) \times v_{S1}^p$。

2) 部分匹配问题

对于有些模型，其表面可能包含较少的规则形状特征，不足以构成表 5-4 中的任一组合，这样，模型就不能完全匹配。这里根据统计特征给出一种初值的获取方法：首先根据统计特征对模型进行部分匹配，然后交互调整模型 P 未被约束的自由度，使得模型 P 与模型 Q 达到视觉上的匹配，最后采用 ICP 算法精确匹配。

为了方便交互调整，经过部分匹配后模型 P 未被约束的自由度数 N_P 越小越好。如果通过部分匹配仅仅约束模型的平移自由度(如采用球心定位模型)或者仅仅约束旋转自由度(如采用拉伸方向定向模型)，后续的交互操作都不是很方便；如果经过部分匹配后 $N_P>3$ (如采用拉伸方向定向模型)，交互起来也不是很方便。

基于这两条原则，给出了表 5-5 的形状特征组合，根据这些形状特征组合中蕴含的统计特征进行部分匹配，能够使部分匹配后模型 P 具有较少的自由度，方便后续初值的交互调整。对于第二类点特征和第三类点特征，其未知的自由度坐标可任意给定，最后通过初值调整来保证这些自由度坐标的近似重合。

表 5-5　部分匹配的形状特征组合

形状特征组合	包含的统计特征组合	独立坐标数(定位+定向)
锥面	$p_{SI}+v_S$	3+2
旋转面	$p_{SII}+v_S$	2+2
旋转面+拉伸面	$p_{SI}+2v_S$	2+3
球面+球面	$2p_{SI}$或$p_{SI}+v_S$	3+2
球面+平面	$p_{SI}+v_S$	3+2
球面+拉伸面	$p_{SI}+v_S$	3+2
平面	$p_{SIII}+v_S$	1+2
平面+平面	$p_{SII}+2v_S$	2+3
平面+拉伸面	$p_{SIII}+2v_S$	1+3

初值调整是指在部分匹配后，交互调整模型 P 未被约束的自由度，使得两匹配模型达到视觉上的匹配。例如采用“$p_{SI}+v_S$”统计特征组合部分匹配模型 P 与 Q 后，模型 P 只剩下一个绕轴线(p_{SI}与 v_S 构建而成)的旋转自由度未被约束，只需调整模型 P 绕轴线旋转，直至达到视觉上的匹配即可。

5.2.3　基于扩展高斯球的模型匹配初值获取技术

1. 扩展高斯球的建立

曲线或曲面的几何特性可以通过高斯图来表示，以二维曲线为例进行说明，如图 5.11 所示。首先为曲线 γ 选定一个方向，然后将 γ 上的每一个点 P 的单位法矢量与一个单位圆上的点 Q 相联系，就是相应法矢量的端点落在单位圆上的点，从 γ 到单位圆的映射即为 γ 的高斯图。图 5.11 给出了曲线上的 P，P'，P'' 处的法矢量与高斯图上的 Q，Q'，Q'' 所

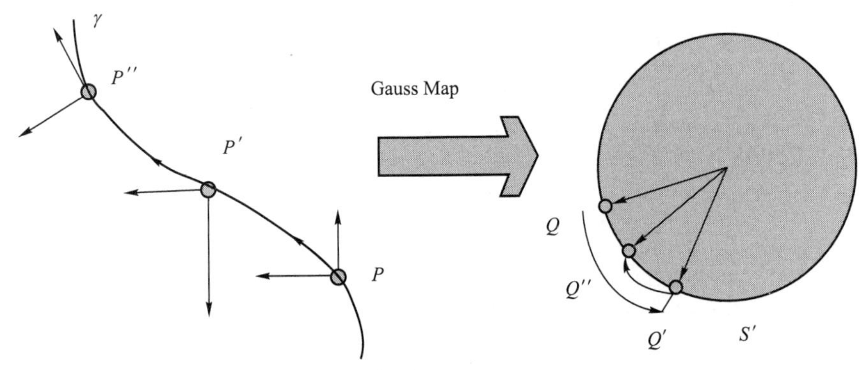

图 5.11　平面曲线的高斯图

代表的法矢量相对应，由曲线上的法矢量及切矢量可知，P'点为曲线拐点，当γ遍历方向不变时，由P经过拐点P'至P''时，高斯图上的端点Q经过Q'到达Q''，这表明在奇异点附近高斯图是双重覆盖的，也就是高斯图在这点上发生折叠，由此可以看出曲线的性质在高斯图上得到另外一种解释。

由于点云数据属于三维空间域，所以基于同样原理建立的点云数据高斯图就变成了高斯球，为了使高斯球的信息能够满足配准的要求，将高斯球的端点附加点云数据的曲率信息，这样高斯球上每个端点既包含点云数据的法矢信息，也包含其曲率信息，所以称为扩展高斯球。

建立点云数据的扩展高斯球需要法矢信息和曲率信息，对点云数据的法矢量和点云数据曲率进行估计，其计算过程如下所述。

首先确定点云数据的k邻域，用点云数据建立$K-D$树，通过$K-D$的遍历找到与P点的k邻域点，然后估计点云数据中各点处的法矢。点云数据中一点P的法矢N可以看作是该点及其邻域的最小二乘拟合曲面的法矢，点O为点P的邻域$nbhd(P)$的重心为：

$$O=\frac{1}{k}\sum_{hi\in nbhd(p)}p_{hi} \tag{5-12}$$

最小二乘拟合曲面的法矢可以通过求解下列优化问题的最小值得到：

$$f=\sum_{hi\in nbhd(p)}\|(p_{hi}-O)\cdot N\| \tag{5-13}$$

该优化问题可以转化为求协方差矩阵的最小特征问题：

$$\begin{bmatrix}\sum_{hi}(x_{hi}-O_x)^2 & \sum_{hi}(x_{hi}-O_x)(y_{hi}-O_y) & \sum_{hi}(x_{hi}-O_x)(z_{hi}-O_z)\\ \sum_{hi}(y_{hi}-O_y)(x_{hi}-O_x) & \sum_{hi}(y_{hi}-O_y)^2 & \sum_{hi}(y_{hi}-O_y)(z_{hi}-O_z)\\ \sum_{hi}(z_{hi}-O_z)(x_{hi}-O_x) & \sum_{hi}(z_{hi}-O_z)(y_{hi}-O_y) & \sum_{hi}(z_{hi}-O_z)^2\end{bmatrix} \tag{5-14}$$

式中：x_{hi}、y_{hi}、z_{hi}为P_{hi}的3个坐标值；O_x，O_y，O_z为重心O的3个坐标值。该矩阵为实对称矩阵，利用Jacobian方法就可以求解其特征值。设矩阵的最小特征值为对应的特征向量为$V_{\min}$，则最小二乘拟合曲面的在P点的法矢为

$$N=V_{\min} \tag{5-15}$$

用此方法求得的法矢量可能存在方向不一致的问题，所以需要进行法矢的调整，具体调节方法见相关文献。

再以p为原点建立局部坐标系，坐标轴为(u, v, h)，以点p的法矢方向作为具中一个坐标轴h的方向，其余两个坐标轴u，v在点p的切平面中选取。如式(5-16)所示取5项作为二次曲面的表示，则拟合最小二次曲面在局部坐标系中的表示为

$$h=au+bv+\frac{c}{2}u^2+duv+\frac{e}{2}v^2 \tag{5-16}$$

式中：
$$a=f_u b=f_v c=f_{uu},\ d=f_{uv},\ e=f_{vv} \tag{5-17}$$

设点集p_i，$i=1, 2, \cdots, n$中任意一点在局部坐标系中的对应参数为(u_i, v_i, h_i)，建立方程组

$$\boldsymbol{AX}=\boldsymbol{B} \tag{5-18}$$

其中

$$\boldsymbol{A}=\begin{bmatrix} u_1 & v_1 & \frac{u_1^2}{2} & u_1v_1 & \frac{v_1^2}{2} \\ \cdots & \cdots & \cdots & \cdots & \cdots \\ u_n & v_n & \frac{u_n^2}{2} & u_nv_n & \frac{v_n^2}{2} \end{bmatrix}, \quad \boldsymbol{X}=\begin{bmatrix} a \\ b \\ c \\ d \\ e \end{bmatrix}, \quad \boldsymbol{B}=\begin{bmatrix} h_1 \\ h_2 \\ \vdots \\ h_n \end{bmatrix} \tag{5-19}$$

求解方程组得：$\boldsymbol{X}=[\mathbf{A}^{\mathrm{T}}\mathbf{A}]^{-1}\mathbf{A}^{\mathrm{T}}\boldsymbol{B}$

曲面第一、第二基本量为

$$E=1+a^2,\ F=ab,\ G=1+b^2$$

$$L=\frac{c}{\sqrt{1+a^2+b^2}},\ M=\frac{d}{\sqrt{1+a^2+b^2}},\ N=\frac{e}{\sqrt{1+a^2+b^2}}$$

两个主曲率满足如下等式：

$$(1+a^2+b^2)k_n^2-\left(\frac{(1+a^2)\ e+\ (1+b^2)\ c-2abd}{\sqrt{1+a^2+b^2}}\right)k_n+\frac{ce-d^2}{1+a^2+b^2}=0 \tag{5-20}$$

求解该方程，可以得到两个主曲率，并将结果代入如下公式，可以进一步得出两个主曲率对应的主方向：

$$\left.\begin{aligned}(L-k_nE)du+(M-k_nF)dv=0\\(M-k_nF)du+(N-k_nG)dv=0\end{aligned}\right\} \tag{5-21}$$

由上式可求出高斯曲率和平均曲率：

高斯曲率为

$$K=k_{n1}\cdot k_{n2}=\frac{ce-d^2}{(1+a^2+b^2)^2} \tag{5-22}$$

平均曲率为

$$H=\frac{k_{n1}+k_{n2}}{2}=\frac{(1+a^2)e+(1+b^2)c-2abd}{2\ (1+a^2+b^2)^{3/2}} \tag{5-23}$$

至此，建立点云数据扩展高斯球队所有信息都已得到，而对于 CAD 模型，由于其表面多为 NURBS，表示如式(5-24)。

$$p(u,\ v)=\frac{\sum_{i=0}^{m}\sum_{j=0}^{n}w_{i,j}d_{i,j}N_{i,k}\ (u)\ N_{j,l}\ (v)}{\sum_{i=0}^{m}\sum_{j=0}^{n}w_{i,j}N_{i,k}\ (u)\ N_{j,l}\ (v)} \tag{5-24}$$

式中：$d_{i,j}$ $(i=0,\ 1,\ \cdots,\ m;\ j=0,\ 1,\ \cdots,\ n)$为控制顶点；$w_{i,j}$ 为与控制顶点相连的权因子；$N_{i,k}(u)(i=0,\ 1,\ \cdots,\ m)$和 $N_{j,l}(v)(j=0,\ 1,\ \cdots,\ n)$分别为 u 向 k 次和 v 向 l 次规范 B 样条基。

对于复杂型面可以通过细分 $u\in[0,\ 1]$，$v\in[0,\ 1]$ 值达到对复杂型面的离散。由于存在 CAD 模型中 NURBS 曲面的解析表达是完全已知的，所以可以根据需要，调整离散参数生成满足要求的点云数据。由 CAD 模型生成点云数据的目的是找到测量点云数据中对应的点，从而给外特征配准法提供比较好的初始位置。为了达到此目的，需要使 CAD 模型的离散点云数据与测量所得的点云数据具有相同的空间分辨率，因此在空间均匀采样时，采用基于 Volumetric 方法对两者进行空间均匀采样，然后采用同样的点云法矢及曲率计算方法生成 CAD 模型引导点云的扩展高斯球。

2. 基于扩展高斯球模板匹配的对应点建立

通过高斯映像图进行曲面特征匹配。首先将曲面上每一点的主曲率方向矢量(包括最大及最小主曲率方向的两个矢量统称为主方向)进行单位化，并将主方向的起点平移到单位球的球心，主方向的矢端落在球面上，从而形成了主方向的高斯映像，其过程与本文的扩展高斯球的建立过程相同。由于端点包括两处矢量信息，所以对于母线为自由曲线的旋转面，其中一个方向的矢量信息分布在一个圆上，而另一个方向的矢量信息则散布在球面上，通过快速聚类分析，可以从一个曲面的高斯映像图中找出包含旋转曲面的信息，从而完成特定曲面的特征匹配。

建立扩展高斯球的目的是找点云数据与CAD模型的对应点，仔细分析可知，由于点云数据和CAD模型处于不同的坐标空间，所以无法直接找出其空间对应点。而对于扩展高斯球，由于其所有分布都是在一个球坐标系下，所以使寻找对应点成为可能。

从另一个角度来考虑这一问题，在扩展高斯球上，由于CAD模型的点云数据所形成的扩展高斯图与测量点云数据所形成的扩展高斯图的法矢、曲率的计算方法相同，点云的空间分辨率也相同，所以点云扩展高斯图上必有一部分形状与CAD模型的扩展高斯图的形状相似，其原因是测量点云数据由于加工、测量等原因存存一定的误差，同时在进行空间均匀采样时，空间点的位置也存在一定的差异，所以形状完全的相同是不存在的，由此可以联想到数字图像处理中的模板匹配方法。在图像中为了检测出已知形状的目标物，可以使用目标物的形状模板与原图像进行匹配，在一定约定下检测出目标图像。下面以二维为例说明传统模板式匹配的算法。

设目标对象的图像模板为T，大小为$M\times N$，考察的图像为S，大小为$L\times W(L>M, W>N)$，通过模板T覆盖图像S来比较二者的一致性，如下

$$D(i, j)=\sum_{m=1}^{M}\sum_{n=1}^{N}[S_{i,j}(m, n)-T(m, n)]^2 \tag{5-25}$$

将式(5-25)展开如下

$$D(i, j)=\sum_{m=1}^{M}\sum_{n=1}^{N}[S_{i,j}(m, n)]^2-2\sum_{m=1}^{M}\sum_{n=1}^{N}[S_{i,j}(m, n)\times T(m, n)]+\sum_{m=1}^{M}\sum_{n=1}^{N}[T(m, n)]^2 \tag{5-26}$$

式(5-26)中的$\sum_{m=1}^{M}\sum_{n=1}^{N}[T(m, n)]^2$表示匹配模板中的总能量，是一个常数，与序号$(i, j)$无关，$\sum_{m=1}^{M}\sum_{n=1}^{N}[S_{i,j}(m, n)]^2$是匹配模板覆盖下的考察的能量，它随着$(i, j)$而逐渐发生改变，$2\sum_{m=1}^{M}\sum_{n=1}^{N}[S_{i,j}(m, n)\times T(m, n)]$是子图像与模板相关的能量，随着$(i, j)$而变化，因此相似函数可以写为

$$R(i, j)=\frac{\sum_{m=1}^{M}\sum_{n=1}^{N}[S_{i,j}(m, n)\times T(m, n)]}{\sum_{m=1}^{M}\sum_{n=1}^{N}[S_{i,j}(m, n)]^2} \tag{5-27}$$

或写成归一化的形式

$$R(i, j)=\frac{\sum_{m=1}^{M}\sum_{n=1}^{N}[S_{i,j}(m, n)\times T(m, n)]}{\sqrt{\sum_{m=1}^{M}\sum_{n=1}^{N}[S_{i,j}(m, n)]^2}\sqrt{\sum_{m=1}^{M}\sum_{n=1}^{N}[T(m, n)]^2}} \tag{5-28}$$

根据施瓦兹不等式

$$\sum_{m=1}^{M}\sum_{n=1}^{N}[S_{i,j}(m, n)\times T(m, n)]<\sum_{m=1}^{M}\sum_{n=1}^{N}[S_{i,j}(m, n)]+\sum_{m=1}^{M}\sum_{n=1}^{N}[T(m, n)]^2 \tag{5-29}$$

可知归一化相似性测度的表达式 $R(i, j)$ 在［0，1］之间，其值越大表示其相似性越高。

由模板匹配的过程可知，算法的计算量比较大，而且随着模板尺寸的增大，算法的计算量呈指数增加。另外，当考察图像发生偏转时，算法与模板相匹配的可靠性就大大降低，也就是算法缺少旋转不变性。为了克服传统算法的缺点，本文建立了一种基于局部球面积序列的模板匹配方法。

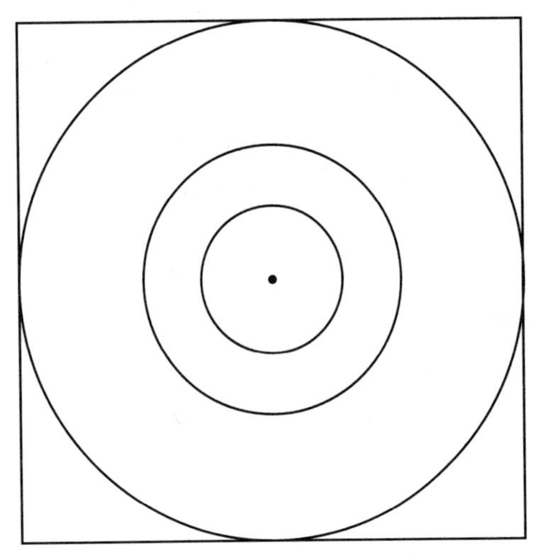

图 5.12　局部球面序列模板

以二维模板进行说明，图 5.12 给出的是一个正方形模板，按半径相等的原则将模板进行平面均匀分割，对于每个分割区域进行面积计算，由于圆具有旋转不变性，所以以面积序列为判断依据进行相似性判断使模板匹配算法的鲁棒性增强，同时也具有旋转不变性的功能。对于点云数据的扩展高斯球的模板计算与此有微小的区别，主要过程如下所述。

(1) 在点云数据域，计算模板中心点 P_0 与模板其余点 $P_{i,j}$ 的距离，将其结果存入距离链表 L_D 中。

(2) 将距离链表 L_D 按从小到大的顺序进行遍历排序。

(3) 按实际要求对最大距离进行空间分割，分割数目要大于等于 5。

(4) 在扩展高斯球的球空间域进行分割面积的平均曲率统计，$S_r=\sum_{r=R_i}^{R_j}H_r$；$H_r$ 为点云空间分割域 r_i 和 r_j 之间的扩展高斯球面域的平均曲率。

由上述过程可知，算法以平均曲率的统计来代替局部面积的计算，使计算的复杂度降低，匹配过程以离散的统计值为基础，使参与匹配的数据量大大减少。至此解决了传统模板匹配算法中的两个根本性的问题。而新的相似性测度则变为：

$$R_r=\frac{\sum_{n=1}^{N}[S_n(r)\times T(r)]}{\sqrt{\sum_{n=1}^{N}[S_n(r)]^2}\sqrt{\sum_{n=1}^{N}[T(r)]^2}} \tag{5-30}$$

计算过程中点云空间与扩展高斯球空间的联系是通过点云的下标索引来实现的，也就是在扩展高斯球空间的每一个矢量数据都要附加一个点云数据的下标索引，从而使两种空间的转换变得流畅自如。

当匹配过程完成后，通过搜索对应点的曲率找到最接近的点对数目，要求不能少于3对。

表5-6是图5.12给出的点云数据与CAD模型离散数据通过模板匹配后的对应点关系(按匹配的相似性关系只列出了其中3个点对)，可以看出对应点的曲率半径相差不超过6%。

表5-6 基于扩展高斯球的点云数据与CAD模型对应点

序号	点云数据			曲率半径	CAD模型数据			曲率半径
	X	Y	Z		X	Y	Z	
1	−13.411	−200.200	−76.115	298	−22.813	54.638	−45.108	294
2	113.021	−36.500	−43.406	185	−9.559	−82.525	88.198	194
3	−60.623	−6.760	−42.700	498	−36.067	21.470	46.330	488

3. 点云数据与CAD模型对应点的粗配准

三维点云数据的坐标变换包括平移、旋转，因为在变换过程中要保持点云数据所代表的几何形体不变，所以变换中的比例和错切变换就要避免。因为3个线性无关点可以表示一个完整的坐标系，因此可以用3对匹配点进行粗配准。

假设上述匹配后找到的对应点为：p_1、p_2、p_3 和 q_1、q_2、q_3，则在变换时，先将 p_1 变换到 q_1，再将矢量 p_1p_2 变换到 q_1q_2 上，最后将包含 p_1、p_2、p_3 的平面变换到包含 q_1、q_2、q_3 的平面上。计算步骤如下所述。

(1) 计算矢量 p_1p_2、p_1p_3 和 q_1q_2、q_1q_3。

(2) 令：$V_1=p_1p_2$ 和 $W_1=q_1q_2$。

(3) 计算 V_2、V_3 和 W_2、W_3

$$\begin{cases}V_3=V_1\times p_1p_3\\W_3=W_1\times q_1q_3\end{cases}\quad\begin{cases}V_2=V_3\times V_1\\W_2=W_3\times W_1\end{cases}$$

(4) 将 V_1，V_2，V_3 和 W_1，W_2，W_3 分别正交单元化为

$$v_1=\frac{V_1}{|V_1|},\ v_2=\frac{V_2}{|V_2|},\ v_3=\frac{V_3}{|V_3|},\ w_1=\frac{w_1}{|w_1|},\ w_2=\frac{w_2}{|w_2|},\ w_3=\frac{w_3}{|w_3|}$$

(5) 旋转矩阵和平移矩阵为

$$\boldsymbol{R}=\begin{bmatrix}v_1\\v_2\\v_3\end{bmatrix}^{-1}\begin{bmatrix}w_1\\w_2\\w_3\end{bmatrix}$$

$$\boldsymbol{T}=q_1-p_1\boldsymbol{R}$$

(6) 将 V 坐标系下的 p_i 变换到 W 坐标下的 p_i'：

$$p_i'=p_i\boldsymbol{R}+\boldsymbol{T}\tag{5-31}$$

至此，完成了点云数据与CAD模型的粗配准。

对表5-6中的数据按上述过程进行计算，其旋转矩阵和平移矩阵分别为：

$$\boldsymbol{R}=\begin{bmatrix}0.394 & -0.913 & -0.110\\-0.032 & -0.133 & 0.990\\-0.919 & -0.387 & -0.082\end{bmatrix}$$

$$T = [-93.928 \quad -13.691 \quad 145.489]$$

5.2.4 层次聚类法

完备的拓扑关系是实现点云高效计算的基础，构建三角网格拓扑关系难度大、系统资源消耗高。从系统树图形成的方式来看，层次聚类算法包括两种形式：凝聚式算法和分裂式算法。凝聚式算法是以“自底向上”的方式进行的。首先将每个样本作为一个聚类，然后合并相似性最大的聚类为一个大的聚类，直到所有的聚类都被融合成一个大的聚类。它以 n 个聚类开始，以 1 个聚类结束，分裂式算法是以一种“自顶向下”的方式进行的，一开始它将整个样本看作一个大的聚类；其次，在算法进行的过程中考察所有可能的分裂方法把整个聚类分成若干个小的聚类。第 1 步分成 2 类，第 2 步分成 3 类，依此规律一直能够进行下去直到最后一步分成 n 类。在每一步中选择一个使得相异程度最小的分裂。运用这种方法，可以得到一个相反结构的系统树图，它以 1 个聚类开始，以 n 个聚类结束。与分裂式算法相比，由于凝聚式算法在计算上简单、快捷，而且得到相近的最终结果，所以绝大多数层次聚类方法都是凝聚式的，它们只是在聚类的相似性度量的定义上有所不同。

层次聚类算法，也称为树聚类算法，按照聚类方式的不同主要可以分为全局聚类(图 5.13)和局部聚类(图 5.14)算法等。其目标是针对具有 n 个样本的集合 $X \in R^{n \times d}$，通过相似性函数计算样本间的相似性并构成相似性矩阵 $R = (r_{ij})_{n \times n}$；再根据样本间的相似性矩阵把样本集组成一个分层结构，产生一个从 1 到 n 的聚类序列。该序列具有二叉树的形式，即每个树的结点有两个分支，从而使得聚类结果构成样本集的系统树图。

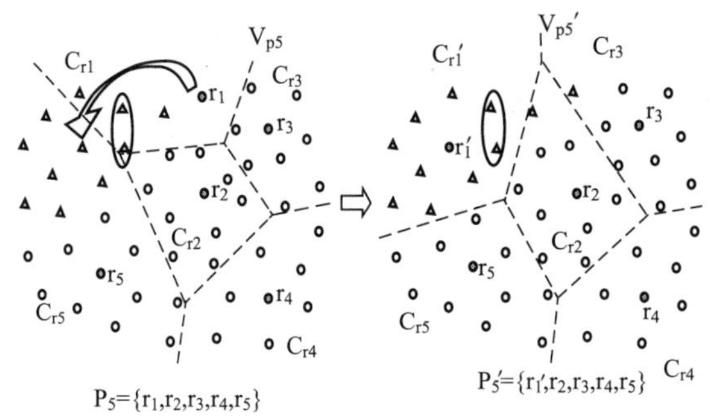

图 5.13 全局聚类采样

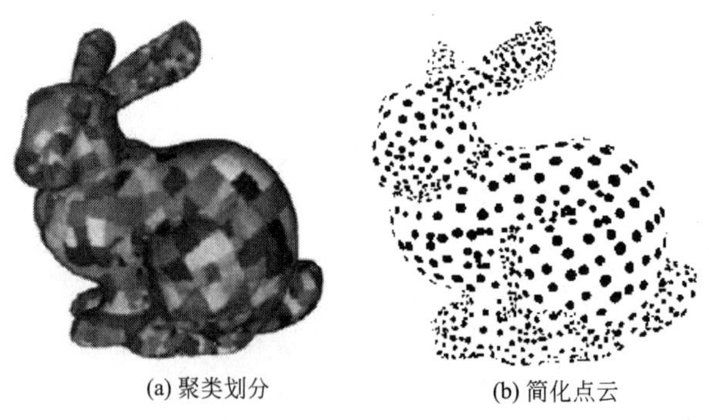
(a) 聚类划分　　(b) 简化点云

图 5.14 聚类云图和点云显示

聚类法广泛地应用于计算机图形学中三维复杂实体处理。层次聚类法是一种自上向下的划分方法。将点云 P 分割成大量的子集 $\{C_i\}$，即 $P=\{C_i\}$，每一个子集 C_i 用一个点 p_i 来取代，形成一个简化点集 $P'=\{p_i\}$。以一平面点集示例，如图 5.15 所示。线宽对应着分割层次，对点云进行 3 次划分，形成 $(2^3-1)=7$ 个聚类，对类 $C_i(i\in[1,7])$ 用点 p_i 取代，生成一个简化点集由 7 个点组成取代原来的 19 个点。

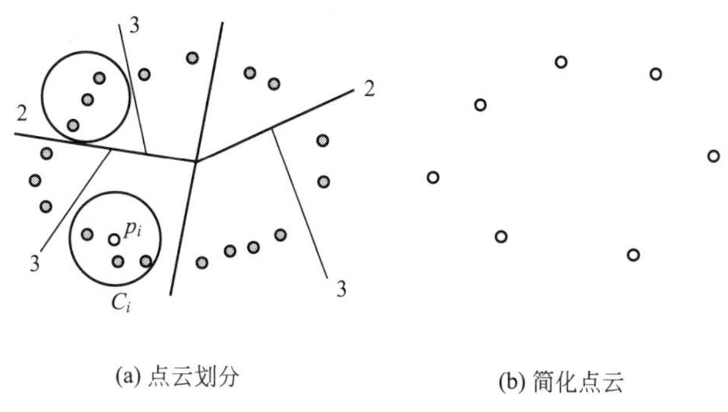

图 5.15　层次聚类法二维示意图

1. 曲面变分

曲面变分是点云局部面的几何属性的度量，该参数在层次聚类算法中作为二叉划分的依据。曲面变分的计算使用协方差分析求解，它依赖于点的邻域。考虑点云为无规则的散乱点 $P=\{p_i\}p_i\in IR^3$，采样点 $p\in P$ 的 k 邻域记为 N_p，如图 5.16 所示。

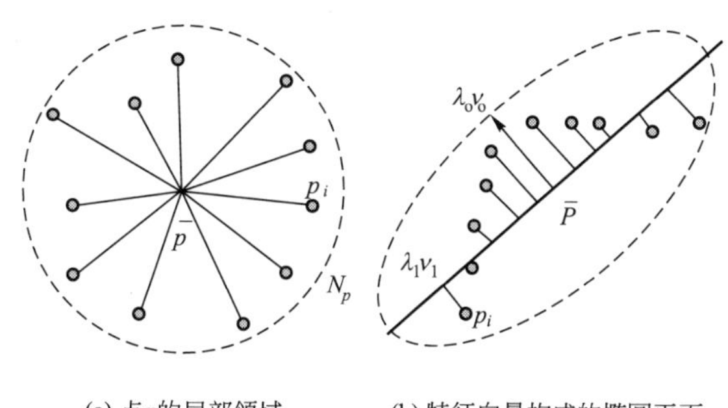

图 5.16　点云局部面协方差分析二维示意图

给定采样点 p 对应 3×3 协方差矩阵：

$$\boldsymbol{C}=\begin{bmatrix} p_1-\bar{p} \\ \cdots \\ p_k-\bar{p} \end{bmatrix}^{\mathrm{T}} \cdot \begin{bmatrix} p_1-\bar{p} \\ \cdots \\ p_k-\bar{p} \end{bmatrix} (p_i\in N_P) \tag{5-32}$$

式(5-32)中：$\bar{p}$ 为 p 的邻域质心/mm，$\bar{p}=\sum_{i=1}^{k} p_i/n(p_i\in N_p)$。

考虑对称半正定协方差矩阵 $\boldsymbol{C}$ 的特征值问题

$$\boldsymbol{C}\cdot v_l=\lambda_l\cdot v_l,\ l\in\{0,1,2\} \tag{5-33}$$

式中：λ_l 为矩阵 $\boldsymbol{C}$ 的特征值。

特征值λ_l是实值，评价了p_i沿着特征向量方向的偏移。总的偏移也就是邻域点p_i到质心的欧式距离的平方和，如式(5-34)：

$$\sum_{i \in N_p} |p_i - \bar{p}|^2 = \lambda_0 + \lambda_1 + \lambda_2 \tag{5-34}$$

在求实对称矩阵的特征根与特征向量时，采用雅克比法。雅克比算法的理论基础是若矩阵$\boldsymbol{A}$与$\boldsymbol{B}$相似，则它们具有相同的特征值；如果$\boldsymbol{A}$是实对称矩阵，则一定可用正交相似变化使其对角化。在程序中，用旋转矩阵$\boldsymbol{T}$不断对矩阵$\boldsymbol{A}$作正交相似变换把$\boldsymbol{A}$化为对角矩阵，从而求出$\boldsymbol{A}$的特征值与特征向量。

假定$\lambda_0 \leqslant \lambda_1 \leqslant \lambda_2$，定义

$$T(x): (x - \bar{p}) \cdot v_0 = 0 \tag{5-35}$$

式(5-35)中，定义平面$T(x)$过点$\bar{p}$且满足邻域点到面的距离平方和最小，因此v_0逼近面在点p处的法矢n_p，也就是说v_1和v_2横跨点p处平面$T(x)$。λ_0定量描述了点沿法矢的偏移，λ_1和λ_2表示了沿切平面主轴方向偏移。

定义点p处的曲面变分：

$$\sigma(p) = \frac{\lambda_0}{\lambda_0 + \lambda_1 + \lambda_2} \tag{5-36}$$

若$\sigma(p)=0$，此时邻域所有点都处于一个平面上。$\sigma(p)$最大值为1/3，此时点完全散乱分布。需要注意的是曲面变分并不是点的内在属性，它依赖于邻域的选取。许多简化算法使用曲率作为评价标准，在曲率变化大的地方保留更多点。曲面变分类似于曲率，但较曲率能更精确反映局部面几何属性。考虑一个曲面由两个距离很近较平坦的面组成时，此时曲率很小，需很少采样点来表示曲面。但事实是该曲面需要一个高的采样密度保留较多点来区分这两个平面，此时曲面变分较曲率能更好地评价局部面的几何属性。

2. BSP邻域构建

给定点云P，对于其中某点p_i邻域可以分为多种。本文着重介绍BSP邻域，它的计算使用到二叉空间分割(Binary Space Partition)。该算法基于这样的事实：任何平面都可以被分割成两个半空间。位于平面一侧的点定义了一个半空间，位于另一侧的点定义了另一个半空间。在半空间中又存在一个平面，将此半空间进一步分割成两个更小的子空间。这个过程进行下去，可以得到越来越小的子空间，这些空间构造成一个二叉树。

结合本文研究对象，在这个二叉树中，初始点云对应树的根结点，位于同一子空间中的点云对应某一叶子节点。节点在分割时必须满足以下两个条件：一是节点包含点的数目大于用户指定类所能包含最大点数$n_{\max}$；二是结点的曲面变分$\sigma(P)$大于给定曲面变分阈值$\sigma_{\max}$。分割平面由点云质心和P对应协方差矩阵的特征向量v_2来确定，特征向量v_2对应协方差矩阵的最大特征根，使得点云总是沿着变化最大的方向分割。不满足分割判据时，点云将形成一个叶子结点对应一个类C_i。

3. 算法描述实现

层次聚类是一种自上向下的划分点云方法，实际上是空间二叉分割，是一递归过程。空间划分结束时，每个叶子节点对应一个类，类的总数等于采样后的点数。每个类用均值点取代，得到简化点云。算法流程说明如下，流程图如图5.17所示。

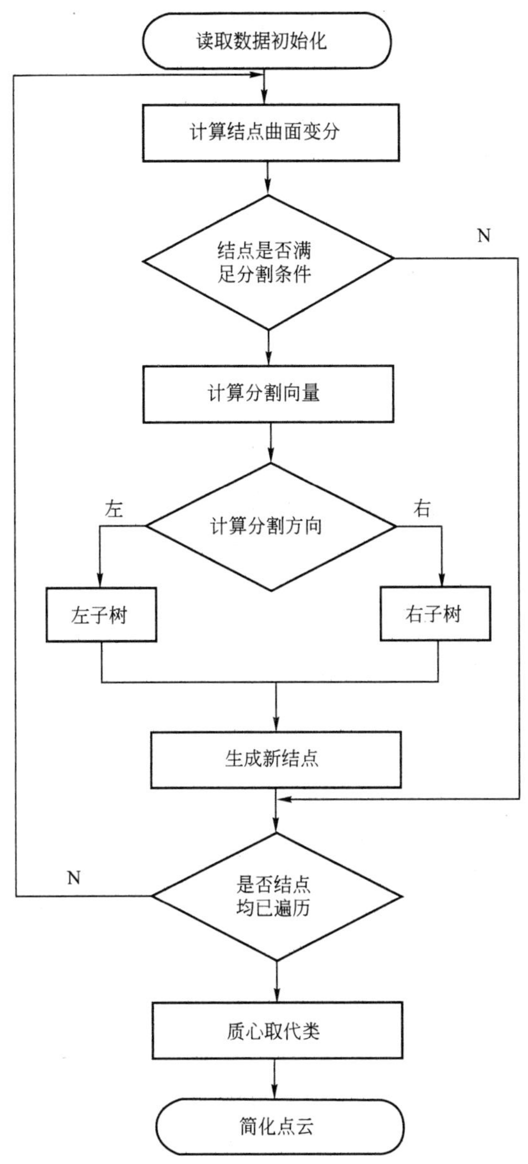

图 5.17　层次聚类法算法流程

(1) 读入数据，初始化。

(2) 建立节点的协方差矩阵，求解结点的曲面变分。

(3) 判断节点是否满足分割条件，若不满足则生成类即叶子节点，并跳至步骤(6)。

(4) 计算节点分割方向，判断结点中各点属于左或者右子树。

(5) 左、右子树形成新的节点。

(6) 判断是否遍历所有节点，若有未遍历节点转至步骤 (2)。

(7) 遍历各类即叶子节点，一般用类质心取代该类。

4. 实验

该项目是对东风汽轮机厂生产的水轮机叶片进行数字化质量检测，传统的叶片检测主

要采用三坐标测量和标准样板法。三坐标测量精度较高，但每次只能完成一个测点，测量叶片耗时较长，制约了叶片生产效率。标准样板法需要针对不同级的叶片对应不同检验模板数目，这种方法费时费事，而且引入较大测量误差。光学设备的发展为叶片的数字化检测提供了基础，主要原理是：通过光学设备扫描到叶片的点云数据，对这些数据进行预处理，处理完毕的数据与工件模型进行比对。流程如图 5.18 所示。其中图 5.18(a)是工业现场；图 5.18 (b)是采集到的原始点云；图 5.18 (c)是使用层次聚类法，采样后的点云；图 5.18(d)是在 Geomagic Qualify 比对软件中，对偏差进行评价用色谱图显示。

(a) 工业现场

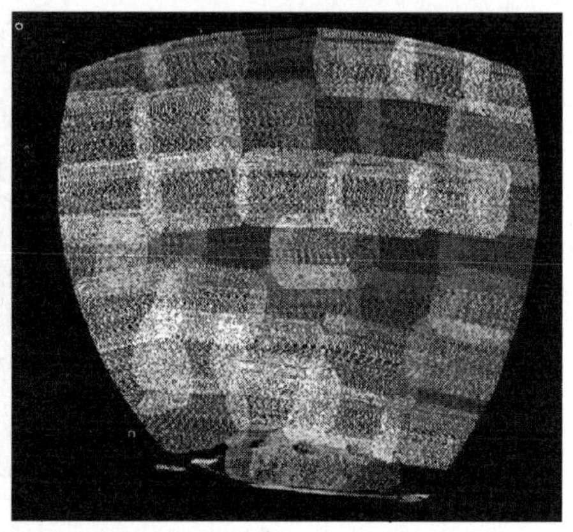

(b) 原始点云

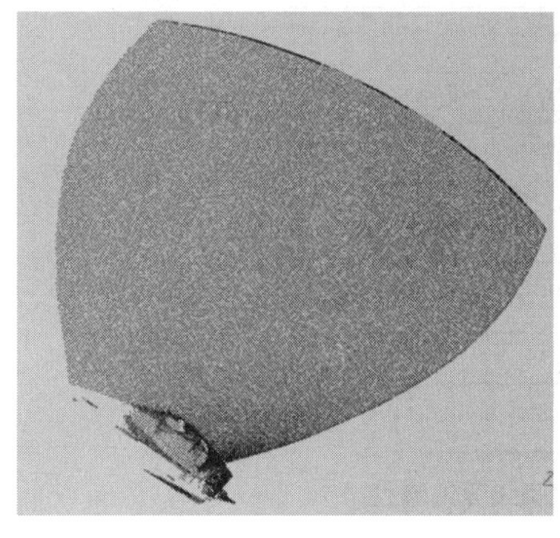

(c) 简化点云

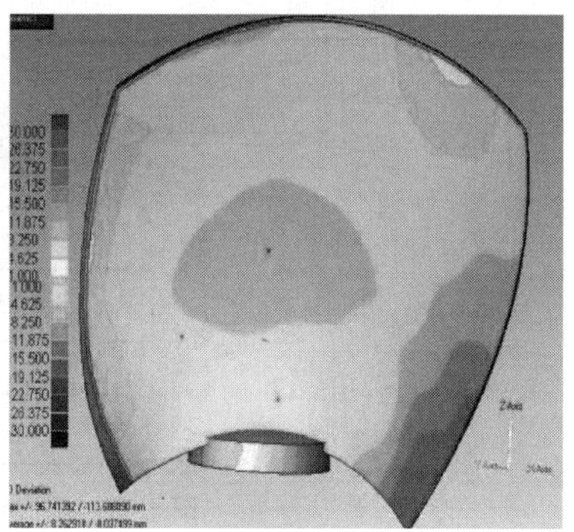

(d) 检测结果

图 5.18　水轮机叶片数字化检测

叶片模型采集到的原始点云有 180 万点，使用层次聚类法 1/70 采样后得到的点云为 2.6 万点，和传统三坐标机只能打出最多几百个点相比，能满足测点数量的要求。计算简化点云和原始点云的平均偏差 0.746mm，数据和模型匹配时采用 ICP 精确配准，并正确建立点云与 CAD 模型关系，相比传统人工方法，具有较高精度，能满足检测要求。

5. 结论

(1) 层次聚类采样算法对点云自上而下进行二叉划分，划分结束用均值点来取代各类，得到简化点云。二叉划分依据是曲面变分和类中点的数目，曲面变分的计算是根据点的邻域，构建 3×3 协方差矩阵，使用雅克比迭代法求解矩阵特征值和特征根。

(2) 层次聚类采样算法的优点在于保留点较均匀，计算速度较快，但构建协方差矩阵时至少要有 4 个点，也就是二叉划分形成的类要包括 3 个以上点，不能实现任意比率采样，适用于大比率保留点较少的场合，因此需要进一步研究其他采样算法。

(3) 采用层次聚类采样算法对东风汽轮机厂生产的水轮机叶片进行数字化质量检测，点云关系和 CAD 数模对比证明了该采样算法的可行性。

5.3 测量数据可视化分析技术

测量数据为离散的点云数据，因此难以看出点云所构成的几何形状及拓扑结构，给模型分析带来不便。而点云数据的可视化分析技术，是指通过相应的数学原理、光学模型等技术更好地勾勒出点云的轮廓，使得用户在视觉上能够更好地了解实物原型的形状结构，为后续的逆向建模提供视觉依据。这里主要介绍 2 种点云可视化分析技术：曲率分析和点云网格化。

5.3.1 曲率分析

曲率估算方法分为数值法和解析法两种。数值法首先要求将点云数据三角化，基于三角网格计算测量点的主曲率或主方向。数值法在处理大规模的点云数据时，将耗费大量的系统资源用于构建并储存三角网格和网格间的拓扑关系，这是数值法效率不高的主要原因。解析法的思路与数值法不同，其首先在局部坐标系内拟合一张解析曲面，然后通过曲面的一阶或二阶导数估算曲率。坐标转换法是应用较为广泛的一种解析法，这种方法采用的抛物面虽然表达简单，拟合速度快，但受曲面属性所限，只能被用来计算单个点的曲率，要估算点云数据中的每一个点的曲率则需要大量的拟合计算，效率较低。

为解决以上问题，本书介绍一种基于全局曲面模型的曲率估算方法，算法共分以下 3 步。

(1) 在给定误差下对点云数据采样。

(2) 应用坐标转换法估算采样点曲率。

(3) 插值采样点在空间(x，y，z，c)中构造一个全局的 4D Shepard 曲面，其中(x，y，z)表示测量点位置，c 表示测量点曲率，快速计算点云中任意点的曲率。

算法将曲率作为一个新的坐标分量，建立四维空间，并插值构造曲面，因此该算法也被称之为 4D 插值法。

1. 点云的拓扑关系建立

完备的拓扑关系是实现点云高效计算的基础，构建三角网格拓扑关系难度大、系统占用率高。相反，基于空间栅格划分建立点与点之间拓扑结构的算法则是计算机应用领域解决三维离散和排序问题的基本数据结构，具有简单实用、计算效率高等特点。

设点云中最大和最小 x，y，z 坐标分别为 x_{max}、y_{max}、z_{max}、x_{min}、y_{min}、z_{min}，且给

定容差ε，则定义以点$(x_{max}+\varepsilon, y_{max}+\varepsilon, z_{max}+\varepsilon)$和$(x_{min}-\varepsilon, y_{min}-\varepsilon, z_{min}-\varepsilon)$为对角点且表面平行于坐标平面的空间六面体为点云的空间包围盒。

将点云数据的空间包围盒沿坐标轴方向按等间隔λ划分成空间六面体栅格，则沿x，y，z坐标轴方向划分的栅格数分别为：$l=\left\lceil\frac{(x_{max}+\varepsilon)-(x_{min}-\varepsilon)}{\lambda}\right\rceil$，$m=\left\lceil\frac{(y_{max}+\varepsilon)-(y_{min}-\varepsilon)}{\lambda}\right\rceil$，$n=\left\lceil\frac{(z_{max}+\varepsilon)-(z_{min}-\varepsilon)}{\lambda}\right\rceil$。栅格总数为$l\times m\times n$，符号“[ ]”表示向上取整。用$(x, y, z)$表示栅格坐标，其中$x\in[1, l]$、$y\in[1, m]$、$z\in[1, n]$，且$x$、$y$、$z$为正整数。栅格宽度$\lambda$可以根据实际的点云分布的均匀性及应用情况的不同进行设置，一般取点云分布密度ρ的k倍。点云分布密度定义为：在测量数据集中随机取出N个点$p_i(i=1, 2, \cdots, N)$，计算离点p_i最近点的距离d_i，则令分布密度$\rho=\frac{\sum_{i=1}^{N}d_i}{N}$。$N$可以根据数据的分布均匀程度进行设置，一般设为10～20个。将点云中散乱点根据坐标值的不同压入到不同的空间栅格，基于栅格就可以构建散乱数据点的空间拓扑关系，完成点云数据的空间三维划分。将空间栅格按是否包含散乱点分别定义为实格和空格。按照空间栅格是否包含散乱点对其进行二值化处理，并用函数$f(x, y, z)$表示。如果$f(x, y, z)$等于1，则表示该栅格为实格；如果$f(x, y, z)$等于0，则表示该栅格为空格。每个空间栅格存在26个相邻栅格(点云数据空间包围盒边界上的栅格除外)，如图5.19所示。定义(i, j, k)为栅格的拓扑方向，则空间某一栅格的26近邻可用$(x+i, y+j, z+k)$表示，其中$i\in[-1, 1]$、$j\in[-1, 1]$、$k\in[-1, 1]$，且i、j、k不同时为0。

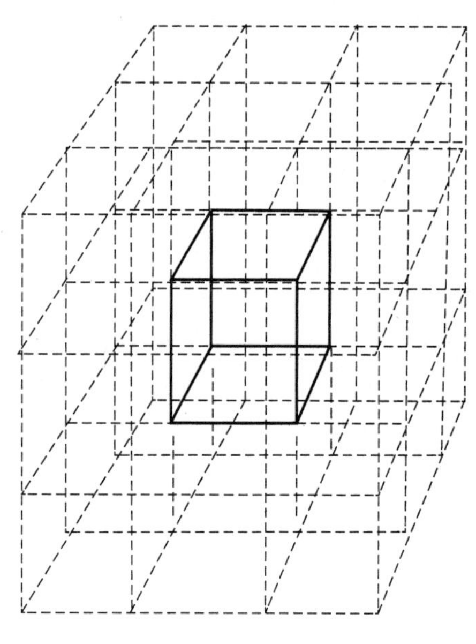

图5.19　26临界栅格

2. 给定公差下的点云数据采样

一般来说，大规模的测量数据难以直接处理，需要通过二次采样等方法进行压缩处理。自适应采样的主要步骤如下。

(1) 对包围盒进行网格划分，产生空间栅格，栅格宽度$\lambda=3\rho$。

(2) 如果空间栅格中的测量点数小于4，执行步骤(4)；否则利用最小二乘法逼近测量点构造局部抛物面。

(3) 如果逼近误差$e_a>\varepsilon$(给定误差)或者最小采样密度$\Omega<\sqrt{3}\lambda$(空间栅格边长)，利用八叉树法对栅格进行细分，执行步骤(2)。

(4) 对每个栅格中的局部曲面片在公差$e_b=\varepsilon-e_a$的控制下进行采样。

下面对其中的关键步骤进一步展开论述。

1）局部抛物面构造

在每个栅格中，通过坐标转换法构造局部二次曲面。首先拟合切平面估算测量点法矢n，并在切平面上任意定义两个正交向量u和v作为参数坐标轴。u，v和n构成笛卡儿坐标系，并将位于全局坐标系中的空间测量点(x, y, z)转换到局部坐标系$u-v-n$中。最后，在局部坐标系中通过最小二乘法可得到抛物面：

$$s(u, v)=[u, v, h(u, v)]=(u, v, au^2+buv+cv^2) \tag{5-37}$$

抛物线拟合公式可以表示为矩阵形式：

$$\boldsymbol{AX}=\boldsymbol{b} \tag{5-38}$$

式中：$\boldsymbol{A}=\begin{bmatrix} u_1^2 & u_1v_1 & v_1^2 \\ u_2^2 & u_2v_2 & v_2^2 \\ \vdots & \vdots\ \vdots & \vdots \\ u_n^2 & u_nv_n & v_n^2 \end{bmatrix}$；$\boldsymbol{X}=\begin{bmatrix} a \\ b \\ c \end{bmatrix}$；$\boldsymbol{b}=\begin{bmatrix} h_1 \\ h_2 \\ \vdots \\ h_n \end{bmatrix}$

在矩阵方程两边同乘$\boldsymbol{A}^{\mathrm{T}}$得到$\boldsymbol{A}^{\mathrm{T}}\boldsymbol{AX}=\boldsymbol{A}^{\mathrm{T}}\boldsymbol{b}$。通过最小化$\sum_i [h_i-(au_i^2+bu_iv_i+cv_i^2)]^2$，可以解出抛物线的系数矩阵$\boldsymbol{X}=[a, b, c]^{\mathrm{T}}=(\boldsymbol{A}^{\mathrm{T}}\boldsymbol{A})^{-1}\boldsymbol{A}^{\mathrm{T}}\boldsymbol{b}$ 拟合抛物面还必须满足以下两个条件，否则栅格会被进一步分割。

（1）$e_a<\varepsilon$；其中e_a为栅格内测量点集P和曲面$S(u, v)$的最大距离误差$e_a=\max|h_i-(au_i^2+bu_iv_i+cv_i^2)|$，$\varepsilon$为用户给定的误差阈值，如图5.20(a)所示。

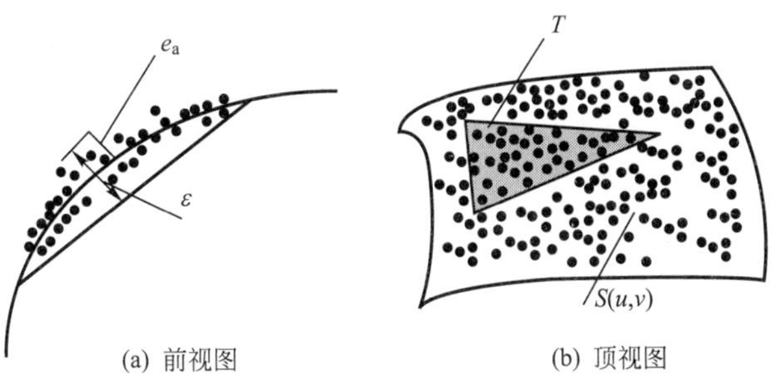

(a) 前视图　　(b) 顶视图

图5.20　局部抛物面构造

（2）$\Omega>\sqrt{3}\lambda$；$\sqrt{3}\lambda$为采样密度阈值，λ为栅格边长，Ω是根据设定公差计算得到的最小采样密度(相邻采样点间的最大距离)。考虑到栅格内部两个点间距离的最大值为$\sqrt{3}\lambda$，如果$\sqrt{3}\lambda<\Omega$，则可以保证：在误差范围内，栅格内部的采样点集能够比较准确地描述原始曲面。Ω的计算方法如下所述。

记插值于点集P的曲面为$S(u, v)$，插值P中任意3个点的三角形为T(如图5.20(b)所示)，$S(u, v)$和T间的误差应满足：

$$\sup_{(u,v)\in T}\|S(u, v)-T(u, v)\|\leqslant\frac{1}{8}\Omega^2(M_1+2M_2+M_3) \tag{5-39}$$

式中：$M_1=\sup\limits_{(u,v)\in T}\left\|\dfrac{\partial^2 S(u, v)}{\partial u^2}\right\|$；$M_2=\sup\limits_{(u,v)\in T}\left\|\dfrac{\partial^2 S(u, v)}{\partial u\partial v}\right\|$；$M_3=\sup\limits_{(u,v)\in T}\left\|\dfrac{\partial^2 S(u, v)}{\partial v^2}\right\|$；$\Omega$是在误差范围内三角形边长的上限。

考虑用户设定的采样误差为ε，局部曲面对散乱点的逼近误差为 e_a，曲面 $S(u, v)$和三角形 T 间的最大允差应为 $\varepsilon - e_a$，即 $\sup\limits_{(u,v)\in T} \| S(u, v) - T(u, v) \| = \varepsilon - e_a$，将此条件代入式(5-32)可进一步推出三角形边长的上限为 $\Omega = 2\sqrt{\dfrac{2(\varepsilon - e_a)}{M_1 + M_2 + M_3}}$。

2）栅格细分

基于法矢和采样密度阈值检查每个栅格中的局部抛物面，如果超出阈值范围，则对栅格进行八叉树分割。

广义立方体可定义为 $E + \beta_1 v_1 + \beta_2 v_2 + \beta_3 v_3$，其中 E 是立方体顶点，v_1，v_2，v_3 定义了描述立方体的 3 个矢量，如图 5.21(a)所示。

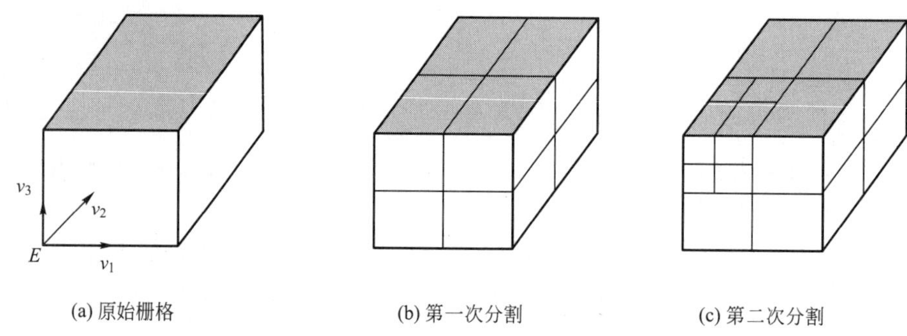

图 5.21　基于八叉树的栅格分割

根据以上定义，原始格栅可表示为

$$G = \{E_0, \beta_{01}, \beta_{02}, \beta_{03}\} (0 \leqslant \beta_{01} \leqslant a, 0 \leqslant \beta_{02} \leqslant b, 0 \leqslant \beta_{03} \leqslant c) \tag{5-40}$$

分割一次后它的 8 个子格栅为

$$D_{ijk} = \left\{E_0 + i\frac{a}{2}v_1 + j\frac{b}{2}v_2 + k\frac{c}{2}v_3, \frac{\beta_{01}}{2}, \frac{\beta_{02}}{2}, \frac{\beta_{03}}{2}\right\} \tag{5-41}$$

式中：$0 \leqslant \beta_{01} \leqslant a$；$0 \leqslant \beta_{02} \leqslant b$；$0 \leqslant \beta_{03} \leqslant c$；$i, j, k = 0, 1$。

如果子栅格中局部抛物面的逼近误差和最小采样密度在阈值范围内，则按步进法对其进行优化采样。

3）基于步进法的优化采样

步进法是 Erich 提出的一种隐式曲面三角化法，将该方法进一步改进并应用于局部曲面的优化采样。算法包括两步：①基于改进的步进法，将局部曲面三角化；②提取栅格内的三角形顶点作为采样点。

如图 5.22 所示，B_0 是抛物面所在坐标系的原点，围绕点 B_0 在其切平面上作一个半径为 r 的圆C，并在其上均匀取 6 个点 D_1，…，D_6。其中：$D_{i+1} = B_0 + r\cos(i\pi/3)u + r\sin(i\pi/3)v$，$i = 0, \cdots, 5$，$r$ 是采样半径。将 D_1，…，D_6 向曲面投影，可以得到 6 个三角形 $\Delta B_0B_1B_2$，$\Delta B_0B_2B_3$，$\Delta B_0B_3B_4$，$\Delta B_0B_4B_5$，$\Delta B_0B_5B_6$，$\Delta B_0B_1B_6$。如果 B_1，…，B_6 位于栅格内，则将其作为二次曲面的采样点。采样半径 r 根据两个比例系数 G_1 和 G_2 计算得到。

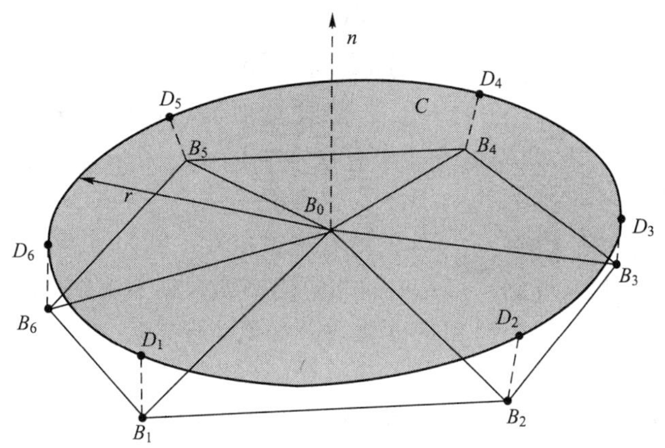

图 5.22 局部曲面采样

G_1 是有效测量点系数，将栅格内的测量点集 P 向 B_0 的切平面投影得到投影点集 $Q=\{q_1, q_2, \cdots q_n\}$，$Q$ 中位于圆内的投影点记为有效测量点，如图 5.23 所示，其总数为 m，设点集 P 中测量点总数为 n，则 $G_1=\dfrac{m}{n}$。

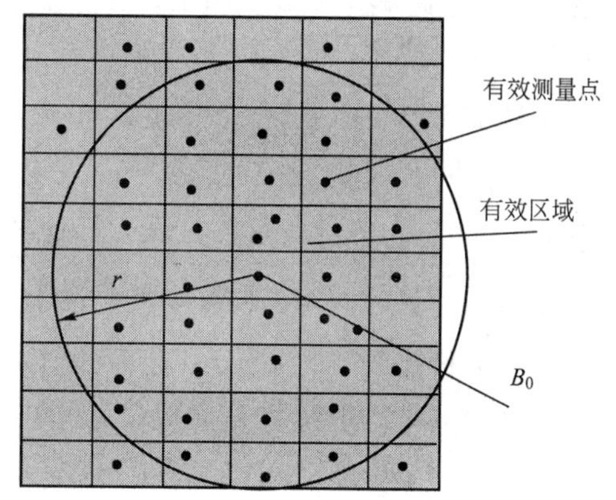

图 5.23 最优采样半径

G_2 是有效面积系数，记圆 C 所围成的区域为 N，覆盖投影点集 Q 的栅格所围成的区域为 M，有效区域 $V=N\cap M$，用 A 表示计算面积的函数，则 $G_2=\dfrac{A(V)}{A(C)}=\dfrac{A(V)}{\pi r^2}$。其中有效面积 $A(V)$ 的计算方法如下：首先计算 Q 中测量点的密度 ρ，基于 ρ 用二维栅格分割 Q，记栅格为 $b(i, j)$，其面积为 ρ^2，如果 $b(i, j)$ 包含投影点且 $b(i, j)\cap N\neq\varnothing$，则 $b(i, j)$ 被记入 C 的有效栅格集 $VG(C)$。设 $VG(C)$ 中共有 k 个栅格，则 $A(V)=k\rho^2$。

定义 $G=G_1+G_2=\dfrac{m}{n}+\dfrac{k\rho^2}{\pi r^2}$，通过迭代计算 $\max(G)$ 就可以得到最优的半径 r。在实际应用中，通过细分边界包围盒可以进一步提高计算精度。

3. 基于快速邻域点搜索算法估算曲率

使用坐标转换法计算采样点曲率，需先构造局部抛物面 $S(u, v)=(u, v, au^2+buv+cv^2)$，主曲率 k_1，k_2 和主方向 m_1，m_2 可分别按下式计算

$$k_1=H-\sqrt{H^2-K}=a+c-\sqrt{(a-c)^2+b^2} \tag{5-42}$$

$$k_2=H+\sqrt{H^2-K}=a-c+\sqrt{(a-c)^2+b^2} \tag{5-43}$$

$$m_1=\begin{cases}(c-a+\sqrt{(a-c)^2+b^2},\ -b), & a<c\\(b,\ c-a-\sqrt{(a-c)^2+b^2}), & a\geqslant c\end{cases} \tag{5-44}$$

$$m_2=\begin{cases}(b,\ c-a+\sqrt{(a-c)^2+b^2}),\ a<c\\(c-a-\sqrt{(a-c)^2+b^2},\ -b),\ a\geqslant c\end{cases} \tag{5-45}$$

实验表明取采样点邻域内的 24～32 个点构造曲面可以同时保证效率和精度。为此，给出一种基于空间栅格结构的邻域点搜索算法。以任意一个采样点 p_i 为例，算法的主要步骤说明如下。

(1) 将 p_i 所在栅格 G 中除 p_i 以外的所有测量点存入到邻域点链表 L_p 中。

(2) 检索栅格 G 的 26 近邻，将其中的非空栅格加入到邻域栅格链表 L_g。

(3) 计算 L_g 中栅格所包含的测量点总数，如果小于 24，对 L_g 中的每个栅格执行步骤(2)；否则执行步骤(4)。

(4) 将 L_g 中栅格所包含的测量点存入到 L_g 中，计算采样点 p_i 和 L_g 中的测量点 p_j 间的距离增量$\tilde{d}(p_i,\ p_j)=(|x_i-x_j|+|y_i-y_j|+|z_i-z_j|)$。

(5) 基于距离增量 $\tilde{d}$，将 L_p 中的邻域点由近至远排序。选取最近的 24 个点拟合抛物面计算采样点曲率。

这种算法采用了距离增量 $\tilde{d}(p_i,\ p_j)$，而不是传统意义上的 $d(p_i,\ p_j)=\sqrt{(x_i-x_j)^2+(y_i-y_j)^2+(z_i-z_j)^2}$。通常情况下开方运算所耗费的时间是减法或乘法运算的 2～3 倍，因此，这种处理方法使邻近点搜索算法具有明显的效率优势。

4. 基于 4D Shepard 曲面的曲率插值算法

基于采样点的 4D Shepard 曲面插值，能够有效地解决点云中所有点的曲率估算。

三维空间中的散乱数据插值，是指由已知的不按特定规律分布的平面数据点 $\{(x_k,\ y_k)\}_{k=1}^N$ 及实数集 $\{(f_k)\}_{k=1}^N$ 求作函数曲面 $F(x,\ y)$，使得 $F(x_k,\ y_k)=f_k$，$k=1,\ 2,\ \cdots,\ N$。这一问题普遍存在于地形测绘、勘探、气象、可视化等领域。为解决这一问题，常用的一种方法是采用反距离加权的 Shepard 公式：

$$F(x,\ y)=\sum_{k=1}^{N}w_k(x,\ y)f_k\Big/\sum_{k=1}^{N}w_k(x,\ y) \tag{5-46}$$

式(5-46)中，$w_k(x,\ y)=d_k^u$；$u=-2$；$d_k=((x-x_k)^2+(y-y_k)^2)^{1/2}$

反求工程中样件表面形状复杂，在多数情况下无法在整体点云数据和投影平面间建立有效的单值映射，所以这种三维 Shepard 插值方法很难用来直接构造曲面模型。为此进一步将 Shepard 公式推广到四维，基于散乱空间采样点集 $\{(x_k,\ y_k,\ z_k)\}_{k=1}^N$ 和采样点曲率组成的实数集 $\{c_k\}_{k=1}^N$ 求作四维 Shepard 曲面 $F(x,\ y,\ z)$，使得 $F(x_k,\ y_k,\ z_k)=c_k$，$k=1,\ 2,\ \cdots,\ N$。在四维空间中，Shepard 函数可写为

$$F(x,\ y,\ z)=\sum_{k=1}^{N}w_k(x,\ y,\ z)c_k\Big/\sum_{k=1}^{N}w_k(x,\ y,\ z) \tag{5-47}$$

式中：$w_k(x,\ y,\ z)=d_k^u$；$u=-2$；$d_k=((x-x_k)^2+(y-y_k)^2+(z-z_k)^2)^{1/2}$

实际应用中，为提高计算速度，重新定义 $w_k(x,\ y,\ z)=\left[\dfrac{(R-d_k)_+}{Rd_k}\right]^2$。其中，$R$ 根据栅格大小计算得到。

四维 Shepard 曲面 $F(x,\ y,\ z)$的构造不受样件表面形状的影响，表达能力强，$F(x,$

y，z)直接插值于采样点的曲率。对于任意点 p，只要将其坐标(x，y，z)代入曲面 F(x，y，z)的公式就可以得到其曲率。实际上，Shepard 函数是以距离作为权因子，通过周围采样点曲率的线性组合得到点 p 的曲率的，同样的方法也可以用来估算 p 点的主方向。

5.3.2 点云网格化

网格化实体模型通常是将数据点连接成三角面片，在某些应用场合上用网格化实体模型代替曲面模型能简化造型过程，获得较高的效率，快速原型技术和部分 CAM 系统也可用网格化实现加工。

基于 Delaunay 三角化方法是目前广为流行的三角剖分方法，多数三角剖分算法生成的都是 Delaunay 三角网格。根据实现的方法不同，Delaunay 三角化方法可以分为 3 类：换边法、加点法和分治法。换边法首先构造非优化的初始三角形，然后对 2 个共边三角形形成的凸四边形进行迭代换边优化。以 Lawson 为代表提出的对角线交换算法属于换边法。换边法适用于二维 Delaunay 三角化，对于三维情形则需对共面四面体进行换面优化。加点法是从一个三角形开始，每次加入一个点，并保证每一步得到的当前三角形是局部优化的。以 Bowyer、Green、Sibson 为代表的计算 Dirichlet 图的方法属于加点法。加点算法是目前应用最多的算法。分治法将数据域递归细分为若干子块，然后对每一分块实现局部优化的三角化，最后进行合并。

Delaunay 三角剖分是将空间测量数据点投影到平面来实现的二维划分方法。没空间测量点集 P_1，P_2，…，P_n 在平面上的投影为 p_1，p_2，…，p_n，对每个投影点 p_i 划定一个区域 V_i，$1\leqslant i\leqslant n$，区域内任何一点距 p_i 的距离比距其他任一投影节点 p_j($1\leqslant j\leqslant n$，$j\neq i$)的距离都要小，即

$$V_i=\{x: d\ (x-p_i)\ <d\ (x-p_j),\ j\neq i\} \tag{5-48}$$

这种域分割称为 Dirichlet Tessellation，又称 Voronoi 图，是一个凸多边形，如图 5.24 所示。由上面的定义可知，V_i 域的边界是由节点 p_j 与相邻节点连线的中垂线所构成的。每个 Voronoi 多边形内只包含一个节点。Voronoi 多边形的集合 $\{V_i\}_{i=1}^{n}$ 也称作 Dirichlet 图。连接两相邻 Voronoi 多边形中的节点可以形成三角网格，这就是 Delaunay 三角网格。

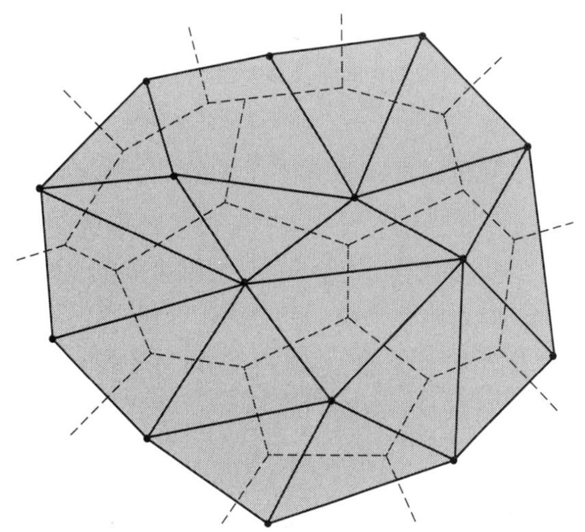

图 5.24 Dirichet 图(虚线)和 Delaunay 三角剖分(实线)

1. Bowyer 算法

Bowyer 算法是 A. Bowyer 在 Sibson 和 Green 于 20 世纪 70 年代所作工作的基础上于 1981 年提出的。该算法更新 Voronoi 图的基本思想是：①识别出所有由于新节点 N 的插入而将要被删除的 Voronoi 多边形顶点，这些顶点离新节点 N 离自己的 3 个生成点近；②构造节点 N 的邻接点，节点

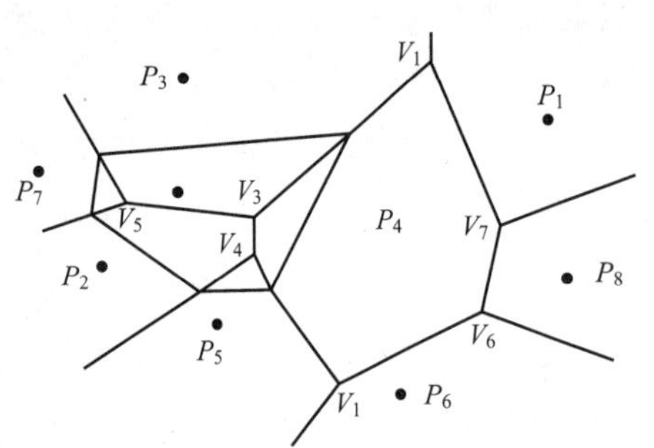

图 5.25　Bowyer 方法插入新节点

N 的邻接点是所有生成被删除顶点的网络节点，即如图 5.25 所示的网格节点(P_2，P_3，P_4，P_5，P_7)；③修改其他节点的邻接点；④计算节点 N 的 Voronoi 多边形顶点、每个顶点的生成点及相邻的顶点。

2. Watson 算法

该算法是 D. F. Watson 于 1981 年提出的。这是他构造多晶体模型的研究成果。其思想是首先给出一个符合空外接球准则的初始网格，然后往其中加入一个数据点，并考察外接球的包含情况。也就是去除那些包含新点的 n 维单纯形，并用 $n+2$ 个点组合成的单纯形(符合空外接球准则)将其取代。

在实现时，可一次性全部找出并删除那些包含新加入点的单纯形，以得到一个包含新点的空洞。将空洞的边界与新加入点相连，得到新点加入后的 Delaunay 网格，这样可避免对新生成的单元进行是否包含老点的空外接球测试。具体加入一点的算法流程叙述如下。

(1) 加入新点，搜索单纯形链表，找出外接球包含新点的所有单纯形。

(2) 将这些单纯形合并构成一个多面体，即将包含新点的单纯形的各个面加入一个临时链表。若一个面在该链表中出现两次，则说明该面位于多面体的内部，需要将其从链表中删除；若出现新点位于外接球上的退化情形，则抛弃链表和新点，改用其他方法处理。

(3) 若未出现退化情形，则将新点与多面体的各个面相连，得到新的单纯形，新点加入过程结束。

Watson 算法简明，易于编程实现。但当出现拟 $M(M\geqslant n+2$，n 为空间维数)个点位于同一球面上时，三角化结果则不唯一，这种情形称为退化情形。在实际应用中，散乱数据点集很少出现退化情形，但由于计算机的计算精度是有限的。当新点与外接球球面之间的距离小于给定计算精度时，则会认为新点位于球面上，这种计算误差可能引起拓扑关系不一致。

3. 换边法与换面法

1977 年，C. L. Lawson 提出了基于边交换的二维 Delaunay 三角化，而 B. Joe 分别于 1989 年和 1991 年给出了基于局部换面的三维 Delaunay 网格算法和证明。

1) 基于边交换的三角化方法

换边法是以二维平面上 4 点的 3 种构形为基础，如图 5.26(a)所示，对于网格中的两个公共边的三角形进行空外接圆测试，若外接圆内包含其他点，则进行图 5.26(b)所示的换边操作。对于三角网格中所有共边的两个三角形作上述测试，并将不符合优化准则的两个三角形进行对角线交换，最终得到优化的 Delaunay 三角网格。

2) 基于面交换的三角化方法

B. Joe 于 1989 年提出基于空外接球测试准则的局部换面法。N. Ferguson 在 1987 年也独立提出基于局部换面法的三维 Delaunay 三角化方法。三维 Delaunay 三角化的局部换面是以三维空间 5 点的 5 种构形及构形之间的 4 种交换为基础的，与二维 Delaunay 三角化相比，其构型种类和交换种类都明显增多，实现起来也复杂得多。

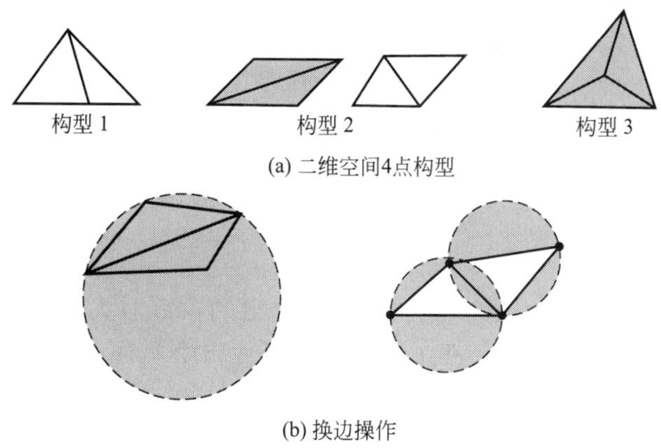

图 5.26　边交换原理

换边法、换面法适用于散乱点剖分和域剖分。如何有效地控制交换范围、选用合理的数据结构和快速查询算法，是提高算法效率的关键。换面法最大的困难在于如何处理不可交换情形，只有解决了不可交换情形，才能得到 Delaunay 三角网格，否则结果为非 Delaunay 的。

此外，典型的 Delaunay 三角化算法，还有基于四叉树、八叉树的方法和网格前沿法(Advancing Front Technique)等。M. A. Yerry 和 M. S. Shephard 于 1983 年和 1984 年发表了四叉树、八叉树在二维、三维网格剖分中的应用。他们的算法也被称为 Shephard. Yerry 算法。算法的基本思路是以剖分域的边界为网格的初始前沿，按预设网格单元的形状、尺度等要求，向域内生成节点，连成单元，同时更新网格前沿，如此逐层向剖分域内推进，直至所有空间被剖分为止。网格前沿法自提出以来发展很快，迄今已有很多种实现方法。

5.4　测量数据分割技术

逆向工程中，在进行造型之前，还要进行一个重要工作——数据分割(Data Segmentation)。实际产品只由一张曲面构成的情况不多，产品型面往往由多张曲面混合而成。数据分割是根据组成实物外形曲面的子曲面类型，将属于同一子曲面类型的数据成组，将全部数据划分成代表不同曲面类型的数据域，后续的曲面模型重建时，先分别拟合单个曲面片，再通过曲面的过渡、相交、裁减、倒圆等手段，将多个曲面“缝合”成一个整体，获得重建模型。

基于大规模的点云数据区域分割算法一直是反求工程领域研究的热点，其主要是指将具有单一曲面征的点云数据从整个点云数据中分割出来。目前的点云数据区域的分割方法主要有 4 类：基于边(edge-based)的方法、基于面(face-based)的方法、上述两种方法的混合方法(hybrid)以及交互式分割方法。基于边的方法认为测量点的法矢或曲率的突变是一个区域与另一个区域的边界，将封闭边界包围的区域作为最终的分割结果。基于面的方法根据单一曲面特征数据具有某种相似特征属性的性质，将具有相似特征属性的点云数据作为单一特征区域分割出来，根据方法不同又可细分为基于曲面法矢、曲率相似性的方法和拟合误差控制的方法。陈曦提出了基于点云几何属性的特征区域的自动分割算法，该算法不需要三角化，可以稳定、高效地提取点云中的特征信息。与基于边的方法相比，基于面的方法受噪声影响较小，但对域值十分敏感，因此不少学者将两者混合使用。综合目前算法来看，任何一种算法都不能将所有曲面类型的点云数据进行准确无误地分块，所以一般实际应用中，通过用户交互进行点云分块仍然是必不可少的。

5.4.1 散乱数据的自动分割

本节主要介绍 Huang Jianbing 等于 2001 年提出的，针对无规则的 3D 数据点的自动分割方法，该方法也是一种基于边的方法，在分割过程中实现曲面几何特征信息的抽取，方法由以下 3 步组成。

(1) 建立一个三角网格曲面，目的是在离散数据点中建立清晰的拓扑关系，相邻的拓扑进一步优化来建立二阶的实物几何。

(2) 对无序的网格应用基于曲率的边界识别法来识别切矢不连续的尖锐边和曲率不连续的光滑边。

(3) 最终，用抽取的边界来分割网格面片构成组。

利用三角网格结构插值于采样点来线性地逼近实物外形，可用于冲突识别、计算机视觉和动画。但对逆向工程，网格表示却受到限制，因为用许多法矢不连续的平面三角面片来表示光滑的曲面是不精确的。为获得精确的表示，应采用 B 样条曲面片来构建网格以获得一个分段光滑的几何模型。

因为 B 样条曲面片不适合于处理曲率不连续的几何形状，因此，确定光滑曲面之间的边界曲线变得尤为重要，特别是对于机械零件等由人工制造的产品，边界曲面通常包含专为特殊功能、加工过程和工程意义而设计的几何特征曲面。一般地，几何特征包括平面、球面、柱面、圆环面和雕塑曲面，这些特征曲面至少是二阶连续的。正如前面数据分割的意义所指出的，如果能将属于不同特征的数据点成组，将会给重建高精度的几何模型带来方便。

由于离散数据点中的拓扑关系是未知和模糊的，直接进行数据分割是不容易的。因此，一种可用的解决办法是先构建一个能捕捉实物外形的三角网格，并且使网格曲面达到原始曲面几何的二阶逼近，这样每个网格曲面将与相应的几何曲面特征相对应。在这基础上将网格边作为基本的边界元，就能实现边界直接识别。因为这个过程中识别的边界不是完整的，为自动构建连续的边界，在这里提出一个边界区的概念，尽管边界区并投有给出精确的边界位置，但它们能有效地分割网格，最终的实际边界曲线可以由相邻曲面的求交获得。

具体的分割方法包括 3 个顺序的过程：多域构建(Manifold Domain Construction)、边界识别(Border Detection)和网格面片成组(Mesh Patch Grouping)。

1. *多域构建*

利用增长算法，从无序的数据点云中首先构建一个插值于采样点的分片的线性三角网格，对于一个连续的、由多种面片类型组成的曲面，三角网格通过在采样点中建立组合结构来捕捉实物拓扑，并达到对实物几何的一阶逼近，然后计算曲率信息，通过改变三角网格的局部拓扑，使原始曲面和重建的网格曲面之间的曲率导数达到最小，实现对三角网格结构的优化，最终优化的三角网格结构为二阶几何的恢复提供了多种类的域和进行 3D 数据分割所需的导数特性。

2. 边界识别

利用前面所建立的拓扑和曲率信息就可进行边界识别，比较每个网格边和相邻顶点在同一方向的方向曲率，根据曲率信息，位于边界或附近的网格边被首先识别为边界，靠近边界曲线附近的边界区域，包括顶点、边和面被抽取，利用识别的边界就可将多域数据分割成不相连的子组。由于测量噪声的影响，为避免位于边界或附近的网格边被误识为边界，精确的边界曲线需通过两相邻曲面的求交来获得。

1）边界分类

为方便边界识别，根据实物曲面及曲率是否连续，可将实物边界分为 3 类：D^0 边界、D^1 边界和 D^2 边界。

对 D^1 边界，物体曲面是连续的，但边界的切矢最不连续；而 D^2 边界，物体曲面和边界切矢量都是连续的，但方向矢量不连续；如果数据没有完全扫描整个曲面，这时会出现位置不连续，称 D^0 边界，如图 5.27 所示。D^0 边界在多域创建过程中可自动识别。图 5.28给出了不同离散点边界的横截面曲线特性。

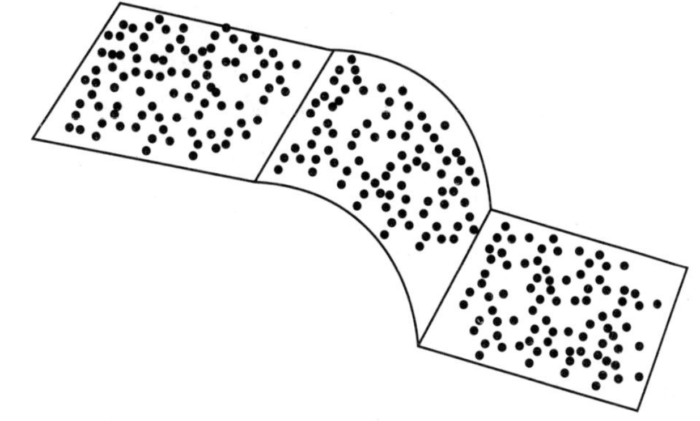

图 5.27　三种类型的边界

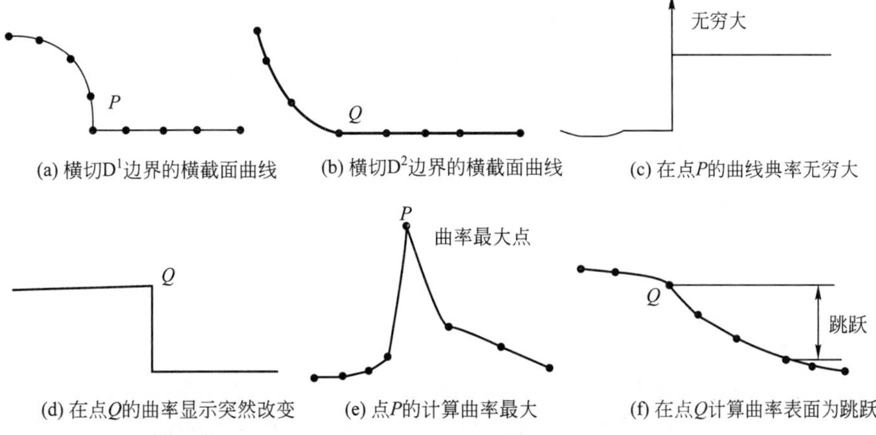

图 5.28　不同离散点边界的横截面曲线特性

2）边界识别方法

传统的边界识别(Border Edge Identification)方法将离散点当作边界元，它是无方向的，结果会受到噪声的干扰，因为每个点是零维实体，不能进行方向识别。一个连续网格域的构建，不仅建立起了采样点之间明确的相邻关系，还因为一维网格边实体的引进，使方向识别成为可能。具体的识别方法又分为两种：面向边的边界识别和基于曲率的边界识别。

(1) 面向边的边界识别。面向边的边界识别是将边界点或像素当作边界元，然后构建边界曲线。通过边点进行边界线识别会存在一定的困难，因为边点以及相关边界的方向是未知的，识别边点时会产生另外的噪声。此外，从识别的边点进行边界线构造通常是非定常的，需要复杂的图形搜索过程来试探。与面向点的识别不同，当分割用于具有恢复的曲率性质的网格域时，如将网格边作为基本的构造元，可实现边的方向的识别。因为每个边本身就具有方向，无论它是否位于边界线上，都能通过检查垂直于它的方向曲率来决定。边界边被定义为网格边，网格边的两个端点从位于两个特征曲面的边界线上或附近采样得到。

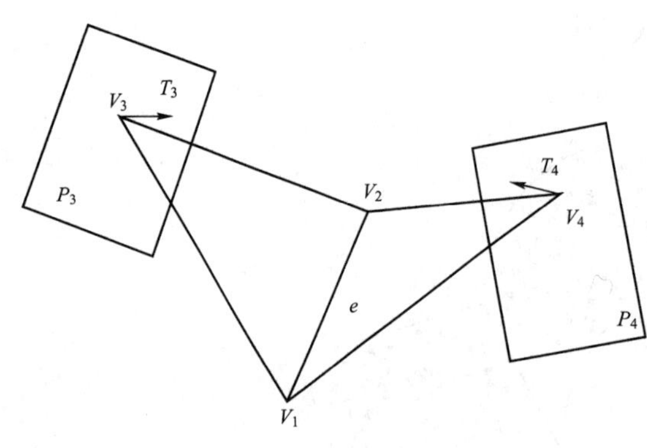

图 5.29　边界 e 的“邻居”定义

(2) 基于曲率的边界识别。边界边识别的第二种方法是基于计算的方向曲率的改变来识别，在过程进行之前，首先定义网格边的“邻居”。每个网格边的邻居定义为它的两个邻接面片的两个位置相反的顶点，如图 5.29 所示，边 e 的邻居是顶点 v_3 和 v_4，分别具有切平面 p_3 和 p_4，T_3 和 T_4 分别为 p_3 和 p_4 上与 e 垂直的矢量。这样根据在两个顶点计算的曲率张量，就能计算出 v_3 在相切方向 T_3 的方向曲率 $k_{v3}(T_3)$和 v_4 在相切方向 T_4 的方向曲率 $k_{v4}(T_4)$。

如用 k_e 表示边界 e 的计算曲率，边界可根据下面的两个准则识别。

① 边界 e 是 D^1 边界，如果

$$\min\{|k_e|-|[k_{v3}(T_3)]|,\ |k_e|-|[k_{v4}(T_4)]|\}>0 \tag{5-49}$$

则

$$\min\{|k_e|-|[k_{v3}(T_3)]|,\ |k_e|-|[k_{v4}(T_4)]|\}>t_1 \tag{5-50}$$

② 边界 e 是 D^2 边界，如果

$$\min[k_{v3}(T_3),\ k_{v4}(T_4)]>k_e>\min[k_{v3}(T_3),\ k_{v4}(T_4)] \tag{5-51}$$

则

$$|k_{v3}(T_3)-k_{v4}(T_4)|>t_2 \tag{5-52}$$

这里，t_1 和 t_2 是指定的阈值。

③ 边界区抽取

要精确地确定边界曲线是困难的，这是因为：采样点并不一定是准确位于边界线上的点；靠近边界的测量点信息是不可靠的；根据带有噪声的点计算的曲率不一定是准确的。因此，“边界区”的概念被提出来，以处理不完整边界的识别问题。边界区由靠近边界曲

线的网格单元组成，尽管边界区并没有给出边界线的精确位置，但它能有效地将网格分为不同及不相连的组，这样特征曲面能根据各自的数据组拟合得到，特征曲面之间的拓扑关系也能根据建立的网格拓扑找出，最终边界线的精确位置则可以通过相邻特征曲面的相交来求出。边界区抽取(Border Region Extraction)过程分为3步：边界树抽取(Border Tree Extraction)、边界区构建(Border Region Construction)和分支修剪(Branch Pruning)。

与已经识别的边界边连接的边集称为边界树，在边界树的任何两边之间至少存在一个包含边界边的封闭折线路径(Polygon Path)。开始时，一个边界树桩初始化为一个任意的边界边，称为种子边，接下来所有与种子相连的边界边被增加到边界树，这些边界边又作为新的种子边，再增加补充，直到没有新的边界边增加，搜寻过程结束。

已经抽取的边界边仅包含网格边，需要扩增相关的面片、顶点来构建边界区，边界树之间也许会由非边界边连接。

由边界树扩增建立的边界区的结构中，也许会存在一些具有“死端点(Dead End)”的分支，在边界区的一条边如果仅有一个端点和边界区有关，就认为这条边具有死端点。对数据分割来说，包含有死端点的分支没有包含有用的信息，需要被剪除。剪除操作可以通过搜寻死端点完成。

3. 网格面片成组

抽取出的边界区域将三角面片分割成没有连接的网格面片，每一个网格面片都和一个曲面特征对应。网格面片抽取由面片成组过程完成，它将分离的网格单元集合在一起，整个过程通过网格域的增长算法实现，如图5.30所示。

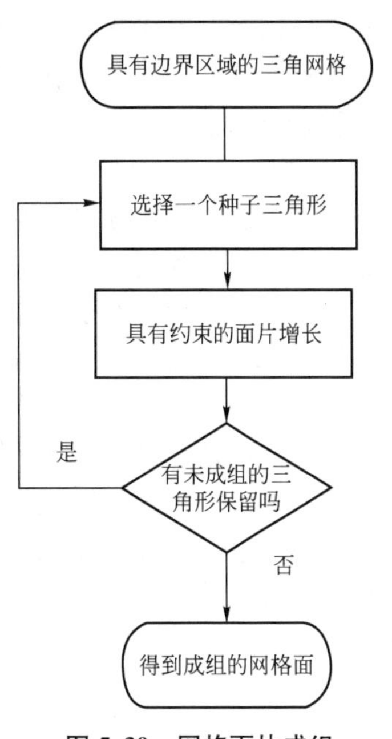

图5.30 网格面片成组

每个网格面片从一个初始的种子三角形开始，沿面片边界增长，碰到边界区域的单元时停止。不在边界区域的所有三角形都成组后，面片成组过程停止。

4. 多极分割

一条 D_1 边界曲线的法矢量和 D_2 边界曲线的曲率大小可以用来表示一条边界曲线的强度，因为边界周围处于不同的曲面中，因此由邻域得到的计算曲率(Estimated Curvature)是不可靠的。自然地，网格附近强的边界线的计算曲率将受到边界形状的影响。对于具有复杂几何外形的实物，会存在具有不同强度的边界曲线，这样用单一阈值进行边界识别，不能保证得到最优的结果：如果阈值较高，不能有效地识别“弱”的边界；反之，一条虚假的边界会出现在“强”的边界周围。这时，在边界识别中采用多阈值是一种有效的解决途径。

多级分割即采用多阈值来识别边界线，首先采用较高的阈值将原始网格曲面分成“强”边界区隔离的网格面片。利用抽取的形状信息，靠近“强”边界区的网格单元的曲率信息被再测定，期间只考虑那些具有相同网格面片的邻域，这样测定的曲率将会较好地反映这个单一网格面片的局部形状。在再测定曲率的基础上，较低的阈值被用来从抽取面片中识别“弱”的边界线，实现多级分割。

5.4.2 基于点云几何属性的特征区域自动分割方法

基于点云几何属性的特征区域自动分割方法，该方法首先通过划分三维空间栅格建立散乱数据点的拓扑关系，而后利用高斯球和主曲率坐标系识别栅格的特征属性，最后基于特征相似性实现数据聚类，分离特征区域。该算法可识别包括平面、球面、柱面、锥面、拉伸面、圆环面和直纹面在内的7种特征曲面，通过建立高斯映射和法曲率映射辅助识别上述特征。高斯映射一般也叫做高斯球和高斯映像，将曲面上所有点的法矢信息单位化，并将法矢的始端平移到单位球的球心，则法矢的终端落在单位球面上所形成的投影点构成的图像，就是高斯映射。将曲面上所有点对应的法曲率极值映射到坐标平而中形成的图像即为法曲率映射，法曲率坐标系的横轴记录法曲率绝对值的最小值，纵轴记录法曲率绝对值的最大值。高斯映射和法曲率映射是基于法矢信息和曲率信息的两种特征识别机制。

不同类型曲面的高斯映射点具有不同的分布规律，具体可分为零维分布、一维分布和二维分布。零维分布的典型代表曲面为平面，其法矢映射点在高斯球上重合于一点；一维分布的典型代表为圆锥面、圆柱面和一般拉伸面，法矢映射在高斯球上构成一条二次圆弧曲线；二维分布的典型代表曲面为球面、圆环面和一般直纹面，法矢在高斯球上的映射点分布在球面上。不同特征曲面其法曲率映射点的分布规律不同：平面的法曲率映射点位于坐标原点；球面法曲率映射点重合于坐标系第一象限平分线上的一点；圆柱面的法曲率映射点重合于纵轴上的一点：一般可展直纹面(包括圆锥面、线性拉伸面等)的法曲率映射点位于纵轴上。

基于上述原理，首先将根据高斯映射点集的分布特点将其分为零维分布、一维分布和二维分布，然后利用法曲率映射法判别符合同种分布规律的不同特征曲面，如图5.31所示。整个识别过程类似于一个排出过程，系统按照映射点分布的复杂程度，依次检测平面、圆锥面、圆柱面、拉伸面、球面、直纹面和圆环面。如果测量点的高斯映射点重合为一点，则可断定测量点为平面特征上的测量点。如果测量点的高斯映射构成一条圆弧曲线，则判定测量点可能为圆柱面、圆锥面和拉伸面上的测量点。根据高斯球上圆弧曲线所在平面与原点的距离 d 首先识别圆锥面，如果 $d \neq 0$，则测量点为圆锥面上的点；如果 $d=0$，则测量点可能为圆柱面或者是线性拉伸面上的点，需进一步根据法曲率坐标系识别圆柱面和线性拉伸面的特征。由于圆柱面的法曲率映射为纵轴上的一点，而线性拉伸面的法曲率映射分布于整个纵轴，因此很容易将圆柱面与线性拉伸面区别开来。如果测量点的高

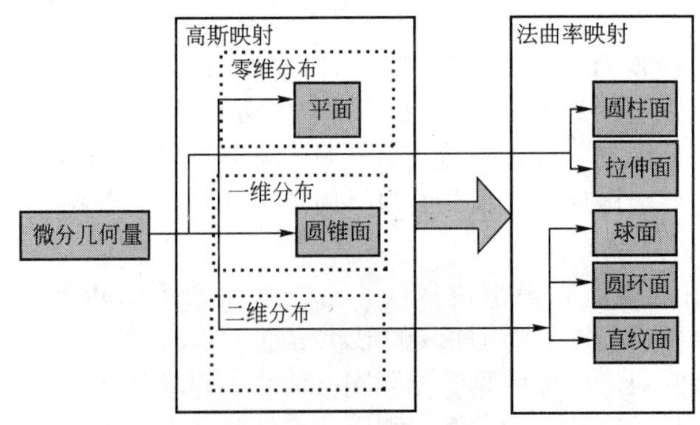

图5.31 栅格属性识别

斯映射点均匀分布在高斯球面上，则判定测量点可能为球面、一般直纹面和圆环面上的测量点，需根据法曲率映射识别这3种曲面。球面法曲率映射点重合于坐标系第一象限平分线上的一点，直纹面法曲率映射点分布于纵轴上，圆环面的法曲率映射点与球面和直纹面均不同，因此可以将球面和直纹面识别出来。圆环面的识别过程较为复杂，可以通过检验两个主曲率来识别圆环面。

5.4.3 交互分割方法

经过实践检验，自动分割方法并不总是理想的，通常具有某种局限性。这时通过人为的介入，直观地判断分割区域，在某种程度上可以弥补自动分割方法的不足。交互分割方法即是通过人为的交互实现数据分割，具有直观、简单、方便等特点。通常在交互分割之前，一般先对点云数据进行曲率分析、三角化、渲染等操作，辅助用户判断需要分割的区域，然后将点云数据旋转至合适的视角，通过交互定义分割工具(平面、封闭多边形等)分割点云数据。

平面分割点云数据是利用平面工具 O 将点云数据 $PC=\{p_i(x_i, y_i, z_i)\}$ 分为两部分 PC_1 和 PC_2，具体可根据点云中的点 p_i 到分割平面 Π 距离 $d_i(p_i, \Pi)$ 的符号进行分割。记分割平面 Π 方程：

$$Ax+By+Cz+D=0 \tag{5-53}$$

点到平面的距离：

$$d_i(p_i, \Pi)=\frac{Ax_i+By_i+Cz_i+D}{\sqrt{A^2+B^2+C^2}} \tag{5-54}$$

则分割后的两块点云数据分别为

$$PC_1=\{p_i \mid d_i(p_i, \Pi)\leqslant 0, i=0, 1, \cdots, M\} \tag{5-55}$$

$$PC_2=\{p_i \mid d_i(p_i, \Pi)>0, i=0, 1, \cdots, N\} \tag{5-56}$$

采用封闭多边形分割点云数据是通过用户交互定义封闭轮廓将待分割的区域圈定，将点云和封闭轮廓投影至屏幕平面，采用二维处理方式，将轮廓内部的点提取并分割出来，其关键算法为点在多边形内外的判定方法。采用封闭多边形分割点云数据实质上是将棱柱内的点云数据分割出来，该棱柱为用户定义的多边形封闭轮廓沿着垂直于屏幕的方向拉伸而成的。

自动分割方法和交互分割方法各有千秋，实际中可根据需要选择不同的分割方法实现数据分割。

5.5 应用实例

以国内某汽轮机厂的大型水轮机叶片作为研究对象。采用摄影测量技术和面扫描技术相结合的方法对其实施检测，扫描获得叶片的点云数据并行预处理，处理完毕的数据与工件CAD模型进行比对。叶片模型采集到的原始点云有200多万点，使用层次聚类法1/80采样后得到的点云为2.5万点，和传统三坐标测量机测量工件获得的几百个点相比，可以满足测点数量的要求。

三维检测和点云处理过程如图5.32、图5.33所示，图5.32(a)表示对叶片进行摄影测量；图 5.32(b)表示面扫描技术获得点云；图 5.32(c)表示点云预处理、采样以后得到的最终单幅点云；图 5.32(d)为在 Geomagic Qualify 中采样后的点云和实际 CAD 数模的吻合度，色谱图标明点云处理技术可以满足工程实践的要求。

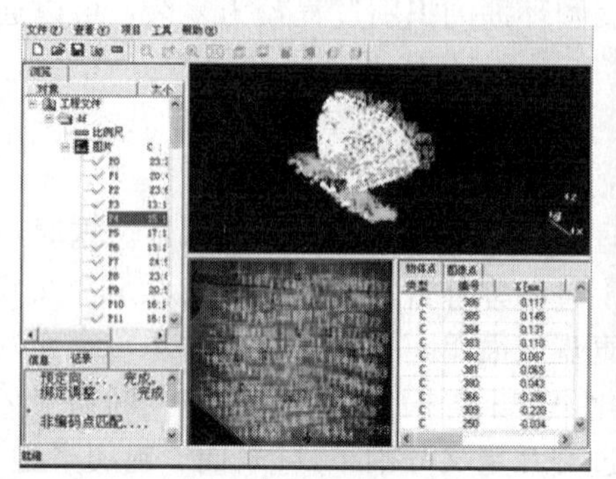

(a) 摄影测量获得标志点

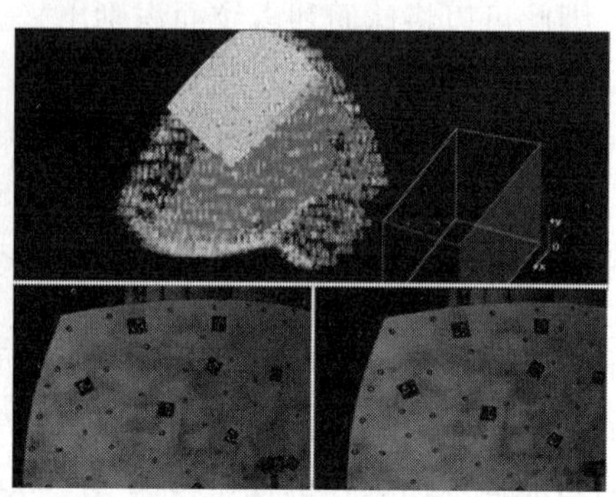

(b) 面扫描获得点云

(c) 点云的全局匹配

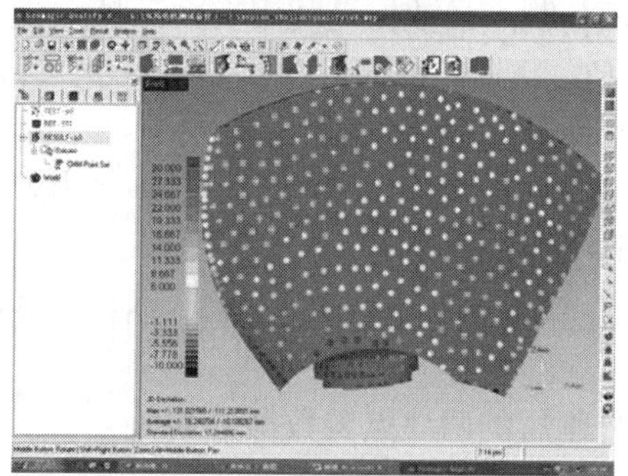

(d) Geomaogic Qualify 处理点云和数模

图 5.32　水轮机叶片的三维检测过程的点云处理

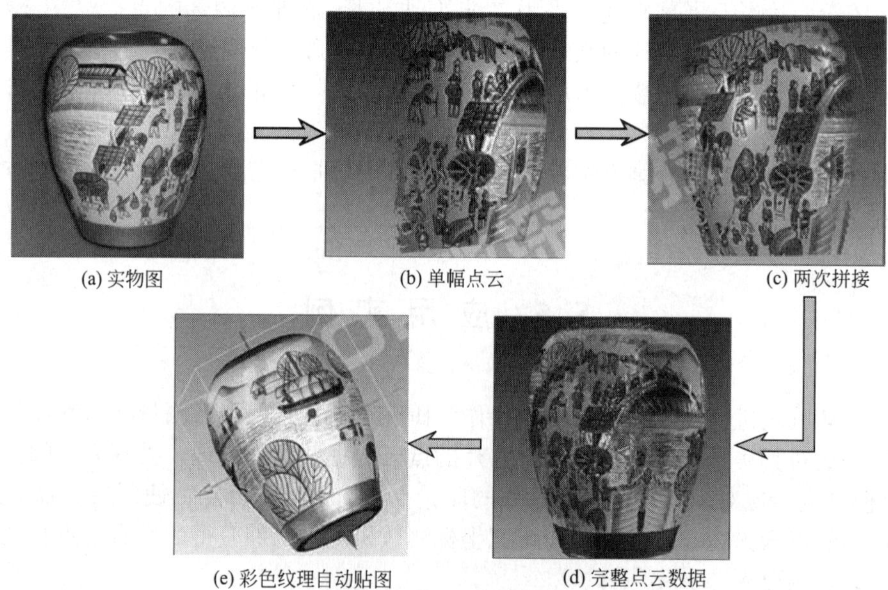

(a) 实物图　(b) 单幅点云　(c) 两次拼接　(d) 完整点云数据　(e) 彩色纹理自动贴图

图 5.33　文物复制

小　　结

数据预处理是三维建模与逆向工程中的一项重要技术环节，它决定着后续的模型重建过程能否方便、准确地进行。本章就逆向建模技术中的数据预处理理论知识进行论述，主要以逆向建模的思路为主线，逐次对数据的预处理技术展开讨论，包括数据前期的修补、数据配准技术、数据可视化分析技术以及数据分割技术。通过数据预处理，用户能够很好地进行后续的建模，可以提高后续逆向建模的质量和效率。

习　　题

5-1　为什么要进行点云预处理？点云预处理的工程流程是什么？

5-2　测量数据的多视配准的目的是什么？

5-3　测量数据的可视化分析技术都包括哪些？各有什么特点？

5-4　测量数据分割方法技术主要包括哪些？其特点分别是什么？

5-5　结合工程实例和相应的逆向软件，对测量数据的处理技术进行巩固，了解其具体应用。

第6章 逆向工程软件简介

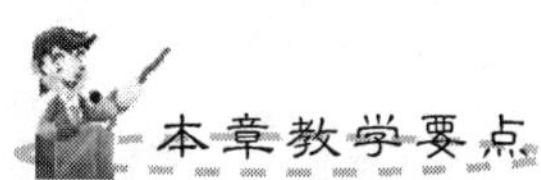

知识要点	掌握程度	相关知识
逆向工程软件的分类	(1) 掌握逆向软件的分类 (2) 熟悉专业逆向软件和普通软件的特点、优缺点及应用	(1) 学习逆向软件的安装 (2) 能采用逆向软件进行简单的点云处理
四个主流逆向软件之间的差异	(1) 掌握4个主流软件的工作特点、优点 (2) 熟悉4个软件的界面、基本菜单操作	查阅资料，学习4种主流软件的应用范畴、特征

导入案例

阿美特克简介

阿美特克(AMETEK)有限公司是全球领先的电子仪器和电动机制造商，生产先进的监视、测试、校准、测量和显示仪器，也是业内生产气动电动机的世界最大的制造商，2012年销售额达33亿美金，50%销售额在美国本土以外，全球范围拥有13500名员工，在40多个国家设立了超过100个制造基地和超过100个销售、售后服务中心，1930年在纽约交易所上市，是美国标准普尔500指数成员之一。

Creaform是阿美特克的子公司，其使命是研发、制造和销售能够提高生产能力的最前沿的便携式3D测量和分析技术设备。Creaform可以帮助制造行业的公司无缝地实现3D模型的创建、模拟、验证和安装，从而大幅地压缩周转时间并提高盈利能力。Creaform公司的部分产品如图6.1所示。

图6.1 Creaform的部分产品

可兼容软件如下所述。

Geomagic (Studio & Qualify)
Rapidform (XOS, XOR & XOV)
InnovMetric Software (PolyWorks)
Dassault (CATIA V5 and Solidworks)
PTC (Pro/Engineer)
Siemens (NX and Solid Edge)
Autodesk (Inventor, Alias, 3ds Max, Maya, Softimage)

资料来源：http://www.hfgj.gov.cn/csj/csj_news.asp?id=7147，2008

6.1 逆向软件简介

作为一种先进的产品设计手段，目前逆向工程在我国受到越来越多的企业的重视，逆向技术应用也越来越广泛被关注起来。逆向工程技术（Reverse Engineering）的工程概念是：通过对已有产品模型进行三维数字化扫描，来获取产品模型的表面轮廓的点云数据，将点云数据通过专业软件进行处理，最终形成三维数学模型，用于产品的重新设计及数控加工以及结构分析。它不同于通常的由二维草图设计到三维立体模型设计再到加工或快速成型的设计思路，所以它是一种基于实体而没有数学模型的设计方法。

逆向工程广泛地应用于航空航天、汽车、机械、电子电器及模具、玩具、医学、制鞋等各行各业，其应用主要在以下几个方面。

(1) 新零件的设计，主要用于产品的改型或仿型设计。

(2) 已有零件的复制，再现原产品的设计意图，进行数据管理和存档。

(3) 从已有产品零件直接快速生成 STL 模型，用于快速成型(RPM)或模具设计。

(4) 数字化模型的检测，变形分析、有限元分析等，以及进行与原设计模型的比较。

(5) 损坏或磨损零件的还原和修复。

然而作为种新兴的技术，许多企业对逆向工程并不了解，认为只要有三维测量或扫描设备，有通用的 CAD 软件就可以进行逆向工作了。其实这是不够的，在逆向工程的应用过程中有许多是其他普通逆向软件和 CAD 软件无法实现的难点，逆向工作必须有专业的逆向软件和工艺知识才能很好地完成这一项复杂的工作。

专业逆向软件相对于普通软件的优势在于以下几点。

1. 对测量数据进行优化和编辑的能力

因为有许多测量设备可以提供扫描工作，所以要求逆向软件具备能够读入绝大多数设备所生成的不同的点云数据格式能力。同时由于点云的数量是非常巨大的，往往有几十万到上千万、甚至上亿的点需要处理，这就需要逆向软件对于这样数量巨大的点云数据具有高效的运算、编辑能力。具备在保证曲面质量的前提下优化减少点云数目、剔除坏点的功能。同时由于待测模型不同的几何构造以及采用不同的设备、达到不同的测量目的，决定了测量过程和测量方法的不同。这就需要逆向软件能够具备针对这些不同能分类处理的能力。

2. 对三角模型进行优化和编辑的能力

由于测量设备精度不高、测量数据质量不高、测量模型有缺陷或损伤等种种原因，往往会造成生成的 STL 模型会有许多破洞和缺陷，这就需要逆向软件具备强大的 STL 模型的编辑和优化的处理能力，能在设计公差允许的范围内修补、光顺三角面片。同时还应具备对 STL 模型进行布尔运算和设计造型，生成符合设计的 STL 模型，从而不必要转换成曲面模型才能进行模具设计或被其他 CAM 软件读入才能进行加工的问题，因为这将极大地增加工作量，降低工作效率。

3. 曲面生成光顺使用困难、技巧性强

由于逆向的产品往往是比较复杂的产品，曲面构造复杂，往往需要生成以 B - Spline

或NURBS曲面为基础的曲面，同时需要进行多个曲面的剪裁、缝合、圆角过渡、光顺等编辑操作，所以对于曲面生成和光顺的能力要求严格，而多数逆向软件只能将点云处理成曲线，然后转换到其他CAD软件中用曲线构面的方式生成曲面，这样生成方式单一，工作量大，遇到形体复杂的产品工作极为烦琐，还容易造成较大变形，这使得曲面的生成很大程度上依赖于工程师的经验。

4. 与其他软件系统集成困难

由于许多CAD/CAM软件没有逆向的功能，而常见的逆向软件不具有强大的曲面编辑能力以及装配、出工程图的功能，所以必须要将逆向软件和CAD软件结合使用才能完成逆向工作，但这就需要在逆向过程中频繁将用不同的数据格式在不同的软件进行相互转换，这样必然会造成数据文件中特征的丢失，甚至可能会数据文件的损坏，同时还使得工作更加烦琐，降低工作效率。

6.2 Imageware

6.2.1 Imageware简介

Imageware由美国EDS公司出品，是最著名的逆向工程软件，正被广泛应用于汽车、航空、航天、消费家电、模具、计算机零部件等设计与制造领域。该软件拥有广大的用户群，国外有BMW、Boeing、GM、Chrysler、Ford、Raytheon、Toyota等著名国际大公司，国内则有上海大众、上海交大、上海Delphi、成都飞机制造公司等大企业。

Imageware开创了自由曲面造型技术的新天地，它为产品设计的每一个阶段——从早期的概念到生产出符合产品质量的表面，直到对后续工程和制造所需的全部3D零件进行检测，都提供了一个独一无二而又综合的进行3D造型和检测的方法。

Imageware的发展方向是将高级造型技术和创意思维推向广义的设计、逆向工程和潮流市场，其最终结果就是提供加速设计、工程和制造，以使集成、速度和效率达到一个新水平。

Imageware允许用户非常自由地凭直觉创建模型，同时在3D环境下快速地探究和评估形状设计。由于Imageware的开发专注于特定工业，所以它提供了直接的数据交换能力和标准3D CAD接口，允许用户很容易地将模型集成到任何环境。

Imageware逆向工程软件的主要产品有以下几种。

(1) Surfacer——逆向工程工具和class 1曲面生成工具。

(2) Verdict——对测量数据和CAD数据进行对比评估。

(3) Build it——提供实时测量能力，验证产品的制造性。

(4) RPM——生成快速成型数据。

(5) View——功能与Verdict相似，主要用于提供三维报告。

它的版本顺序是：

……surfacer V9；surfacer V10 /10.5/10.6；Freeform8m3；Imageware V9；Imageware V10/10.1；Imageware V11/11.1；Imageware V12.0。

Imageware 12.0是美国UGS公司2005年初发布的Imageware的最新版本，它在逆向工程中充当了一个重要的角色，参与了逆向工程的各个过程，并且发挥了模型数字化、校验、修改、复制产品等功效。因此，Imagewar 12.0 特别适用于以下情况。

(1) 企业只能拿出真实零件而没有图纸，又要求对此零件进行修改、复制及改型。

(2) 在汽车、家电等行业要分析油泥模型，对油泥模型进行修改，得到满意结果后将此模型的外形在计算机中建立电子样机。

(3) 对现有的零件工装等建立数字化图库。

(4) 在模具行业，往往需要用手工修模，修改后的模具型腔数据必须要及时地反映到相应的 CAD 设计之中，这样才能最终制造出符合要求的模具。

6.2.2 主要模块

1. 高级建模(Advanced Modeling)

高级造型能力提供了一个一致的设计流程，并同时最大限度地保证了模型的美观、真实和曲面的光顺。

通过直觉造型工具，用户可以利用曲线、曲面或者测量点来创建自由几何。动态曲面修改工具允许设计变更以交互的方式进行探究，并立即将设计所蕴涵的美学和工程信息可视化。

实时诊断工具的使用对加工前的曲面质量提供了全面的分析，包括视觉观察和定量分析，因此消除了产生错误猜测的可能。这些工具可作为一种手段来识别曲面曲率和高光效果，以发现曲面的瑕疵、偏差和缺陷。

高效的连接性管理工具保证了曲面和曲面过渡非常完美，甚至连最严格 Class A 曲面也不例外。

将所有的全相关曲面工具加在一起，无论是进行自由几何模型的可行性设计研究，还是创建符合生产质量要求的曲面，都将实现生产力的巨大提高。

2. 逆向工程(Reverse Engineering)

逆向工程允许设计师、工程师和模具设计师在从设计到制造过程中的每一个阶段中使用从物理组件获取的数据，这不仅可以表示精确的设计，便于与实际物理样机遗留的数据进行快速对比；而且还是物理世界到数字世界的桥梁。

通过常规的 CAD 系统，几何的表示可以在很短的时间内创建。Imageware 可以将没有 CAD 描述的物理零件引入到任何 CAD/CAM 系统中用于后续的设计和分析。几何同样也可用于仿真环境来保证产品生命周期不同阶段的可行性。

3. 计算机辅助检验(Computer－Aided Inspection)

通过对第一个试件选题进行全面准确的分析，Imageware 的检测能力提供了完全的 3D CAD 与零件校验功能，以检测 CAD 几何模型与真实的物理模型之间的差异，消除了手工或者 2D 的方法。

Imageware 检测输出的彩色对比云图，可使 3D 检测结果更易于查看和理解。强大的对齐和定位工具消除了多次检测迭代。在 Imageware 环境中，用户可以以电子化的方式保存、跟踪和管理检测记录。

4. 多边形建模(Polygonal Modeling)

Polygon 建模是一种常见的建模方式。首先使一个对象转化为可编辑的多边形对象，然后通过对该多边形对象的各种子对象进行编辑和修改来实现建模过程。对于可编辑多边形对象，它包含了节点、边界、边界环、多边形面、元素5种子对象模式，与可编辑网格相比，可编辑多边形显示了更大的优越性，即多边形对象的面不只可以是三角形面和四边形面，而且可以是具有多个节点的多边形面。

6.2.3 主要特点

1. 为整个创建过程制定流程

当众多的公司采用3D设计技术时，设计师们都认识到了从2D到3D转换的重要性和简便性。快速地将概念阶段的思想变成准确的曲面模型的能力是产品设计成功的关键。

几个世纪以来，当2D方法在产品开发方面已经被成功应用时，更新的、生产力更高的3D方法和实践又进一步证明了通过保持和准确地描述设计意图，3D方法是现有2D设计过程的有益补充。

通过这些3D的方法和实践，许多公司正在为缩短设计周期而建立新的标准，以此来提高产品质量，降低成本。

无论是进行全新的设计，还是利用物理模型对已有零件进行再设计，Imageware都提供了一个很好的手段来扩展创建流程，同时还可以利用熟悉的造型工具。

2. 有效地加强产品沟通

利用3D获取产品定义将对设计意图提供更好地沟通，这种沟通不仅体现在设计师和造型师之间，而且还贯穿于整个工程和制造环境中，包括在扩展的企业和供应链之间。

有了Imageware，用户不仅可以在屏幕上动态地研究不同的设计，以达到立即显现设计中所蕴含的美学和工程信息的目的，同时还可以制定出一个设计方案。

能够在设计过程的早期就关键设计问题进行沟通，将使对实际物理样机的需求大大减少。通过实时更新的全彩色3D诊断和云图，可使在对设计模型进行操作时的设计变化和修改变得很容易。

产品开发速度的进一步提高依赖于可视化工具的扩展和报表能力的提高。用户可以使用用户化的环境贴图对设计的美学性进行评估，或者如果有检测的需要，也可以对比较结果进行评估并输出详细的分析结果。

3. 基于约束的造型

在Imageware中，通过使用基于约束的造型方法可以很容易地简化复杂的设计工作，这种方法学允许设计师在一种交互的环境中工作，并同时在产品开发的早期阶段就制定关键的设计决策。

Imageware的3D约束引擎允许相关造型，这样就能戏剧般地改变创建Class A和高质量曲面的方法。这个工具已经是现成的，用户可以决定何时、何地以及约束条件需要保持多长时间，而这些都不会改变模型的大小或降低性能。

若用户工作时使用了约束，所有的设计变更将实时地得到反映，这将有助于不同设计方案的评估，而不需要像那些不基于约束的系统在造型的最初阶段需要制订过多的计划，或是做一些乏味的重复工作。

不同的颜色将区别曲线之间的主和次，这种主次关系可以快速而简单地进行转化。当约束产生时，约束符号就会显示在曲线上以表示当前连续性的类型。

除了约束之外，内在的相关性能够在多次几何创建中继续保持，这样的相关性保证了在进行数据修改和编辑时继续保持几何相应的特征。具有相关性属性的特征有放样、扫琼面、导角、翻边、曲线偏置和拉伸。

4. 扩展了基于曲线的造型

软件中加入的全新的、增强的命令为基于曲线的曲面开发提供了一套完善的曲线创建功能，这对于高质量曲面和 Class A 曲面显得尤为重要。

新功能减少了重复工作，这些重复工作经常是为创建一系列曲线而产生的，同时直线和平面的无限构造能力将有助于新几何体的精确创建。无限构造体素主要是为裁剪和相交这些操作作辅助。

其他工具，如无限工作平面有益于一般的造型操作，这个工作平面可以用于草绘平面或曲面和曲线的相交。

5. 模型的动态编辑

曲率和曲面的评估工具提供实时反馈，允许用户从一开始就创建更好的曲线和曲面，并在更短的时间内最终产出更高质量的曲面。

将这些工具的详细反馈 Imageware 的众多修改工具相结合，可以根据当前视图非常容易地评估和动态地编辑模型并修改有问题的区域。

6. 保持数据的兼容性

Imageware 提供了一个无缝的、界于领先的 CAD 系统和 Imageware 内部文件格式之间的中性 CAD 数据交换，它使数字设计能一直保存下来，且贯穿于整个产品生命周期。

通过提供协调的、直接的数据交换，Imageware 的这些接口避免了由于那些标准文件格式互相传输而导致的许多潜在的错误。设计师和工程师可以将精力集中在最重要的事情上，即如何完成好他们的工作，而无需担心潜在的数据丢失。

6.3 Geomagic Studio

由美国 Raindrop（雨滴）公司出品的逆向工程和三维检测软件 Geomagic Studio 可轻易地从扫描所得的点云数据创建出完美的多边形模型和网格，并可自动转换为 NURBS 曲面。该软件也是除了 Imageware 以外应用最为广泛的逆向工程软件。

Geomagic Studio 是 Geomagic 公司产品的一款逆向软件，可根据任何实物零部件通过扫描点点云自动生成准确的数字模型。作为自动化逆向工程软件，Geomagic Studio 还为新兴应用提供了理想的选择，如定制设备大批量生产、即定即造的生产模式以及原始零部件的自动重造。Geomagic Studio 可以作为 CAD、CAE 和 CAM 工具提供完美补充，它可以输出行业标准格式，包括 STL、IGES、STEP 和 CAD 等众多文件格式。

6.3.1 将实物零部件转化为可制造的数字模型的唯一全面的解决方案

Geomagic Studio 可根据任何实物零部件自动生成准确的数字模型。作为全球首选的自动化逆向工程软件，Geomagic Studio 还为新兴应用提供了理想的选择，如定制设备大批量生产、即定即造的生产模式以及原始零部件的自动重造。

在内含命令行驱动的软件版本和新型 Python 脚本环境中，Geomagic Studio 兼具高速和其定制级别以运行其强劲三维数据处理能力。Geomagic Studio 还通过将参数模型无缝转移到若干主要 CAD 软件包的方式来简化设计过程：CATIA®、Autodesk® Inventor®、CREO® Elements/Pro™(Pro/Engineer™) 和 SolidWorks®。

6.3.2 主要功能

Geomagic Studio 主要包括 Qualify、Shape、Wrap、Decimate、Capture 5 个模块。主要功能包括：确保完美无缺的多边形和 NURBS 模型。处理复杂形状或自由曲面形状时，生产率比传统 CAD 软件提高十倍。自动化特征和简化的工作流程可缩短培训时间，并使用户可以免于执行单调乏味、劳动强度大的任务。可与所有主要的三维扫描设备和 CAD/CAM 软件进行集成。能够作为一个独立的应用程序运用于快速制造，或者作为对 CAD 软件的补充。这就难怪世界各地有 3000 人以上的专业人士使用 Geomagic 技术定制产品、促使流程自动化以及提高生产能力。主要功能如下所述，Geomagic Studio 软件如图 6.2 所示。

图 6.2 Geomagic Studio

(1) 自动将点云数据转换为多边形(Polygons)；
(2) 快速减少多边形数目(Decimate)；
(3) 把多边形转换为 NURBS 曲面；
(4) 曲面分析(公差分析等)；
(5) 输出与 CAD/CAM/CAE 匹配的档案格式(IGS，STL，DXF 等)。

6.3.3 主要优势

Geomagic Studio®是将三维扫描数据转化为高精度曲面、多边形和通用 CAD 模型的整套工具组。

对于一系列制造工作流程中的关键组成，Geomagic Studio 提供了业界最强大的点云、网格编辑功能和高级曲面处理能力，并保持其智能、易用的特点。除了 Geomagic Studio 精确的三维数据处理功能外，它还整合了很大数量的自动化工具，这一切使得用户能显著缩短时间并降低人力成本同时制作出最高品质的模型。对于逆向工程、产品设计、快速成型、分析和导出 CAD 而言，Geomagic Studio 都是核心的三维数模创建工具。主要优势如下所述。

(1) 确保用户获得完美无缺的多边形和 NURBS 模型。
(2) 处理复杂形状或自由曲面形状时，生产率比传统 CAD 软件效率更高。

(3) 自动化特征和简化的工作流程可缩短培训时间，并使用户可以免于执行单调乏味、劳动强度大的任务。

(4) 可与所有主要的三维扫描设备和 CAD/CAM 软件进行集成。

(5) 能够作为一个独立的应用程序运用于快速制造，或者作为对 CAD 软件的补充。

6.3.4 应用方式

Geomagic Studio 可满足严格要求的逆向工程、产品设计和快速原型的需求。借助 Geomagic Studio 能够将三维扫描数据和多边形网络转换成精确的三维数字模型，并可以输出各种行业标准格式，包括 STL、IGES、STEP 和 CAD 等众多文件格式，为用户已经拥有的 CAD、CAE 和 CAM 工具提供完美补充。

下面便是 Geomagic Studio 提供的各种应用方式。

1. 全面解决方案

使用 Geomagic Studio 可以帮助用户从点云数据中创建优化的多边形网格、表面或 CAD 模型。通过使用 Geomagic Studio 建立数字化模型，可以帮助用户实现如下工作。

(1) 将自由曲面设计和普通的机械设计结合起来。

(2) 将一个实体零件创建参数化的 CAD 模型。

(3) 对即造零件中执行计算机流体力学(CFD)和有限元(FEA)分析。

2. 衔接数字和物理世界(图 6.3)

Geomagic Studio 能帮助用户完全掌控曲面处理过程，使用户能够创造 NURBS 模型来精确呈现即造零件。自动化的一键式曲面创建方式适合于快速创建模型。对于相似曲面的对象，可以用创建模板方式加速曲面重构。另外，Studio 提供了一整套综合工具用于调整曲面片布局、将重构曲面与多边形网格比较等。结果模型可导出为 IGES 或 STEP 文件。

3. 捕获并再现设计意图(图 6.4)

借助内置智能程序，Geomagic Studio 能快速提取设计意图并创建优化 CAD 曲面。Studio 会自动识别解析曲面，如平面、柱面、锥面和球面。它也能创建最准确的扫掠和自由形状的 CAD 曲面。为了减少 CAD 下游编辑，约束曲面拟合使用户能精确对齐曲面，而自动表面延伸和修剪能使用户拉伸表面及锐化边界。如果不需要一个完全可编辑模型，自动修剪和缝合功能能快速建立一个准 CAD 曲面。

图 6.3　衔接数字和物理世界

图 6.4　捕获设计意图自动识别解析面

4. 利用现有物理对象(图 6.5)

当用户可以通过扫描自己的油泥模型、有机对象或已有的物件实现跳转设计过程时，用户没有必要从一无所有开始设计。Geomagic Studio 支持市场上所有主流的三维扫描仪，能通过一个插件提供直接控制。用户可以对齐、合并和注册拼接点云数据。另外，还可以删除体外孤点和降噪来进一步优化数据。

5. 多边形网格的处理(图 6.6)

拥有一套直观的多边形编辑工具(包括一键式自动网格修补工具)、交互式砂纸、曲率敏感光顺和孔洞填补，即使在没有完美的扫描数据的情况下，用户依然可以创建出高质量的三角网格面模型。智能简化工具在简化数据后保证了高曲率区域的多边形能够创建更为有效的模型，以用于快速制造和三维打印。

图 6.5 利用现有模型生成点云

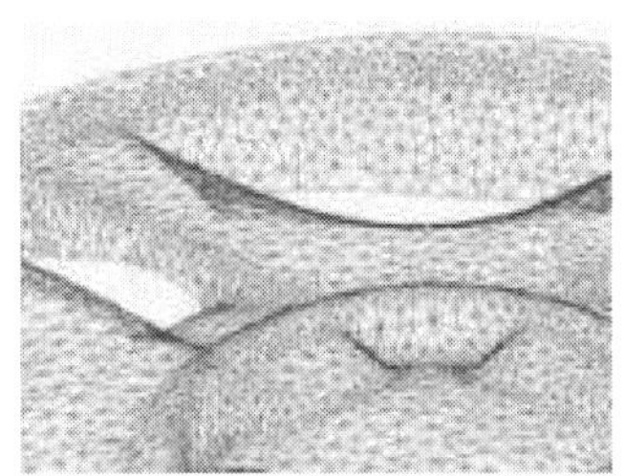

图 6.6 强大的多边形处理能力

6.3.5 CAD 系统扩展

参数转换器在 Geomagic Studio 和 CAD 系统中提供了一个智能连接，让用户将真正的参数模型应用到流行的 CAD 系统中，包括 SolidWorks、Pro/Engineer 和 Autodesk Inventor。CAD 的接口如图 6.7 所示，在用户使用 Geomagic Studio 并与 CAD 系统协同工作的同时，没有必要为了修剪和缝合模型而学习一套新的工具或引进不同的流程。

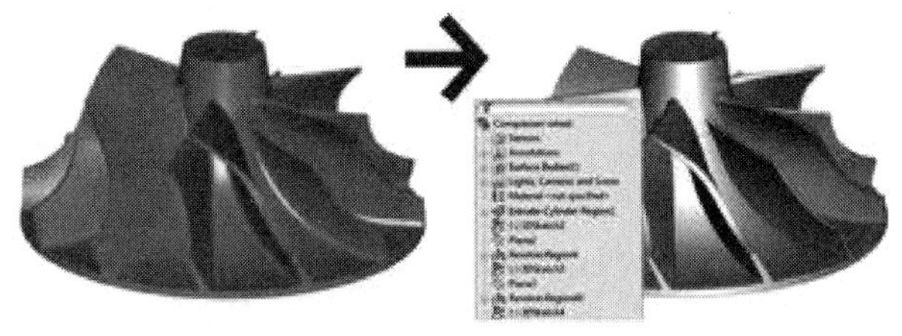

图 6.7 丰富的 CAD 接口

Geomagic Studio 11 增强了从点和多边形处理，到曲面和完整参数模型的创建阶段，无缝连接了三维模型处理的各个方面。Geomagic Studio 11 版本对多方面进行了改进，包括菜单与界面的优化。能够更准确捕捉并再现用户的设计意图，如图 6.8 所示。

功能的改进与算法的优化以及 Fashion 模块的功能与算法的提升，并开发出了新的参数转换器。

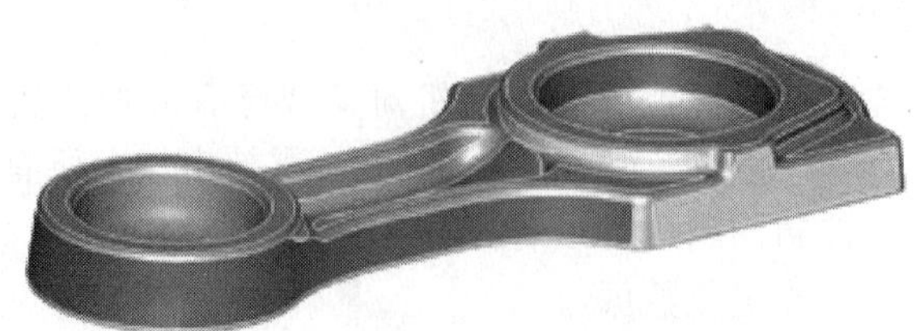

图 6.8　更准确捕捉并再现用户的设计意图

1. 准确再现设计意图(图 6.8)

通过内建的智能，Geomagic Studio 能快速获取设计意图和创建优化的需最少下游编辑 CAD 曲面。Geomagic Studio 自动鉴别解析曲面(平面、圆柱体、圆锥和球体)、扫掠曲面(延伸和旋转)和自由曲面。

2. 利用三维扫描数据创建参数模型(图 6.9)

参数转换功能能将 Geomagic 模型无缝转换成 CAD 几何特征。通过 Geomagic Studio 将参数曲面、实体、基准和曲线转换到 CAD 系统，而无需中间文件譬如 IGES 或者 STEP，用户将节省珍贵的产品开发时间。

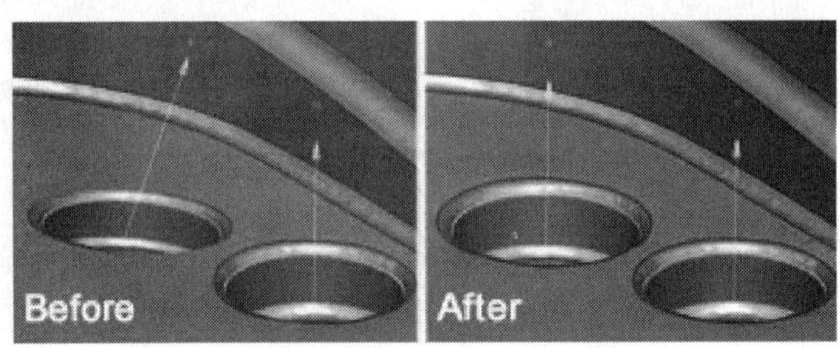

图 6.9　约束曲面拟合减少下游编辑工作

3. 约束曲面拟合使下游编辑最少(图 6.10)

约束的曲面拟合能进一步精处理模型以更好地捕捉设计意图。用户可以指定被选曲面的方向矢量，拟合多个不连续区域为单一曲面，使多个曲面共面、同轴和同心。

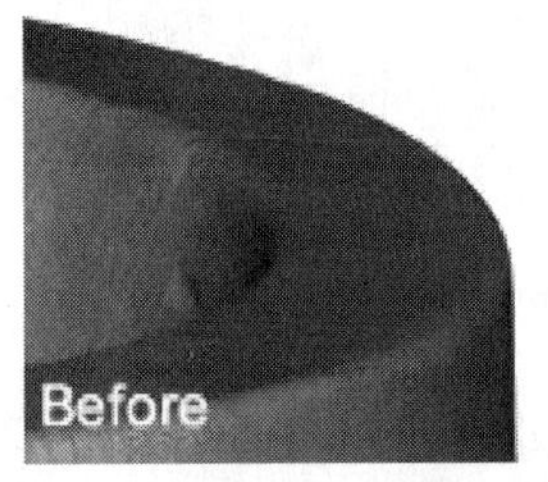

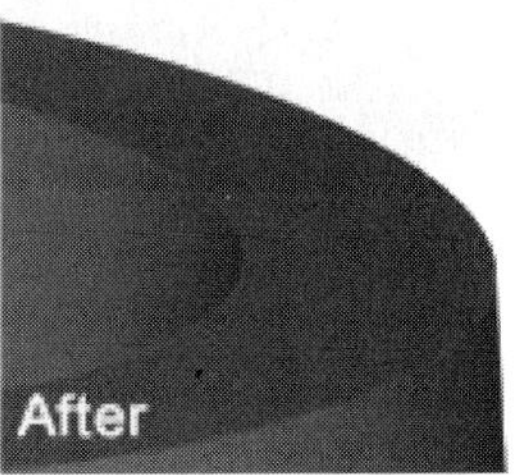

图 6.10　更好的自动延伸创建锐边

4. 自动延伸和剪截曲面使模型完善(图 6.11)

为了在 CAD 系统中更快更轻松地修改模型，自动曲面延伸和修剪功能延伸了相邻曲面，使之互相交叉并创建锐边，使模型在CAD中能更快更方便地被修改，利用CAD系统的强大功能及灵活性，创建真实的倒角半径和倒角边。

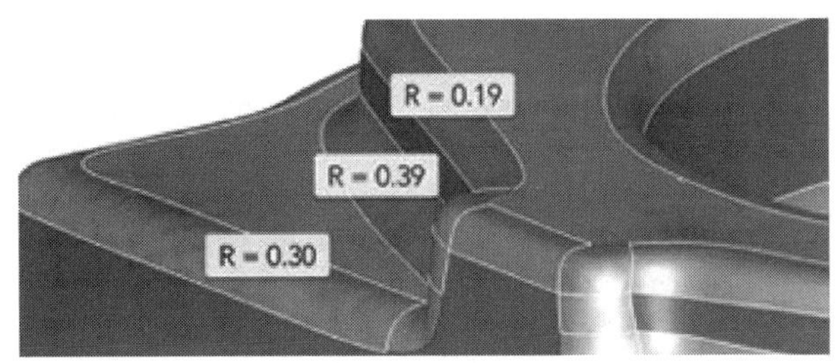

图6.11 自动获取多边形网格边界半径

5. 获得网格边界的半径以在CAD系统中快速创建倒角

网格半径解析系统自动地分析并测量多边形网格边界上的可变和固定半径——这些数据是创建精确倒圆角的关键，通过在CAD系统中创建倒圆角，用户可以利用现有的软件工具创建强大的模型解决方案。

6. 独特的区域探测算法创建最精确的表面（图6.12）

Geomagic Studio利用独特的区域探测算法，快速和轻松地创建最精确的扫面和自由形状曲面。该软件创建一个最优化的与曲面最佳拟合的曲面外形，而不是创建一个基于单个横截面形状的曲面外形。

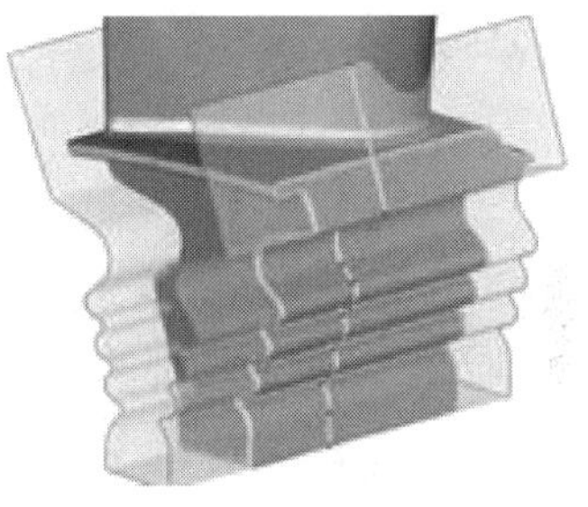

图6.12 精确的区域探测创建更精确表面

7. 交互式重塑物理模型(图6.13)

在三维建模过程早期，交互式的多边形编辑工具增添了雕刻和重塑模型的控制力和灵活性。通过使用一组新的自由式编辑工具，用户可以雕刻、切割和变形多边形模型上的被选区域。

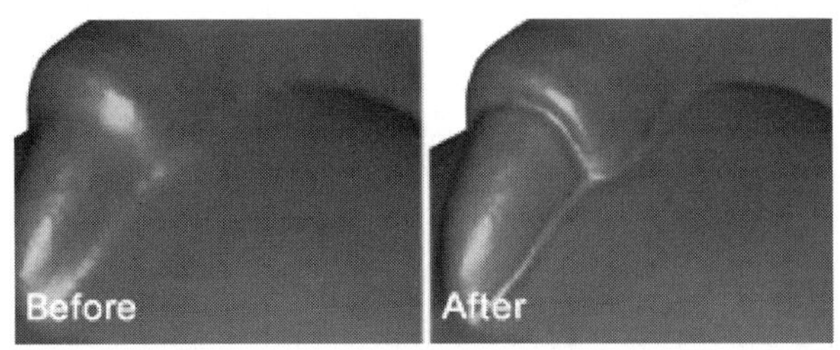

图6.13 更强的交互式重塑功能

8. 自动探测并纠正网格错误

在多边形网格上，网格医生自动地探测并纠正错误，最终生成高质量曲面的多边形网格模型。它数秒内便能查找并修复成千上万的问题，如果需要，也提供问题区域的手工检查。

9. 生成更好的曲面(图 6.14)

曲率敏感式光顺能够光顺噪音数据区域，同时又维持高曲率区域细微的细节，能获得精确描绘对象每个细节的高质量曲面。

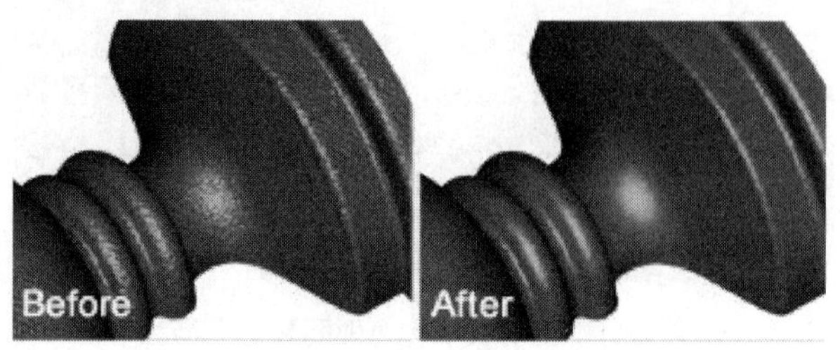

图 6.14　光顺化生成更准确的高质量曲面

10. 快速填充复杂的孔

当修补十分复杂的孔时，新的切线补孔选项增添了更多的控制力和灵活性。伴随 Geomagic Studio 的全套一流补孔技术，用户能重建那些缺少扫描数据的区域，节省重新扫描对象的时间和费用。

6.3.6　软件优势

1. 简化了工作流程

Geomagic Studio 软件简化了初学者及经验工程师的工作流程。自动化的特征和简化的工作流程减少了用户的培训时间，避免了单调乏味、劳动强度大的任务。

2. 提高了生产率

Geomagic Studio 是一款可提高生产率的实用软件。与传统计算机辅助设计(CAD) 软件相比，在处理复杂的或自由曲面的形状时生产效率可提高十倍。

3. 实现了即时定制生产

定制同样的生产模型，利用传统的方法(CAD)可能要花费几天的时间，但 Geomagic 软件可以在几分钟内完成，并且该软件还具有高精度和兼容性的特点。Geomagic Studio 是唯一可以实现简单操作、提高生产率及允许提供用户化定制生产的一套软件。

4. 兼容性强

可与所有的主流三维扫描仪、计算机辅助设计软件(CAD)、常规制图软件及快速设备制造系统配合使用。Geomagic 是完全兼容其他技术的软件，可有效的减少投资。

5. 曲面封闭

Geomagic Studio 软件允许用户在物理目标及数字模型之间进行工作，封闭目标和软件模型之间的曲面。用户可以导入一个由 CAD 软件专家制作的表面层作为模板，并且将它应用到对艺术家创建的泥塑模型扫描所捕获的点。结果在物理目标和数字模型之间没有任何偏差。整个改变设计过程只需花费极少的时间。

6. 支持多种数据格式

Geomagic Studio 提供多种建模格式，包括目前主流的 3D 格式数据：点、多边形及非均匀有理 B 样条曲面(NURBS) 模型。数据的完整性与精确性确保可以生成高质量的模型。

7. 汽车设计及制造(图 6.15)

通过逆向工程生产测试用零件用于 NASCAR 汽车赛道空气动力学测试，Geomagic Studio 软件为实物转换数字模型提供强大助力。然后，工程师们能很快把数据应用于工作流程：换装、改造、开发新汽型和零部件，使用三维数据远远快于重新设计。

8. 航空航天(图 6.16)

当对精度和速度的要求居首位时，航空航天设计师、制造商和检验员、抢修队依靠 Geomagic Studio 软件创建三维数模，并将其应用于一系列定制化部件的生产，确保零件的精度。设计者们使用 Geomagic Studio 软件自定义飞艇风扇叶片，维修战斗机，重建和检查重要的航空零部件。

图 6.15　汽车设计

图 6.16　航天零件设计

9. 重型装备制造

通过 Geomagic Studio 能方便地捕捉部件数模并导入到三维 MCAD 平台用于重新设计或精确曲面的磨损试验，如图 6.17 所示。Geomagic Studio 软件使用三维扫描数据，在几分钟至几小时内产生完整、准确的三维模型，使设计到制造过程中涉及的零部件、工具、

图 6.17　捕捉数据直接导入 MCAD 平台

模具能被方便地重复利用。

10. 医疗器械及设备

Geomagic Studio 简化创建自定义医疗装置的过程。例如假肢、人工耳蜗植入术、腭裂治疗设备和更换关节并提高品质，使它们与人体高度契合减少术后疼痛。通过 CT 扫描生成人体骨骼和身体形状的三维扫描数据，Geomagic Studio 软件使设计人员能快速创建出符合病人独特要求的产品，如图 6.18 所示。

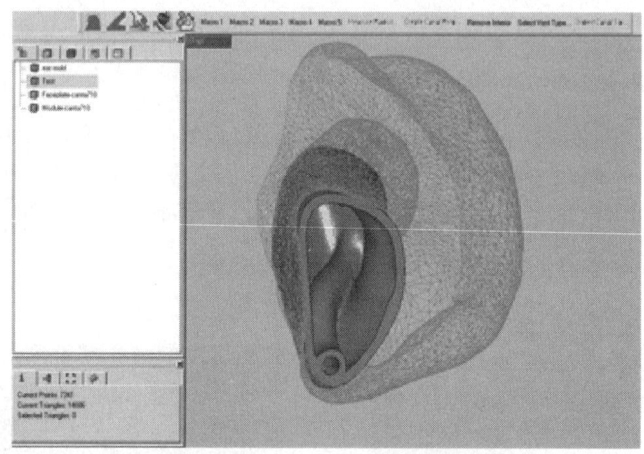

图 6.18 在医疗器械上的使用

11. 功能

(1) 广泛支持非接触式(图 6.19)和接触式硬测设备。

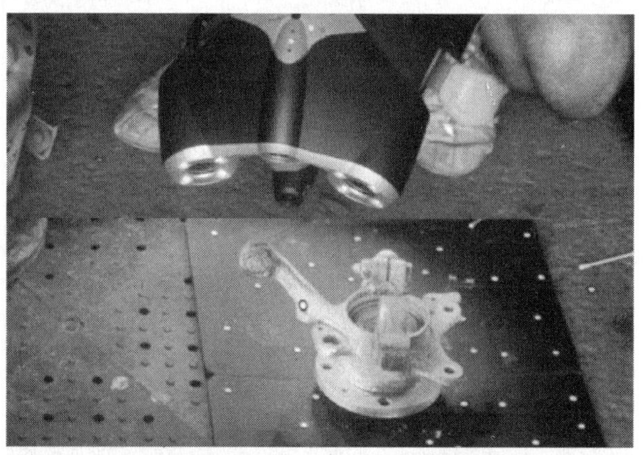

图 6.19 非接触测量设备获取点云数据

(2) 自动化点云数据清理、网格分析和修复、重画网格处理工具、补丁功能及更多。

(3) 优化快速数据处理，能有效地处理更大、更密集的点云。

(4) 简化的三维坐标体系，更容易对齐数据。

(5) Python 脚本环境允许您定制点云处理的工作流程。

(6) 包含命令行驱动，减少图形用户界面的计算负荷，节省时间和内存花费。

(7) 导出高质量且主流格式的三维数模和 NURBS 格式。

(8) 包含众多硬件插件并支持多种文件格式，如 STL、OBJ、VRML、DXF、PLY 和 3DS，无额外费用。

(9) 将基于历史记录的数模直接导出至主流 CAD 软件，包括 Autodesk® Inventor®、CREO® Elements/Pro™、CATIA®和 SolidWorks®(可选)。

(10) 单击一下按钮即可无缝导出至直接建模 CAD 软件 SpaceClaim® Engineer。

6.4 CopyCAD

6.4.1 概述

CopyCAD 是由英国 Delcam 公司出品的功能强大的逆向工程系统软件，它能允许从已存在的零件或实体模型中产生三维 CAD 模型，软件标志如图 6.20 所示。该软件为来自数字化数据的 CAD 曲面的产生提供了复杂的工具。CopyCAD 能够接受来自坐标测量机床的数据，同时跟踪机床和激光扫描器。

图 6.20 CopyCAD 标志

Delcam 是世界著名的 CAD/CAM 软件供应商，旗下五大软件：PowerSHAPE、PowerMILL、CopyCAD、PowerINSPECT、ArtCAM 涵盖了从产品的三维设计、数控加工、质量检测和逆向设计完整的过程。Delcam CopyCAD Pro 是世界知名的专业化逆向/正向混合设计 CAD 系统，采用全球首个 Tribrid Modelling 三角形、曲面和实体三合一混合造型技术，集三种造型方式为一体，创造性地引入了逆向/正向混合设计的理念，成功地解决了传统逆向工程中不同系统相互切换、烦琐耗时等问题，为工程人员提供了人性化的创新设计工具，从而使得“逆向重构＋分析检验＋外型修饰＋创新设计”在同一系统下完成。CopyCAD Pro 为各个领域的逆向/正向设计提供了高速、高效的解决方案。

对于逆向工程，CopyCAD 软件的解决方案如图 6.21 所示。

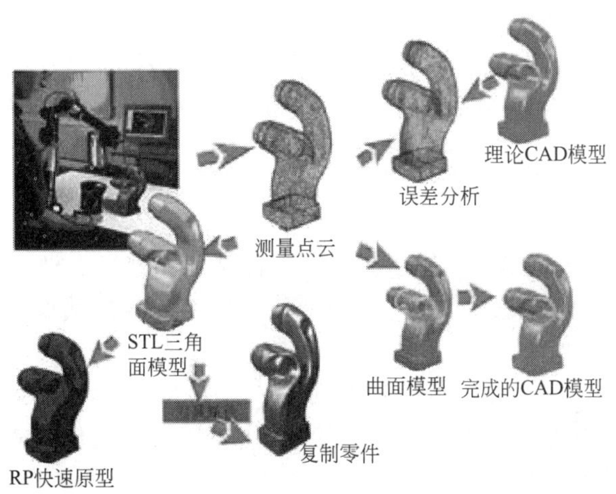

图 6.21 CopyCAD 软件的解决方案

首先是通过测量设备或扫描设备对现有的三维模型进行扫描得到点云数据，读入到CopyCAD中。在CopyCAD中一方面可以生成三角面片的STL模型，通过输出STL模型到快速成型设备中进行快速成型，或输出到PowerSHAPE进行模具设计，还可以输出到PowerMILL进行数控加工。另一方面可以在CopyCAD生成曲面，输出到Power-SHAPE进行三维设计，进行装配、模具设计和出二维工程图。同时在CopyCAD还可以与原型三维CAD模型进行比较分析，输出误差分析报告。比较设计生产过程中存在的缺陷和变形情况。

6.4.2 CopyCAD的主要特性

CopyCAD使用极其简便，全中文Windows界面，人性化的向导提示和先进的智能光标，即使不是专业工程技术人员，也能轻松掌握和使用其全部功能。它能允许从已存在的零件或实体模型中产生三维CAD模型。该软件为来自数字化数据的CAD曲面的产生提供了复杂的工具。CopyCAD能够接受来自坐标测量机床的数据，同时跟踪机床和激光扫描器。

CopyCAD具有高效的巨大点云数据运算处理和编辑能力，提供了独特的点对齐定位工具，可快速、轻松地对齐多组扫描点组，快速产生整个模型；自动三角形化向导可通过扫描数据自动产生三角形网格，最大地避免了人为错误；交互式三角形雕刻工具可轻松、快速地修改三角形网格，增加或删除特征或是对模型进行光顺处理；精确的误差分析工具可在设计的任何阶段帮助您对照原始扫描数据对生成模型进行误差检查；Tribrid Modelling三合一混合造型方法不仅可进行多种方式的造型设计，同时可对几种造型方式混合布尔运算，提供了灵活而强大的设计方法；设计完毕的模型可在Delcam PowerMILL和Delcam FeatureCAM中进行加工。

1. 强有力的CopyCAD反馈工程系统

该软件提供了一种能从数字化数据产生CAD表面的综合工具，接受三坐标测量机、探测仪和激光扫描器所测到的数据，简易的用户界面使用户在最短的时间内掌握其功能和操作。CopyCAD用户可以快速编辑数字化数据，并能做出高质量、复杂的表面。该软件能完全控制表面边界的选择，自动形成符合规定公差的平滑、多面块曲面，还能保证相邻表面之间相切的连续性。

允许从已存在的零件或实体模型中产生三维CAD模型。该软件为来自数字化数据的CAD曲面的产生提供了复杂的工具。CopyCAD接受来自坐标测量机床的数据，同时跟踪机床和激光扫描器。

2. 应用范围

从实物模型生成CAD模型，用于分析和工程应用，更新CAD模型以反映对现有零部件或样品的修改情况；将过去的模型存入CAD文件中，收集数据用于计算机显示和动画制作。

简单的用户界面允许用户尽可能短的时间内进行生产，且能够快速地掌握其使用功能，即使对于初次使用者也能做到这点。使用CopyCAD的用户将能够快速地编辑数字化数据，产生具有高质量的复杂曲面。

CopyCAD简单的用户界面允许用户在尽可能短的时间内进行生产，并且能够快速掌握其功能，即使对于初次使用者也能做到这点。使用 CopyCAD 的用户将能够快速编辑数字化数据，产生具有高质量的复杂曲面。该软件系统可以完全控制曲面边界的选取，然后根据设定的公差能够自动产生光滑的多块曲面，同时 CopyCAD 还能够确保在连接曲面之间的正切的连续性。

3. CopyCAD 的主要功能

(1) 数字化点数据输入。
(2) DUCT 图形和三角模型文件。
(3) CNC 坐标测量机床。
(4) 分隔的 ASCII 码和 NC 文件。
(5) 激光扫描器、三维扫描器和 Scantron。
(6) PC ArtCAM。
(7) Renishaw MOD 文件。

1) 点操作

(1) 能够进行相加、相减、删除、移动以及点的隐藏和标记等点编辑。
(2) 能够为测量探针大小对模型的三维偏置进行补偿。
(3) 能够进行模型的转换、缩放、旋转和镜像等模型转换。
(4) 能够对平面、多边形或其他模型进行模型裁剪。

2) 三角测量

在用户定义的公差和选项内的数字化模型的三角测量，包括以下几点。

(1) 原始的：法线设置。
(2) 尖锐：尖锐特征强化。
(3) 特征匹配：来自点法线数据的特征。
(4) 关闭三角测量：为了快速绘图可以关闭模型。

3) 特征线的产生

(1) 边界：转换模型外边缘为特征线。
(2) 间断：为找到简单的特征(如凸出和凹下)而探测数据里的尖锐边缘能够转换数字化扫描线为特征线。
(3) 输入的数据：能够从点文件中摘录多线条和样条曲线。

4) 曲面构造

通过在三角测量模型上跟踪直线产生多样化曲面；在连接的曲面之间，用已存在的曲面定义带有选项的正切连续性的边界；使用特征线指导和加快曲面定义。

5) 曲面错误检查

(1) 比较曲面与数字化点数据。
(2) 报告最大限、中间值和标准值的错误背离。
(3) 错误图形形象地显示变化。
(4) 输出格式：IGES、CADDS4X、STL ASCII 码和二进制；DUCT 图形、三角模型和曲面，分隔的 ASCII 码。

4. CopyCAD 的数据接口

Delcam CopyCAD Pro 拥有广泛的数据接口。可接收来自于三坐标测量机、探测仪和激光扫描仪等各种主流数据，产生复杂形面的 CAD 模型。可生成并输出用于各种设备的数据格式，支持快速成型机、CNC 加工中心等多种加工设备。

5. CopyCAD 的应用行业

Delcam CopyCAD Pro 可广泛应用于汽车、航天、制鞋、模具、玩具、医疗和消费性电子产品等制造行业。

6.4.3 Delcam CopyCAD Pro 软件特点

Delcam CopyCAD Pro 提供的 Tribrid Modelling 三合一混合造型方法(图 6.22)，使设计师可更快速、简便地将捕捉的逆向工程数据转换到设计环境，进行逆向/正向混合设计，可更快速地将一些额外几何特征增添到逆向工程设计。三合一造型逆向/正向混合设计造型方法尤其适合于逆向工程设计或是用户定制产品的设计。

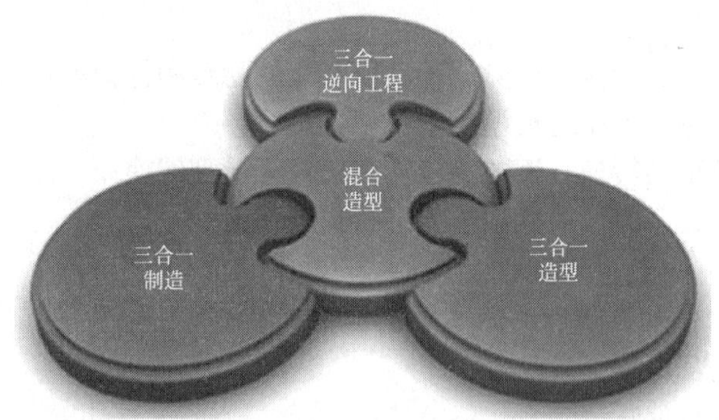

图 6.22　三合一造型

Delcam CopyCAD Pro 具有以下一些独到的特点和价值。

(1) 高效的巨大点云数据运算、处理和编辑能力(图 6.23)：提供了独特的点对齐定位工具，可快速、轻松地对齐多组扫描点组，快速产生整个模型。

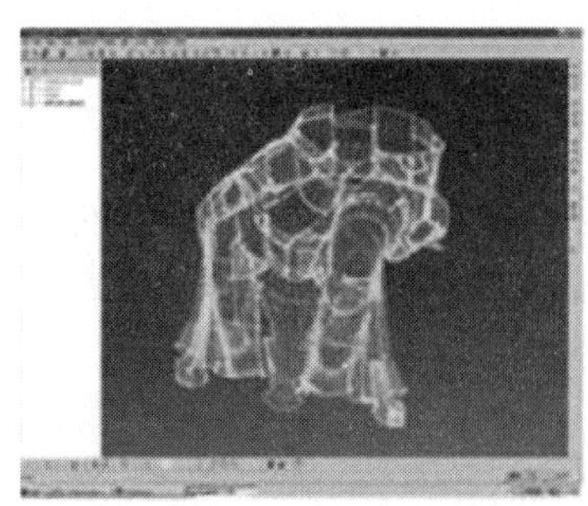
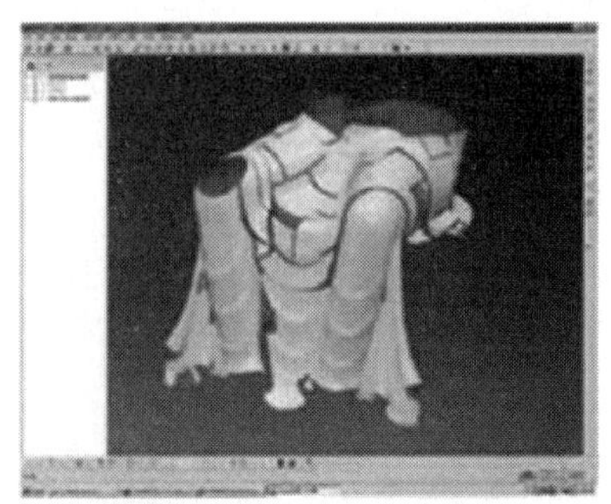

图 6.23　点云数据处理

(2) 实体、曲面和三角形模型在同一环境下完美融合(图 6.24)：由曲面或三角形特征可产生有厚度的闭合实体。允许在开放的实体和曲面间进行布尔运算。用户可不受约束地设计出差异化作品，不需要在多个软件间来回切换。

图 6.24　同一环境下相互切换

(3) 智能的三角形化和曲面造型(图 6.25)：自动三角形化向导可通过扫描数据快速、自动产生三角形网格；最大限度减少从点云数据转换到三角形模型的处理时间，尽量避免人为错误。线框造型中系统可以自动推荐最佳的曲面类型。独特的交互式三角形雕刻工具，可实时交互光顺和雕刻三角形，修改三角形模型轻松快速。

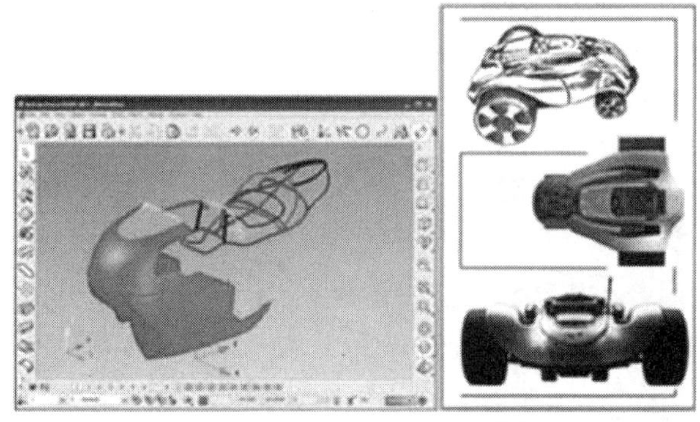

图 6.25　智能三角化和曲面造型

用户可以更专注于设计本身，而无须浪费时间在学习创建曲面上。

(4) 参数化装配造型(图 6.26)：有效减少设计和加工时间，且装配误差最小化。

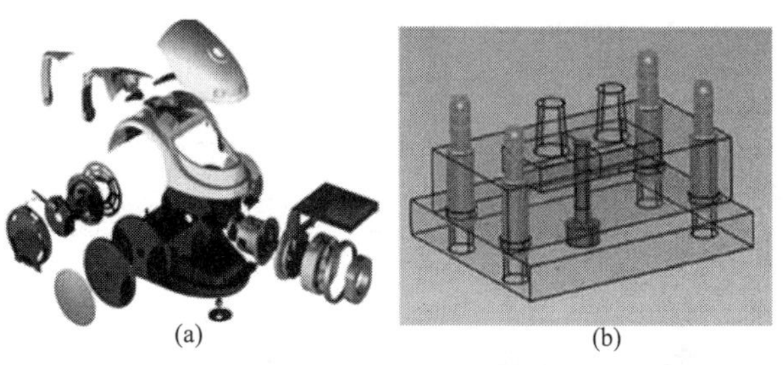

(a)　　(b)

图 6.26　参数化装配造型

① 用户自定义结构树。

② 提供装配体所用的材料清单。

③ 完整的参数化数据关联。

(5) 摹仿变形全局编辑(Morphing)(图 6.27)：可以为产品快速改型节省大量时间。

① 允许曲面、实体和三角形模型之间进行混合摹仿变形。

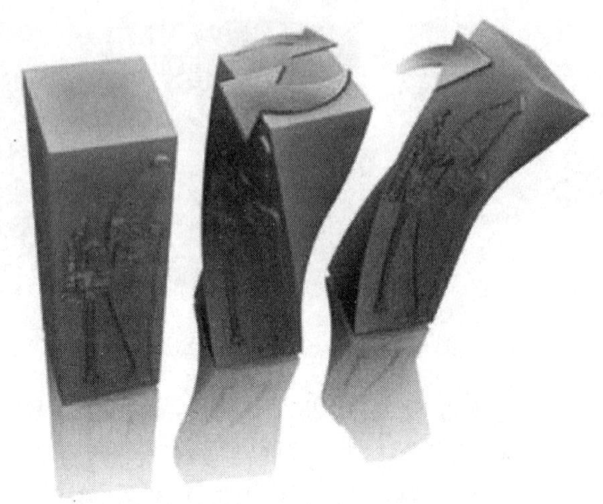

图 6.27　摹仿变形全局编辑

② 进行规模化定制的理想工具。

③ 由基本模型快速得到不同规格产品的理想工具。

(6) 几何特征设计(Embossing)，增加复杂装饰(图 6.28)：产品差异化创新的利器。

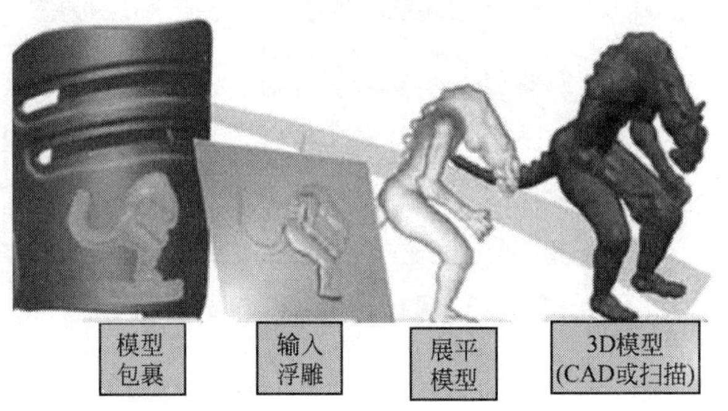

图 6.28　几何特征设计

① 为 CAD 数字模型增加细节特征，如艺术图案等。

② 将逆向工程的材质和纹理包裹到 CAD 模型。

③ 极方便地为设计作品添加企业 LOGO。

(7) 再造工程(图 6.29)：在同一平台上分析扫描数据，捕捉特征或零件的设计意图，改进 CAD 设计或更新产品，实现产品再造。

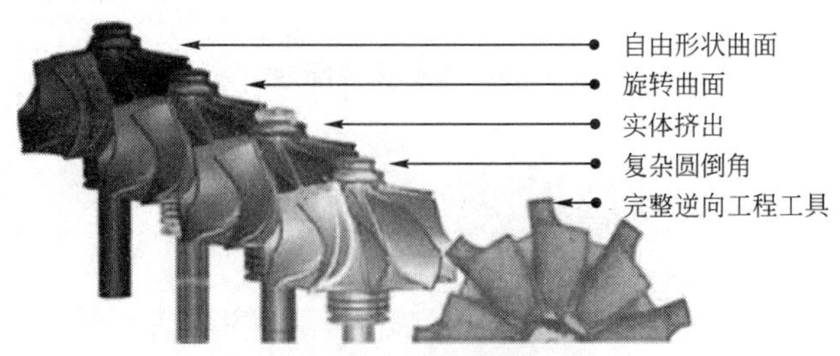

图 6.29　再造工程

(8) 高级渲染(图 6.30)：产生照片质感的三维模型图像渲染，在产品交付之前，让客户直观地看到最终的设计作品。

图 6.30 高级渲染

(9) 三角形布尔运算如图 6.31 所示。

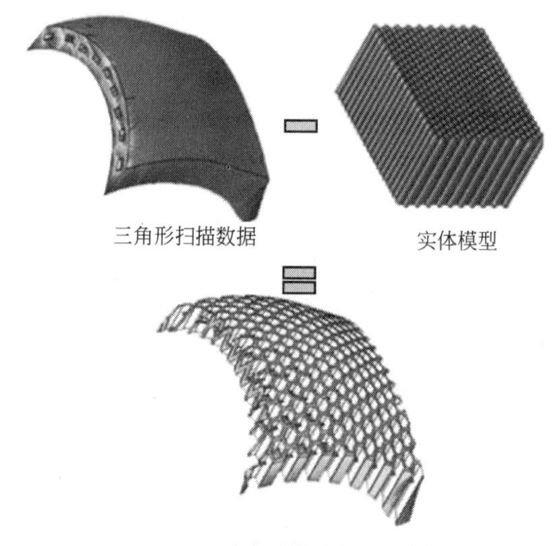

图 6.31 三角形布尔运算

① 允许有机形状成为设计中的一部分(指轮廓弧线呈现自由形式的形状)。

② 不需要使用其他专门的软件。

③ 可以快速响应终端客户的需求。

(10) 强大的分析工具：可清晰地显示三角形网格和结果曲面间的差异，帮助更精细地修整曲面。精确的误差分析工具可帮您参照原始数据对生成模型进行误差检查。

(11) 全面的数据接口：拥有广泛的数据接口。可接收来自于三坐标测量机、探测仪和激光扫描仪等各种主流数据，产生复杂形面的 CAD 模型。可生成并输出用于各种设备的数据格式，支持快速成型机、CNC 加工中心等多种加工设备。

(12) 与 Delcam 加工软件无缝集成：设计完毕的模型可在 Delcam PowerMILL 和 Delcam FeatureCAM 中进行加工编程。

作为世界上著名的逆向软件，CopyCAD 进行逆向的工作过程中具备下面几个方面的特点。

1. 处理点云数据

CopyCAD具有友好的输入输出接口，支持多种格式的点云数据读入。除了通用的ASCII、IGES和NC等标准格式，还针对不同的扫描设备提供专用数据格式。

对于输入的点云数据，CopyCAD针对不同的测量设备和测量方式提供多种点云的编辑优化方式，可以对点云数据进行重新排序和移动、旋转、缩放、镜像等编辑操作，可以根据不同要求采用平面、多边形或轮廓曲线等多种方式裁减点云模型。使用偏置点云模型的功能用来补正测头带来的偏差，使用加权平均光顺、毛刺光顺及公差、稀疏、过滤等功能对点云模型进行过滤、光顺，剔除坏点，提高了点云质量，以保证了三角面片的生成质量，提高运算处理速度。处理点云数据如图6.32所示。

对于复杂的点云模型需要分几次测量的，CopyCAD也提供了手动对齐(图6.33)、参考点(球)对齐和最佳拟和对齐等多种方法进行对齐合并，同时输出对齐精度数据以供参考。

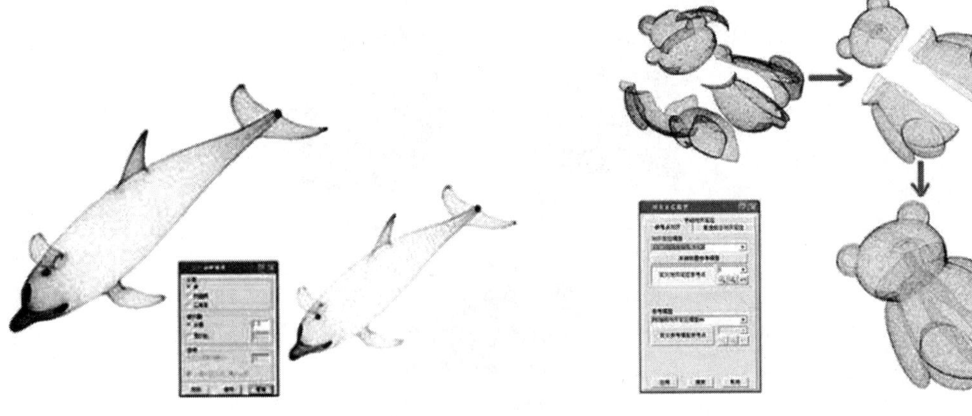

图6.32　处理点云数据

图6.33　对齐点云

2. 处理三角模型

由于三角模型是生成曲面的基础，所以三角模型的质量对于逆向成功有着关键的作用。对于三角模型的建立，CopyCAD提供自动和手动两种方式生成三角模型。

由于模型自身缺陷或测量方法不正确、或测量数据存在的问题，往往三角模型生成存在许多缺陷和破洞。对此CopyCAD提供了多种编辑和优化的手段：可手动增加或删除部分三角面片数据。

CopyCAD提供Trifix功能对三角模型中破洞可以进行自动和手动缝合填充；对于存在的小、窄、重叠、相交等有问题的三角模型可以自动检测修复，还可对三角面片实体模型进行光顺操作。

CopyCAD的交互编辑功能不但可以光顺三角模型，消除三角模型生成过程中由于数据问题或测量方法上存在的问题，还有堆积、镂刻功能，可以光顺和修复零件上的缺陷，避免导致的测量模型问题，特别适用于破损零件的修复，提高STL模型的表面质量。交互编辑如图6.34所示。

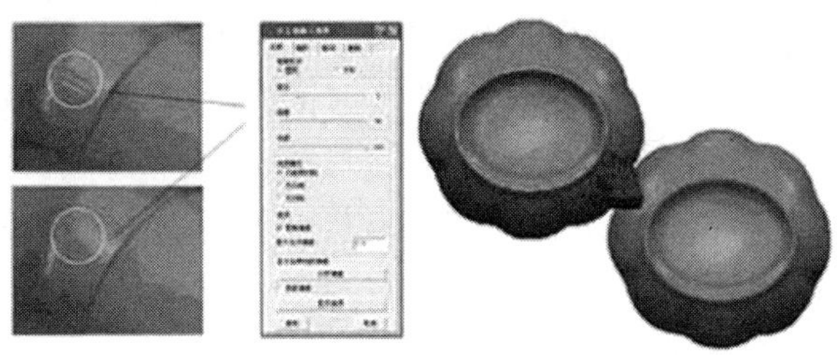

图 6.34 交互编辑

同时 CopyCAD 还提供了三角模型的造型编辑功能(图 6.35)，可以生成如圆柱、圆锥、长方体、球体等标准体素三角模型，能对三角模型进行布尔运算和剪裁，及对三角模型进行摹仿变形，还具备添加文字，装饰图案、商标到三角模型的包裹功能等，这样可以不需要转入 CAD 软件构建曲面的方式，直接进行模型的造型和编辑，然后就可以输出二进制或 ASCII 格式的 STL 文件，进行快速成型或数控加工。

在 CopyCAD 中，可以根据三角模型表面形状的不同用不同的颜色进行分割(图 6.36)，划分区域，将模型分成若干区域，并且可以提取轮廓曲线，便于曲面的生成。

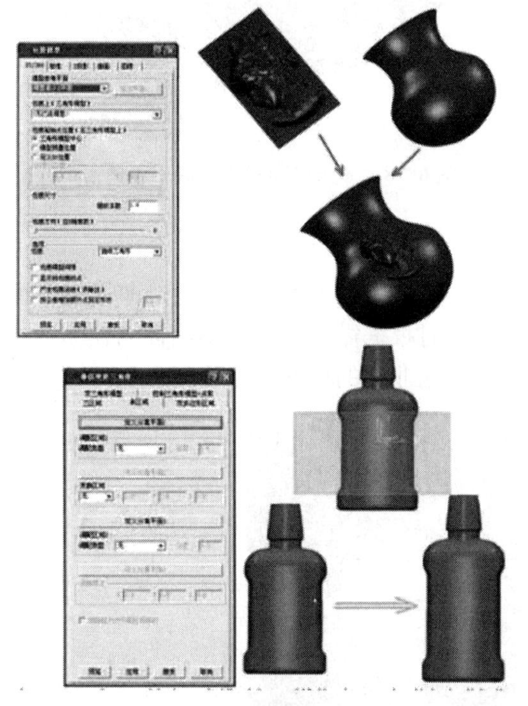

图 6.35 三角模型的造型编辑

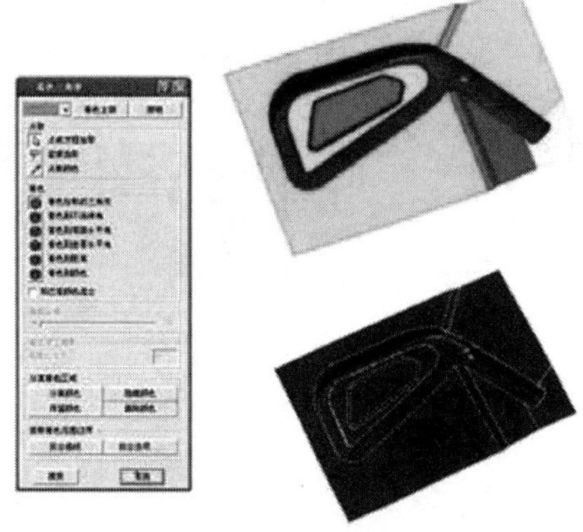

图 6.36 颜色分割

3. 构造曲线的生成方式

作为逆向工程中构建曲面的一种方式，建立构造曲线，可以用于逆向曲面的生成，也可以直接输出到 CAD 系统进行正向造型设计，因此产生光顺的曲线对于构建曲面也很重要。

CopyCAD 提供了多种构造曲线的生成方式。构造曲线可直接由三角模型的边界、水平线或截面线自动产生构造曲线。也可以直接在点云上和三角模型上点取生成，或由扫描线生成。

在逆向设计中，曲线的光顺性调节是非常重要的，它将直接影响到生成曲面的质量。CopyCAD 提供了强大的曲线拟合、光顺功能，可以根据模型和设计需求进行光顺拟合或精确拟合、圆弧拟合等。也可根据三角模型的形状自动生成，同时控制其与已有的曲线、曲面是否相切等，从而灵活的构造曲面，如图 6.37 所示。

4. CopyCAD 中逆向曲面的建立

在逆向工程中，曲面的构造是相当重要的工作，也是工作量最大的工作，构造曲面并不是由一个简单的曲面构成的，而是需要由多张曲面经过延伸、过渡、裁减等混合而成曲面，如图 6.38 所示。因此构造的好坏，决定着逆向工作的成败。

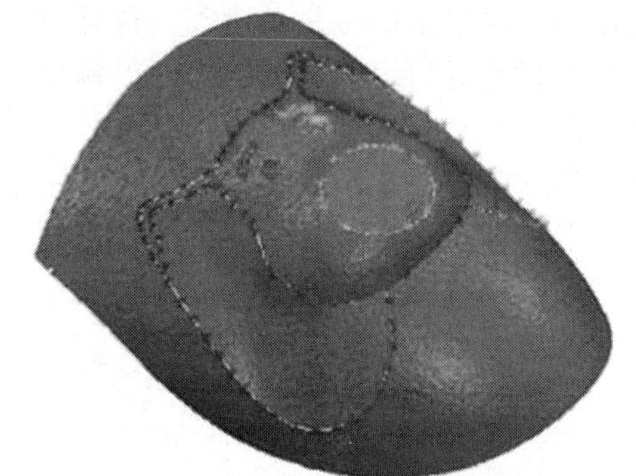

图 6.37　曲线构造

图 6.38　多张曲面操作合成一张曲面

在 CopyCAD 中曲面的建立有以下几种方式。

(1) 直接在三角面片实体模型上建立逆向曲面，如图 6.39 所示。在构造曲面时需要根据三角模型的形状变化趋势来分区域进行构造。同时根据需求可以调整曲面与模型、相邻曲面的相切关系，通过调整曲面内部曲线数量来控制曲面的精度和光顺。

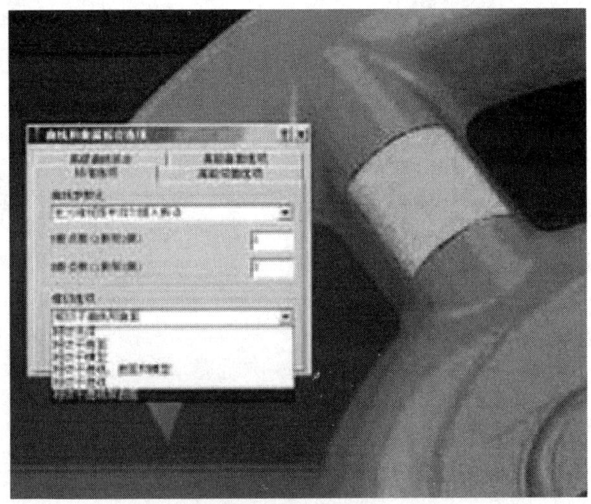

图 6.39　三角实体模型上建立逆向曲面

(2) CopyCAD可通过自动向导建立NURBS剪裁曲面，如图6.40所示。采用裁剪曲面拟合可使用较少的面片一步完成复杂形面的拟合，这样使得曲面更加的光顺，还减少了工作量。

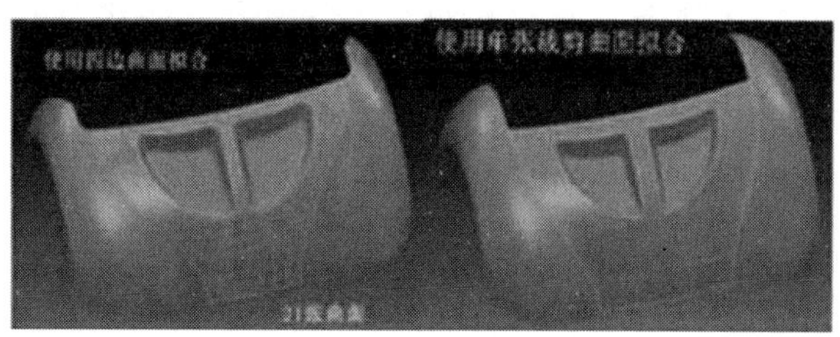

图6.40 NURBS曲面逆合

(3) CopyCAD可通过在STL模型上选点直接生成平面曲面，如图6.41所示。

(4) CopyCAD还提供了一种直接用点云生成未剪裁的曲面的方法。在点云中选取一部分或全部直接生成未剪裁的NURBS曲面，通过控制公差、面片数和曲面度控制曲面与STL模型的拟合程度与光顺度。这种方法可以快速生成高质量的NURBS曲面。

CopyCAD提供了曲面的误差分析功能，如图6.42所示，生成的曲面可以与原始点云或设计模型进行比较，通过生成的颜色图谱和误差报表判别误差的位置和大小，便于对曲面进行调整和编辑。

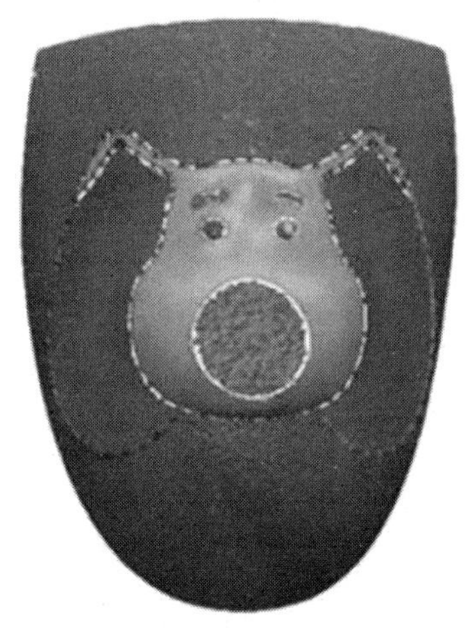

图6.41 STL模型上选点直接生成平面曲面

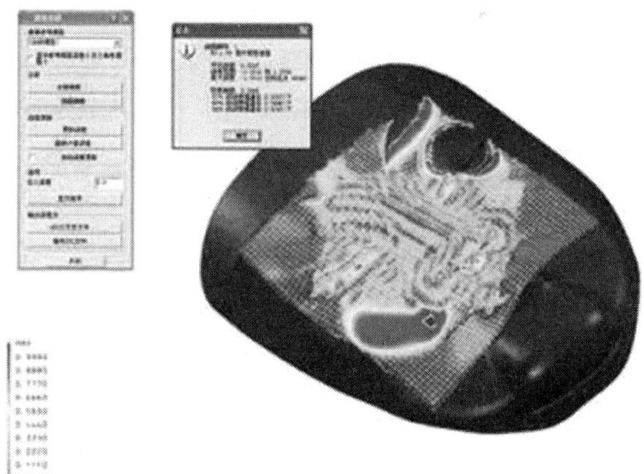

图6.42 曲面的误差分析功能

对于逆向软件而言，曲面功能相对于专业的CAD软件都比较弱，对于复杂曲面的处理能力有限。同时对于模型中的圆角过渡、平面、凸台、过渡形面等几何特征，使用扫描点云逆向生成的方法不仅工作量大，生产效率低，更重要的是很难保证正确的外形特征，往往会造成严重失真。因此使用专业的CAD软件正向构建这些几何特征，更能准确地定义零件的特征。因此可以充分利用测量机对实物模型进行测量，直接得到实物模型上标准几何特征的曲面数据，如平面、立方体、圆柱、圆锥、球或圆环等标准形体，而其他自由形面部分则使用三维扫描的方法获取点云数据。这样可以有效得节省扫描时间，更重要的是保证了数据的准确性，提高生产效率。

而现在大部分逆向软件都不能很好的与专业的 CAD 软件无缝集成，不能做到数据文件随意相互转换、不丢失特征信息的情况。而 CopyCAD 最大的优势在于可以和 Delcam 的正向设计软件 PowerSHARE 联合使用，如图 6.43 所示。将正向构造的形面与逆向拟合的形面混合建模，相互之间可以根据需要随意转换。在 CopyCAD 中可以完成部分曲面的缝合和光顺工作，但是对于更复杂的工作，可以转化到曲面功能更为强大的 PowerSHARE 中进行剪裁、光顺、倒圆角等编辑工作，也可在 PowerSHAPE 中正向建立局部特征曲面或建立点云数据没有包括的曲面内容；完成后可转回 CopyCAD 继续进行三角模型的逆向，转换的过程通过一个按键进行无缝连接，保证了特征信息的完整，无特征丢失，这是其他逆向软件所不能办到的。同时 CopyCAD 中生成的构造曲线也可直接输出到 PowerSHAPE 进行正向造型并可返回至 CopyCAD 继续进行逆向工作。CopyCAD 生成的三角模型也可以直接在 PowerSHARE 进行模具设计。

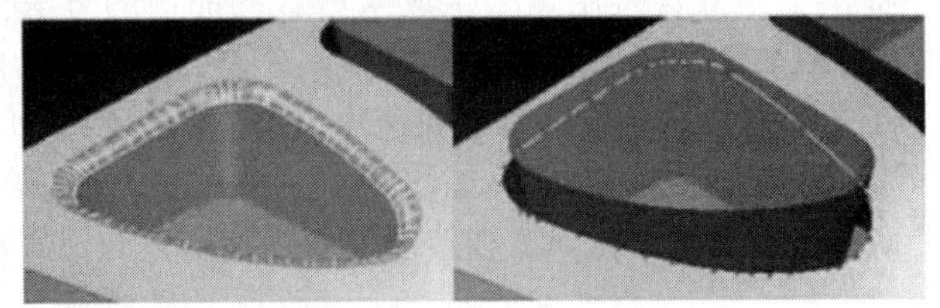

图 6.43　CopyCAD 和 Delcam 的正向设计软件 PowerSHARE 联合使用

由上述介绍可见，Delcam 公司的 CopyCAD 软件具备强大的逆向造型功能，使用其与 NC 加工技术和快速成型技术相结合，必将能使企业产品开发、研制周期大大缩短，提高了产品创新的成功率、质量和缩短了开发周期。为新产品进入市场创造了先机，为企业带来巨大的经济效益。

6.5　RapidForm

6.5.1　概述

RapidForm 是韩国 INUS 公司出品的全球四大逆向工程软件之一(图 6.44)，RapidForm 提供了新一代运算模式，可实时将点云数据运算出无接缝的多边形曲面，使它成为 3D Scan 后处理之最佳化的接口。RapidForm 也将提升用户的工作效率，使 3D 扫描设备的运用范围扩大，改善扫描品质。

图 6.44　RapidForm

6.5.2　主要特性

1. *多点云数据管理界面*

高级光学 3D 扫描仪会产生大量的数据(可达 100 000～200 000 点)，由于数据非常庞大，因此需要昂贵的电脑硬件才可以运算，现在 RapidForm 提供记忆管理技术(使用更少的系统资源），可缩短用户处理数据的时间。

2. 多点云处理技术

可以迅速处理庞大的点云数据，不论是稀疏的点云还是跳点，都可以轻易地转换成非常好的点云，RapidForm 提供过滤点云工具以及分析表面偏差的技术来消除 3D 扫描仪所产生的不良点云。

3. 快速点云转换成多边形曲面的计算法

在所有逆向工程软件中，RapidForm 提供一个特别的计算技术，针对 3D 及 2D 处理是同类型计算，软件提供了一个最快最可靠的计算方法，可以将点云快速计算出多边形曲面。RapidForm 能处理无顺序排列的点数据以及有顺序排列的点数据。

4. 彩色点云数据处理

RapidForm 支持彩色 3D 扫描仪，可以生成最佳化的多边形，并将颜色信息映像在多边形模型中。在曲面设计过程中，颜色信息将完整保存，也可以运用 RP 成型机制作出有颜色信息的模型。RapidForm 也提供上色功能，通过实时上色编辑工具，使用者可以直接对模型编辑自己喜欢的颜色。

5. 点云合并功能

多个点扫描数据有可能经手动方式将特殊的点云加以合并。当然，RapidForm 也提供一技术，使用者可以方便地对点云数据进行各种各样的合并。

注：Roland 模具加工机随机所附的 PixForm 软件为 RapidForm 的 OEM 软件。

6.5.3 RapidForm 发布逆向工程软件的最新版本

INUS 科技公司于 2012 年 4 月 10 日在韩国首尔向顾客发布并提供主打产品逆向工程软件 RapidForm XOR 的新版本，如图 6.45 所示。RapidFormXOR 是唯一兼备 3D 扫描数据处理和参数化实体建模的软件，为用户提供根据点云和单元面片，创建高精度 CAD 模型的功能，也是唯一的从扫描数据创建 SolidWorks，PTC Creo（Pro/E），NX，CATIA V4/V5，AutoCAD，Autodesk Inventor(2012 以后)的原始 CAD 模型的 3D 扫描软件。为了提供中国市场的专用技术支持，2009 年 3 月以来，INUS 公司在大连运行 RapidForm 技术支援中心，目前进一步开设了 RapidForm 中文的网站 www. rapidForm. com/cn。

图 6.45 RapidForm XOR

INUS公司的CEO，Calvin Hur评语："应用最新版本的RapidForm XOR，能够成功的将对扫描零件进行逆向建模的时间消减一半。中国的客户使用Shiningform XOR，一样可以享受到INUS的最新开发成果"。

XOR3 SP1的新技术可以缩短从3D扫描数据创建参数实体，再转送到CAD数据的时间。与其他的逆向工程软件不同，XOR创建基于设计意图的履历和参数的真实CAD特征。从XOR创建的3D模型可以高品质地转送到CAD，并能更容易的编辑曲面模型数据。

在本次发布中，XOR提供很多在逆向工程的过程中促进自动化和效率化的多个新功能。XOR3 SP1的新功能如下所述。

(1) 使用自动识别拉伸、旋转、放样、扫描、管路的先进技术，快速建模，创建具有参数特征的模型。

(2) 用Autodesk Inventor LiveTransfer维持完全的特征树，为Inventor保存原始模型。

(3) 通过改良后的自动草图功能，更简单准确的绘制草图，至少节约了一半的创建草图时间。

(4) 把CAD数据通过坐标跟扫描数据对齐，大幅度缩短任意形状的建模时间。

本次XOR新版本的发布，改善了曲面创建功能，并支持中文、英语、德语、韩语、意大利语、俄语多种语言。

6.5.4 关于Shiningform

Shiningform软件是韩国INUS Technology，Inc公司为先临三维(Shining 3D Tech Co.，Ltd，中国三维数字化技术领导者，专业提供三维数字技术综合解决方案)定制的RapidForm软件的OEM版本，分Shiningform XOR和Shiningform XOV。使用Shiningform软件可以直接控制Shining3D－Scanner三维扫描仪的工作，从而实现从扫描数据到逆向设计或三维检测的无缝衔接，大幅提升逆向工程或品质检测效率。

INUS Technology，Inc解决顾客对于三维扫描的难度，协助提高三维扫描的价值。INUS Technology，Inc的解决方案在逆向工程、三维图像化、质量检查的领域中，拥有世界首位的市场占有率，主打产品的RapidForm在三维扫描技术上是非常强有力的工具，在工业产品的制造、研究开发(R&D)、质量检查以外，在医学、土木工学等各类领域中被广泛地应用。并且许多世界领先企业的研究、设计、制造及质量管理领域上都在使用RapidForm的高新技术。

小　　结

本章主要介绍了当前四大主流逆向工程软件，介绍了它们各种的特点、优势、功能、主要特性等，旨在使读者了解它们并能够结合自己的实际情况正常合理地选用。

习　　题

6－1　Imageware的主要模块和主要特点是什么？

6－2　Geomagic Studio的主要特点、优势、应用方式包括哪些方面？为什么？

6－3 Geomagic Studio 的 CAD 扩展功能有哪些？相对于其他逆向软件，它的优势体现在哪个方面？

6－4 专业逆向软件和普通软件的区别在哪里？

6－5 CopyCAD 软件的主要特性和功能是什么？

6－6 Delcam CopyCAD Pro 软件的特点是什么？相对于其他逆向软件，它还有哪些特点？

6－7 RapidForm 的主要特性体现在哪些方面？

第7章 实例应用分析

机械工程检测技术的发展与生产和科学技术的发展密切相关。生产发展需要不断提出检测技术的新任务、新课题，是检测技术发展的动力。像我国的飞机、汽车等零部件的模具制造，因为零部件形状复杂、要求精度高、制造工艺先进，大都依靠从欧美国家进口，这些模具要价很高，需花费大量的财力、人力和物力。如何合格的对模具验收，一直是这些公司头痛的问题，因为借助传统的方法很难解决，没有一个良好的判断的标准。应用逆向工程的数据挖掘技术准确的得到物体的三维全尺寸数值，并利用计算机构造出相应的数字模型，可以很好的解决这个问题。国内像西安交通大学、浙江大学、清华大学、华中科技大学等都在这方面进行了积极的研究，并研制了应用设备和相应的使用软件，在后期处理中大多借用的 Geomagic Qualify、Imagewave、Polyworks、CopyCAD 等软件，可以很好的对测量模型和数字化模型进行对比，并进行分析，给出检测报告，帮助工程师和检测人员很好的判断。

本章以 Geomagic Qualify 为例，它是美国 Raindrop Geomagic 软件公司开发的逆向工程后处理软件，可以实现产品的快速检验。它可以在电脑辅助设计(CAD)系统产生的产品零件模型，和已有实际零件之间，进行自动的 3D 比对和误差分析。Geomagic Qualify 可以根据设定误差等级进行色阶分析，用这些特征作为基准，找出测量点云与其对应的位置，使其相互重合来达到最佳匹配。在实际计算中，先根据参考的三维曲面模型的形状，找出它的特征作为参考基准，然后令测量的点云相应的特征部位作为对齐数据，使测量点云通过旋转、平移等图形等变换手段达到与三维曲面模型相互重合匹配的目的。

7.1 基于近景摄影测量和结构光测量的测量方法

利用工业近景摄影测量技术，以待测物体为圆心(图 7.1)，呈圆环状间隔每 45°位置作为一个摄站(共 8 个摄站)，每个摄站处，相机自身分别旋转 0°和 90°拍摄 2 张照片；以待测物体正上方作为单独的一个摄站，相机以摄站为圆心每旋转 90°拍摄 1 张照片，共拍摄 4 张照片。每个物体共拍摄 20 张照片，要求获取所有编码点和非编码点信息，将这些照片导入 XJTUDP 摄影测量系统(图 7.5)，设置相机型号规格等参数、编码点类型，并设定标尺长度，计算出所有非编码点和编码点的三维空间坐标。利用输出功能导出全局非编码点空间坐标，一般保存为 TXT 格式，这里将其命名为 $\theta(up)$，表示包含物体上所有的

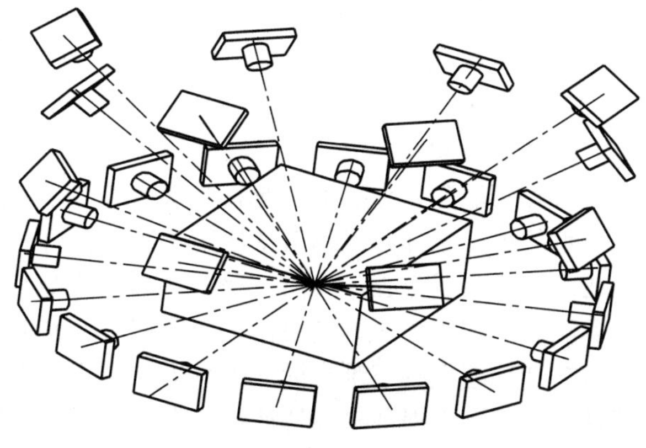

图 7.1 多摄站拍摄示意图

非编码点空间坐标信息的集合。将 $\theta(up)$ 导入 XJTUOM 面扫描系统(图 7.6)，XJTUOM 系统一次扫描获得的点云信息需要包含不少于 3 个非编码标志点的点云集合 $\vartheta(subup_i)$，这里 $i \geqslant 3$，表示一次扫描包含的非编码点数量，满足 $\vartheta(subup_i) \subseteq \theta(up)$。

XJTUOM 计算 $\vartheta(subup_i)$ 中非编码点之间的空间几何信息，与 $\theta(up)$ 中的非编码点之间的空间几何信息逐一搜索匹配，找出 $\theta(up)$ 中与 $\vartheta(subup_i)$ 对应的非编码点。根据对应的非编码点在摄影测量坐标系和 XJTUOM 坐标系的坐标信息，基于最小二乘算法，可以得到转换矩阵 $\rho(subup)$，其中包括旋转和平移矩阵。然后一次扫描的表面点坐标与 $\rho(subup)$ 相乘，就实现了扫描的所有点云坐标转换，并统一到摄影测量的坐标关系中。经多次拍摄，确保覆盖完物体所有表面特征信息，从而实现点云信息与导入的全局非编码标志的自动匹配，实现了点云的自动拼接。通过后处理得到最终的点云和 CAD 数模。

通过点云获取的 CAD 数模可以作为工件回弹后的形状，原有的成形模具即设计的模具 CAD 数模，两者导入 Geomagic Qualify 逆向软件，经“3-2-1”等操作对齐以后，根据工程需要可以在任意点作任意方向的截面，获得两条截线，截线上相应关键点的差值就是各点的回弹量。

7.1.1 检测新方法的程序

提出的光学检测评价新方法基于摄影测量系统和面扫描系统，面扫面系统的使用相对简单，这里重点说明摄影测量的实验程序，分为以下几步。

(1) 粘贴编码点和非编码点在物体表面和四周，选择合适的比例尺用于物体测量。理想条件下，比例尺的长度最好和测量物体的长度尺寸保持 1∶1 的关系(比如物体的长度将近 1m，那么比例尺的长度应该也保持 1m 的长度)，比例尺和物体能够同时出现在一幅图像里。当测量一个简单平整的物体时，一般需要 8 幅图像，其中 4 幅图像用于标定，要求在物体正上方拍摄，4 幅图像旋转将近 90°拍摄，如图 7.2 所示。

摄影测量系统需要标定图像去计算相机镜头的光学畸变和主点的位置。通常来说，4 幅标定图像在水平 5 拍摄并记录下来，它的物理视角是理想的，不随意的。手持相机在物体的中间高度(水平 2)，以物体为拍摄中心，每间隔 45°拍摄图像并记录。在每一个摄站，相机必须拍摄两张照片(水平和垂直)作为初始的二维数据。然后在每一个水平拍摄并记录相同数量的照片。一旦这些照片被加载到摄影测量软件，它将开始识别和确定图像中的编码点和非编码点。

(2) 在“3-2-1”对齐的基础上，所有的二维坐标从不同的图像中提取，代表相同编码点和非编码点的三维坐标被重新构建；一个立方体坐标系定义如图 7.3 所示，ID 1，2 和 3 代表了 XZ 平面，点 4 和 5 决定了 Y 方向，Z 坐标由点 6 决定，设定为 0。坐标系的原点位于左下角，图 7.4 为功能在软件中的显示。

(3) 图像被基于最小二乘拟合方法的亚像素提取技术处理，合适的编码点和非编码点的几何中心被获得。编码点的中心坐标和编码信息使用共线方程可以获得，所有标志点的三维坐标被重新构建，通过使用共线方程、共面方程，直接线性变换解法，外极线几何约束和光束平差算法 5 步算法。前四步算法的结果作为初值提供给光束平差算法去优化所有的参数包括相机的内外参数和标志点的三维坐标。当编码点和非编码点的三维坐标被调整时，相机以极高的精度自动标定，以保证物体特征点的误差被正确控制，三维点云的高精度矩阵被获得。

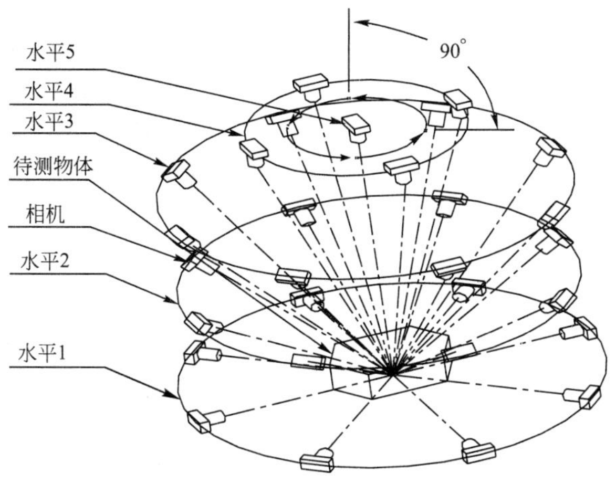

(a) 所有相机拍摄姿态图

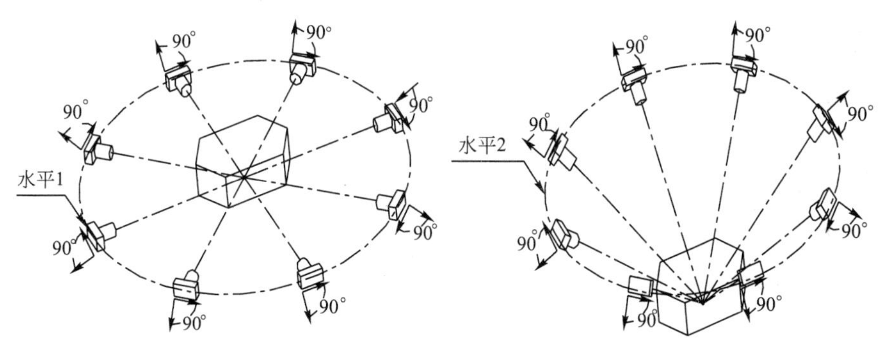

(b) 相机在水平1的拍摄位置

(c) 相机在水平2的拍摄位置

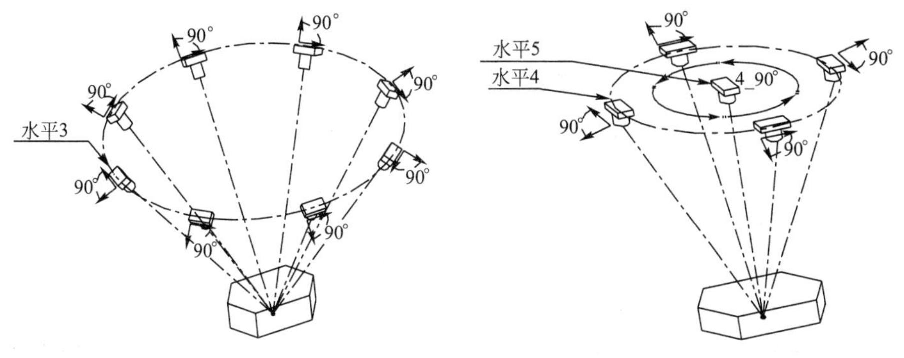

(d) 相机在水平3的拍摄位置

(e) 相机在水平4和水平5的拍摄位置

图 7.2　单相机拍摄姿态分布示意图

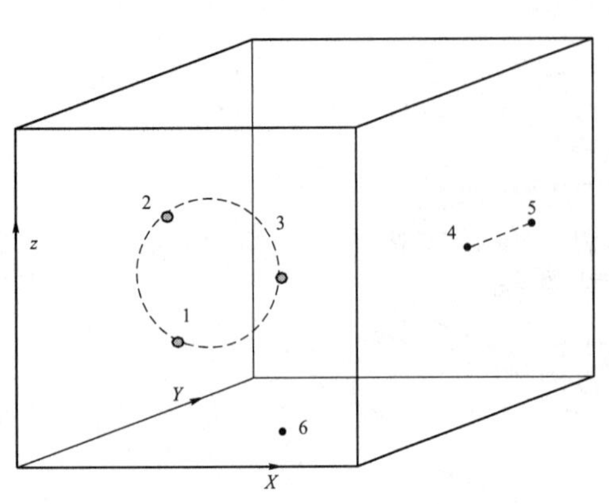

图 7.3　点云的 3－2－1 对齐和数字化模型

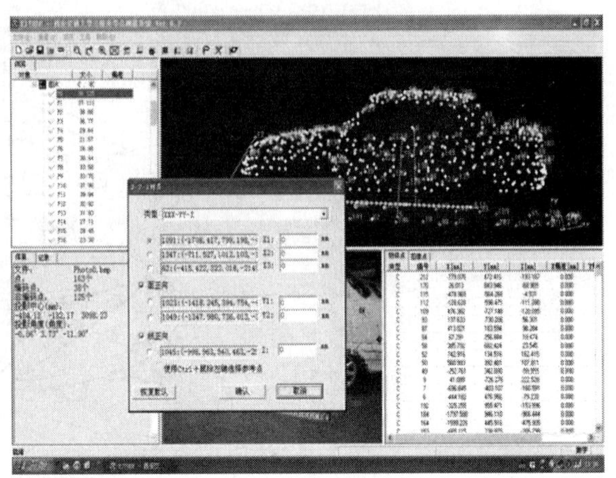

图 7.4　3－2－1 对齐在 XJTUDP 软件中的显示

7.1.2　检测新方法的步骤

1. 摄影测量获取工件非编码点坐标信息

(1) 摄影采集编码和非编码点信息，将待测工件进行喷涂、贴非编码点等表面处理后，在工件周围放置编码点及标尺，利用摄影测量系统采集工件的非编码点和编码点三维坐标信息。

(2) 通过摄影测量系统计算出工件的全局坐标(非编码点)坐标信息。

2. 利用面扫描系统进行工件点云信息采集

先导入由摄影测量获得的全局坐标，然后利用面扫描系统，对工件表面进行分区测量。通过每次测量公共部分的非编码点可实现自动对齐和拼接，获得最终的点云。

3. 后处理得到工件三维数学模型

将点云数据导入点云处理软件(Geomagic Studio)，经降噪、抽稀、光顺、全局优化、网格划分(三角化)得到工件的三维数学模型。

4. 在逆向软件中实现模具数模和工件数模比对

具有物体表面形状、尺寸、特征的工件点云数据和原有的模具设计数模导入后续处理软件(本文使用的是 Geomagic Qualify)，利用创建线对象基准和点对象基准将测试模型(即扫描得到的数据点)与参考模型(设计的模具数模)对齐。

数模对齐之后，就可以进行数据的三维、二维比对分析。可以对工件任意位置任意方向进行剖切，分析其 2D 或 3D 误差，包括曲面的弧度、半径、各面之间的极差等各方面数值的比较，其极差就是回弹值。

7.1.3　近景摄影测量系统的组成及程序界面

近景摄影测量主要是通过在物体的表面及其周围放置标志点，然后从不同的角度和位置对物体进行拍摄，得到一定数量的照片，经过图像处理、标志点定位、编码点识别，最终依靠这些标志点重建出物体的三维点云，从而可以对物体上的关键点的距离进行测量并获得在此基础上的其他信息。其测量原理和经纬仪测量系统一样，均为三角形交会法。

1. 系统组成(图 7.5)

(1) 系统测量软件。基于 Windows XP 环境，安装在高性能的台式机或笔记本电脑上。

(2) 编码参考点。由一个中心点和周围的环状编码组成，每个点有自己的编号。

(3) 非编码参考点。未编码参考点，用来得到测量物体相关部分的三维坐标。

(4) 专业数码相机。固定焦距可互换镜头的高分辨率数码相机。

(5) 高精度定标尺。刻度尺作为测量结果的比例，具有极精确的已经测量的参考点来确定它们的长度。

图 7.5　摄影测量系统(XJTUDP)的硬件组成

2. 程序界面

(1) 程序主界面的开发，实现多窗口界面和多模式切换，包括测量模式和对比模式。

(2) 基于 OPENGL 程序的界面开发，包括三维图形显示、平移、旋转、缩放、选定、图片预定向及绑定调整、相机位置显示等功能。

(3) jpg 等格式图像的显示插件，包括二维图像的显示、任意点中心缩放、选取、平移、椭圆中心彩色显示、距离测量模块和编号显示等功能。

(4) 实现数模和点云数据的“3-2-1”对齐功能，可以实现坐标系的任意转换，实现测量数据与数模的对比，并用彩色图显示出来。

7.1.4　三维光学面扫描测量系统

三维面结构光测量系统采用结构光非接触式照相测量原理，结合结构光、相位测量、计算机视觉等技术于一体，通过光栅投影装置投影数幅特定编码的结构光到待测物体上，并由成一定夹角的两个摄像头同步采集相应图像，然后对图像进行解码和相位计算，并利用外差式多频相移三维光学测量技术，利用空间频接近的多个投影条纹莫尔特性的解相方法，计算出两个摄像机公共视区内像素点的三维坐标，从而实现物体的三维信息数字化和测量。

三维面结构光测量系统开发的理论基础是基于计算机双目视觉技术，并应用外差式多频相移技术。图 7.6 为 XJTUOM 三维光学面扫描系统的硬件组成以及数据采集时的应用照片。

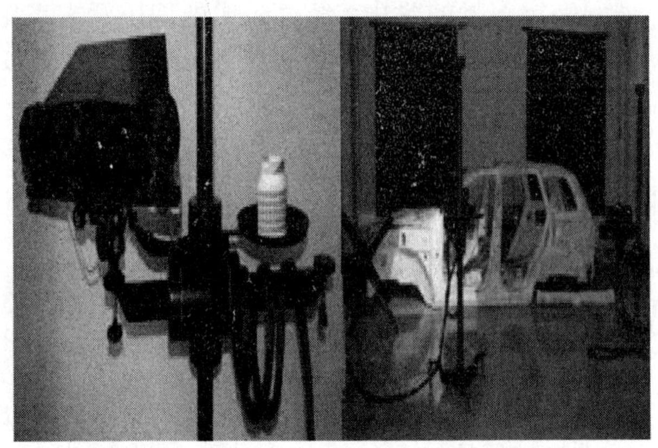

图 7.6　XJTUOM 三维光学面扫描系统硬件

1. 硬件组成

(1) 投影仪一个：选用光学稳定性较好的多媒体投影仪，分辨率为 1280×1024。

(2) 数码摄像头两个：使用工业级数字摄像头，该摄像头在 1280×1024 分辨率下的最大输出可以达到 7.5 帧，而且提供二次开发 SDK 可以方便的对其进行编程控制。

(3) 组合平台一个：包括投影仪底座、相机万向头、连接杆、三脚架等。

(4) 高性能计算机一台：通过控制投影仪、数码摄像头来完成整个扫描过程，以及对扫描数据进行处理。

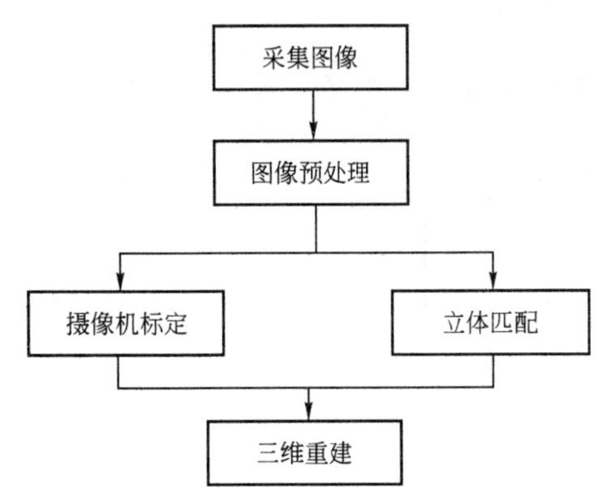

图 7.7　XJTUOM 系统功能组成

2. 软件功能组成

软件部分实现的功能主要有：图像采集、图像预处理、摄像机标定、立体匹配和三维重建，如图 7.7 所示。

3. 各部分的功能

1) 图像采集

二维图像的获取是系统的物质基础，图像采集质量的好坏直接影响后续的步骤。本系统采用投影仪投射经过编码的结构光到实体上，通过两个摄像头同时采集实体图像，且视点基本在一条直线上。

2) 图像的预处理

采集到的二维图像包含了各种各样的随机噪声和畸变，因此需要对原始图像进行预处理，突出有用信息，抑制无用信息，改善图像质量。图像预处理的目的主要有两个：一是改善图像的视觉效果，提高图像清晰度；二是使图像变得更有利于计算机的处理，便于各种特征分析，如特征点识别、定位等。

3) 摄像机的标定

摄像机标定是为了确定摄像机的位置、属性参数和建立成像模型，以便确定空间坐标系中物体点同它在图像平面上像点之间的对应关系。摄像机标定需要确定内部参数和外部参数，内部参数包括摄像机内部的几何和光学特性，外部参数是指相对一个世界坐标系的摄像机坐标系的三维位置和方向。本系统中，使用两个摄像头，需要在进行测量之前同时进行标定。

4）立体匹配

立体匹配是指根据对所选特征的计算，依照一定的约束条件，建立特征之间的对应关系，从而将同一个空间物理点在不同图像中的映像点对应起来，为之后的三维重建提供基础。

5）三维重建

三维重建是指在立体匹配得到视差图像之后，恢复场景三维信息，并确定点云。影响距离测量精度的因素主要有数字量化效应、摄像机标定误差、特征检测与匹配定位精度等。

7.2 应用实例

7.2.1 大型水轮机叶片检测

水轮机叶片由于体积较大，部分位置壁厚较薄，自由态的放置会带来一定的形变，会对测量结果有影响。而且摄影测量需要从不同的位置对被测对象进行拍照，因此需要考虑叶片的放置方式。遵循原则：①便于摄影拍照；②不会产生形变而影响测量精度。考虑叶片的加工基准，可以适当的加工相应的工装，对叶片进行固定并建立相应的测量平台，便于后期手动进行坐标转换。如叶片可以加工如图 7.8 所示的叶片装配底座。

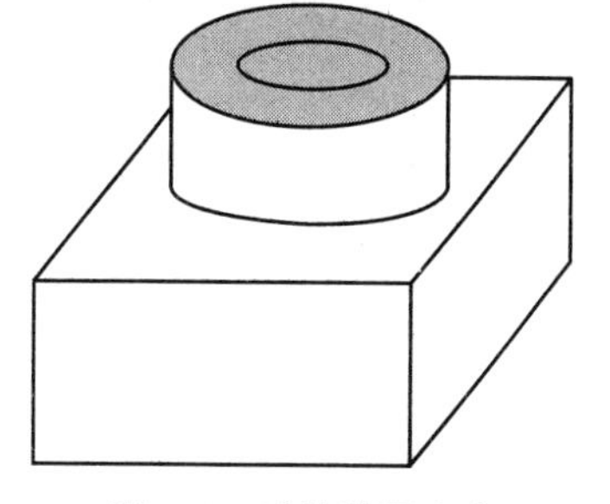

图 7.8 叶片装配底座

具体测量步骤如下所述。

(1) 测量前的预处理准备，清除叶片表面的一些灰尘等影响测量效果的东西。将所用到的脚手架、工作平台等辅助测量设备按规划移动到制定位置。

(2) 确定叶片的放置位置，将叶片放置在工装上。叶片周围 3m 以内保持畅通，叶片在测量过程中必须保证叶片的绝对位置不能变动，否则整个测量结果将会受到影响。

图 7.9 标志点与标尺的放置

(3) 叶片表面粘贴编码点、非编码点，放置比例尺。编码点和非编码标志点贴的位置根据检测要求贴在叶片表面曲率变化平缓且位置不重要的地方。标尺的放置位置应遵循：①标尺所控制的面积为被检对象最大有效面积，贴近被检对象放置；②精度要求较高的位置必须有标尺，且标尺的端部必须有足够多的编码标志点。精度要求较高的位置必须有标尺，且标尺的端部必须有足够多的编码标志点，如图 7.9 所示。

(4) 工业摄影测量系统(XJTUDP 系统)

进行全局摄影拍照计算。从不同位置对叶片进行拍照，获取包含编码标志点、非编码标志点、全局标尺信息的照片，导入 XJTUDP 摄影测量系统中进行计算，得到被检对象表面的非编码点、编码标志点的全局三维坐标。如图 7.10 所示为工业摄影测量系统界面。

(5) XJTUOM 系统进行叶片表面密集点云采集。导入 XJTUDP 系统计算的全局标志点后，XJTUOM 系统会自动的识别出这些带编号全局坐标点，在其左右相机的视窗里匹配起来并以绿色显示。逐幅扫描采集叶片各个位置的表面密集点云，得到水轮机叶片的整体密集点云，如图 7.11 所示为 XJTUOM 系统采集的叶片表面密集点云。

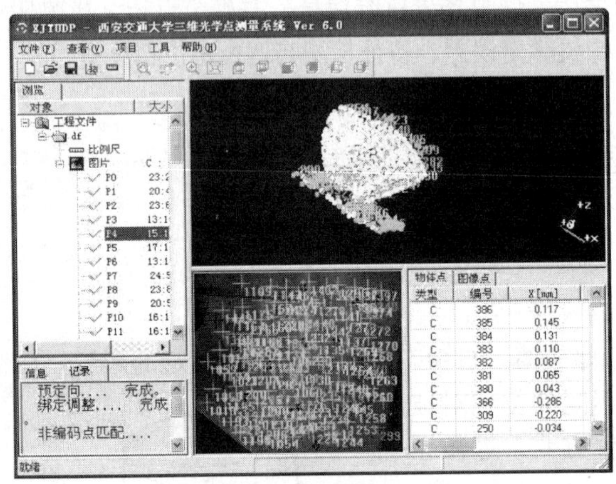

图 7.10 工业摄影测量系统界面

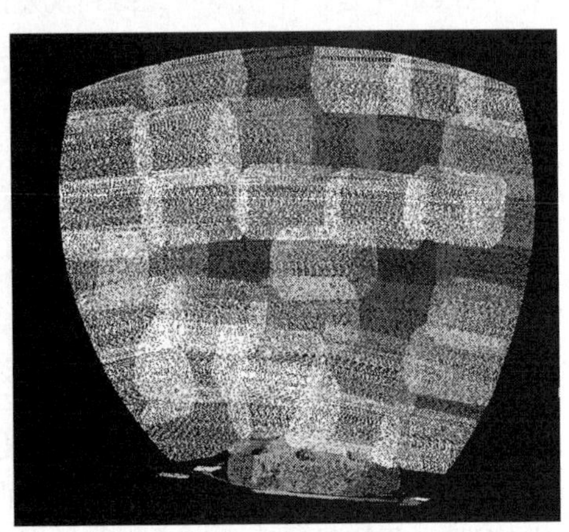

图 7.11 XJTUOM 系统采集的叶片表面密集点云

7.2.2 某门外壳成形回弹量检测的实例分析

家电业尤其冰箱上使用的板料成形零件很多，门外壳、箱外壳、后背板、三梁等都是板料冲压成形的零件，其板料尺寸大多属于定尺料(图 7.12)。在产品开发和试模阶段常常

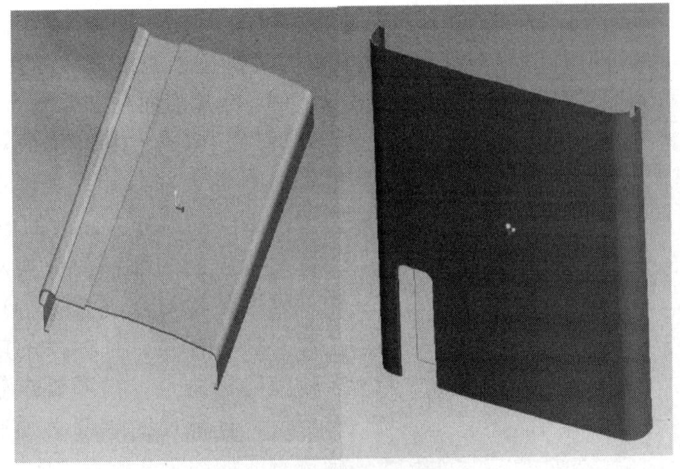

图 7.12 冰箱门外壳板金件

需要依靠经验对其结构设计和模具的合理性做出判断和决定。企业在日常生产中对如何正确选择板料，对其性能和类型进行分析和评价虽然积累了一定的经验，但是理解不足，尚缺乏系统的、科学的检测评价体系和评价指标，结果常常是最终制造的零件和图纸要求有一定的差异，不能满足产品生产精细化、质量高档化的要求。经常出现制造的零件和图纸相差比较大，带来的问题是生产效率低下、拼装困难。即使勉强拼装也存在着外观和性能方面的潜在缺陷，严重者造成发泡后箱体或门体报废，给企业带来很大的经济损失，造成很大的质量缺陷。

究其原因，板料成形性能差，即回弹问题的存在是制约板料零部件合格生产的一个关键原因。如何能够在产品设计阶段，对板料冻结性能进行准确的评价，对其设计的合理性做出较为准确的检测和判断，改进零部件结构设计同时一次提高试模成功率是一个亟待解决的问题。企业也非常需要在设计阶段对结构设计的合理性和可行性进行准确的评价，以便及早对其做出反应和决策。

本研究中的研究对象取自国内某著名家电公司的BC－48冰箱门外壳(图7.13)。BC－48属于小型号冰箱，其门外壳属于薄板成形，生产时材料厚度0.6mm。成形后喷塑保证外观。应用本文提出的检测评价方法，获得冰箱门外壳的几何形状，其成形后的截面形状和设计的模具CAD数模进行对齐后对比，可以获得两者不同部位、不同方向的三维回弹量数值。

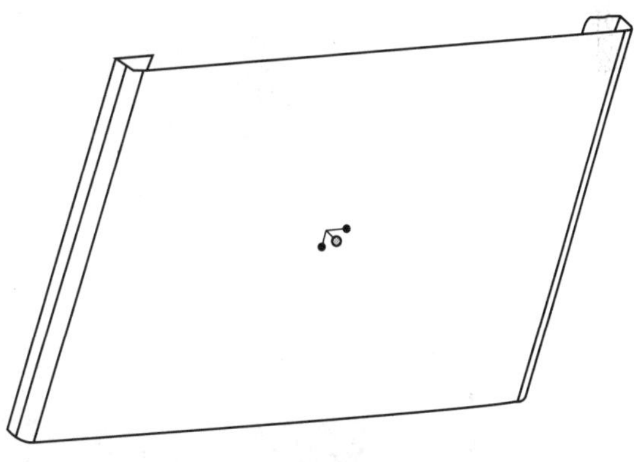

图7.13 BC－48门外壳三维形状

其实验步骤如下所述。

(1) 布置编码标志点、非编码标志点和标尺在待测工件周围，如图7.14所示。

图7.14 布置标志点和标尺

(2) 拍摄照片，摄影测量系统计算门外壳表面的编码点和非编码点，如图7.15所示。

(3) 使用面扫描系统扫描工件，并处理点云，如图7.16所示。

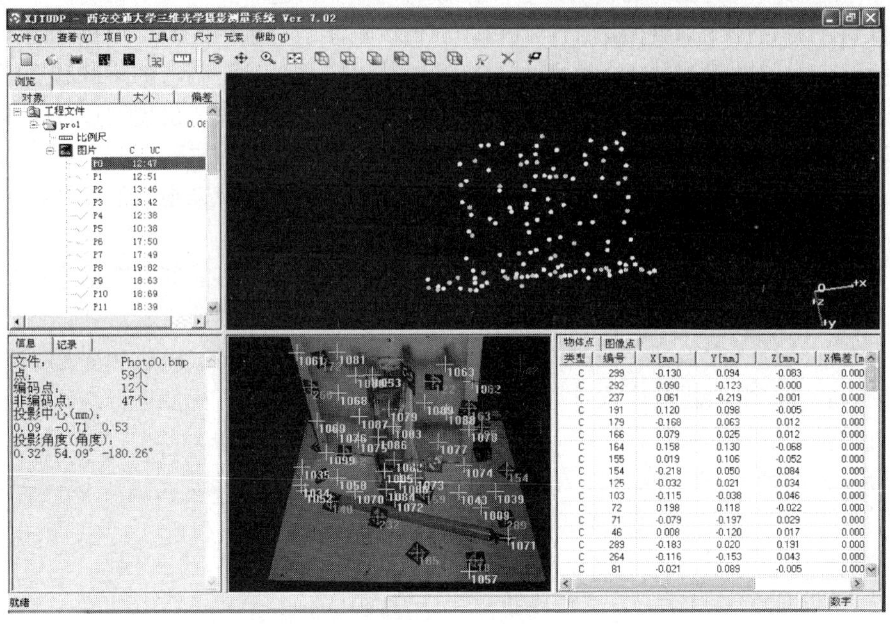

图 7.15　照片导入 XJTUDP 计算编码点和非编码点

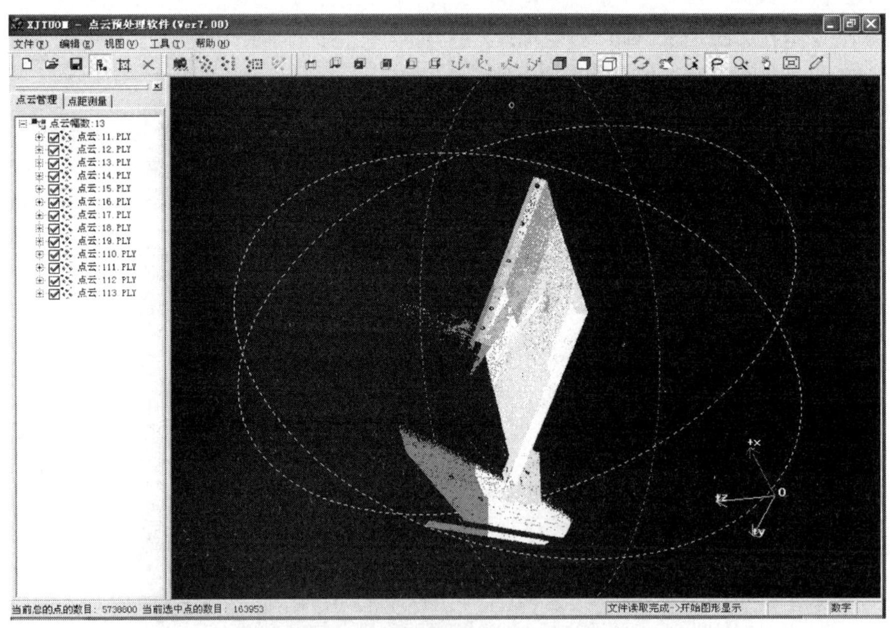

图 7.16　使用 XJTUOM 处理点云

(4) 使用 Geomagic Studio 获得数模，如图 7.17 所示。

(5) 在 Geomagic Qualify 中将获得的数模和原有的模具 CAD 数模对齐后比较，如图 7.18 所示。

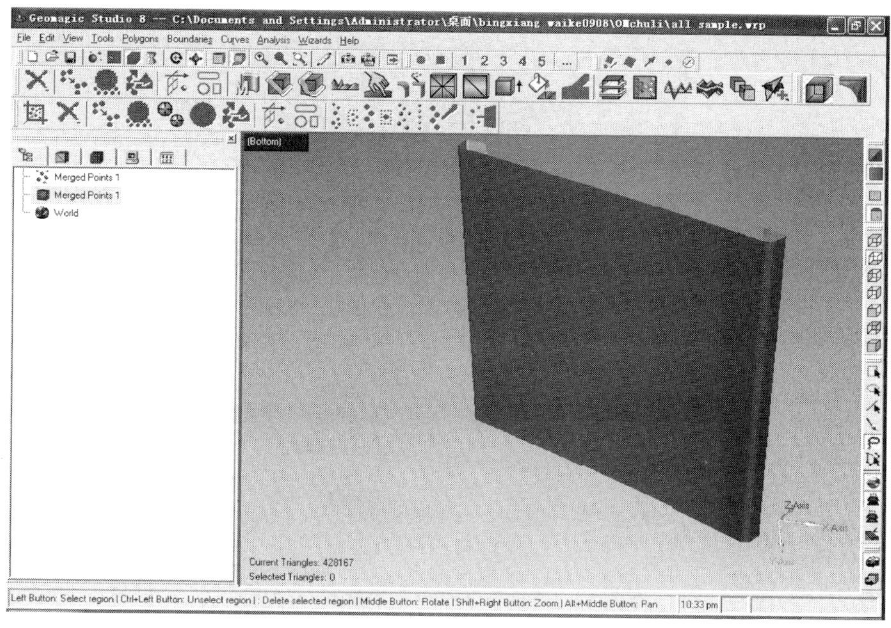

图 7.17　点云在 Geomagic Studio 中获得数模

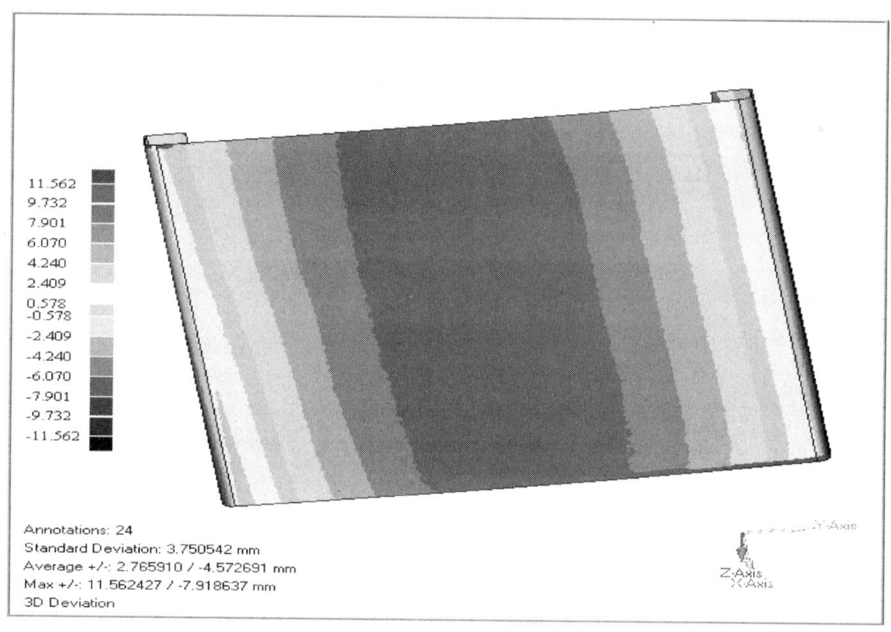

图 7.18　Geomagic Qualify 中数模和点云对齐

(6) 采用截线方法，在 Geomagic Qualify 中垂直于 x 方向等间距做截面，要求获得的 yz 各面都互相平行，间距为 80mm，选取 6 个截面，如图 7.19 所示。

在 Geomagic Qualify 中截取的截面上，实际表现为两条截线。选取回弹敏感的测试点，沿着 z 方向做回弹长度方向的回弹数值。对于角部回弹，选取两条截线的切线，取其切线的夹角获取。

图 7.20 为截面线 1 的偏差云图，放大了 10 倍以使特征更明显。截面 1 的回弹数据获

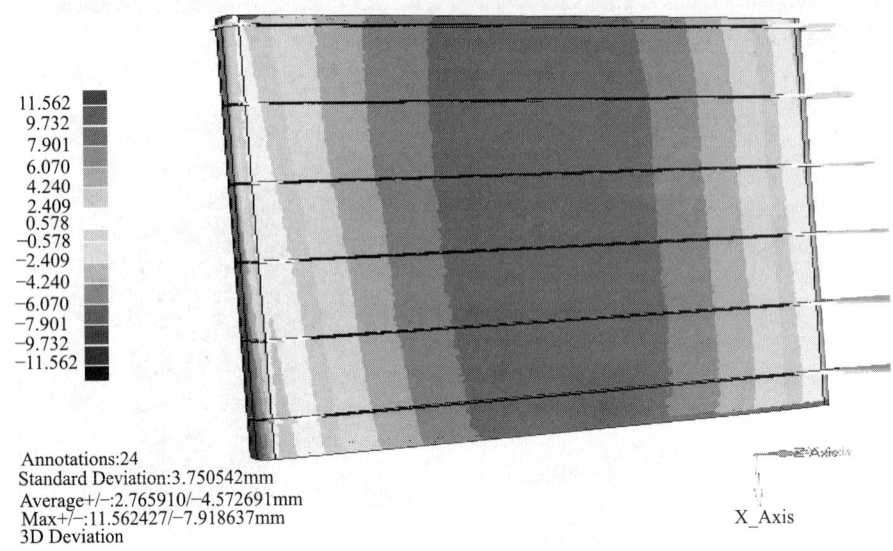

图 7.19　等间距 80mm 做 6 条平行截面

图 7.20　截面回弹量放大 10 倍

取后如图 7.21 所示。

由图 7.21 得到第一个截面获得的冰箱门外壳回弹数据，该组数值来自截面 1 上不同部位关键点的回弹量，回弹最大值为 7.346mm 位于中间圆弧处，最小值 1.426mm 位于下圆角 R16 处沿法线方向的回弹。回弹角中的最大值为 13.791°位于上部圆角小圆弧和中间大圆弧相结线处，最小值 1.739°位于截面中间大圆弧和下部圆角接近部位。作截线获得的数值在解释板料回弹的具体大小和方向方面有些欠缺，其数值受选取点云数量和位置的影响较大，且仅仅表现为二维平面内的回弹计算，全面评价制件回弹缺少说服力。

在 Geomaigic Qualify 中首先选冰箱门外壳大表面为对象，因大表面是冰箱的脸面，外观质量要求高，在不同的部位如图 7.22 选取 9 个点。两个折弯面属于冰箱门外壳和门

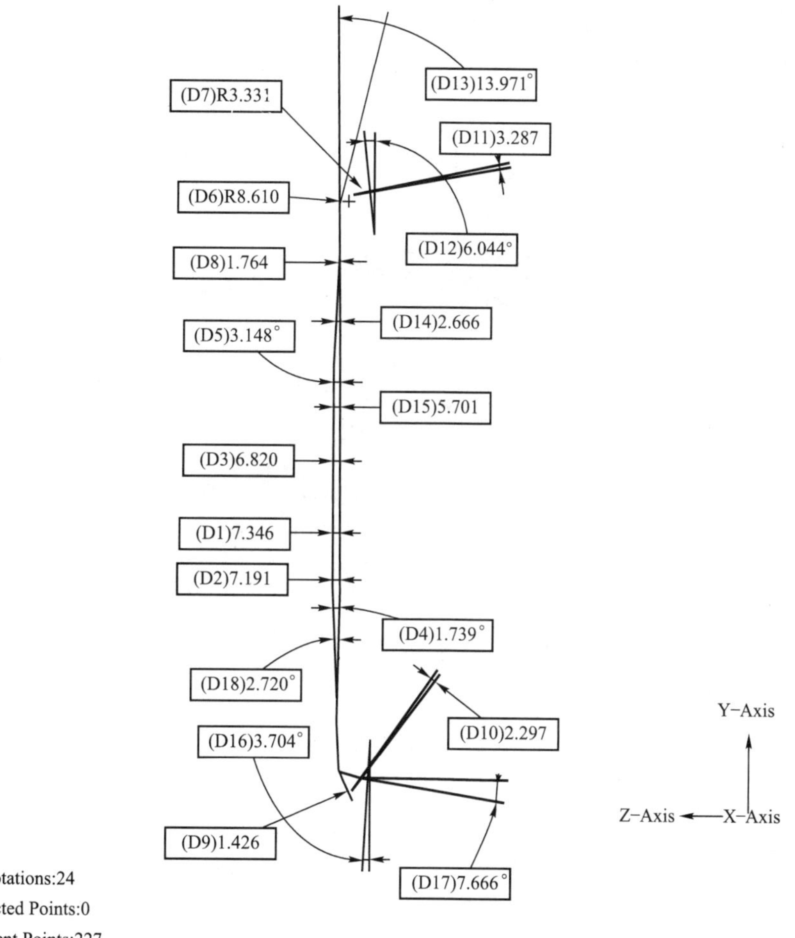

图 7.21　CAD数模和点云对齐后的回弹数值显示(以第一个截面为例)

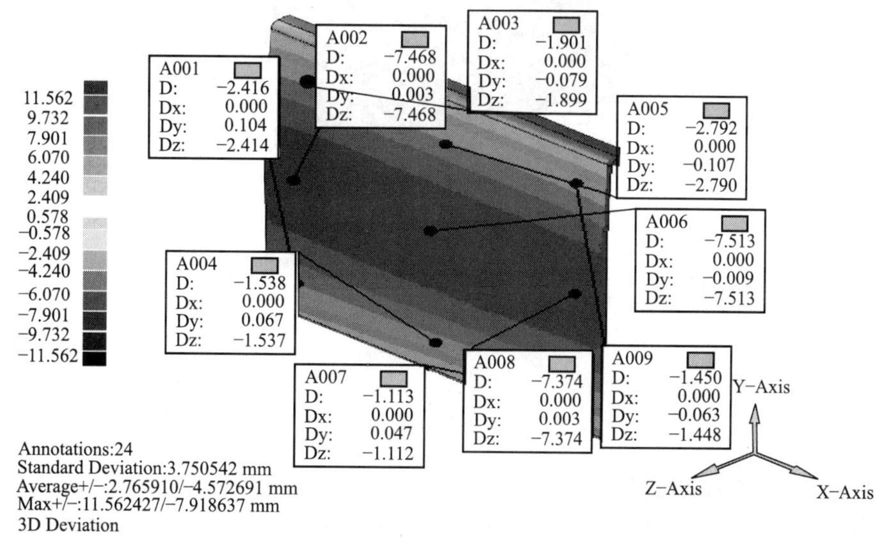

图 7.22　大表面回弹三维数据

内壳配合的关键部位，如图 7.23 选取 9 个点。侧面小圆弧属于冰箱门外壳支撑主骨架之一，如图 7.24 选取 6 个点。

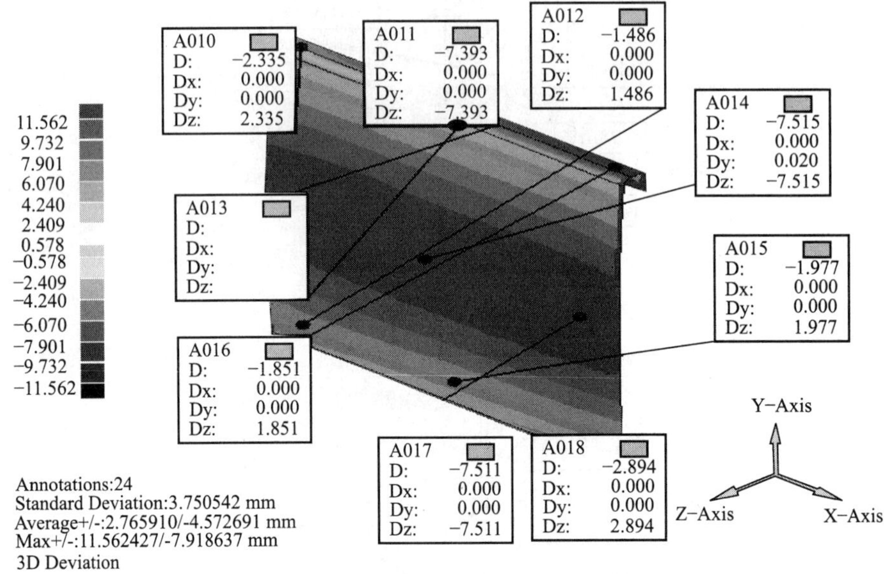

图 7.23　两折弯面回弹三维数据

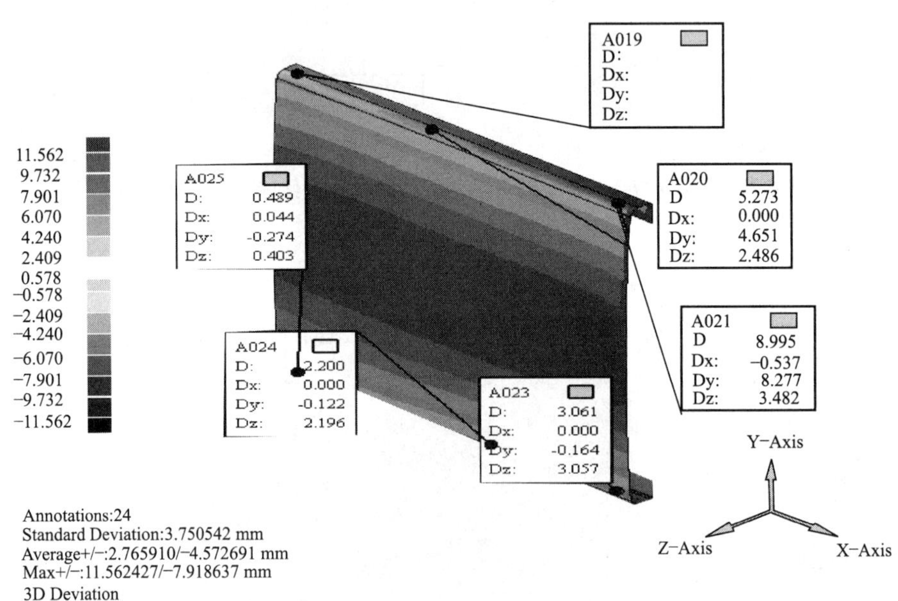

图 7.24　侧面小圆弧回弹三维数据

针对图 7.22、图 7.23、图 7.24，分别绘出图 7.25、图 7.26、图 7.27。该回弹数值包含三维空间、x 方向、y 方向、z 方向 4 个方向的回弹数值，表示的是关键点回弹前后的差值，软件已经自行进行了计算。

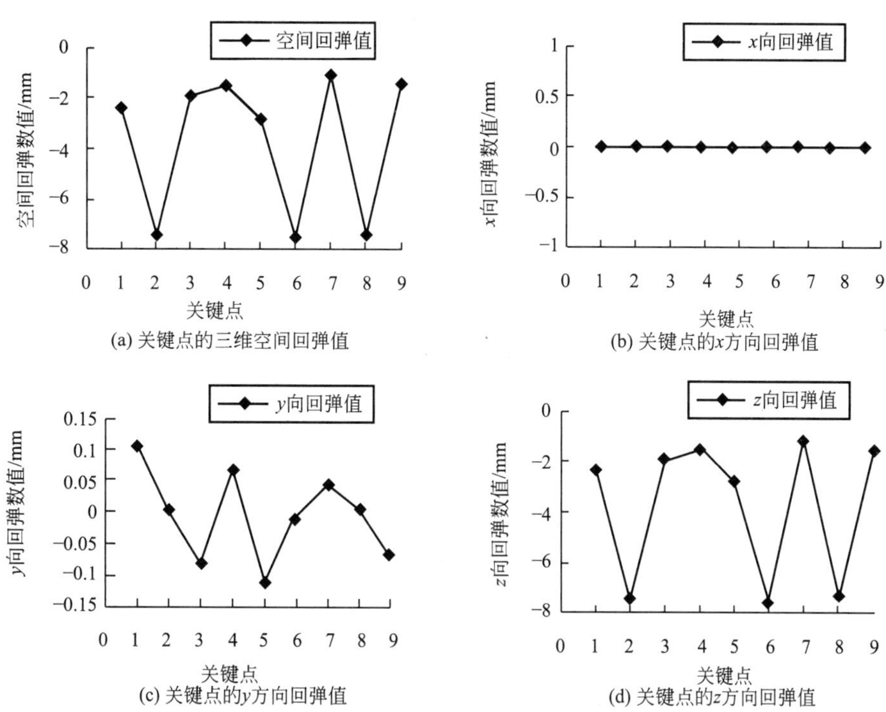

(a) 关键点的三维空间回弹值
(b) 关键点的x方向回弹值
(c) 关键点的y方向回弹值
(d) 关键点的z方向回弹值

图 7.25 大表面关键点回弹三维数据(横轴上数字 1 到 9 代表关键点 A001 到 A009)

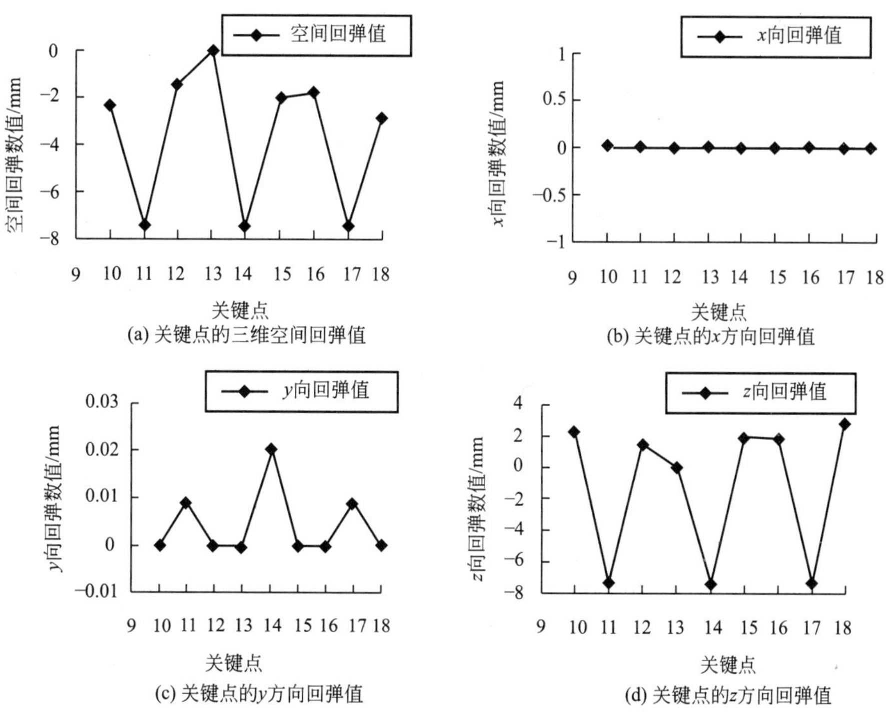

(a) 关键点的三维空间回弹值
(b) 关键点的x方向回弹值
(c) 关键点的y方向回弹值
(d) 关键点的z方向回弹值

图 7.26 两折弯面关键点回弹三维数据(横坐标上数字 10 到 18 代表关键点 A010 到 A018)

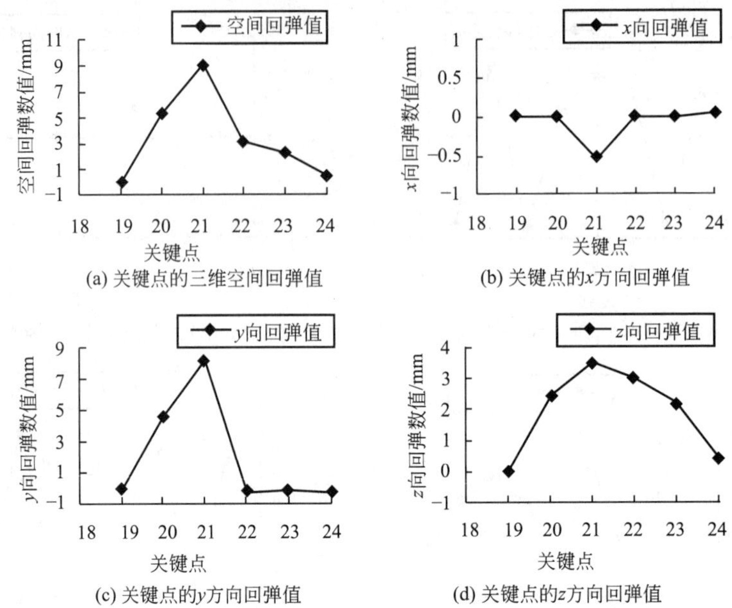

图 7.27　侧面小圆弧关键点回弹三维数据(横坐标上数字 19 到 24 代表关键点 A019 到 A024)

由图 7.25 可以看出，x 方向的回弹值全部为 0mm，y 方向的回弹值在－0.107～0.104mm 之间，z 方向的回弹值在－7.513～－1.112mm 之间，三维空间回弹值在－7.468～－1.113mm 之间。说明门外壳大表面 x 方向回弹前后数值没有变化，y 方向变化较小，z 方向变化较大并且其回弹数值主要影响三维空间回弹数值。

由图 7.26 可以看出，x 方向的回弹值全部为 0mm，y 方向的回弹值在 0～0.02mm 之间，z 方向的回弹值在－7.515～2.894mm 之间，三维空间回弹值在－7.515～2.894mm 之间。说明门外壳两折弯面 x 方向回弹前后数值没有变化，y 方向变化较小，均表现为正向回弹；z 方向和三维空间方向关键点表现为部分正向回弹，部分反向回弹，所受影响趋势一致，证明三维空间回弹的数值影响主要来自 z 方向。

由图 7.27 表明，x 方向 6 个关键点中有 4 个回弹值为 0mm，其余两个关键点分别表现为正向回弹和反向回弹，y 方向的回弹值在－0.274～8.277mm 之间，z 方向的回弹值在 0～3.482mm 之间，三维空间回弹值在 0～8.995mm 之间。说明门外壳侧面小圆弧 x 方向回弹前后数值较小，且具有对称性；z 方向变化较大，集中表现为正向回弹；y 方向回弹数值最大，并直接影响三维空间的回弹值，所受影响变化趋势一致。三维空间回弹值的影响来自 3 个方向的综合。

对于冰箱门外壳大表面和两折弯面，三维空间回弹数值的影响主要来自 z 方向，x 方向回弹数值为 0，y 方向影响较小。特别是大表面，三维空间回弹数值大小和方向与 z 方向回弹值的大小和方向保持完全一致，而对于两折弯面，空间回弹值大小和 z 方向大小幅度一致，但是方向完全相反。说明在回弹修型面设计时需要注意方向的选取。对于侧面小圆弧，三维空间回弹值不同的关键点受不同方向的影响，主要来自 y 方向和 z 方向，x 方向影响较小。因此在修模时要系统性、全局性的综合考虑多个方向、多个因素的影响。

由于篇幅等原因，这里只给出了若干关键点的回弹数值，应用提出的评价方法进行了一定的分析，实际应用时用户可以根据工程需要适当选取。通过和 CAD 软件结合，获得的三维数值为冲压件回弹前后的形状偏差，如何建立补偿回弹变形的模具型面方法，并得到补偿和控制回弹的合理冲压模具型面，是评价方法能否正确合理运用的根本。

7.2.3 皮带轮三维建模

熟悉逆向工程的工作流程，快速从测量数据中提取出曲面的设计参数进行二次设计，是现代设计中的一个重点。通过实物模型产生其数字化模型，可以使产品设计制造充分利用数字化的优势，并适应智能化、集成化的产品设计制造过程中的信息交换。与RPM(快速原型制造)、CAD/CAM/CAE相结合并形成产品设计制造的闭环系统，将大大提高产品的快速响应能力。

1. 获取点云

由西安交通大学机械工程学院信息机电研究所自主研制开发的XJTUOM型三维光学密集点云测量系统，采用外差式多频相移三维光学测量技术，测量精度、测量速度等性能都达到国内领先水平。其测试获得的点云(图7.28、图7.29、图7.30)可以进行自动多视拼合和重叠面删除等，并可以输出 *.ASC 格式作为商用逆向处理软件的接口。

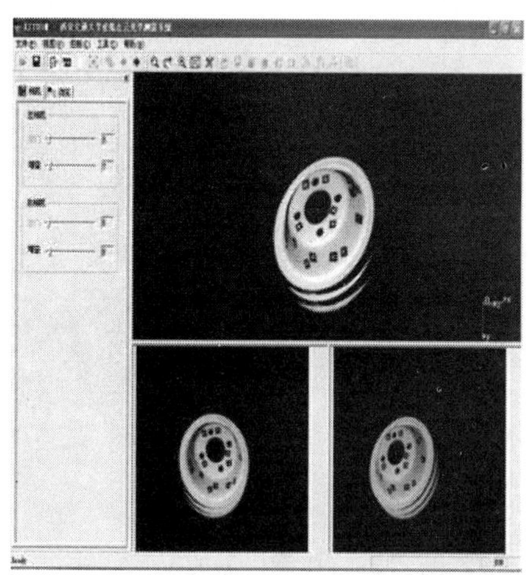

图7.28 测试参考点后获取的第一幅点云

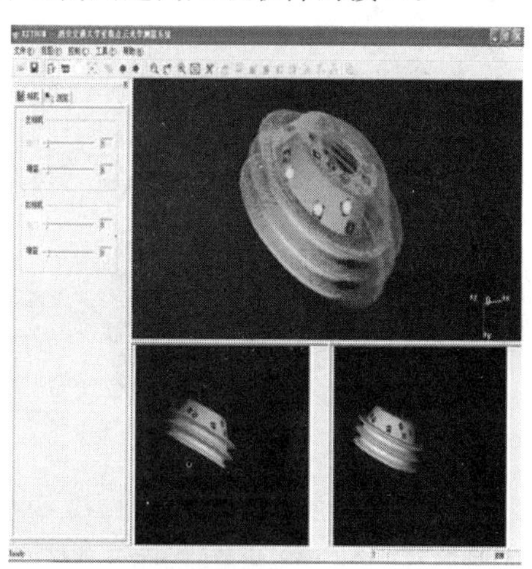

图7.29 获取的第二幅点云与第一幅自动拼接

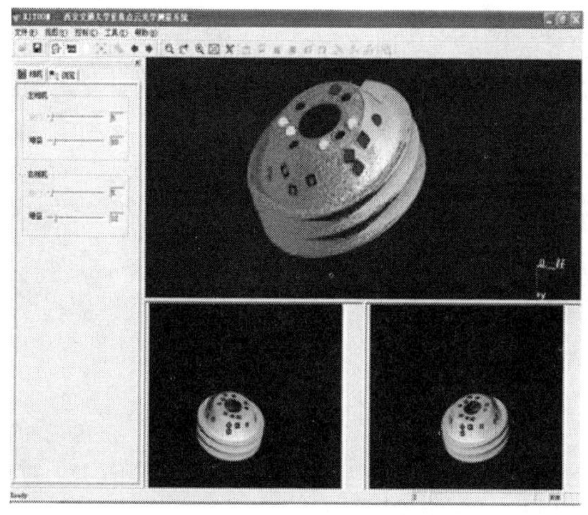

图7.30 得到的 *N* 次点云自动拼接

2. 获得目标曲面

以美国 Raindrop 公司研发的逆向工程应用软件 Geomagic Studio 为例，对获得的点云进行后处理，输入上面获得的点云(图 7.31)，并经降噪、抽稀得到三角化模型(图 7.32)，补洞(图 7.33)后通过曲率反选对三角面进一步做平滑处理。然后再提取特征线(图 7.34)、对获得的曲面片编辑重构(图 7.35)，经光顺、栅格化后执行 Fitsurface 得到 NURBS 曲面(图 7.36)。通过与数字化模型进行比较(图 7.37)，可以知道实测模型的误差和精度，并适当调整，此功能也可以用于质量检测。

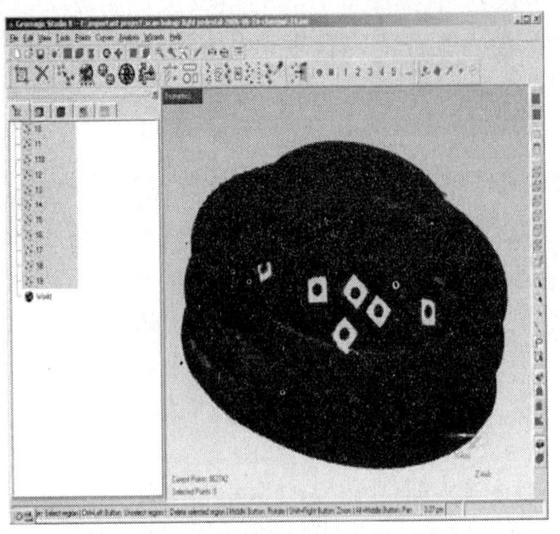

图 7.31　点云数据导入 Geomagic 中

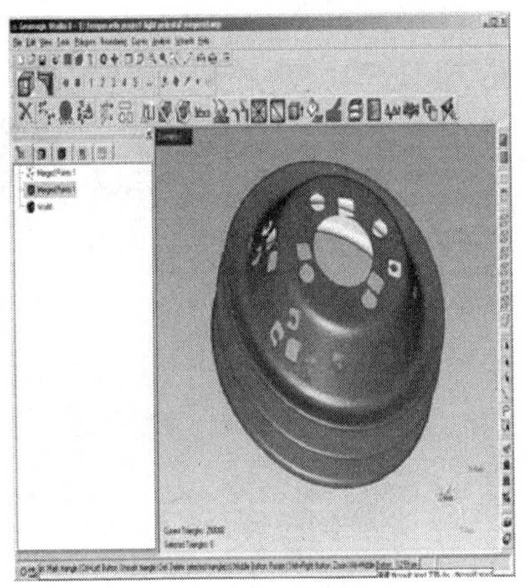

图 7.32　经降噪抽稀后的点云三角化

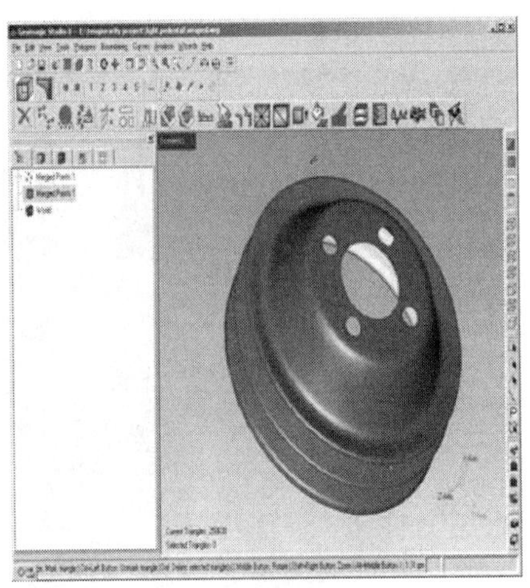

图 7.33　补洞以后的三角面片

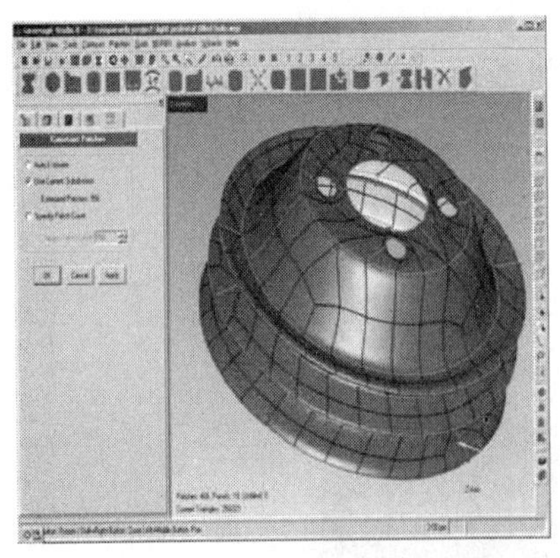

图 7.34　提取特征线后的曲面构建

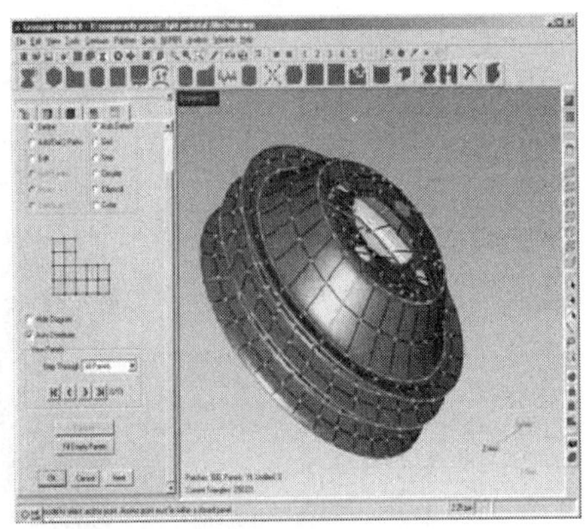

图 7.35　对曲面片编辑重构

图 7.36 生成 NURBS 曲面

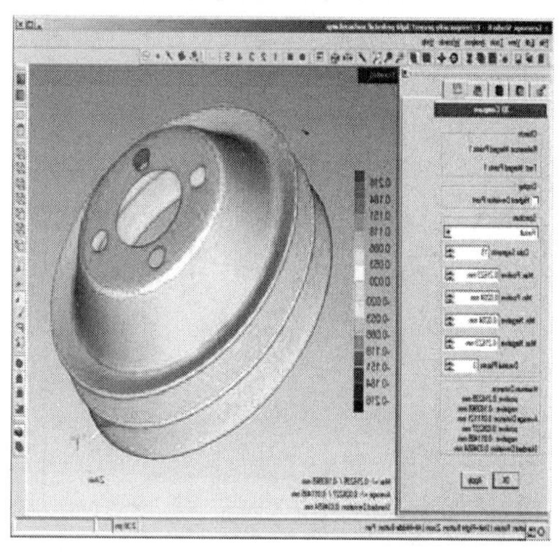

图 7.37 可以与原始数据模型进行 3D 比较

7.2.4 汽车驾驶室曲面建模

从某种意义上讲，没有检测，就没有产品的质量。逆向工程大多应用于产品的反向设计和求解，而将三维全尺寸检测和逆向工程紧密结合起来，借助先进的检测技术，应用到传统行业产品和新兴行业产品的检测，将有力地促进和提高生产过程的机械化、自动化水平，掀起新的研究热潮。

下面以陕汽重卡的汽车驾驶室风窗和东方汽轮机的涡轮叶片为例说明三维全尺寸检测在逆向工程中的应用。数据挖掘使用西安交通大学自主开发的 XJTMOM 型三维光学密集点云测量系统，逆向后处理使用 Geomagic Studio，产品检测使用 Geomagic Qualify，如图 7.38～图 7.41 所示。

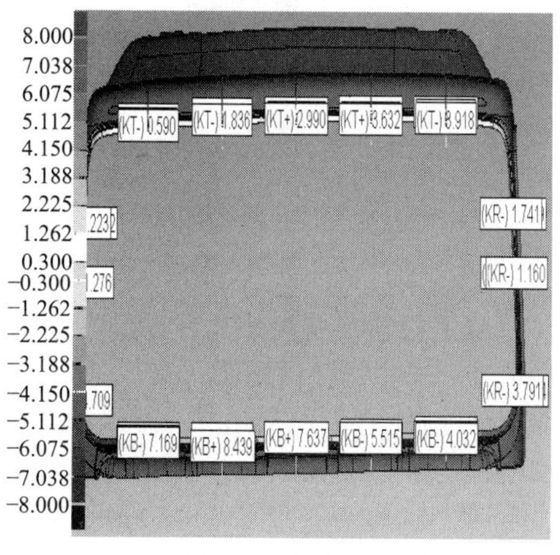

图 7.38 整体三维色彩图谱显示误差分布状况图

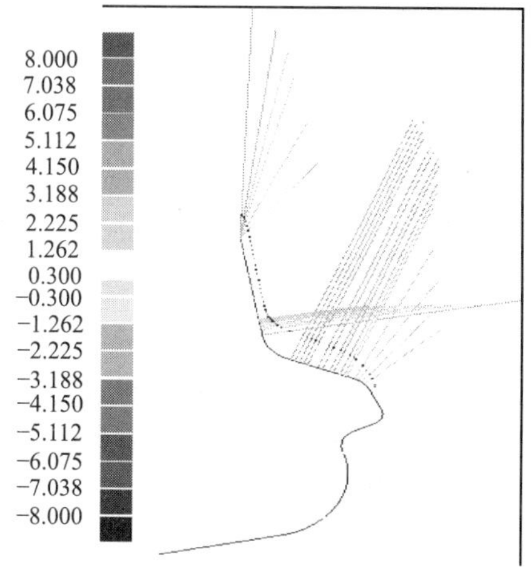

图 7.39 剖切的二维色彩须状误差谱图

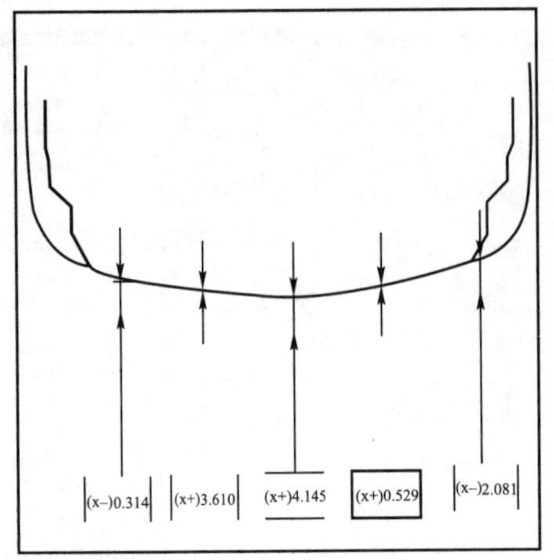

图 7.40　剖切的 x 向二维尺寸误差显示谱图

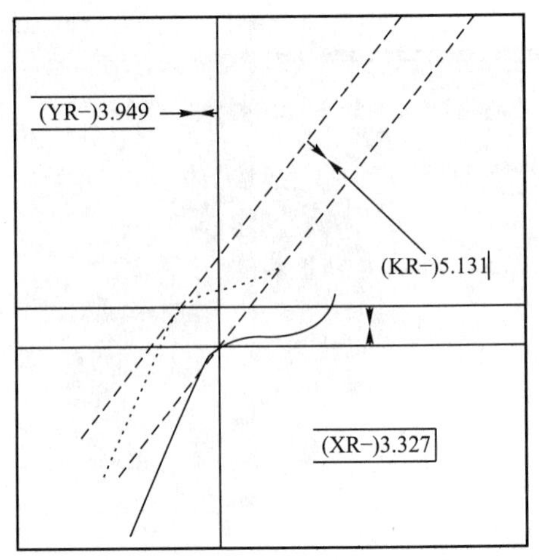

图 7.41　剖切的 z 向二维尺寸误差显示谱图

图 7.42、图 7.43 分别是汽车驾驶室风窗的整体三维色彩图谱显示误差分布状况图、剖切的二维色彩须状误差谱图、剖切的 x 向二维尺寸误差显示谱图、剖切的 z 向二维尺寸误差显示谱图、三维轮廓外形尺寸误差显示谱图、直方图尺寸误差显示谱图。

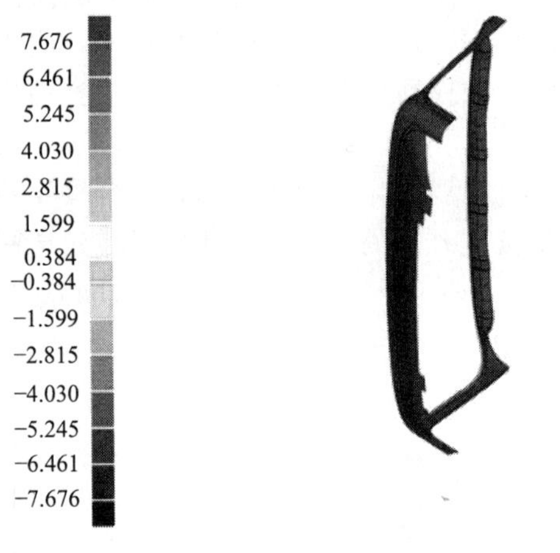

图 7.42　三维轮廓外形尺寸误差显示谱图

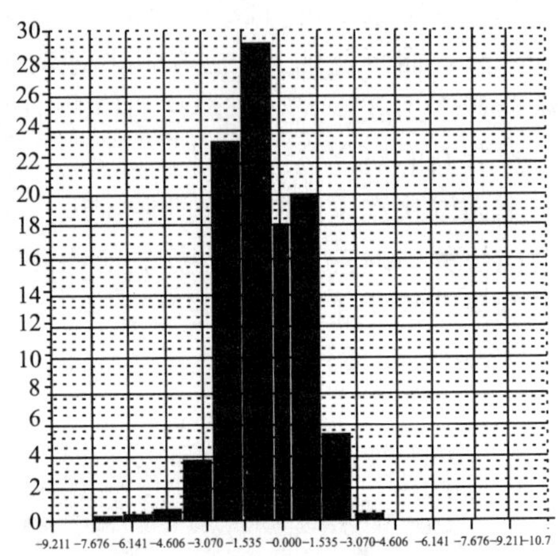

图 7.43　直方图尺寸误差显示谱图

7.2.5　某汽车后地板纵梁成形回弹值及其精度评价

现代汽车工业生产中基于对轻量化的要求，超薄钢板及高强度钢板的应用越来越多，因而对汽车覆盖件的板材使用技术提出了更高的要求。一些超轻型钢制车身设计中，采用高轻度和超高强度钢板比例超过 85%，激光焊装板料制件所占比例达到 50%，比早期同类车型的平均水平减少了 20%左右。但是车体性能没有降低，成本没有增加。德国机械工程师协会研究的成果表明：汽车空车质量平均每降低 100kg，行驶 100km 燃油消耗降低 0.48L。相比传统的钢板，铝合金、镁合金等新型板料由于其密度小，性能优越而被广泛应用于汽车行业。但是这些新型板料成形的回弹问题导致模具设计困难、型面难以控制，存在试模时间长、生产成本高、废品率高等问题。

汽车产品的成形回弹和精度评价，存在经验性强、过程复杂、具有多解性的特点，由于汽车结构件在外观质量、制造精度、生产成本和生命周期等方面要求较高、难度较大、影响因素较多，对其进行定性评价一般只能依靠现场工人和技术人员的经验和主观判断，难以实现量化。为了公正、客观、全面、合理、系统的保证评价结果，需要针对板料成形的过程和工件几何特征的特点，构建合理的评价体系，通过对各种可行方案进行详尽的分析和探讨，求解出最佳的评价方案和评价指标。

因此在构建评价指标和评价体系时，需要遵循以下几点。

(1) 系统性与镇密性相结合。构建的评价体系以及包含的各项指标需要科学、合理，反映的主题要系统、普遍、真实，其含义要恰当、合理、详尽、精确。初次构建指标时，最先关注的是指标的全面性，存在可能因构建指标数目众多，部分指标冗余不能反映被评价系统本质的问题，而且容易出现评价指标之间重复、交叉、因果、矛盾、包含等逻辑分歧和错误倾向。所以，初次构建的指标必须经过评审取证、专家分析、归类、合并和筛选的过程，以保证评价体系和评价指标的系统性和慎密性。

(2) 可实现性和类比性。构建的评价指标应具有普适性，评价指标的最终体现结果以能够让用户方便的实现不同方案之间的类比为目的，在大多数生产条件和环境下要求能够方便地实现。同时，评价指标的计算和获取要容易实现，采用的计算方法要尽量简单，通俗易懂，要有益于数据的采集和处理，使评价工作可实现性强。

(3) 定性和定量相结合。对板料成形制件的几何量进行准确检测和评价是一个多维的优化复合问题，单纯构建定性指标或者单纯构建定量指标都不能够系统地反映评价对象的内涵和外延，推荐采用两者互相结合的方法。一方面，合理的构建定量指标可以通过量化的表述，已出现数值解而使评价标准更加明确、可靠，评价结果更加清晰、直观、可现；而合理构建的定性指标所包含的信息量要求在广度、深度和宽度等方面的反映要远大于定量指标，在一定条件下可以起到弥补定量指标不足的作用，达到全面评价系统几何量检测结果的目的。

遵循上述三点，近景摄影测量系统和面扫描系统相结合的方法可以应用于某型号汽车的后地板纵梁(500mm×300mm×100mm)的精度评价提高测量精度，避免因单独使用面扫描系统引起的点云累计误差。而且，两者结合可以实现点云的自动匹配，降低工人的劳动强度。编码点放置在测量物体的表面，物体的全局坐标通过多摄站拍摄获得。在输入的非编码点云矩阵基础上，面扫描系统能够扫描点云并自动实现点云匹配，通过坐标变换，最终的点云群使用 XJTUOM 进行处理，经降噪、抽稀、光顺，合并得到一幅点云。该点云具有工件外表面的所有几何特征，承载了所有的几何信息。

图 7.44～图 7.49 显示了某汽车后地板纵梁的测量程序。XJTUDP 通过在工件表面粘贴编码标志点和非编码标志点，放置因瓦合金比例尺，计算出所有非编码点的三维空间坐标矩阵。基于导出的非编码标志点矩阵，XJTUOM 对工件表面的几何特征进行扫描，获得能代表工件完整几何信息的点云群。对重叠面进行删除、抽稀、去噪等操作后，进行合并得到最终的一幅点云。该点云输入 Geomagic Qualify 软件，设定为测试对象。工件的数学模型在 Pro/Engineer 中通过特征复制，获得其外表面的曲面形状，存为 IGS 格式，导入 Geomaigic Qualify 作为面片特征，设为标准对象。把标准对象和测试对象进行“3-2-1”对齐操作，然后执行智能化对齐，使两者更好的匹配。

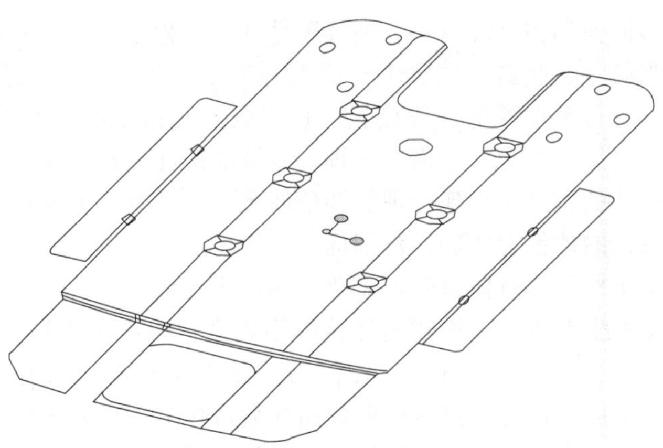

图 7.44　纵梁的三维实体图

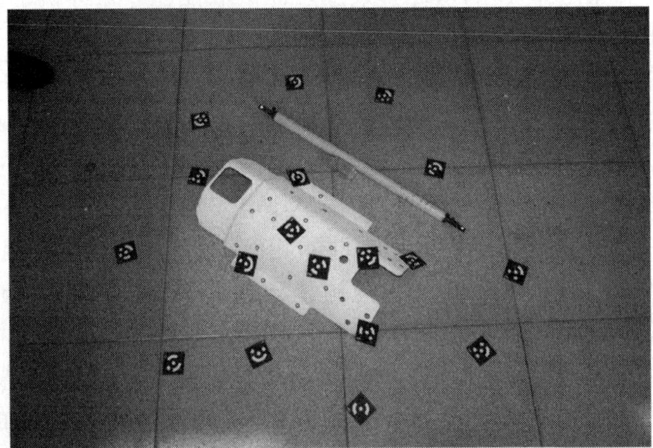

图 7.45　标志点放置在纵梁表面

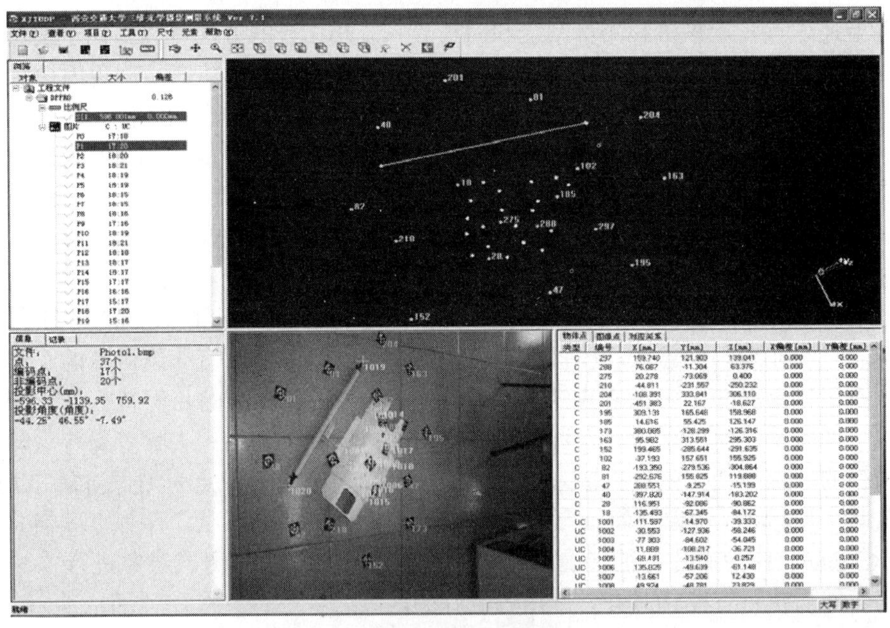

图 7.46　使用 XJTUDP 获得非编码点矩阵

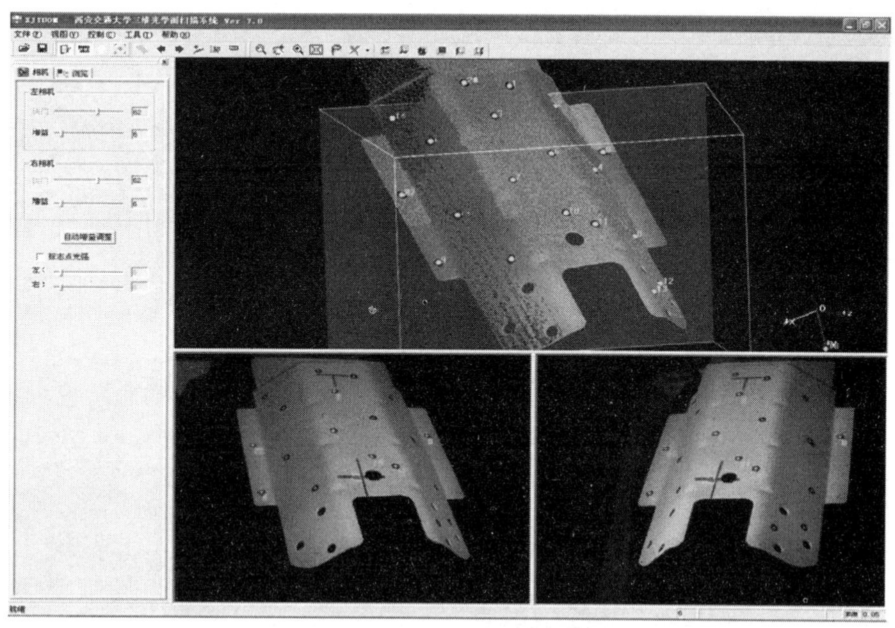

图 7.47 自动扫描和点云匹配对齐使用 XJTUOM

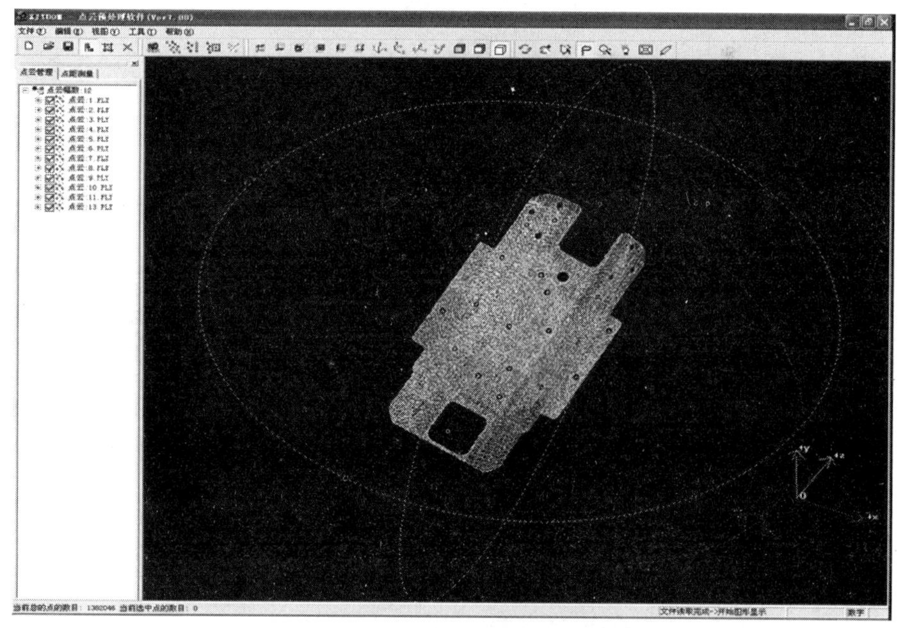

图 7.48 使用 XJTUOM 对点云进行后处理

通过 Geomaigic Qualify 软件自身携带的三维比对分析功能，可以对工件由于回弹原因导致的整体变形偏离情况进行分析和评价。图 7.50 是工件对齐后的回弹几何量偏差云图。其中，红颜色代表正向偏差，绿颜色代表反向偏差，纵梁制件和 CAD 模型在大部分区域吻合较好。偏差在 0.525mm 之内，局部最小为 0mm，最大为 1.433mm。

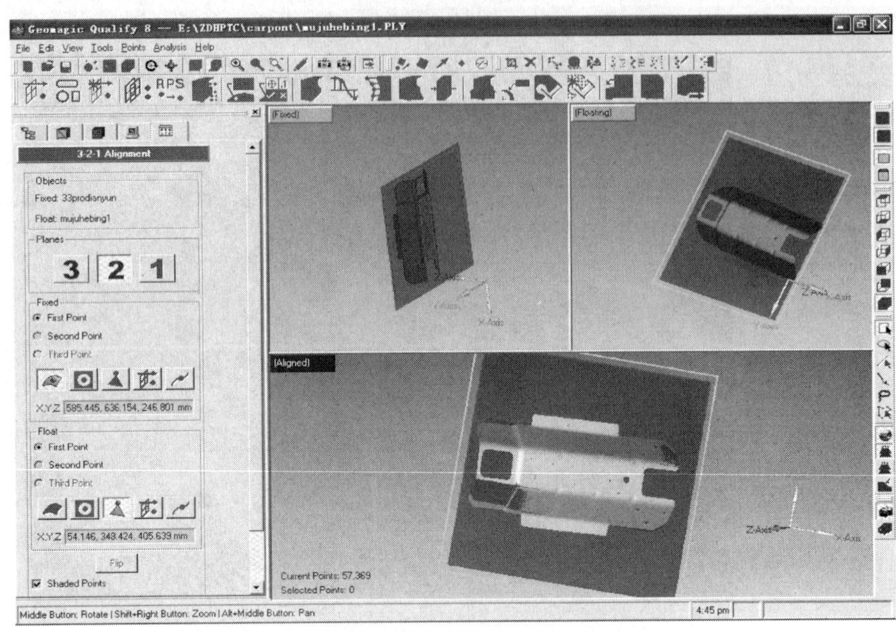

图 7.49 “3-2-1”对齐使用 Geomagic Qualify

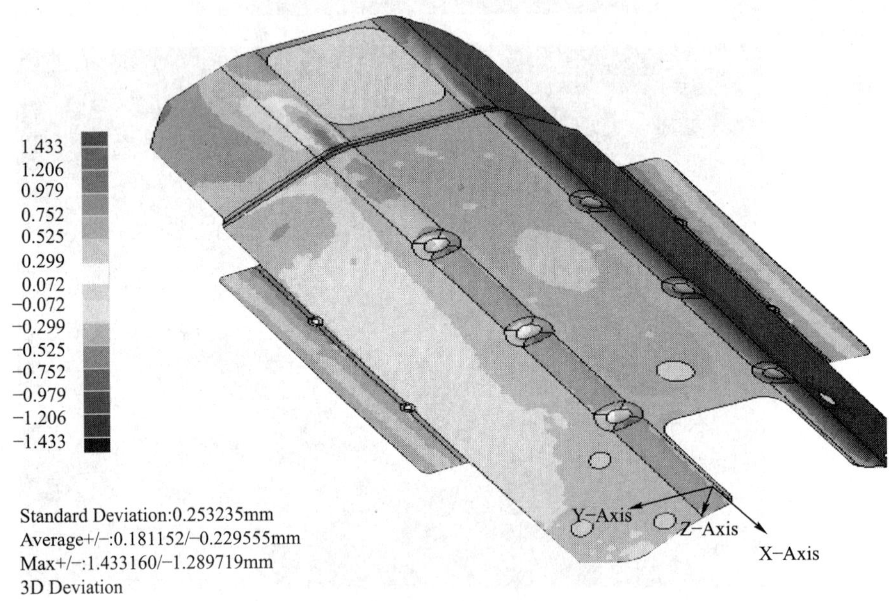

图 7.50 点云和 3D 数模的比对云图

图 7.51 是该工件需要重点保证的部位，选取了有代表性、能反映材料变形机理、可用于后续工序调整模具的关键点进行评价，点 A001、A002、A003、A004 所在的阶梯外表面是和汽车后地板配合的关键面，需要重点保证。A005、A006、A007 是工件需要保证的部位。读取这 7 个点并获得点的回弹量得到表 7-1。

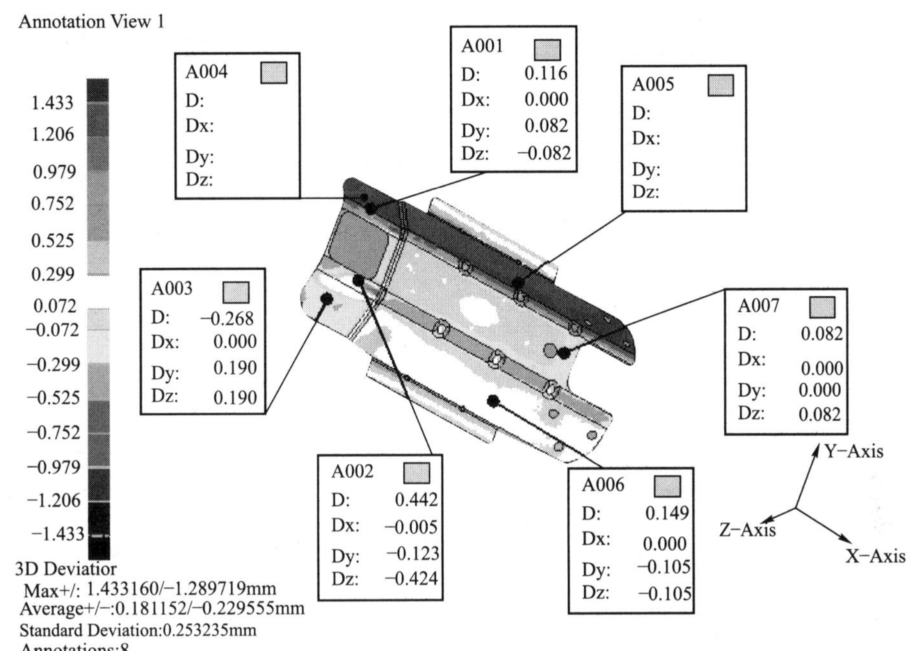

图 7.51　表面关键点的精度数值评价

表 7-1　关键数据点的三维几何量　　(mm)

类别 偏差	A001	A002	A003	A004	A005	A006	A007
D	0.116	0.442	−0.268	0	0	0.149	−0.082
D_X	0	−0.005	0	0	0	0	0
D_Y	0.082	−0.123	0.190	0	0	−0.105	0
D_Z	−0.082	−0.424	0.190	0	0	−0.105	0.082

由表 7-1 可以做出图 7.52，其中横坐标上数字 1 到 7 分别代表 A001 到 A007。由图 7.52(a)可以看出，关键数据点中在 x 方向吻合最好，有 6 个点均为 0mm，最大偏差只有 0.005mm。x 方向是后地板纵梁的插接方向。由图 7.52(b)看出，y 方向是纵梁和后地板的贴合方向，有 3 个数值为 0mm，2 个正值 2 个负值都完全围绕贴合面为中心平均分布，最大偏差为 0.19mm。由图 7.52(c)可以看出，z 方向为纵梁和后地板插接贴合的法向方向，有 2 个点为 0mm，一个最大偏差值为 0.424mm。观察图 7.52(d)可知，三维空间距离偏差中最大值为 0.442mm，其次为 0.268mm，比较可知空间距离的影响主要来自于 z 向，最小值有两个为 0mm。该工件是冲压模具设计成功后首次的试模产品。在后续调试模具过程中，可以有针对性的修模以确保最终制件的尺寸精度。

可以看出后地板纵梁的三维空间回弹几何量的标准精度为 0.005mm，x 方向为 0.005mm，y 方向为 0.384mm，z 方向为 0.616mm。发现三维空间几何量的标准精度小于 y 向和 z 向，其原因有以下 3 点。

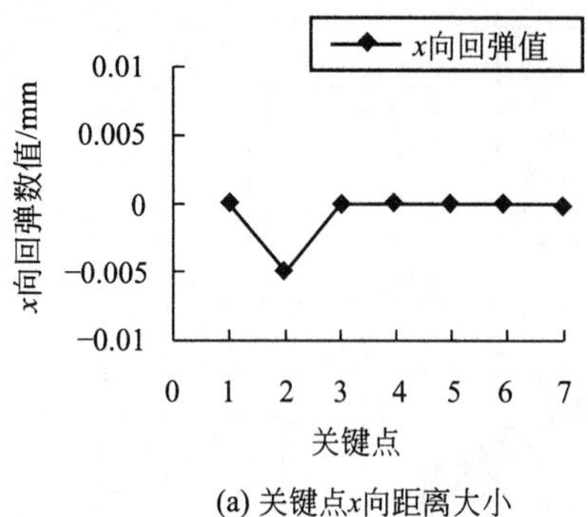

(a) 关键点x向距离大小

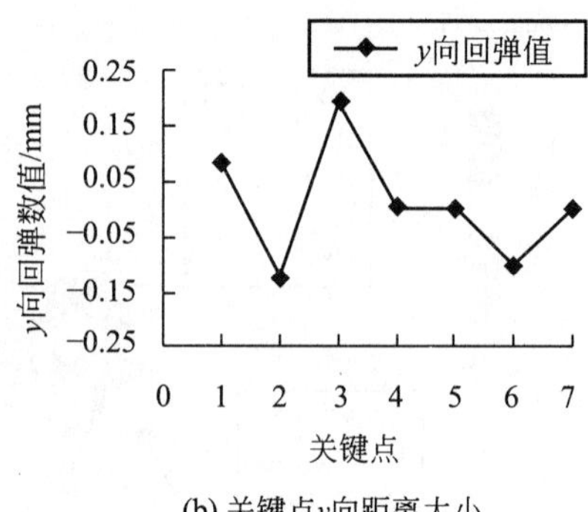

(b) 关键点y向距离大小

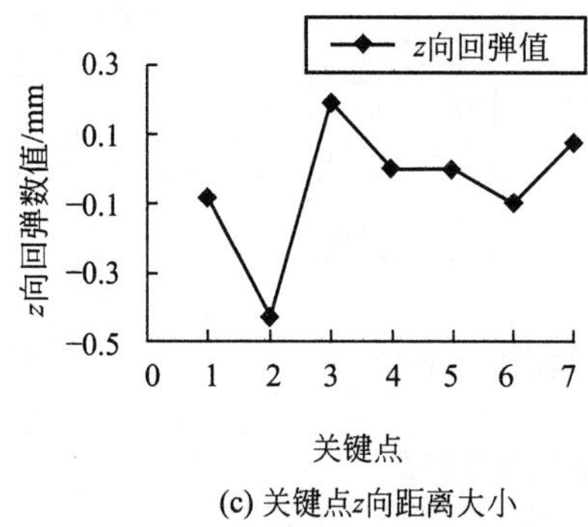

(c) 关键点z向距离大小

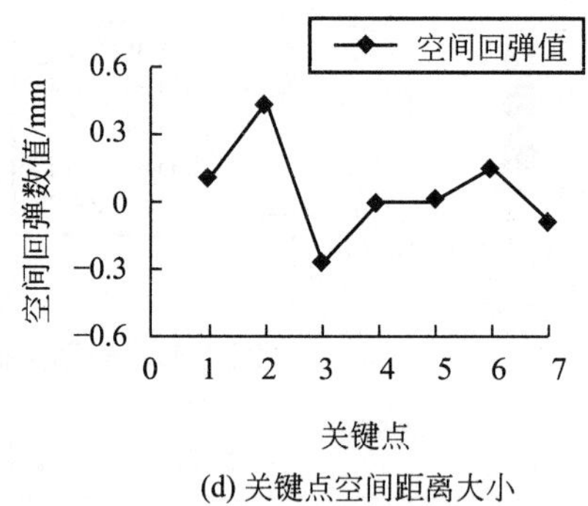

(d) 关键点空间距离大小

图 7.52 关键点距离的大小

(1) 考虑系统相对误差和偶然相对误差，可知偶然相对误差基本接近标准精度，说明标准精度的影响主要来自随机测量误差，这就要求我们在测试的时候需要增大统计数量，及时剔除噪声极值点，排除偶然误差的干扰。

(2) 该评价方法计算时某些数值如极差的获取采用了绝对值算法，带来的累积计算势必加大误差值。

(3) Geomagic Qualify 软件自身的对齐功能，和对选取点的读数算法使获取的数据具有较大的随机性。

所以，本方法测试的最大标准精度为 z 向，它反映了在单个方向的几何量偏差，可以方便地在后续工件的几何尺寸调整、修模以及整车装配提供指导性意见。

当然，应用光学检测方法获得板料制件的几何量，并进行合理评价具有一定的先进性和系统性，同时具有一定的局限性。它不能确定单一系统的专门评价属性和指标。而且，该方法的优点在于可以提供一个通用的准则去比较不同的测量系统，给工程师在比较和排名不同的测量系统时，提供了可能性和借鉴性。对于完整地解决测量任务，实现不同的工程应用。保证工程师确定测量原理的精确性使用方面提供一个重要的显著方法，能够应用于板料的力学/成形性能的综合评价，给用户选用板料提供了理论上的依据。

参 考 文 献

[1] 柯映林. 反求工程 CAD 建模理论、方法和系统 [M]. 北京：机械工业出版社，2005.

[2] 金涛，童水光. 逆向工程技术 [M]. 北京：机械工业出版社，2003.

[3] 孙家广. 计算机图形学 [M]. 北京：高等教育出版社，1998.

[4] 许智钦，孙长库. 3D 逆向工程技术 [M]. 北京：中国计量出版社，2002.

[5] 单岩，谢斌飞. Imagewave 逆向造型应用实例 [M]. 北京：清华大学出版社. 2007.

[6] 刘德平，陈建军. 逆向工程关键技术研究 [J]. 上海：机械制造，2005.

[7] 王霄. 逆向工程技术及其应用 [M]. 北京：化学工业出版社，2004.

[8] 刘之生. 反求工程技术 [M]. 北京：机械工业出版社，1996.

[9] 林君建，仓桂华. 摄影测量学 [M]. 北京：国防工业出版社，2005.

[10] 张学昌. 逆向建模技术与产品创新设计 [M]. 北京：北京大学出版社，2009.

[11] 李德仁，周月琴，金为铣. 摄影测量与遥感概论 [M]. 北京：测绘出版社，2001.

[12] 张祖勋，张剑清. 数字摄影测量学 [M]. 武汉：武汉大学出版社，1996.

[13] 邾继贵，于之靖. 视觉测量原理与方法 [M]. 北京：机械工程出版社，2011.

[14] 孙长库，叶声华. 激光测量技术 [M]. 天津：天津大学出版社，2000.

[15] 余文勇，石绘. 机器视觉自动检测技术 [M]. 北京：化学工业出版社，2013.

[16] 张广军. 机器视觉 [M]. 北京：科学出版社，2008.

[17] 金涛，陈建良，童水光. 逆向工程技术研究进展 [J]. 武汉：中国机械工程，2002.

[18] 田晓东，史桂蓉，阮雪榆. 复杂曲面实物的逆向工程及其关键技术 [J]. 沈阳：机械设计与制造工程，2000.

[19] 龚志辉. 基于逆向工程技术的汽车覆盖件回弹物体研究 [D]. 长沙：湖南大学，2007.

[20] 张舜德，朱东波，卢秉恒. 反求工程中三维几何形状测量及数据预处理 [J]. 广州：机电工程技术，2001.（1）：7－10.

[21] 刘胜兰. 逆向工程中自由曲面与规则曲面重建关键技术研究 [D]. 南京：南京航空航天大学，2004：1－2.

[22] Hoppe H，DeRose T，Duchamp T. Surface reconstruction from unorganized points. Computer Graphics Proceeding (SIGGRAPH'92)，1992. 26(7)：71－78.

[23] 袁锋. UG 逆向工程范例教程 [M]. 北京：机械工业出版社，2007(1)：1－5.

[24] 贾明. 反求工程 CAD 混合建模理论与方法研究 [D]. 杭州：浙江大学，2003：30－35.

[25] 卢秉恒，唐一平. 21 世纪新产品快速开发技术 [M]. 西安：陕西科学技术出版社，2000.

[26] Várady T，Martin RR，and Cox J. Reverse Engineering of Geometric Models—An Introduction. Computer Aided Design，1997，29(4)：255－268.

[27] 柯映林，肖尧先，李江雄. 反求工程 CAD 建模技术研究 [J]. 计算机辅助设计与图形学学报，2001，13(6)：570－575.

[28] 张德海，梁晋，郭成，等. 三维数字化尺寸检测在逆向工程中的研究及应用 [J]. 机械研究与应用，2008，21(4)：67－70.

[29] 刘维. 激光非接触测量在码盘安装调试中的应用 [D]. 长春：中国科学院研究生院(长春光学精密机械与物理研究所)，2004.

[30] 宋涛. 曲臂花键轴跳动误差非接触检测技术研究 [D]. 长春：长春理工大学，2002.

[31] 潘敏. 激光圆度仪研究 [D]. 长春：长春理工大学，2007.

[32] 向胜梅. 非连续回转面径向跳动测量数据处理系统研究 [D]. 长春：长春理工大学，2008.

[33] 王士峰. 基于激光位移检测技术的螺纹检测仪的研制 [D]. 长春：长春理工大学，2005.
[34] 徐明. 高精度的车身检具—三坐标测量机 [J]. 西安：中国汽车制造，2007，1：36-38.
[35] 俞学兰，叶佩青. 航空发动机压气机叶片型面检测技术 [J]. 北京：航空制造技术，2007，11：46-48.
[36] 钟杰，胡楚江，郭成. 叶片精密锻造技术的发展现状及其展望 [J]. 锻压技术，2008，33(1)：1-5.
[37] 杨洪涛，费叶泰，陈晓怀. 纳米三坐标测量机不确定度分析与精度设计 [J]. 重庆大学学报，2006，29(8)：82-86.
[38] 王平江，陈吉红，李作清，等. 参数曲面形状误差计算迭代逼近法 [J]. 华中理工大学学报，1997，25(3)：1-3.
[39] 刘郁丽. 叶片精锻成形规律的三维有限元分析 [D]. 西安：西北工业大学，2001：50-58.
[40] 张德海. 板料成形几何量检测与评价相关问题研究 [D]. 西安：西安交通大学，2011.
[41] Fusiello A, Farenzena M, Busti A, et al. Computing rigorous bounds to the accuracy of calibrated stereo reconstruction [J]. IEEE Proceedings Vision Image and Signal Processing, 2005, 152 (6): 695-701.
[42] Olden E J, Patterson E A. A rational decision making model for experimental mechanics [J]. Experimental. Techniques, 2000, 24 (4): 26-32.
[43] Patterson E, Brailly P, Burguete R, et al. A challenge for high-performance full-field strain measurement systems [J]. Strain, 2007, 43 (3): 167-180.
[44] Patterson E A, Hack E, Brailly P, et al. Calibration and evaluation of optical systems for full-field strain measurement [J]. Optical and Lasers Engineering, 2006, 45 (5): 550-564.
[45] Whelan M, Albrecht P D, Hack E, et al. Calibration of speckle interferometer full-field strain measurement system [J]. Strain, 2008, 44 (2): 180-190.
[46] 李钢. 叶片边缘检测技术的研究 [D]. 哈尔滨：哈尔滨工程大学，2005：50-60.
[47] 陈福兴，张秋菊. 叶片型面误差分析改进 [J]. 汽轮机技术，2005，47(4)：303-305.
[48] 王军. 航空发动机叶片三维轮廓测量方法研究 [D]. 北京：中国科学院，2005：30-38.
[49] 郝继贵，李艳军，叶声华. 基于共面标定参照物的线结构光传感器快速标定方法 [J]. 中国机械工程，2006，17(2)：183-186.
[50] 张德海，白代萍，吴超，王良文，郭成. 板料成形几何尺寸文学检测精度评价的新方法研究 [J]. 锻压技术，2012，37 (6)：96-100.
[51] Zhang Z, Zhang D, Peng X. Performance analysis of 3D full field sensor on friage projection [J]. Optics and laser in Engineering, 2004, 42(3): 341-353.
[52] 雷正保. 汽车覆盖件冲压成形 CAE 技术及其工业应用 [R]. 长沙：中南大学，2003.
[53] 蒋翔. 基于点云三维匹配的缺陷自动识别技术研究 [D]. 南昌大学硕士学位论文，2012.
[54] Son S, Park H, Lee KH. Automated laser scanning system for reverse engineering and inspection [J]. International Journal of Machine Tools and Manufacture, 2002, 42 (8): 889-897.
[55] 周伦彬. 逆向非接触测量技术浅析 [J]. 中国测试技术，2005，31 (05)：25-27.
[56] 杨占尧，徐起贺，王学让. 基于快速成型的金属树脂模具快速制造技术 [J]. 农业机械学报，2003，34(2)：120-123.
[57] Azernikov S, Fischer A. Emerging non-contact 3D measurement technologies for shape retrieval and processing [J]. Virtual and Physical Prototyping, 2008, 3 (2): 85-91.
[58] 张德海，白代萍，闫观海，王良文，郭成. 逆向校核软件的板料成形回弹检测研究 [J]. 河南科技大学学报，2013，34 (1)：24-24.
[59] 许晓栋，赵毅，李从心. 结构光测量中多视拼合技术与算法实现 [J]. 机床与液压，2005，(10)：137-140.
[60] Li Q, Griffiths J. Iterative closest geometric objects registration [J]. Computers & Mathematics

with Applications，2000，40（10－11）：1171－1188.

[61] 梁新合，宋志真. 改进的点云精确匹配技术 [J]. 装备制造技术，2008，3：41－42.

[62] 王振华，窦丽华，陈杰. 一种尺度自适应调整的高斯滤波器设计方法 [J]. 光学技术，2007，33(3)：395－397.

[63] 李雪威，张新荣. 保持边缘的高斯平滑滤波算法研究 [J]. 计算机应用与软件，2010，27(1)：83－84＋120.

[64] 蔡学森，戴金波，李晓宁. 中值滤波与均值滤波法在条形码去噪中的应用 [J]. 长春师范学院学报（自然科学版），2008，27(4)：40－42.

[65] 张晓强. 散乱点云采样技术研究 [D]. 西安：西安交通大学硕士学位论文，2011.

[66] Sambasivam，Theodosopoulos. Advanced data clustering methods of mining web documents. Issues in Informing Science and Information Technology，2006，8(3)：563－579.

[67] Pauly M，Gross M，Kobbelt LP. Efficient simplification of point-sampled surfaces [C]. IEEE，2002：163－170.

[68] Pfister H，Zwicker M，Van Baar J，et al. Surfels：Surface elements as rendering primitives [C]. ACM Press/Addison－Wesley Publishing Co.，2000：335－342.

[69] Bentley JL. Multidimensional binary search trees used for associative searching [J]. Communications of the ACM，1975，18（9）：509－517.

[70] Shamir A，Shapira L，Cohen－Or D. Mesh analysis using geodesic mean-shift [J]. The Visual Computer，2006，22（2）：99－108.

[71] http：//baike.baidu.com/link? url＝gqUMmPP5Hiw6_dqhN5HG－Oabvghq8cduEf0lwPPreK31I-G8Ndp0Hjqtwyjdcec7yWcgXcGzXyUnq8lLW9vYgda

[72] http：//www.5dcad.cn/html/soft/2007－04/219.html

[73] http：//www.delcam.com.cn/copycad/cadfeature.html

[74] http：//www.delcam.com.cn/news/feb5_07.htm

[75] Zhang DH，Liang J，Guo C，et al. Photogrammetric 3D measurement method applying to automobile panel [C]. Singapore，The 2nd International Conference on Computer and Automation Engineering，2010，Feb 26－28，3：70－74.

[76] Zhang DH，Liang J，Guo C，et al. Application of photogrammetry technology to industrial inspection [C]. Singapore，Processings of SPIE Second International Conference on Digital Image Processing，2010，Feb 26－28，754－756：1－6.

[77] 李光，胡佳楠，张向奎，等. 板料成形回弹特征及其控制技术 [J]. 汽车工艺与材料，2008，6：15－18.

[78] 陈劼实，周贤宾，刘长丽. 数值模拟中应用最小厚度准则预测板料成形极限 [J]. 中国机械工程，2006，17(S1)：67－70.

[79] 解则晓，张梅风，张志伟. 全场视觉自扫描测量系统 [J]. 机械工程学报，2007，43(11)：189－193.

[80] Davis RR，Spacetime stereo：a unifying framework for depth from triangulation [J]. IEEE Trans Patter Mach Intel，2005，27（2）：1－7.

[81] He B W，Li Y F. Camera calibration with lens distortion and from vanishing points [J]. Optical. Engineering，2009，48（1）：013603－01－08.

[82] 贾红辉，常胜利，杨建坤，等. 单次散射近似研究非视线光传输中的误差 [J]. 光学精密工程，2007，15(1)：40－44.

[83] 叶松，方勇华，洪律，等. 空间外差光谱仪系统设计 [J]. 光学精密工程，2006，14(6)：959－964.

[84] Burguete R，Hack E，Kujawinska M，et al. Developing standards for optical methods of strain meas-

urement [OL]. http://www. twa26. org/341 _ pat _ v1. pp. 1 - 6.

[85] Burguete R, Hack E, Kujawinska M, et al. Design of reference materials and standardized test for optical strain measurement [OL]. http://www. twa26. org/295 _ pat _ v1. pp. 1 - 6.

[86] Standard test method for calibration of surface/stress measuring devices [S]. ASTM C1377 - 97, ASTM International, West Conshohocken, 2009, PA, USA.

[87] Hack E, Sims G, Mendels D. Traceability, reference materials and standardized tests in optical strain measurement [C]. Bari, 12th International Conference on Experimental Mechanics, 2004, August 29 - September 2.

[88] Burguete R L, Hack E, Siebert T, et al. Candidate reference materials for optical strain measurement [C]. Bari, 12th International Conference on Experimental Mechanics, 2004, August 29 - September 2.

[89] 丁士俊，陶本藻. 自然样条半参数模型与系统误差估计 [J]. 武汉大学学报(信息科学版)，2004，29(11)：964 - 967.

[90] 喻国荣. 论测量平差中的权和权阵 [J]. 测绘通报，2007，7：39 - 40.

[91] 赵前程，罗晓莉，邓善熙. 基于特征模型的形状误差估计新方法 [J]. 仪器仪表学报，2007，28(9)：1629 - 1634.

[92] 王岩，隋思涟，王爱青. 数理统计与 MATLAB 工程数据分析 [M]. 北京：清华大学出版社，2007：20 - 30.

[93] 单岩，谢斌飞. Imagewave 逆向造型应用实例 [M]. 北京：清华大学出版社，2007：21 - 29.

[94] 沈凌，刘越琪，阮锋. 汽车覆盖件冲压工艺方案评价的研究 [J]. 汽车技术，2006，2：34 - 36.

[95] 张德海，梁晋，唐正宗，等. 大型复杂曲面产品近景工业摄影测量系统开发 [J]. 光电工程，2009，36(5)：122 - 128.

[96] 张德海，梁晋，唐正宗，等. 基于近景摄影测量和三维光学测量的大幅面测量新方法 [J]. 中国机械工程，2009，20(7)：817 - 822.

[97] 张德海，梁晋，郭成. 板料成形回弹三维光学测量技术研究 [J]. 西安交通大学学报，2009，43(9)：51 - 55.

[98] 张德海，梁晋，郭成. 锻压制件及其模具的三维光学测量系统精度评价 [J]. 光学精密工程，2009，17(10)：2431 - 2439.